生命科学实验指南系列

宏基因组学

方法与步骤

（原书第二版）

Metagenomics: Methods and Protocols

(Second Edition)

主　编　〔德〕W. R. 施特赖特（W. R. Streit）

〔德〕R. 丹尼尔（R. Daniel）

主　译　徐　讯

副主译　肖　亮　刘姗姗　韩　默

科学出版社

北　京

图字：01-2019-3426 号

内 容 简 介

本书共 19 章。详细介绍了以下内容：不同类型环境，包括海水环境、低温及碱性极端环境、植物内生环境等样本的 DNA/RNA 提取及宏基因组文库构建技术；从核酸、脱氧核酸、蛋白质三个角度分析环境微生物代谢活性；通过宏基因组测序获得功能基因分类及多样性的方法；从基因组学技术层面介绍复杂微生物群落的研究方法，以及挖掘活性基因（如有机物降解基因）及其表达的技术与工具；高通量地筛选活性酶基因如水解酶、纤维素酶、新型 PHA 代谢酶、磷酸酶、氢化酶、*N*-AHSL 干扰酶等的方法；如何挖掘增加微生物次级代谢的信号。

本书可供微生物学、环境生态学、宏基因组学等相关领域的科研技术人员、高等院校相关专业师生参考使用。

图书在版编目（CIP）数据

宏基因组学：方法与步骤：原书第二版/（德）W. R. 施特赖特（W. R. Streit），（德）R. 丹尼尔（R. Daniel）主编；徐讯主译. —北京：科学出版社，2023.6
（生命科学实验指南系列）

书名原文: Metagenomics: Methods and Protocols (2nd edition)

ISBN 978-7-03-075795-1

Ⅰ. ①宏…　Ⅱ. ①W…　②R…　③徐…　Ⅲ. ①基因组　Ⅳ. ①Q343.2

中国国家版本馆 CIP 数据核字(2023)第 106203 号

责任编辑：罗　静　岳漫宇　闫小敏 / 责任校对：郑金红
责任印制：赵　博 / 封面设计：刘新新

科学出版社 出版
北京东黄城根北街 16 号
邮政编码：100717
http://www.sciencep.com
北京华宇信诺印刷有限公司印刷
科学出版社发行　各地新华书店经销
*
2023 年 6 月第　一　版　开本：B5 (720×1000)
2024 年 1 月第二次印刷　印张：18 1/4
字数：367 000

定价：198.00 元

(如有印装质量问题，我社负责调换)

《宏基因组学：方法与步骤（原书第二版）》
译者名单

主　　译： 徐　讯

副 主 译： 肖　亮　刘姗姗　韩　默

其他译者（按姓氏汉语拼音排序）：

白　洁　陈　晨　陈建威　戴　敏
冯　静　顾　颖　郭锐进　胡童远
胡雅莉　揭著业　黎瀚博　李登辉
李晓平　林晓楠　林晓倩　孟　亮
彭卓冰　亓逢源　覃友文　时兴伟
宋泽伟　王亚玉　张　涛　邹远强

参与单位： 青岛华大基因研究院
深圳华大生命科学研究院

前　言

宏基因组学是在生态学和生物技术领域基于 DNA 探索尚未被分离培养的微生物的基因组潜能的关键技术。从“宏基因组”这个术语被提出至今（译者注：至本书英文版出版）的近二十年里，宏基因组学大幅度改变了我们在诸多研究领域的视角，如微生物生态学、群落生物学和微生物组学研究，并导致一大批在基于生物的工业流程中具有潜在价值的新生物分子被快速发现。由功能驱动的宏基因组学研究已经成为世界上许多实验室的关注焦点，以快速发现编码能带来新性状、改良性状的酶的新基因。由此，生物催化的多样性和可用于下游应用的其他有价值的生物分子显著增加了。工业界需要可以被直接应用于生物技术流程并催化各式各样化学反应的酶，并且这些生物催化剂和生物活性分子最好能在苛刻的反应条件下对相当大范围内的底物保持较高的活性，并拥有可预测的底物特异性和对映选择性。眼下，只有为数不多的酶可以真正满足这样的要求。为了发现新的生物分子，人们采用了不同的策略：基于序列进行检测无疑提供了快速获得新基因和酶的手段，但它受制于这样一个事实，即只能发现与已知基因具有类似功能和相似序列的基因；基于功能的筛选克服了这个瓶颈，但又受限于由宿主细胞通常很糟糕的表达外源基因及产生有活性重组蛋白的能力导致的低命中率。因此，由功能驱动的新型生物催化剂或其他有价值的生物分子的检测仍然是一个非常耗时的过程，会减慢新产品的开发速度。然而，由此发现的功能性生物催化剂和生物活性化合物仍然证明了这种检测的优势。

近年来，通过结合下一代测序（next-generation sequencing，NGS），研究者开发了多种用于研究微生物群落宏基因组的高通量技术。在本书的第二版中，我们介绍了多项当前用于宏基因组学研究的基于功能的最新技术。我们的目标是让这本书成为面向有志于在自己的实验室里开展宏基因组学研究的科研人员的操作手册。每一步工作都会在本书的不同章节中被展示——从分离土壤和海洋样品中的 DNA 开始，接着是适用于不同酶和生物分子的文库构建与筛选。本书全面概述了目前用于从陆地和海洋生境（包括植物、真菌微生物组）分离 DNA 和构建大片段插入文库和小片段插入文库的方法。其进一步总结了在非大肠杆菌宿主（如链霉菌）中建立宏基因组文库的方法，并强调了可用于宏基因组 DNA 的功能驱动挖掘的新型分子工具。最后，部分章节详细介绍了编码与生物技术和生态学相关的酶的各种不同基因的筛选方案，包括用于筛选脂肪酶/酯酶、纤维素酶、氢化酶、木质素溶解酶、糖基转移酶和参与破坏基于*N*-酰基高丝氨酸内酯细胞-细胞通信信号的群体淬灭酶的实验操作流程。此外，本书还提供了磷酸酶、聚羟基烷酸酯代谢相关酶、立体选择性水解酶和用于发现次级代谢产物的微生物信号的详细筛选方案。最后，给出了重建代谢途径的工作流程的详细见解。

在我们看来，本书提供了宏基因组学的最新实验方案和用于发现许多主要类型生物催化剂的工具的全面集合，并使得研究者能在任何一个微生物实验室中轻松地建立起这样的筛选平台。

沃尔夫冈 · R. 施特赖特，德国汉堡
罗尔夫 · 丹尼尔，德国哥廷根

贡 献 者

尼科尔·亚当（Nicole Adam）· 德国汉堡，汉堡大学，克莱因·弗洛特贝克（Klein Flottbek）生物中心，微生物分子生物学会

约瑟夫·阿内（Jozef Anné）· 比利时鲁汶，鲁汶大学，里加研究所，微生物学和免疫学系，分子细菌学实验室

拉斐尔·巴尔吉耶拉（Rafael Bargiela）· 西班牙马德里，高等科学研究理事会（CSIC），催化研究所

克里斯特尔·贝纳尔茨（Kristel Bernaerts）· 比利时鲁汶，鲁汶大学，化学工程系

乌韦·T. 博恩朔伊尔（Uwe T. Bornscheuer）· 德国格赖夫斯瓦尔德，格赖夫斯瓦尔德大学，生物化学研究所，生物技术与酶催化系

多米尼克·伯切尔（Dominique Böttcher）· 德国格赖夫斯瓦尔德，格赖夫斯瓦尔德大学，生物化学研究所，生物技术与酶催化系

特雷弗·C. 查尔斯（Trevor C. Charles）· 加拿大安大略省滑铁卢，滑铁卢大学，生物系

陈寅（Yin Chen，音译）· 英国考文垂，华威大学，生命科学学院

程久军（Jiujun Cheng，音译）· 加拿大安大略省滑铁卢，滑铁卢大学，生物系

唐·A. 考恩（Don A. Cowan）· 南非，西开普大学，微生物生物技术与宏基因组学研究所；南非，开普敦大学，生物过程工程研究中心

萨拉·科戈齐（Sara Coyotzi）· 加拿大安大略省滑铁卢，滑铁卢大学，生物系

罗尔夫·丹尼尔（Rolf Daniel）· 德国哥廷根，哥廷根大学，微生物学与遗传学研究所，基因组学与应用微生物学系，哥廷根基因组学实验室

桑德拉·登曼（Sandra Denman）· 英国萨里，森林研究所，生态系统社会和生物安全中心

詹姆斯·杜南（James Doonan）· 英国格温内思郡班戈，班戈大学，生物科学学院

托马斯·德雷佩尔（Thomas Drepper）· 德国于利希，杜塞尔多夫大学，分子酶技术研究所

马克·G. 杜蒙（Marc G. Dumont）· 英国南安普敦，南安普敦大学，生物科学中心

厄兹盖·埃伊杰（Özge Eyice）· 英国伦敦，伦敦大学玛丽皇后学院，生物和化学科学学院

曼努埃尔·费雷尔（Manuel Ferrer）· 西班牙马德里，高等科学研究理事会（CSIC），

催化研究所
米克尔 • A. 格拉林（Mikkel A. Glaring）• 丹麦腓特烈堡，哥本哈根大学，植物与环境科学系
彼得 • N. 戈雷申（Peter N. Golyshin）• 英国格温内思郡班戈，班戈大学，生物科学学院
何塞 • A. 古铁雷斯-巴兰克罗（Jose A. Gutiérrez-Barranquero）• 爱尔兰科克，爱尔兰国立大学-科克大学，BIOMERIT 研究中心
罗伯特 • J. 胡迪（Robert J. Huddy）• 南非，西开普大学，微生物生物技术与宏基因组学研究所；南非，开普敦大学，生物过程工程研究中心
内尔 • 伊尔姆伯格（Nele Ilmberger）• 德国汉堡，汉堡大学，克莱因 • 弗洛特贝克（Klein Flottbek）生物中心，微生物学和生物技术系
卡尔-埃里克 • 耶格（Karl-Erich Jaeger）• 德国于利希，杜塞尔多夫大学，分子酶技术研究所
埃莉诺 • 詹姆森（Eleanor Jameson）• 英国考文垂，华威大学，生命科学学院
纳丁 • 卡茨克（Nadine Katzke）• 德国于利希，杜塞尔多夫大学，分子酶技术研究所
安德烈亚斯 • 克纳普（Andreas Knapp）• 德国于利希，杜塞尔多夫大学，分子酶技术研究所
扬 • 科马内茨（Jan Kormanec）• 斯洛伐克共和国伯拉第斯拉瓦，斯洛伐克科学院，分子生物研究所
丹尼尔 • 朗费尔德（Daniela Langfeldt）• 德国基尔，基尔大学，普通微生物研究所
阿尼塔 • 勒施克（Anita Loeschcke）• 德国于利希，杜塞尔多夫大学，分子酶技术研究所
安德里 • 卢热茨基（Andriy Lutzhetskyy）• 德国萨尔布吕肯，萨尔大学，亥姆霍兹萨尔州药物研究所（HIPS），放线菌代谢工程组；德国萨尔布吕肯，萨尔大学，制药生物技术系
詹姆斯 • E. 麦克唐纳（James E. McDonald）• 英国格温内思郡班戈，班戈大学，生物科学学院
J. 科林 • 默雷尔（J. Colin Murrell）• 英国诺威奇，东安格利亚大学，环境科学学院
海科 • 纳克（Heiko Nacke）• 德国哥廷根，哥廷根大学，微生物学与遗传学研究所
乔希 • D. 诺伊费尔德（Josh D. Neufeld）• 加拿大安大略省滑铁卢，滑铁卢大学，生物系
里卡多 • 诺尔德斯特（Ricardo Nordeste）• 加拿大安大略省滑铁卢，滑铁卢大学，生物系

法加尔·奥加拉（Fergal O'Gara）· 爱尔兰科克，爱尔兰国立大学-科克大学，BIOMERIT 研究中心；澳大利亚珀斯，科廷大学，科廷健康创新研究院，生物医学学院

菲尔·M. 奥格尔（Phil M. Oger）· 法国维勒班，里昂大学，里昂第一大学，里昂国立应用科学学院；法国里昂，里昂大学，里昂高等师范学院

米丽娅姆·佩纳（Mirjam Perner）· 德国汉堡，汉堡大学，克莱因·弗洛特贝克（Klein Flottbek）生物中心，微生物群落分子生物学系

比尔吉特·菲弗（Birgit Pfeiffer）· 德国哥廷根，哥廷根大学，微生物学与遗传学研究所

乌尔里希·拉鲍施（Ulrich Rabausch）· 德国汉堡，汉堡大学，克莱因·弗洛特贝克（Klein Flottbek）生物中心，微生物学和生物技术系

尤里·里贝特（Yuriy Rebets）· 德国萨尔布吕肯，萨尔大学，亥姆霍兹萨尔州药物研究所（HIPS）

F. 杰里·雷恩（F. Jerry Reen）· 爱尔兰科克，爱尔兰国立大学-科克大学，BIOMERIT 研究中心

亨德里克·舍费尔（Hendrik Schäfer）· 英国考文垂，华威大学，生命科学学院

马伦·施密特（Marlen Schmidt）· 德国格赖夫斯瓦尔德，格赖夫斯瓦尔德大学，生物化学研究所，生物技术与酶催化系

路得·A. 史密茨（Ruth A. Schmitz）· 德国基尔，基尔大学，普通微生物研究所

多米尼克·施耐德（Dominik Schneider）· 德国哥廷根，哥廷根大学，微生物学与遗传学研究所

卡罗拉·西蒙（Carola Simon）· 德国汉堡，保时佳大药厂

马里耶特·斯马尔（Mariette Smart）· 南非，西开普大学，微生物生物技术与宏基因组学研究所；南非，开普敦大学，生物过程工程研究中心

彼得·斯托尔高（Peter Stougaard）· 丹麦腓特烈堡，哥本哈根大学，植物和环境科学系

沃尔夫冈·R. 施特赖特（Wolfgang R. Streit）· 德国汉堡，汉堡大学，克莱因·弗洛特贝克（Klein Flottbek）生物中心，微生物学和生物技术系

马丁·陶贝特（Martin Taubert）· 德国耶拿，耶拿大学，生态学研究所

玛丽亚·A. 特雷纳（Maria A. Trainer）· 加拿大安大略省滑铁卢，滑铁卢大学，生物系

马拉·特林达迪（Marla Trindade）· 南非，西开普大学，微生物生物技术与宏基因组学研究所；南非，开普敦大学，生物过程工程研究中心

斯特凡纳·乌罗斯（Stéphane Uroz）· 法国尚庞乌，洛林大学国家农学研究院，树木和微生物之间的相互作用系

扬 • K. 韦斯特（Jan K. Vester）• 丹麦鲍斯韦，诺维信公司

赫尼斯 •A. 卡斯蒂略 • 比利亚米萨尔（Genis A. Castillo Villamizar）• 德国哥廷根，哥廷根大学，微生物学与遗传学研究所

南希 • 维兰德-布劳尔（Nancy Weiland-Bräuer）• 德国基尔，基尔大学，普通微生物研究所

伯德 • 温豪尔（Bernd Wemheuer）• 德国哥廷根，哥廷根大学，微生物学与遗传学研究所

弗朗西斯卡 • 温豪尔（Franziska Wemheuer）• 德国哥廷根，哥廷根大学，微生物学与遗传学研究所

帕特里克 • 扎格尔（Patrick Zägel）• 德国格赖夫斯瓦尔德，格赖夫斯瓦尔德大学，生物化学研究所，生物技术与酶催化系

目　录

第1章　构建小插入片段和大插入片段的宏基因组文库

卡罗拉·西蒙（Carola Simon），罗尔夫·丹尼尔（Rolf Daniel）

摘要

地球上的生物多样性绝大部分隐藏在未被培养和鉴定的微生物基因组中。构建宏基因组文库这种不依赖微生物培养的方法可以用于发现这些尚未得到探索的遗传学宝藏。通过对来自不同环境的宏基因组文库进行基于功能或序列的筛查，人们发现、鉴定了大量新的生物催化剂。本章将介绍用环境 DNA 构建小片段宏基因组文库和以质粒和 F 黏粒作为载体构建大片段宏基因组文库的详细流程。

关键词

宏基因组 DNA、小片段文库、大片段文库、质粒、F 黏粒、全基因组扩增

1.1　介　　绍

实践证明，使用从环境样本中直接提取的 DNA 构建宏基因组文库并加以筛查是一种可被用于发现有重要生物技术价值的新生物分子的强大工具[1,2]。从原理上看，宏基因组文库让我们可以获取一个生态环境中的所有基因信息[3,4]。构建宏基因组文库的一些步骤与对单一微生物的基因组 DNA 进行基因克隆的步骤相同，包括用限制性酶切或剪切将环境 DNA 打断成较小的片段，将它们插入适用的载体系统，以及将重组后的载体转入合适的宿主中，在大多数的研究中，这种构建宏基因组文库的宿主都是大肠杆菌[4]。

尽管构建宏基因组文库的概念很简单，但因为大多数宏基因组样本，如从土壤、沉积物中取得的样本生物类群规模庞大，构建良好覆盖宏基因组所必需的数量巨大的克隆则是一项巨大的技术挑战[4,5]。根据插入片段的平均长度不同，基因文库可以分为两种：构建在质粒中的小片段文库（长度小于 10 kb），构建在 F 黏粒、黏粒（长度可达 40 kb）和细菌人工染色体（bacterial artificial chromosome，BAC）（长度大于 40 kb）载体中的大片段文库。选择哪类载体系统用于文库构建取决于环境 DNA 的质量、期望的插入片段平均长度、所需的文库拷贝数、载体

宿主和拟使用的筛查策略[3,5]。纯化后仍含有腐殖质或基质成分污染的环境 DNA 或在纯化过程中发生了降解、断裂的 DNA 只适用于构建小片段文库[3]。小片段宏基因组文库对于分离编码未知生物分子的单个基因和小型操纵子非常适用，而当鉴别由大基因簇编码的复杂通路，或鉴定决定未被培养微生物某些遗传特征的 DNA 大片段时采用大片段文库则是更合适的方法。在此，我们分别描述了一种构建小片段文库的方法和一种构建大片段 F 黏粒文库的方法。两种方法都被证明适用于克隆从多种环境样本中纯化出的 DNA，包括从土壤、深海热泉、冰和人体中提取的样本[6-9]。

1.2 实验材料

1.2.1 宏基因组 DNA

利用环境样本构建宏基因组文库和克隆功能基因依赖所提取 DNA 的质量，因为文库构建过程中的酶促反应对很多生物或非生物成分的污染都很敏感。尤其是构建大片段文库时必须使用高分子量环境 DNA。文库构建需使用至少 5～10 μg 经过纯化的环境 DNA。

1.2.2 小片段文库构建

1. Illustra GenomiPhi V2 DNA 扩增试剂盒[通用电气医疗集团（GE Healthcare），德国慕尼黑]。
2. phi29 DNA 聚合酶（10 U/μL）和 10×反应缓冲液[富酶泰斯生物技术公司（Fermentas），德国圣莱昂-罗特]。
3. S1 核酸酶（100 U/μL）和 5×反应缓冲液（Fermentas 公司，德国圣莱昂-罗特）。
4. DNA 聚合酶 I（10 U/μL）和 10×反应缓冲液（Fermentas 公司，德国圣莱昂-罗特）。
5. 雾化器[英杰公司（Invitrogen），德国卡尔斯鲁厄]。
6. 打断缓冲液：10 mmol/L Tris-HCl（pH 7.5）、1 mmol/L 乙二胺四乙酸（EDTA）、10%（*m/V*）甘油，室温存储。
7. Biozym Plaque *GeneticPure* 低熔点琼脂糖[百因美科学股份有限公司（Biozym Scientific GmbH），德国黑西施奥尔登多夫]。
8. 50×TAE（三乙酸乙二胺四乙酸，Tris-acetate-ethylenediamine tetraacetic acid）缓冲液：242 g Tris-碱、57.1 mL 乙酸、100 mL 0.5 mol/L EDTA（pH

8.0)，加 H_2O 至 1 L，室温存储。

9. GELase 琼脂糖凝胶消化试剂盒（EPICENTRE 生物技术公司，美国威斯康星州麦迪逊）。
10. 3 mol/L 乙酸钠（pH 5.0）。
11. 5 mol/L NH_4OAc（pH 7.0）。
12. T4 DNA 聚合酶（5 U/μL）（Fermentas 公司，德国圣莱昂-罗特）。
13. 10 mmol/L dNTP 混合物（Fermentas 公司，德国圣莱昂-罗特）。
14. 克列诺（Klenow）片段（10 U/μL）（Fermentas 公司，德国圣莱昂-罗特）。
15. 10×缓冲液 O（Fermentas 公司，德国圣莱昂-罗特）。
16. SureClean Plus 核酸纯化试剂盒（Bioline 公司，德国卢肯瓦尔德）。
17. *Taq* DNA 聚合酶和含$(NH_4)_2SO_4$的 10×反应缓冲液（Fermentas 公司，德国圣莱昂-罗特）。
18. 25 mmol/L $MgCl_2$。
19. 100 mmol/L dATP。
20. 热敏磷酸酶和 10×反应缓冲液[纽英伦生物技术公司（New England Biolabs），美国马萨诸塞州伊普斯威奇]。
21. TOPO® XL PCR 克隆试剂盒（Invitrogen 公司，德国卡尔斯鲁厄）。
22. Bio-Rad Gene Pulser II 电转仪[伯乐公司（Bio-Rad），德国慕尼黑]。
23. 卡那霉素母液：25 mg/mL H_2O，过滤灭菌并存储于–20℃。
24. 异丙基-β-D-硫代半乳糖苷（IPTG）母液：24 mg/mL 溶于 H_2O，过滤灭菌，每管 2 mL 分装并存储于–20℃。
25. 5-溴-4-氯-3-吲哚-β-D-半乳糖苷（X-Gal）母液：20 mg/mL 溶于 *N,N'*-二甲基甲酰胺（DMF），过滤灭菌并存储于–20℃。
26. LB（lysogeny broth）固体培养基：10 g NaCl、10 g 蛋白胨、5 g 酵母提取物，溶解于 1 L 蒸馏水中，调节 pH 至 7.2，再加入 15 g 琼脂，高温灭菌。
27. 含 50 μg/mL 卡那霉素、48 μg/mL IPTG 和 40 μg/mL X-Gal 的 LB 固体培养基：在 500 mL 灭菌后尚未凝固的 LB 固体培养基中加入卡那霉素母液、IPTG 母液和 X-Gal 母液各 1 mL。

1.2.3　大片段文库构建

1. CopyControl™ F 黏粒文库构建试剂盒（EPICENTRE 生物技术公司，美国威斯康星州麦迪逊），按生产商指示存储。
2. Biozym Plaque *GeneticPure* 低熔点琼脂糖（Biozym Scientific 股份有限公司，德国黑西施奥尔登多夫）。

3. Biometra Rotaphor 脉冲场电泳仪（Biometra 公司，德国哥廷根）。
4. 5×TBE（Tris-硼酸-EDTA）缓冲液：54 g Tris-碱、27.5 g 硼酸、20 mL 0.5 mol/L EDTA（pH 8.0），加 H_2O 至 1 L，室温存储。
5. SureClean 核酸纯化试剂盒（Bioline 公司，德国卢肯瓦尔德）。
6. 含 10 mmol/L $MgSO_4$ 的 LB 培养基。
7. 氯霉素母液：氯霉素按 6.25 mg/mL 的浓度溶于乙醇，–20℃存储。
8. 含 12.5 μg/mL 氯霉素的 LB 固态培养基：在 500 mL 灭菌后尚未凝固的 LB 固体培养基中加入 1 mL 氯霉素母液。
9. 3 mol/L 乙酸钠（pH 7.0），室温存储。
10. 噬菌体稀释缓冲液：10 mmol/L Tris-HCl（pH 8.3）、100 mmol/L NaCl、10 mmol/L $MgCl_2$，室温存储。

1.3 实 验 方 法

文库构建由数个独立步骤组成。为了能够成功地克隆环境 DNA，在不同步骤之间最好不要长期存储中间产物。如果无法避免，每个步骤完成后可将纯化后的 DNA 置于 4℃存放几天。在开始进行质粒文库构建的 DNA 末端修复（参见 1.3.1.5 节）或 F 黏粒文库构建的片段长度分选（参见 1.3.2.3 节）之前，DNA 可在–20℃存储。但是，在末端修复或片段长度分选之后，DNA 不能在–20℃存储，因为反复冻融会损伤 DNA 链。另外，应该避免对样品 DNA 进行无必要的移液或吹打。只要试剂能够加入到 DNA 所在的容器中，就尽量不要移动 DNA。当 DNA 必须要转移到新的离心管中时，使用大口径吸管或切掉枪头尖端以避免进一步打断 DNA。

在完成每个步骤之后都要测量 DNA 浓度，以保证还有足够高的 DNA 浓度来完成后续步骤。因为 DNA 在各个步骤中会不断损失，在开始实验时最好使用足够多的 DNA。在构建小片段文库时，如果可用的环境 DNA 总量小于 5 μg，可以先进行全基因组扩增（whole genome amplification，WGA）。可以用一种最近发表的方法[10]解开 WGA 时产生的超分支结构，从而提高克隆效率并避免异常的插入片段长度分布。

1.3.1.1 节至 1.3.1.3 节给出了一种对环境 DNA 进行 WGA 并解开产物超分支结构的方法。而当环境 DNA 的总量足够时，可以直接从 1.3.1.4 节开始构建宏基因组文库。

1.3.1 小片段宏基因组文库构建

1.3.1.1 环境 DNA 的全基因组扩增

1. 按照试剂盒生产商给出的操作说明对环境 DNA 进行全基因组扩增，如使用 Illustra GenomiPhi V2 DNA 扩增试剂盒[11]。

2. 按照操作说明用 SureClean Plus 核酸纯化试剂盒纯化 DNA[12]。干燥 DNA 沉淀的时间不要超过 5～10 min。
3. 在 30 μL H_2O 中溶解 DNA 沉淀（见注释 1）。

1.3.1.2　解开超分支 DNA 结构（见注释 2）

1. 将下列组分加入一个灭菌离心管中：1.3.1.1 节步骤 3 所述的经过扩增和纯化的 DNA，5 μL 10 mmol/L dNTP 混合物，5 μL 10×phi29 缓冲液，1 μL phi29 DNA 聚合酶（10 U/μL），加入 H_2O 至总体积为 50 μL。这一反应混合液可以按照需要等比例放大。
2. 30℃孵育 2 h。
3. 65℃孵育 3 min 使酶失活。
4. 使用 SureClean Plus 核酸纯化试剂盒纯化 DNA（参见 1.3.1.1 节步骤 2 和步骤 3）。

1.3.1.3　S1 核酸酶处理（见注释 2）

1. 按以下比例建立反应体系：1.3.1.2 节步骤 4 得到的全部产物，10 μL 5×S1 核酸酶缓冲液，2 μL S1 核酸酶（100 U/μL）。
2. 37℃孵育 30 min。
3. 使用 SureClean Plus 核酸纯化试剂盒纯化产物 DNA（参见 1.3.1.1 节步骤 2 和步骤 3）。

1.3.1.4　打断宏基因组 DNA

1. 将 1～2 μL 上一步得到的 DNA 在 0.8%的琼脂糖凝胶上进行电泳检测。如果超过 50%的 DNA 片段符合预期大小，则直接从 1.3.1.5 节开始操作。
2. 按照操作说明组装雾化器。
3. 将 10～15 μg 环境 DNA 加至 750 μL 打断缓冲液中，然后移液到雾化器瓶底（见注释 3）。
4. 拧紧雾化器的盖子并将其置于冰上，保持 DNA 处于低温状态。
5. 将雾化器连接到压缩气源并用 9～10 psi① 的气压打断 10～15 s，得到 3～8 kb 长度的 DNA 片段。用 0.8%琼脂糖凝胶电泳检测，确定 DNA 已被充分打断且超过 50%的 DNA 片段达到预期大小。可以通过调整打断气压或者打断时间来调整 DNA 片段的大小。
6. 将 DNA 转移至两个无菌离心管中。

---

① 1 psi = 6.894 76×10^3 Pa，全书同。

7. 加入 1/10 体积的 3 mol/L 乙酸钠（pH 5.0）和 2.5 倍体积的 96%乙醇沉淀 DNA。轻柔混匀后将 DNA 置于冰上 20 min，之后用最高转速于 4℃离心 30 min。
8. 弃上清，并用 70%冷乙醇清洗沉淀两次。第二次清洗后小心地将试管反扣，干燥沉淀 5～10 min。
9. 使用移液枪缓慢加入 36 μL H_2O 来溶解 DNA。

1.3.1.5 插入 DNA 的末端修复

1. 向 1.3.1.4 节步骤 9 的产物中加入以下试剂：5 μL 10×缓冲液 O、1 μL 10 mmol/L dNTP 混合物、1 μL T4 DNA 聚合酶（5 U/μL）、1 μL DNA 聚合酶 I（10 U/μL），加入 H_2O 至总体积为 50 μL（见注释 4）。
2. 室温孵育 3 h。
3. 75℃孵育 10 min 使酶失活。

1.3.1.6 插入 DNA 片段的长度分选

1. 使用由 1×TAE 缓冲液配制的 1%低熔点琼脂糖凝胶电泳检测平端 DNA，在样品泳道两侧最靠外的泳道中加入 DNA 标准参照。凝胶中不要加入溴化乙锭（ethidium bromide，EB）。
2. 电泳完成后，切下 DNA 标准参照对应泳道并使用 EB 染色。在紫外光（UV）下观察，并将预期片段位置在凝胶条上标出。将未染色的样品胶块与从 UV 下取出的已经做好标记的 DNA 标准参照胶条对齐并重新拼合，按照参照胶条上的标记从样品胶块中切出含有预期片段大小 DNA 的区域。
3. 将切出的胶条放在试管中称重。
4. 按 1 μg 凝胶：3 μL 缓冲液的比例向试管中加入 1×GELase 缓冲液，以置换凝胶中电泳缓冲液。室温孵育 1 h 后移除多余的缓冲液（见注释 5）。
5. 70℃下，按照每 200 mg 凝胶孵育 3 min 的比例熔化低熔点琼脂糖凝胶。如果需要也可适当延长孵育时间。
6. 将熔化的低熔点琼脂糖转入 45℃环境中并按每 200 mg 凝胶孵育 2 min 的比例平衡温度。温度高于 45℃将使 GELase 失活。
7. 按 600 mg 琼脂糖：1 U 酶的比例加入 GELase，在 45℃轻轻混匀并孵育至少 1 h。
8. 在 70℃下孵育 10 min 使酶失活。
9. 冰上冷却 5 min，最高转速离心 20 min 沉淀残余未溶解的低聚糖，小心地将上清转入新的试管中。
10. 加入等体积的 5 mol/L 乙酸铵（pH 7.0）和 4 倍体积的 96%乙醇沉淀 DNA

（见注释 6）。接下来按 1.3.1.4 节步骤 7 和 8 的描述操作。

11. 轻轻加入 50 μL H_2O 溶解 DNA。

1.3.1.7　经片段大小选择的平端 DNA 添加 3′ A 突出

1. 在 1.3.1.6 节步骤 11 的产物中加入以下试剂：7 μL 10×*Taq* DNA 聚合酶缓冲液、6 μL 25 mmol/L $MgCl_2$、1 μL 100 mmol/L dATP 和 1 μL *Taq* DNA 聚合酶（5 U/μL），加 H_2O 至 70 μL。
2. 72℃孵育 30 min。
3. 使用 SureClean Plus 核酸纯化试剂盒纯化 DNA（参见 1.3.1.1 节步骤 2）。
4. 将 DNA 溶于 30 μL H_2O 中（见注释 7）。

1.3.1.8　插入 DNA 片段脱磷酸

1. 加入以下试剂准备反应体系：12.5 μL 插入 DNA 片段（约 500 ng）、1.5 μL 10×热敏磷酸酶缓冲液、1 μL 热敏磷酸酶（5 U/μL）。
2. 37℃孵育 15 min。
3. 65℃孵育 5 min 使酶失活。

1.3.1.9　TOPO®克隆

1. 在灭菌离心管中建立克隆反应体系：4 μL 脱磷酸后的插入 DNA 片段和 1 μL PCR®-XL-TOPO®质粒。
2. 轻柔混匀溶液（不要用移液枪吹打）并在室温下孵育 5 min。
3. 加入 1 μL 6× TOPO®克隆终止试剂并轻柔混匀。
4. 短暂离心后置于冰上。连接产物可在 4℃下保存 24 h。
5. 将 2 μL 连接产物加至一管 One Shot®感受态大肠杆菌（*Escherichia coli*）细胞中并轻轻混匀，不要吹打。
6. 将感受态细胞和连接产物的混合物加入预冷的 0.1 cm 电转杯中。
7. 电转化。我们使用 Bio-Rad Gene Pulser II 电转仪，参数设置为：200 Ω、25 μF、2.5 kV。
8. 立即加入 450 μL 室温 S.O.C.培养基（该培养基包含在 TOPO® XL PCR 克隆试剂盒内）混匀。
9. 将溶液转移到一个 15 mL 试管中并在 37℃下在 150 r/min 水平振荡 1 h。
10. 将 25 μL 培养液涂布在含 50 μg/mL 卡那霉素、48 μg/mL IPTG 和 40 μg/mL X-Gal 的 LB 平板上。
11. 平板于 37℃过夜培养。
12. 确保质粒文库包含期望大小的插入片段。随机选取数个大肠杆菌单克隆菌落，接种在含有 50 μg/mL 卡那霉素的 5 mL LB 培养基中过夜培养，使用标准技术提取、消化和分析质粒 DNA。

13. 计算获得单克隆总数和蓝白斑比例，这些数据可以反映含有插入片段的质粒总量。
14. 使用标准技术提取质粒 DNA 并在–20℃保存。

1.3.2 大片段宏基因组文库构建

1.3.2.1 制备宿主细胞

1. 将 CopyControl™ F 黏粒文库构建试剂盒中的大肠杆菌 EPI300-T1®细胞在 LB 平板上划线，于 37℃生化培养箱中孵育过夜。次日，收集培养皿，并用封口膜缠绕上、下皿交界处，4℃保存。
2. 开始 λ 包装反应（lambda packaging reaction）的前一天（参见 1.3.2.5 节），挑取大肠杆菌 EPI300-T1®单克隆接种于 5 mL LB 液体培养基中，在 37℃、150 r/min 的摇床上过夜培养。

1.3.2.2 宏基因组 DNA 的打断（见注释 8）

1. 用小口径吸头反复吹打环境 DNA，将其随机打断。
2. 取 1～2 μL DNA 样品进行琼脂糖凝胶电泳，检查是否有超过 50%的 DNA 片段符合预期的插入片段大小。如果不是，重复步骤 1 直到获得充分打断的 DNA 片段。

1.3.2.3 插入 DNA 片段的长度分选（见注释 9）

1. 按 1.3.1.6 节的方法对打断后的 DNA 进行片段长度分选，但需要对操作步骤做以下修改。
2. DNA 样品用 1%低熔点琼脂糖凝胶（用 1×TBE 缓冲液配制）进行脉冲场凝胶电泳。我们使用 Biometra Rotaphor 脉冲场电泳仪操作说明推荐的电压大小和时间梯度进行。DNA 样品外侧的每一个泳道都加入 100 ng F 黏粒 DNA 作为对照。
3. 将 CopyControl™ F 黏粒文库构建试剂盒中的 50×GELase 缓冲液加热至 45℃。将低熔点琼脂糖在 70℃下孵育 10～15 min 使其熔化，然后移至 45℃平衡温度。
4. 向平衡好的低熔点琼脂糖中加入适量预热的 50×GELase 缓冲液至 1×终浓度，然后在每 100 μL 熔化的琼脂糖里加入 1 U GELase 并轻轻混合，孵育 1 h。继续执行 1.3.1.6 节步骤 8～11。

1.3.2.4　插入 DNA 的末端修复

1. 将 CopyControl™ F 黏粒文库构建试剂盒中的以下试剂添加到 1.3.2.3 节步骤 4 的 50 μL 产物中：8 μL 10×末端修复缓冲液、8 μL 2.5 mmol/L dNTP 混合物、8 μL 10 mmol/L ATP、4 μL 末端修复酶混合物，加入 H_2O 至总体积为 80 μL。
2. 室温孵育 2 h。
3. 70℃孵育 10 min 使酶失活。
4. 使用 SureClean Plus 核酸纯化试剂盒纯化平端 DNA（参见 1.3.1.1 节步骤 2）。
5. 加入 20～30 μL H_2O，吹打混匀（见注释 7）。

1.3.2.5　连接

1. 将 CopyControl™ F 黏粒文库构建试剂盒中的以下试剂添加到已进行末端修复的插入 DNA（约 600 ng）中：1 μL 10× Fast-Link 连接缓冲液、1 μL 10 mmol/L ATP、1 μL CopyControl™ pCC1FOSVector（0.5 μg/μL）、1μL Fast-Link DNA 连接酶（2 U/μL），加入 H_2O 至总体积为 10 μL。
2. 16℃孵育过夜。
3. 向上述反应混合物中加入 0.5 μL Fast-Link DNA 连接酶，室温下再孵育 1.5 h。
4. 70℃孵育 10 min，终止反应。

1.3.2.6　包装 F 黏粒

1. 将 5 mL 过夜培养的 EPI300-T1®细胞（参见 1.3.2.1 节步骤 2）接种到加入 10 mmol/L $MgSO_4$ 的 50 mL LB 培养基中，在 37℃、150 r/min 下培养至 OD_{600} 为 0.8～1.0。然后将样品保存在 4℃，保存时间不要超过 72 h。
2. 在冰上融化一管 CopyControl™ F 黏粒文库构建试剂盒中的 MaxPlax Lambda 包装提取物。
3. 立即将 25 μL MaxPlax Lambda 包装提取物转移至预冷的新离心管中，剩余的 25 μL 包装提取物立即放回–70℃保存。不要将该试剂保存在干冰等 CO_2 含量高的环境中。
4. 向取出的 MaxPlax Lambda 包装提取物中加入连接反应物。混合时注意避免产生气泡，瞬时离心。
5. 30℃孵育 90 min。
6. 融化步骤 3 中剩余的 25 μL MaxPlax Lambda 包装提取物，并将其加入到反应混合物中。

7. 重复步骤 5。
8. 加入噬菌体稀释缓冲液至总体积为 1 mL，轻轻混匀。加入 25 μL 氯仿，轻轻混匀。产物可在 4℃储存不超过 2 天。

1.3.2.7 宿主细胞的转导

1 将 10 μL、20 μL、30 μL、40 μL 和 50 μL 已包装的噬菌体颗粒分别加入到 100 μL 按 1.3.2.6 节步骤 1 制备的 EPI300-T1®细胞中。
2. 37℃孵育 45 min。
3. 将感染了噬菌体的 EPI300-T1®细胞涂布在含有 12.5 μg/mL 氯霉素的 LB 平板上，37℃过夜培养。
4. 计数菌落，找出转染效率最高的噬菌体添加量，并将剩余已包装好的噬菌体与宿主细胞按照该比例混合。
5. 37℃孵育 45 min。
6. 为了确保 F 黏粒文库中插入片段的长度符合预期，可以随机挑取几个大肠杆菌单克隆分别接种到含 12.5 μg/mL 氯霉素的 5 mL LB 液体培养基中，采用 37℃、150 r/min 过夜培养。
7. 为了在宿主细胞中诱导表达高拷贝数的 F 黏粒，取 500 μL 来自步骤 6 的过夜培养物，接种至 4.5 mL 含有 12.5 μg/mL 氯霉素和 5 μL 1000×CopyControl™ 诱导溶液的 LB 液体培养基中（使用 15 mL 试管）。
8. 有氧条件对诱导 F 黏粒复制有关键影响，将上述试管于 37℃剧烈振荡培养 5 h。
9. 通过标准流程提取、消化和分析 F 黏粒 DNA，以确保 F 黏粒文库含有正确插入的宏基因组 DNA 片段。
10. 在微量滴定板的每个孔中加入 12.5 μL 含氯霉素的 LB 液体培养基，然后将 F 黏粒文库克隆逐个挑入不同的孔里，封口后于–70℃保存。

1.4 注　　释

1. 如果 DNA 沉淀难以溶解，再加 20 μL H_2O 并在 37℃孵育 30 min。
2. DNA 进行全基因组扩增产生的超分支结构必须在克隆前解开。通过将 DNA 与 phi29 DNA 聚合酶在无引物的条件下共同孵育，可以降低分支的密度。随之产生的 3′端单链突出可以用 S1 核酸酶消化。将 DNA 与 DNA 聚合酶 I 共同孵育可以去除 DNA 双链中产生的小缺口，这一过程可以在插入 DNA 的末端修复过程中完成（参见 1.3.1.5 节）。

3. 可以通过物理方法诸如利用雾化器或者 HydroShear®（Zinsser Analytic 公司，德国法兰克福）将宏基因组 DNA 打断，或者利用某些限制性内切酶的消化作用，如 *Bsp*143 I（Fermentas 公司，德国圣莱昂-罗特）。需要注意的是限制性内切酶消化有更强的序列偏好性。
4. 如果环境 DNA 没有进行过全基因组扩增，应用 Klenow 片段代替 DNA 聚合酶 I。因为 DNA 聚合酶 I 有 5′-3′核酸外切酶活性，可以去除 S1 核酸酶处理全基因组扩增产物时（参见 1.3.1.3 节）产生的切口。
5. 插入 DNA 片段的长度分选可以通过柱纯化胶回收完成，如使用 QIAquick 胶回收试剂盒（Qiagen 公司，德国希尔登）。柱纯化胶回收耗时短，但是可能会造成 DNA 的断裂。
6. 通过凝胶酶消化产生的寡糖在铵离子存在的情况下更易溶于乙醇。当用其他盐沉淀 DNA 时可能会发生寡糖共沉淀。
7. 如果溶解 DNA 沉淀后得到的 DNA 浓度太低，可以通过冷冻干燥法对 DNA 加以浓缩，可以使用 Savant SpeedVac Plus SC110A[赛默飞世尔科技公司（Thermo Fisher Scientific），美国马萨诸塞州沃尔瑟姆]。
8. 在某些情况下此步骤可以省略，因为从环境样品中提取 DNA 时就会打断 DNA。在实验前应通过凝胶电泳的方式检查 DNA 片段长度。
9. 如果只有少量环境 DNA 可用，片段长度分选步骤可以省略。只有约为 40 kb 大小的 DNA 片段会被包装。然而，省略片段长度分选步骤可能会形成嵌合体。如果需要连接大片段 DNA，则建议仍对插入 DNA 进行片段长度分选。

参 考 文 献

1. Handelsman J (2004) Metagenomics: application of genomics to uncultured microorganisms. Microbiol Mol Biol Rev 68:669–685
2. Simon C, Daniel R (2009) Achievements and new knowledge unraveled by metagenomic approaches. Appl Microbiol Biotechnol 85: 265–276
3. Daniel R (2005) The metagenomics of soil. Nat Rev Microbiol 3:470–478
4. Simon C, Daniel R (2011) Metagenomic analyses: past and future trends. Appl Environ Microbiol 77:1153–1161
5. Daniel R (2004) The soil metagenome – a rich resource for the discovery of novel natural products. Curr Opin Biotechnol 15:199–204
6. Nacke H, Engelhaupt M, Brady S, Fischer C, Tautzt J, Daniel R (2012) Identification and characterization of novel cellulolytic and hemicellulolytic genes and enzymes derived from German grassland soil metagenomes. Biotechnol Lett 34:663–675
7. Placido A, Hai T, Ferrer M, Chernikova TN, Distaso M, Armstrong D et al (2015) Diversity of hydrolases from hydrothermal vent sediments of the Levante Bay, Vulcano Island (Aeolian archipelago) identified by activity-based metagenomics and biochemical characterization of new esterases and an arabinopyranosidase. Appl Microbiol Biotechnol 99(23):10031–10046
8. Simon C, Herath J, Rockstroh S, Daniel R

(2009) Rapid identification of genes encoding DNA polymerases by function-based screening of metagenomic libraries derived from glacial ice. Appl Environ Microbiol 75:2964–2968
9. Cohen LJ, Kang HS, Chu J, Huang YH, Gordon EA, Reddy BV et al (2015) Functional metagenomic discovery of bacterial effectors in the human microbiome and isolation of commendamide, a GPCR G2A/132 agonist. Proc Natl Acad Sci U S A 112:E4825–E4834
10. Zhang K, Martiny AC, Reppas NB, Barry KW, Malek J, Chisholm SW, Church GM (2006) Sequencing genomes from single cells by polymerase cloning. Nat Biotechnol 24:680–686
11. GE Healthcare Life Sciences. Illustra™ GenomiPhi V2 DNA Amplification Kit: instruction manual. GE Healthcare Europe GmbH, Freiburg. https://www.gelifesciences.com/
12. Bioline. SureClean: instruction manual. Bioline, Luckenwalde. http://www.bioline.com/.

第2章　从海洋过滤样本提取总DNA与RNA及用于标记基因研究的cDNA通用模板的制备

多米尼克·施耐德（Dominik Schneider*），弗朗西斯卡·温豪尔（Franziska Wemheuer*），
比尔吉特·菲弗（Birgit Pfeiffer），伯德·温豪尔（Bernd Wemheuer）

摘要

微生物群落在海洋生态过程中扮演着重要角色。尽管近年来有关16S rRNA基因等标记基因的研究有所增多，但海洋生物多样性的绝大部分仍未被挖掘。此外，更多的研究关注整个细菌群落，因此没有特别考虑群落中的活跃成员。本章介绍了一种可以同时提取海水样品中DNA与RNA的实验流程，以及用提取出的RNA制备用于各类标记基因研究的cDNA通用模板的方法。

关键词

宏基因组学、宏转录组学、标记基因研究、微生物多样性、微生物功能

2.1　介　绍

标记基因测序被广泛应用在包括水样[1]和生物膜[2]在内的多种环境的微生物群落研究中。然而，大多数此类研究主要通过16S rRNA基因分析来获得整个群落的结构信息，而不考虑群落成员活跃与否。在过去几年里基于RNA的研究得到了更多关注。这些研究首次展示了有潜在活性的微生物群落的结构、多样性和功能[1,3-5]。

本章介绍了一种从海水中同时提取DNA和RNA的标准实验流程。这一流程基于Weinbauer等的设计[6]，是一种结合了机械和化学处理，利用pH变化从滤膜样品中同时提取RNA和DNA的方法。纯化后不含DNA的RNA随后被转化为cDNA，可用作后续标记基因研究的通用模板或用于直接测序。这种方法已被用于研究黑尔戈兰湾（德国湾）海洋古菌和细菌在赤潮时的应激反应[1,4,7]。该研究

* 两位作者的贡献相等。

中 cDNA 被作为以古菌和细菌 16S rRNA 转录本为靶点的 PCR 的模板。本章介绍的 cDNA 制备方法也可用于从其他环境采集的样品，只要能从中提取高质量的环境 RNA。

2.2 实验材料

用分析纯试剂和经焦碳酸二乙酯（diethylpyrocarbonate，DEPC）处理的水配制所有溶液。用 DEPC 处理时，加 1 mL DEPC 到 1 L 超纯水中，振荡至少 1 h，通过高压蒸汽灭菌（121℃，20 min）去除残余的 DEPC。在室温配制与贮存所有试剂（除非另有说明）。

2.2.1 浮游细菌样品

按以下方法制备用于同时提取 DNA 和 RNA 的滤膜样品：海水样品用 10 μm 孔径的尼龙网和经高温灭菌（4 h，450℃）的 47 mm 直径玻璃纤维滤膜[Whatman® GF/D；沃特曼公司（Whatman），英国梅德斯通]进行预过滤。随后将 1 L 预过滤的海水用一个由直径 47 mm、孔径 0.2 μm 的聚碳酸酯滤膜（Nuclepore®，Whatman 公司，英国梅德斯通）、玻璃纤维滤膜（Whatman® GF/F，英国梅德斯通）组成的夹心滤器进行过滤，得到附着了全部自由生活的浮游细菌的滤膜样品。

2.2.2 DNA 与 RNA 同时提取

1. 经高温灭菌（4 h，450℃）的 2 mm 和 3 mm 直径玻璃珠（Carl Roth 公司，德国卡尔斯鲁厄）各约 2 g。
2. 灭菌剪刀和手术钳。
3. 提取缓冲液：50 mmol/L 乙酸钠和 10 mmol/L EDTA，pH 4.2。加 800 mL 水到一个 1 L 量筒或玻璃烧杯中，加 4.1 g 乙酸钠与 3.72 g EDTA（二钠盐），充分溶解后用乙酸调节 pH，加入 DEPC 水（DEPC-treated water）定容至 1 L。
4. SLS 溶液：*N*-月桂酰肌氨酸钠，浓度 20%，分子生物学级[西格玛奥瑞奇公司（Sigma-Aldrich），美国圣路易斯]。
5. 饱和酚缓冲液：Roti®-Aqua-Phenol（Carl Roth 公司，德国卡尔斯鲁厄），用 8-羟基喹啉补充至终浓度 1 mg/mL（见注释 1）。
6. 高速细胞破碎仪，如 FastPrep®-24 Instrument（MP Biomedicals 公司，德国埃施韦格）。
7. 50 mL 离心管（Greiner Bio-One 公司，德国弗里肯豪森）。

8. 1 mol/L Tris-碱缓冲液，pH 10.5：在 900 mL 水中加入 121 g Tris-碱，用 HCl 调节 pH，定容至 1 L。
9. 3 mol/L 乙酸钠，pH 4.8：在少量水中加 24.61 g 乙酸钠，充分溶解并用乙酸调节 pH，加水定容至 100 mL。
10. 氯仿-异戊醇（24∶1）（CarlRoth 公司，德国卡尔斯鲁厄）。
11. 异丙醇。
12. 35 mg/mL 糖原（Peqlab 公司，德国埃尔朗根）。
13. 96%～100%乙醇。
14. 80%乙醇。
15. 1×TE 缓冲液：将 10 mL 1 mol/L Tris-碱缓冲液（用 HCl 预调至 pH 8）、10 mL 0.5 mol/L EDTA（用 NaOH 预调至 pH 8）加入到 980 mL DEPC 水溶液中，混匀。

2.2.3 提取的 DNA 与 RNA 纯化

1. 10 mg/mL RNase A（Thermo Fisher Scientific 公司，美国沃尔瑟姆）。
2. peqGold Cycle-Pure 试剂盒（Peqlab 公司，德国埃尔朗根）。
3. DEPC 水溶液。
4. RNeasy MiniKit（Qiagen 公司，德国希尔登）。
5. 80%乙醇。
6. β-巯基乙醇（Carl Roth 公司，德国卡尔斯鲁厄）。
7. 2×RNA loading dye（Thermo Fisher Scientific 公司，美国沃尔瑟姆）。

2.2.4 DNA 消化和 PCR 对照

1. Ambion™ TURBO DNA-free™ DNA 消化试剂盒（Thermo Fisher Scientific 公司，美国沃尔瑟姆）（见注释 2）。
2. 重组 *Taq* DNA 聚合酶（1 U/μL），含$(NH_4)_2SO_4$的反应缓冲液（10×）及 25 mmol/L $MgCl_2$（Thermo Fisher Scientific 公司，美国沃尔瑟姆）。
3. 10 mmol/L dNTP 混合物（Thermo Fisher Scientific 公司，美国沃尔瑟姆）。
4. Ribolock RNA 酶抑制剂（40 U/μL）（Thermo Fisher Scientific 公司，美国沃尔瑟姆）。
5. 如下寡核苷酸 10 μmol/L 溶液：8F（5′-AGAGTTTGATCCTGGCTCAG-3′）[8]，518R（5′-ATTACCGCGGCTGCTGG-3′）[9]，1055F（5′-ATGGCTGTCGTCAGCT-3′）[10]和 1378R（5′-CGGTGTGTA CAAGGCCCGGGAACG-3′）[11]（见注释 3）。

6. DEPC 水溶液。
7. 酚-氯仿-异戊醇（Carl Roth 公司，德国卡尔斯鲁厄）。

2.2.5 第一链和第二链合成

1. 随机六聚体引物[罗氏（Roche），德国彭茨伯格]。
2. SuperScript®双链 cDNA 合成试剂盒（Thermo Fisher Scientific 公司，美国沃尔瑟姆）。
3. DEPC 水。

2.3 实验方法

除非另有说明，在室温下执行所有步骤。使用带滤芯的枪头。试剂（除了 SLS、酚、酚-氯仿-异戊醇和氯仿-异戊醇）和离心管使用前高压灭菌两次，避免 DNA 酶、RNA 酶或核酸污染。实验时佩戴手套并遵循其他实验室管理措施（如在处理酚时戴上护具）。由于酚有剧毒和腐蚀性，确保操作时戴上护目镜和防护手套。在处理废弃物时应仔细遵循相关废弃物处理的规定。请仔细阅读流程最后所附注释。

2.3.1 从海水滤膜样品中同时提取 DNA 与 RNA

2.3.1.1 DNA 与 RNA 共提取

1. 准备一次提取实验所需的提取混合液：将 7.5 mL 提取缓冲液与 0.2 mL 20% SLS 溶液混合。需要时可以按比例放大体系。
2. 将玻璃珠加入一个新的 50 mL 离心管里。
3. 用无菌剪刀和镊子将冷冻过的夹心滤器剪成小块。将滤膜放入装有玻璃珠的离心管中。
4. 加入 5 mL 提取混合液。
5. 加入 5 mL 饱和酚。
6. 盖紧管盖后用 FastPrep®-24 以 4 m/s 的速度振荡混合物 60 s。
7. 在 4℃下以 7200×*g* 离心 20 min，将混合物分离为含玻璃珠的下层酚相、中间相和上层水相。
8. 将上层含 RNA 的水相转移到一个新的 50 mL 离心管中，不要丢弃中间相和酚相。
9. 在剩余的中间相和酚相中加入 2 mL 提取混合液和 2 mL 饱和酚，重复一次酚提取。

10. 盖紧管盖后充分振荡混匀，再次在4℃下以7200×*g*离心20 min。
11. 将上层水相合并到步骤8收集的水相中（总体积大约为5 mL），不要丢弃中间相和酚相。
12. 准备DNA分离：在酚相中加入5 mL Tris-碱并充分混匀，4℃静置40 min以上（但不可超过3 h）。
13. 继续进行RNA分离。

2.3.1.2　RNA分离

1. 向上一步得到的水相中加入0.1倍体积的3 mol/L乙酸钠（参见2.3.1.1节步骤11）。
2. 加入5 mL氯仿-异戊醇（见注释4）。
3. 用力混匀，在4℃下以9000×*g*离心10 min进行相分离。
4. 转移水相到一新的50 mL离心管中，重复步骤2和3。
5. 转移水相到一新的50 mL离心管中，加入1/700体积的糖原（见注释5）。
6. 用力混匀，加入1倍体积的异丙醇。
7. 用力混匀，将样品放置于–20℃过夜沉淀RNA（见注释6）。
8. 继续进行DNA分离。

2.3.1.3　DNA分离

1. 用力混匀来自2.3.1.1节步骤12的含DNA的50 mL离心管，在4℃下以2000×*g*离心15 min。
2. 转移上层水相到一个新的50 mL离心管。
3. 加入2 mL 1 mol/L Tris-碱到下层酚相，充分混合，在4℃下以2000×*g*离心15 min。
4. 将上层水相与步骤2已经收集的水相合并，然后加入5 mL氯仿-异戊醇。
5. 用力混匀，在4℃下以9000×*g*离心10 min。
6. 转移上层水相到一个新的50 mL离心管，重复步骤4和5。
7. 加入1/10体积的3 mol/L乙酸钠和1/700体积的糖原（见注释5）。
8. 用力混匀，加入2.5倍体积的冷乙醇。
9. 用力混匀，将样品放置于–20℃过夜沉淀DNA（见注释6）。

2.3.1.4　RNA和DNA的清洗与重溶

1. 在4℃下以最大速度离心30 min沉淀核酸（参见2.3.1.2节步骤7和2.3.1.3节步骤9）。

2. 用 1 mL 冷 80%乙醇清洗沉淀两次，每次清洗后在 4℃下以最大速度离心 10 min。
3. 室温干燥 10 min（见注释 7）。
4. 用 200 μL 1×TE 缓冲液溶解核酸沉淀。

2.3.2 纯化 DNA 与 RNA

2.3.2.1 去除 DNA 样品中的残留 RNA

1. 向提取的 DNA 中加入 1 μL RNase A（参见 2.3.1.4 节步骤 4）。
2. 37℃孵育 1 h。
3. 用 peqGold Cycle-Pure 试剂盒纯化 DNA。
4. 用 100 μL 预热的 DEPC 水溶液洗脱纯化后的 DNA。
5. 用 100 μL Tris 缓冲液（由试剂盒提供）再次洗脱 DNA。

2.3.2.2 用 Qiagen RNeasy Mini 核酸纯化试剂盒纯化 RNA

1. 向 2.3.1.4 节步骤 4 得到的 RNA 中加入 700 μL RLT 缓冲液和 7 μL β-巯基乙醇，充分混匀。
2. 加入 500 μL 96%～100%乙醇，充分混匀。不要离心，迅速进行步骤 3。
3. 转移 700 μL 样品到一个 RNeasy Mini spin 纯化柱上，将纯化柱放置在一个 2 mL 收集管（已提供）中。轻轻盖好盖子，以大于 8000×*g* 离心 15 s。
4. 重复步骤 3 一次。
5. 将 RNeasy Mini spin 纯化柱放置在一个新的 2 mL 收集管（已提供）中。
6. 在纯化柱上加入 500 μL RPE 缓冲液（已提供）。
7. 轻轻盖好盖子，以大于 8000×*g* 离心 15 s，倒掉滤液。
8. 在纯化柱中加入 500 μL 80%乙醇，轻轻盖好盖子，以 8000×*g* 离心 2 min。
9. 将 RNeasy Mini spin 纯化柱放置在一个新的 2 mL 收集管（已提供）中，打开纯化柱的盖子，全速离心 5 min，丢弃收集管和其中的滤液。
10. 将 RNeasy Mini spin 纯化柱放置在一个新的 1.5 mL 收集管（已提供）中，用 50 μL DEPC 水溶液洗脱 RNA 两次（共得到约 95 μL 洗脱液）。
11. 将 5 μL 纯化的 RNA 与 5 μL 2×RNA loading dye 混合，通过琼脂糖凝胶电泳控制 RNA 提取和纯化阳离子。

2.3.2.3 DNA 消化

1. 如果 RNA 的浓度高于 200 ng/μL，用 DEPC 水溶液稀释。
2. 向 RNA 样品中加入 1/10 体积的 10×TURBO DNase 缓冲液（已提供）。

3. 加入 1/40 体积的 Ribolock RNase 抑制剂（终浓度 1 U/μL）。
4. 每 10 μg RNA 加入 1 μL TURBO DNase（2 U）（见注释 2）。
5. 37℃孵育 30 min。
6. 每 10 μg RNA 加入 0.5 μL TURBO DNase（1 U）。
7. 7℃再孵育 15 min。
8. 加入 0.1 倍体积的 DNase 抑制剂（已提供），充分混匀。
9. 室温孵育 5 min，间歇混合。
10. 以 10 000×*g* 离心 1.5 min，将 RNA 转移到一个新管中。
11. 进行 16S rRNA 对照 PCR（参见 2.3.2.4 节），如有必要，重复步骤 3～9。
12. 加入 1 倍体积的酚-氯仿-异戊醇（25∶24∶1），充分混合。
13. 在 4℃下以 14 000×*g* 离心 5 min。
14. 小心地转移上层水相到一个新管中。
15. 加入等体积的氯仿-异戊醇（24∶1），充分混合。
16. 在 4℃下以 14 000×*g* 离心 5 min。
17. 小心地转移上层水相到一个新管中。
18. 加入 1/10 体积的乙酸钠和 1 μL 糖原（10 mg/mL）并混匀。
19. 加入 2.5 倍体积的冷无水乙醇，振荡混匀。
20. –20℃孵育过夜。
21. 在 4℃下以 14 000×*g* 离心 30 min。
22. 小心弃去上清。
23. 用 0.5 mL 冰冷的 70%乙醇覆盖沉淀。
24. 以 14 000×*g* 离心 10 min。
25. 小心弃去上清。
26. 室温干燥沉淀 10 min，去掉残留的乙醇。
27. 用少量 DEPC 水溶解沉淀（每个滤膜样品用约 12 μL）。

2.3.2.4　残余 DNA 对照 PCR

1. 将下列试剂加入到一个无菌、无 DNA 的 0.2 mL PCR 管中：2.5 μL 10×*Taq* 缓冲液，1 μL dNTP 混合物，2 μL 25 mmol/L $MgCl_2$，4 种引物（寡核苷酸）各 1 μL，1 μL *Taq* DNA 聚合酶（1 U/μL），用水将总体积补至 24 μL。如有需要，反应体系可按比例扩大。
2. 加入 1 μL 来自 2.3.2.3 节步骤 10 的经 DNase 处理的 RNA。
3. 用无模板（不加 RNA）的反应体系作为阴性对照。
4. 用以下条件进行 PCR：起始变性 94℃，2 min，28 个循环包括：94℃变性 1.5 min，55℃退火 1 min，72℃延伸 40 s，最终延伸 72℃，10 min。

5. 取 5 μL PCR 产物进行 2%琼脂糖凝胶电泳，如样品无扩增证明 DNA 消化充分。

2.3.3 第一链和第二链合成

1. 将 1 μL 随机六聚体引物加入到 10.5 μL 来自 2.3.2.3 节步骤 27 的不含 DNA 的 RNA 中。
2. 70℃孵育 10 min。
3. 冰上快速冷却。
4. 按下列顺序加入：4 μL cDNA 第一链合成缓冲液，0.5 μL Ribolock RNA 酶抑制剂，2 μL 100 mmol/L 二硫苏糖醇（1,4-dithiothreitol，DTT），1 μL dNTP 混合物。
5. 轻柔振荡后瞬时离心。
6. 25℃孵育 2 min 平衡温度。
7. 加入 1 μL SuperScript™ Ⅱ RT（200 U）。
8. 25℃孵育 10 min。
9. 45℃孵育 1 h。
10. 放置于冰上。
11. 在冰上按照顺序加入下列试剂：94 μL DEPC 水溶液，30 μL 第二链缓冲液（5×），3 μL dNTPs，0.5 μL *E. coli* DNA 连接酶（10 U/μL），2 μL *E. coli* DNA 聚合酶 I（10 U/μL），0.5 μL *E. coli* RNase H（2 U/μL）（见注释 8）。
12. 轻柔振荡混合，16℃孵育 2 h。不要让温度超过 16℃。
13. 加入 1 μL（10 U）T4 DNA 聚合酶，继续在 16℃孵育 5 min（见注释 8）。
14. 将反应管放在冰上，加入 10 μL 0.5mol/L EDTA。
15. 用 Bioline SureClean Plus Solution 按操作说明纯化 cDNA（见注释 9）。

2.4 注　　释

1. 8-羟基喹啉是一种抗氧化剂。它还有一个有益的副作用——使酚变黄。由于水相为无色，酚相为黄色，可以简化相分离。
2. DNase 对机械力敏感。必须小心处理含有 DNase 的所有溶液，不能用涡旋振荡器混匀。
3. 这 4 个（两对）引物以细菌 16S rRNA 基因的两个区域为靶点，会在多重 PCR 时形成两个 PCR 产物（约 500 bp 和约 310 bp）。如果你设计的 PCR 产物小于 300 bp，请使用你计划在标记基因研究中使用的引物。

4. 氯仿-异戊醇用于去除残留的酚，去除酚对于下游反应的进行至关重要。
5. 在任何沉淀混合物中添加糖原有两个优点：首先，糖原会与DNA形成可见的沉淀斑块；其次，可以提高沉淀效率。
6. DNA与RNA可以沉淀混合物的形式贮存几个月至一两年。
7. 注意不要让沉淀完全干燥，因为这会大大降低其溶解度。
8. 用于第二链合成的酶量与操作说明中的用量相比减少了一半，但足以进行cDNA合成。可以向供应商订购额外所需的第二链缓冲液和SuperScript™ II RT。
9. PEG溶液（20% PEG8000，2.5 mol/L NaCl）可以作为Bioline SureClean Plus Solution的替代。加入1倍体积的PEG溶液到来自2.3.3步骤15的反应混合物中；在室温孵育15 min，随后以14 000×*g*离心；用乙醇（80%）清洗沉淀，随后以14 000×*g*离心5 min；重复清洗步骤；在室温下干燥沉淀10 min，将cDNA重溶于50 μL DEPC水溶液或TE缓冲液（1×）。

参考文献

1. Wemheuer B, Wemheuer F, Daniel R (2012) RNA-based assessment of diversity and composition of active archaeal communities in the German Bight. Archaea 2012:695826
2. Schneider D, Arp G, Reimer A, Reitner J, Daniel R (2013) Phylogenetic analysis of a microbialite-forming microbial mat from a hypersaline lake of the Kiritimati Atoll, Central Pacific. PLoS One 8:e66662
3. Wemheuer B, Wemheuer F, Hollensteiner J, Meyer F-D, Voget S, Daniel R (2015) The green impact: bacterioplankton response towards a phytoplankton spring bloom in the southern North Sea assessed by comparative metagenomic and metatranscriptomic approaches. Front Microbiol 6:805
4. Wemheuer B, Güllert S, Billerbeck S, Giebel H-A, Voget S, Simon M et al (2014) Impact of a phytoplankton bloom on the diversity of the active bacterial community in the southern North Sea as revealed by metatranscriptomic approaches. FEMS Microbiol Ecol 87:378–389
5. Schneider D, Reimer A, Hahlbrock A, Arp G, Daniel R (2015) Metagenomic and metatranscriptomic analyses of bacterial communities derived from a calcifying karst water creek biofilm and tufa. Geophys J 32:316–331
6. Weinbauer MG, Fritz I, Wenderoth DF, Höfle MG (2002) Simultaneous extraction from bacterioplankton of total RNA and DNA suitable for quantitative structure and function analyses. Appl Environ Microbiol 68:1082–1087
7. Voget S, Wemheuer B, Brinkhoff T, Vollmers J, Dietrich S, Giebel H-A et al (2015) Adaptation of an abundant *Roseobacter* RCA organism to pelagic systems revealed by genomic and transcriptomic analyses. ISME J 9:371–384
8. Miteva VI, Sheridan PP, Brenchley JE (2004) Phylogenetic and physiological diversity of microorganisms isolated from a deep greenland glacier ice core. Appl Environ Microbiol 70:202–213
9. Muyzer G, de Waal EC, Uitterlinden AG (1993) Profiling of complex microbial populations by denaturing gradient gel electrophoresis analysis of polymerase chain reaction-amplified genes coding for 16S rRNA. Appl Environ Microbiol 59:695–700
10. Amann RI, Ludwig W, Schleifer KH (1995) Phylogenetic identification and *in situ* detection of individual microbial cells without cultivation. Microbiol Rev 59:143–169
11. Heuer H, Krsek M, Baker P, Smalla K, Wellington EM (1997) Analysis of actinomycete communities by specific amplification of genes encoding 16S rRNA and gel-electrophoretic separation in denaturing gradients. Appl Environ Microbiol 63:3233–3241

第3章　海洋宏基因组大片段文库的构建与筛选

南希·维兰德-布劳尔（Nancy Weiland-Bräuer），
丹尼尔·朗费尔德（Daniela Langfeldt），路得·A. 史密茨（Ruth A. Schmitz）

摘要

海洋环境覆盖了70%以上的地球表面。海洋微生物群落高度多样，并在对不同生态环境和选择压造成的影响进行生理适应的广义演化过程中不断进化。它们拥有极高的多样性和可能从未被发现过的未知生理特征。过去研究较多的海洋微生物主要是附着在海洋多细胞生物组织上的细菌“联盟”，它们是高潜在生物活性物质的丰富来源，其中可能包括为数众多的候选药物。然而海洋微生物的多样性和它们产生的生物活性物质、代谢产物的广泛用途至今尚未得到充分挖掘。本章介绍了海洋环境的采样、海洋生物宏基因组大片段文库的构建，以及一个旨在鉴定群体感应抑制活性、基于功能进行宏基因组克隆筛选的案例。

关键词

宏基因组DNA提取、16S rDNA系统发生分析、F黏粒文库构建、基于功能筛选、群体感应抑制

3.1　介　　绍

海洋是地球上最大的生态系统[1]，其中微生物细胞的平均密度约为5×10^5个/mL，总量约有3.6×10^{28}个[2]。海洋微生物群落高度多样，并在对不同生态环境和选择压造成的影响进行生理适应的广义演化过程中不断进化。它们拥有极高的多样性和可能从未被发现过的未知生理特征，因此是分离新的生物活性物质和相关基因的丰富来源[3,4]。微生物也因为与许多海洋无脊椎动物（如海绵、珊瑚、乌贼等）形成共生关系而被人所知，并被认为能产生特定的具有生物活性和药用价值的天然产物[5,6]。

海洋天然产物在生物医学研究和药物开发中具有至关重要的作用，可以直接作为药物或作为化学药物合成的模板[7,8]。近年来，针对海洋微生物产生的各种天

然产物的化学研究越来越受到人们的关注[9,10]。与海洋真核生物相比，海洋微生物是更好的天然产物的潜在来源，因为它们具有丰富的次级代谢通路，能以较低的成本生产出大量的次级代谢产物[11]。此外，为了适应海洋生态系统并在其中存活，一些海洋微生物会积累在其他生物中没有被发现过的、结构独特的生物活性物质[12-17]。2015 年共发现了 4033 种来自海洋微生物的化合物[18]，这一数字在 10 年内增长了 82%。附着在海洋多细胞生物上的微生物群落也是理解微生物和宿主之间复杂相互作用的很吸引人的模型系统。这些宿主-微生物相互作用可能与人类屏障器官及其微生物群落有关，可以为人类疾病的研究和新药靶向的鉴定提供启示。

自然环境中超过 99%的微生物类群被认为无法用传统方法培养[19]。为了克服培养技术的限制，探索微生物群落的多样性和潜能，人们开发了多种基于 DNA 的分子生物学方法[20-23]。快速发展中的宏基因组学研究旨在分析在不同环境中生存的微生物群落所呈现出的复杂的基因组和遗传信息。今天，宏基因组学研究方法（如新的高通量扩增子测序技术）经常被用来表征微生物群落的组成和动态。另外，宏基因组学研究方法的应用并不局限于系统发生分析，它也让研究者有机会获得群落中不同微生物的功能信息，如鉴定具有生物技术应用前景的新酶[21,24-28]。一种新的细菌视紫红质（变形菌视紫红质）的发现[29-32]及对一种海洋环节动物和与其共生微生物群落之间关系的研究[33]都是这一技术的应用案例。近年来，人们建立了针对各种生境的 DNA 提取技术和用来克隆大片段宏基因组 DNA 的载体系统[如黏粒、F 黏粒或细菌人工染色体（BAC）]。大片段克隆文库能在宿主（主要是大肠杆菌 *Escherichia coli*）中进行外源表达，然后进行基于功能筛选，且其构建可以用商业化试剂盒完成[34,35]。近来，新的表达工具和宿主也被成功地用于宏基因组文库的构建与筛选[36]。

3.2 实 验 材 料

3.2.1 取样

3.2.1.1 海水取样

1. 隔膜泵及滤膜（10 μm 和 0.22 μm 孔径的聚碳酸酯或聚偏氟乙烯滤膜）或装有 24 个 10 L Niskin 采样瓶的温盐深测量系统（CTD）。
2. 蠕动泵，用于加速过滤。
3. 原位泵，用于海洋深水取样。
4. 液氮，用于长期于−80℃冻存滤膜。

3.2.1.2 海洋无脊椎动物取样

1. 海洋动物采集工具，如桶、瓶子、捞网等。
2. 灭菌海水，用于冲洗松散附着的微生物。
3. 无菌培养皿和无菌棉拭子，用于从海洋真核生物表面刮取微生物。
4. 无菌组织匀浆器或研钵，用于匀浆小型动物。
5. 液氮，用于长期于−80℃冻存样品。

3.2.2 宏基因组 DNA 的分离

1. 可设置为 37℃和 65℃的恒温孵育器、离心机。
2. DNA 提取缓冲液：100 mmol/L Tris-HCl（pH 8.0）、100 mmol/L EDTA-Na、100 mmol/L 磷酸钠、1.5 mol/L NaCl、1% CTAB（*V*/*V*）。
3. TE 缓冲液：10 mmol/L Tris（pH 8.0）、1 mmol/L EDTA。
4. 20 mg/mL 蛋白酶 K（Fermentas 公司，德国圣莱昂-罗特）；50 mg/mL 溶菌酶（Roth 公司，德国卡尔斯鲁厄）；RNase A（Qiagen 公司，德国希尔登）；20% SDS；氯仿；异丙醇；70%乙醇。

3.2.3 16S rDNA 系统发生分析

1. 离心管、微量移液器、PCR 仪。
2. 通用引物 Pyro_27F（5′-*CTATGCGCCTTGCCAGCCCGC*T CAGTCAGAGTTTGATCCTGGCTCAG-3′）和带识别码的反向引物 338R（5′-*CGTATCGCCTCCCTCGCGCCA*TCAGXXXXXX XXXXCA*TGCTGCCTCCCGTAGGAGT*-3′）。
3. Phusion 热启动 DNA 聚合酶（Thermo Fisher Scientific 公司，美国马萨诸塞州沃尔瑟姆）。
4. MinElute 胶回收试剂盒（Qiagen 公司，德国希尔登）。
5. Quant-iT PicoGreen 试剂盒（Invitrogen 公司，德国达姆施塔特），NanoDrop 3300 光度计。
6. GS FLX Titanium 系列试剂盒（Sequencing Kit XLR70、Pico Titer Plate Kit 70×75、SV emPCR Kit/Lib-A、Maintenance Wash Kit；Roche 公司，德国曼海姆）。
7. 454 GS245 FLX Titanium 测序仪（Roche 公司，美国康涅狄格州布兰福德）。

3.2.4　构建宏基因组大片段文库

1. CopyControl™ Fosmid 文库制备试剂盒（Epicentre 公司，美国威斯康星州麦迪逊）。
2. TE 缓冲液：10 mmol/L Tris（pH 8.0）、1 mmol/L EDTA。
3. 0.025 μm 孔径纤维素滤膜，VS 型[密理博公司（Millipore），德国施瓦尔巴赫]。
4. 噬菌体稀释缓冲液：10 mmol/L Tris-HCl（pH 8.3）、100 mmol/L NaCl，10 mmol/L $MgCl_2$。
5. 含 10 mmol/L $MgSO_4$ 的 LB 培养基，用于培养 EPI300-T1R 宿主细胞。
6. 含 12.5 μg/mL 氯霉素的 LB 培养平板。
7. 96 孔板，每个孔加 150 μL 含 12.5 μg/mL 氯霉素的 LB 液体培养基。
8. 二甲基亚砜（dimethyl sulfoxide，DMSO）。

3.2.5　从宏基因组文库筛选具有群体感应抑制活性的基因

1. 0.5 mL 容量、0.2 μm 孔径离心过滤器（Carl Roth 公司，德国卡尔斯鲁厄）、Geno/Grinder 2000 组织研磨仪（BT&C/OPS Diagnostics 公司，美国新泽西州布里奇沃特）。
2. LB 培养平板。
3. 含 0.8%琼脂、100 μmol/L *N*-3-氧-己酰高丝氨酸内酯（Sigma-Aldrich 公司，德国慕尼黑）、100 μg/mL 氨苄西林、30 μg/mL 卡那霉素和 10%（*V*/*V*）报告菌株 AI1-QQ.1 生长培养基的顶层琼脂[37]。
4. 含 0.8%琼脂、50 μmol/L 4-羟基-5-甲基-3(2H)-呋喃酮（Sigma-Aldrich 公司，德国慕尼黑）、100 μg/mL 氨苄西林、30 μg /mL 卡那霉素和 5%（*V*/*V*）报告菌株 AI2-QQ.1 生长培养基的顶层琼脂[37]。
5. 50 mmol/L Tris-HCl（pH 8.0）。
6. 0.1 mm 和 2.5 mm 直径玻璃珠（Carl Roth 公司，德国卡尔斯鲁厄）。

3.3　实 验 方 法

3.3.1　取样流程

3.3.1.1　表层海水取样

表层海水可以通过隔膜泵或其他高效、清洁的泵来收集。此外，样品也可以通过装有采样瓶的温盐深测量系统（conductivity temperature depth sensor，CTD）采集（图 3-1）。

图 3-1 德国 Meteor 号海洋科考船上的 CTD 配备了 24 个 10 L Niskin 采样瓶

对具备较高潜在生产力的叶绿素极大值深度附近的表层海水采样时，采样体积通常应介于 100～200 L，因为这一深度层的微生物含量很高。采集后用 10 μm 孔径的滤膜进行预过滤，然后继续用 0.22 μm 孔径的聚碳酸酯或聚偏氟乙烯膜过滤（见注释 1）。为了提高过滤速度，需要使用蠕动泵等高效的辅助装置（见注释 2）。滤膜应立即冷冻并存储于–80℃（见注释 3）。

3.3.1.2 深层海水取样

真光层以下细胞生物稀少，因此采样体积至少需要 200 L。配备 24 个 10 L Niskin 瓶的 CTD 仍可用于样品采集（样品过滤方法同上）。但由于这种方法的采样体积受限（大多为 240 L）、费时费力，而且在船上过滤时环境（光、温度、压力）的剧烈变化可能会导致样品中微生物发生应激反应，使用原位泵采集深层海水样品是更好的方案。原位泵可以靠调整船上绞盘的线缆长度设置在目标深度（图 3-2a），还可以在不同深度同时配置多个泵。使用原位泵采样非常节省时间，而且能更好地保护样品、得到更真实的微生物群落信息（见注释 4）。此外，如果泵的性能允许，采样体积可高达 5000 L。样品无须预过滤即可用 0.22 μm 孔径的碳酸盐滤膜进行过滤。回收水泵后应立即从泵上拆下滤膜（图 3-2b），并将滤膜冻存于–80℃。

a
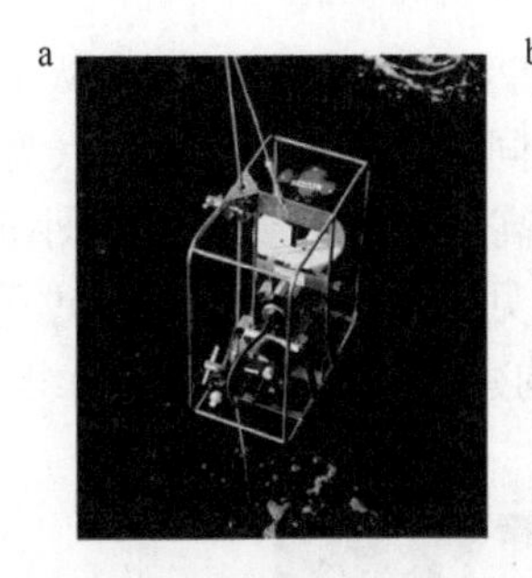
b

图 3-2　由 RV Meteor 科考船携带的原位泵（a）；原位泵上带有滤膜的过滤支架（b）

3.3.1.3　海洋无脊椎动物取样

取得动物样品后，用经过滤（0.22 μm）和灭菌的海水充分冲洗，去除松散附着的微生物。如果可能的话，将生物置于无菌培养皿上，用无菌棉拭子擦拭 2～5 cm^2 的体表（取决于微生物数量和下游应用）进行采样。当拟采样动物体型较小、较脆弱时，可将整只动物匀浆用于提取 DNA，如有必要也可采用液氮冷冻研磨。在这种情况下，原核细胞的富集（如分级离心）可以在 DNA 提取之前进行。进行比较系统发生分析时应按照之前说明的方法采集和过滤环境海水样品。

3.3.2　宏基因组 DNA 分离

从滤膜、拭子或动物组织匀浆中提取 DNA 通常是通过直接裂解微生物实现的。但为了尽量富集原核细胞，减少真核 DNA 的共提取，或从含有抑制性污染物的环境中提取 DNA，可能需要在裂解细胞前加入额外的实验步骤[38]。下面介绍的实验流程在 Henne 等提出的流程[39]基础上进行了一些修改，可用于从滤膜、拭子和组织样本中采用直接裂解法提取微生物的基因组 DNA。注明的试剂用量适用于 2.5 cm^2 的滤膜，实验时应根据滤膜大小或样本量多少进行调整。

1. 向 1.35 mL DNA 提取缓冲液（见注释 5）中添加 20 μL 蛋白酶 K（20 mg/mL）和 200 μL 溶菌酶（50 mg/mL），加入样品后于 37℃静置或振荡（150 r/min）孵育 30 min。
2. 加入 1.5 μL（17 000 U）RNase A，37℃孵育 30 min。
3. 加入 150 μL 20% SDS 后于 65℃孵育 2 h，随后以 4500×*g* 离心 10 min。
4. 在室温下，用氯仿抽提上清并用异丙醇（0.7 倍体积）沉淀核酸 1 h，随后在 4℃下以 16 000×*g* 离心 45 min。
5. 用 70%乙醇清洗 DNA 沉淀，干燥后用 25 μL TE 缓冲液溶解。

这个提取方法用酶消化去除细胞壁，得到原生质体。十二烷基硫酸钠（SDS）破坏大部分蛋白质的三级和四级结构；十六烷基三甲基溴化铵（CTAB）同时去除多糖和剩余的蛋白质。将 DNA 提取缓冲液中的 CTAB 浓度从 1%提高到 5%可以改善古菌细胞壁（与细菌细胞壁明显不同）的裂解效果[40,41]（见注释 6）。在某些情况下（如处理革兰氏阳性细菌含量较高的样本），裂解前用小玻璃、陶瓷、锆或钢珠对样品进行机械破碎是必要的[42]（见注释 7）。最后，通过凝胶电泳检测提取的宏基因组 DNA，确认其长度可用于构建大插入片段宏基因组文库（图 3-3）。

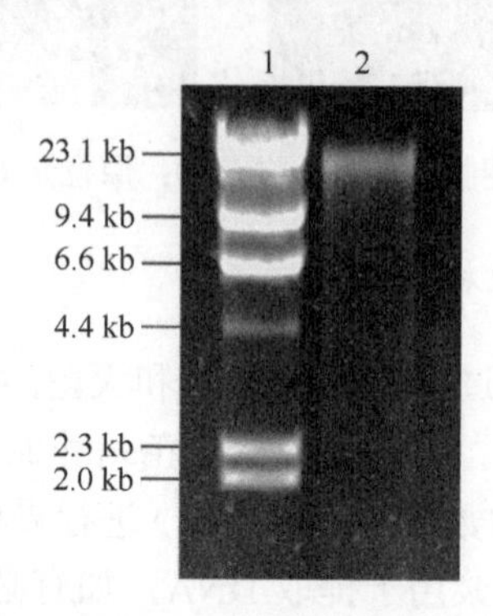

图 3-3　宏基因组高分子量 DNA 的凝胶电泳

3.3.3　16S 扩增子测序

高通量测序技术的建立彻底革新了自然环境中微生物的研究[43]。近来，16S rRNA 基因扩增子测序技术被用于环境细菌的物种分类和鉴定。用带 barcode 的引物可以从宏基因组 DNA 中采用 PCR 扩增出细菌 16S rRNA 基因上的可变区（如 V1-V2 区）（图 3-4）。可变区 V1-V2 的扩增可以使用通用引物 Pyro_27F（5′-

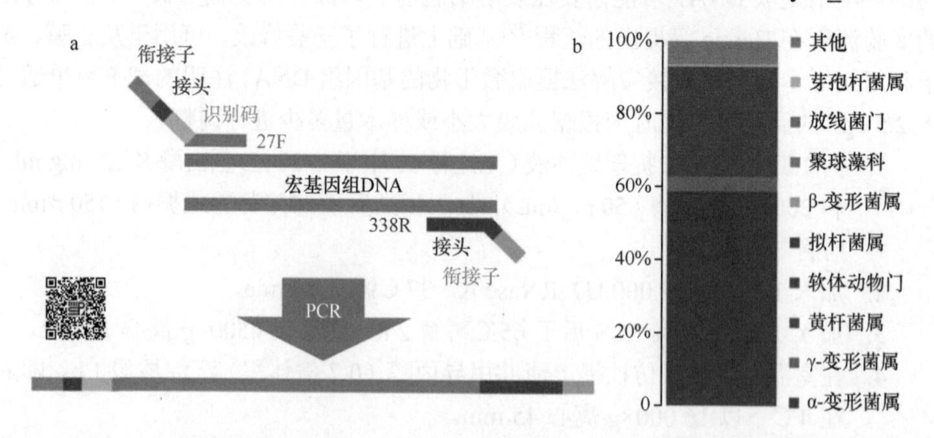

图 3-4　利用 16S rRNA 扩增子测序进行海洋生境中细菌的系统发生分析。(a) GS FLX Titanium 系列测序仪扩增子测序原理示意图；(b) 基于 16S rDNA 序列分析得到的海洋生境细菌的系统发生组成（彩图请扫二维码）

CTATGCGCCTTGCCAGCCCGC TCAGTCAGAGTTTGATCCTGGCTCAG-3′）和带 barcode 的反向引物 338R（5′-*CGTATCGCCTCCCTCGCGCCA*TCAGXXXXXXXXXXCA*TG CTGCCTCCCGTAGGAGT*-3′）。上述引物含有 454 测序仪工作所需的正向衔接子 B 与反向衔接子 A（斜体）及高度保守的细菌引物 27F 和 338R（下划线）。一个独特的 10 个碱基长的混样标记序列（即 barcode 序列，记为 X）被加入反向引物序列中用于标记不同样本的 PCR 产物。

按照 Phusion 热启动 DNA 聚合酶的标准流程扩增 10～100 ng 提取的 DNA（见注释 8）：98℃ 30 s；然后 35 个循环：98℃ 9 s，55℃ 30 s，72℃ 30 s；最后 72℃延伸 10 min。检测扩增产物的片段长度后用 MinElute 胶回收试剂盒回收 DNA，并用 Quant-iT PicoGreen 试剂盒和 NanoDrop 3300 测定浓度。

根据 GS FLX Titanium 系列试剂盒的操作说明进行焦磷酸测序。可以使用 454 GS245 FLX Titanium 测序仪测序[44,45]。

16S rRNA 基因分析不但能够显示各种环境中的微生物群落结构，还可以发现具有潜在生物技术应用前景的新酶。除了研究微生物多样性，该技术还可以用特定的引物进行额外的 PCR 扩增以分析特定功能基因的存在情况，如固氮菌中编码一种关键固氮酶的 *nifH* 基因[46,47]。

3.3.4 大片段文库构建

人们开发了 F 黏粒和细菌人工染色体（BAC）载体，分别用于克隆 40～120 kb 的大片段基因组 DNA。这些载体利用单拷贝 F 因子复制子进行复制，携带大片段插入时有较高的稳定性[48]。同时，人们还开发了一种新的同时携带单拷贝和可诱导多拷贝复制起始位点的大片段插入载体[34,49]。这样一方面确保了编码、表达毒性蛋白和不稳定 DNA 序列的插入片段的插入稳定性与克隆成功率，另一方面可以通过诱导在载体制备和功能筛选时增加 DNA 的产量[50,51]。因此，BAC 和 F 黏粒已成为构建基因组克隆文库的标准工具。

商业化的基因组文库构建试剂盒通常沿用平端克隆策略，可制备得到完整、无偏好的文库。以 CopyControl™ Fosmid 文库制备试剂盒（带有 pCC1FOS）为例，它结合了相关技术的优点，能稳定地将 DNA 大片段插入到载体中，且耗时很短（图 3-5）。

下面按照制造商的操作说明列出实验流程。

1. DNA 制备：按前述方法分离得到高分子量（宏）基因组 DNA，然后用 TE 缓冲液稀释到约 500 ng/μL 浓度（见注释 9）。
2. 打断：用 200 μL 的移液管头多次吹打 DNA 溶液，得到长度在 20～40 kb 的 DNA 片段。

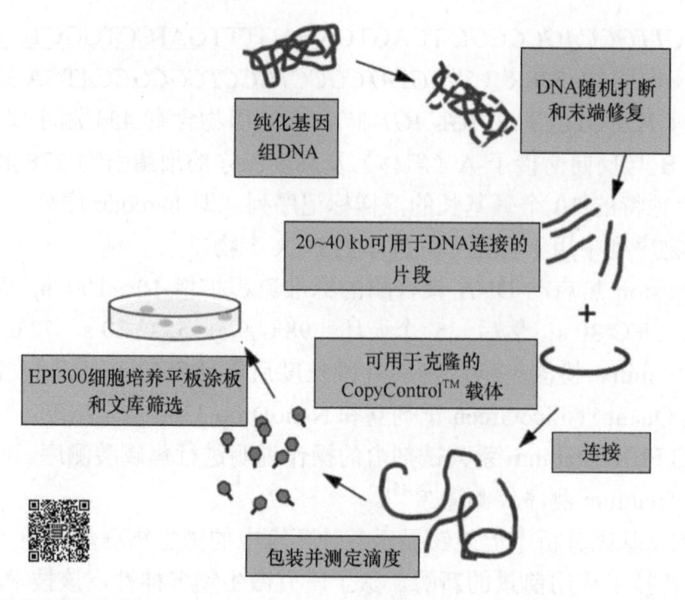

图 3-5 宏基因组文库的构建（Epicentre 公司，美国威斯康星州麦迪逊）（彩图请扫二维码）

3. DNA 片段的末端修复：按照表 3-1 中的末端修复反应体系制备平端的 5′-磷酰化 DNA 片段，反应体系可以根据 DNA 的用量放大或缩小，随后在室温（RT）下孵育 45 min（见注释 10）。

表 3-1 DNA 片段末端修复

灭菌水	*x* μL
10×末端修复缓冲液	8 μL
2.5 mmol/L dNTP 混合物	8 μL
10 mmol/L ATP	8 μL
不超过 20 μg 打断后的 DNA	*x* μL
末端修复酶混合物	4 μL
总体积	80 μL

4. 透析：将末端修复反应混合物在灭菌水中透析 30 min 以除去盐类。这一步骤可以通过使用 Millipore 公司的 0.025 μm 纤维素滤膜（VS 型）来进行，在培养皿中加入无菌水，水面平铺一张滤膜，然后将反应混合物加在滤膜上。

5. 连接：按 10∶1 的物质的量比混合 CopyControl™ pCC1FOS 载体与插入 DNA，室温孵育 2 h 后于 16℃孵育过夜（见注释 11）。按表 3-2 列出的顺序加入试剂。

表 3-2　连接反应

灭菌水	*x* μL
10×Fast-Link 连接缓冲液	1 μL
10 mmol/L ATP	1 μL
CopyControl™ pCC1FOS 载体（0.5 mg/mL）	1 μL
插入 DNA 片段（40 kb 长度的 DNA 0.25 μg）	*x* μL
Fast-Link DNA 连接酶	1 μL
总体积	10 μL

6. 包装反应：将 10 μL 的连接反应液加入到在冰上保持冷却的 25 μL MaxPlax Lambda 包装提取物中。于 30℃孵育 90 min 后加入剩余的 25 μL MaxPlax Lambda 包装提取物，于 30℃再孵育 90 min。孵育后加入噬菌体稀释缓冲液至 1 mL。如需在 4℃存放应再加入 25 μL 氯仿。
7. 包装后 CopyControl™ F 黏粒文库的滴定：建议在转导前测定包装好的噬菌体颗粒的效价。将 10 μL 包装反应液加入到 100 μL 指数增长期的 EPI300-T1R 宿主细胞（使用含 10 mmol/L $MgSO_4$ 的 LB 培养基）中，于 37℃孵育 20 min。转导后的 EPI300-T1R 细胞分别涂在含 12.5 μg/mL 氯霉素的 LB 培养平板上，于 37℃孵育过夜。计数菌落并计算噬菌体颗粒的效价。
8. CopyControl™ F 黏粒文库的转导和涂板：根据滴定结果和所需克隆的数量计算构建相应文库应使用的包装 F 黏粒文库产物体积。根据算出的体积按上一步中的方法平行操作，进行 EPI300-T1R 宿主细胞的转导。在含 12.5 μg/mL 氯霉素的 LB 培养平板上涂上合适体积的菌液，于 37℃孵育过夜。挑取 F 黏粒克隆在 96 孔板上进行培养，随后加入 DMSO 至其浓度为 8%，储存于−80℃。
9. 诱导高拷贝数：为了获得测序、指纹图或其他下游应用所需的高 F 黏粒 DNA 产量，可以诱导文库产生更高的 F 黏粒拷贝数。直接在 96 孔板上进行基于功能筛选也推荐使用有更高拷贝数的文库。根据下游应用需要，可以在任何培养体积中实现诱导。一般在 LB 培养基中添加氯霉素和 2 μL/mL 的自体诱导液，于 37℃振荡培养过夜即可。

3.3.5　采用 PCR 扩增对宏基因组文库进行基于序列的筛选

通过运用 PCR 扩增检测各个关键基因是否存在，我们可以对宏基因组 DNA 进行基于序列的分析，从而识别文库中不同的基因和代谢通路。引物基于已知的待检测基因的保守序列进行设计。PCR 扩增可以使用宏基因组 DNA、宏基因组文库中的多个 F 黏粒混合物或单个 F 黏粒。将扩增产物分别克隆（如克隆到 TA 载体中）后对随机选择的克隆进行序列分析。案例之一是用这种方法从土壤宏基因组文库中鉴定出了一种新的具有稳定活性的细胞色素 P450 单加氧酶基因[52]。另一个例子是发现太平洋表层水体中的 *nifH* 基因（固氮功能关键基因之一）有出人意料的高多样性和广泛分布[46,47,53]。

大规模测序项目，如由克莱格·文特尔（Craig Venter）发起的马尾藻海（Sargasso Sea）宏基因组测序项目鉴定出了大量新基因，是基于序列的宏基因组分析的著名案例[54]。该项目测序了超过 10 亿个碱基对的 DNA，其中包括大约 1800 个基因组。研究者利用这些数据组装出了一些物种几乎完整的基因组。序列分析预测这些环境 DNA 编码了 1 214 207 种新蛋白质。高通量测序最重要的优点之一是它能产生丰富的序列信息。高深度测序指的是对特定基因组区域的多次测序（一般是数百次甚至数千次），这种方法能够检测出复杂群落中丰度非常低的物种[55]。快速、准确、廉价的测序技术的发展及生物信息学的重大进步使微生物基因组测序成为常规方法[56]。最近的技术进步让人们能对环境样品中的单个微生物细胞的基因组进行组装，而不需要进行培养[57]，这一发展将增强我们对自然界微生物多样性的理解。基于序列的宏基因组研究有可能改变我们对地球微生物多样性和功能的理解，而生物信息学显然需要得到进一步发展，以便利用这些测序项目的大量数据[58]。

3.3.6 基于功能的宏基因组文库筛选

对宏基因组文库中新基因进行功能筛选可以通过直接检测宏基因组克隆的代谢产物或酶的活性来探索一个生境中所有微生物的遗传潜力。宏基因组文库已被用于筛选各种生物分子，如生物技术相关酶，并已经鉴定出一些新的抗生素如 turbomycin A 和 B[59]、氨酰化抗生素[60]和来自土壤宏基因组的抗菌小分子[61,62]、外切酶如脂肪酶[63-65]和海洋几丁质酶[66,67]及膜蛋白[68]。在下文中，以鉴定群体感应抑制活性为例介绍这种筛选方法。

3.3.6.1 天然群体感应抑制化合物的宏基因组文库筛选

群体感应（quorum sensing，QS）是一种基于小信号分子（自体诱导物）的细菌细胞间通信，它是一种依赖细胞密度的细菌基因表达调控过程。对自体诱导物的积累和感应使细菌能够通过检测信号分子浓度来监测细胞密度的改变，从而改变其基因表达以协调需要高细胞密度的行为，如致病性和生物膜形成[69-71]。得到广泛了解和研究的自体诱导物包括革兰氏阴性菌的酰基高丝氨酸内酯（acyl-homoserine lactone，AHL）、革兰氏阳性菌的寡肽信号及在两者中均有发现的被称为自身诱导蛋白-2（autoinducer-2，AI-2）的呋喃分子[72]。最近还发现了几种其他的诱导物，如肠出血性大肠杆菌（enterohemorrhagic *E. coli*，EHEC）的 AI-3[73,74]和霍乱弧菌（*Vibrio cholera*）的 CAI-1[75]，它们被认为是微生物和宿主之间的跨界信号系统。

QS 在细菌生物膜形成中起着至关重要的作用[69]。预期之外的生物膜形成常会导致材料降解、污损、污染甚至感染[76,77]。由于生物膜的形成主要取决于 QS，一种备受关注的防止生物膜形成的策略是抑制 QS 信号机制（群体感应抑制，quorum quenching，QQ）[78-80]。新的天然存在的群体感应抑制化合物或机制可以通过不依赖培养的方法，如宏基因组学方法进行鉴定，并可用于开发针对抗性微生物的新疗法[81-85]。最近，我们建立了两个报告菌株——AI1-QQ.1 和 AI2-QQ.1[37]，用于鉴定干扰 AHL 和 AI-2 的细胞间通信的群体感应抑制化合物。以大肠杆菌为基础的报告菌株含有一种编码致死蛋白 CcdB 的基因，该基因由 AHL-（P*luxI*）或 AI-2-（P*lsrA*）诱导的启动子控制。因此，携带这种融合报告基因的大肠杆菌菌株不能在有相应信号分子存在的条件下生长，除非存在无毒的干扰分子抑制相关信号。细胞提取物和克隆培养物（单克隆或多个克隆的混合物）的上清液都可用于简单、快速地筛选群体感应抑制活性。下面的流程介绍了细胞提取物和培养物上清液的制备及群体感应抑制活性的检测方法（图 3-6）。

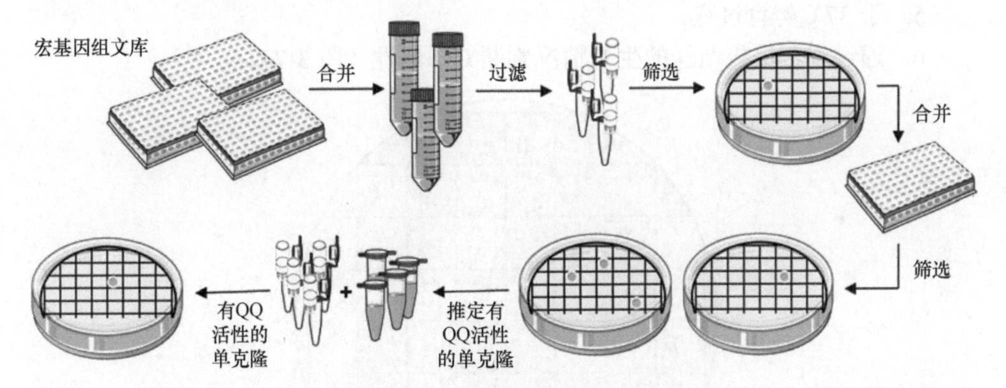

图 3-6　从宏基因组 F 黏粒文库中筛选细胞提取物和培养物上清液具有群体感应抑制活性的克隆的流程图

（Ⅰ）利用宏基因组 F 黏粒克隆制备细胞提取物和无细胞上清液

1. F 黏粒克隆分别在每个孔加有 150 μL 培养基的微孔板上培养（见注释 12）。将所需的培养物合并到一起（最多 96 个克隆），在 4℃下以 4000×*g* 离心 30 min。
2. 用 0.2 μm 孔径的滤膜过滤上清液并储存在 4℃。
3. 剩余的细胞沉淀在 500 μL 50 mmol/L Tris-HCl（pH 8.0）中重悬，加入适量 0.1 mm 和 2.5 mm 玻璃珠后用 Geno/Grinder 2000 在室温下以 1300 r/min

振荡破碎 6 min。

4. 在 4℃下以 10 000×*g* 离心 25 min，随后用 0.2 μm 孔径滤膜过滤。
5. 用三个独立重复平行实验进行上清液和细胞提取物的筛选，以验证它们的群体感应抑制活性。
6. 可以将具有群体感应抑制活性的克隆在 3 mL LB 液体培养基中扩大培养，并按上述方法制备无细胞上清液和细胞提取物用于相关实验。

（Ⅱ）群体感应抑制试验

1. 在 LB 琼脂平板上覆盖 3 mL 含 100 μmol/L *N*-3-氧-己酰高丝氨酸内酯、100 μg/mL 氨苄西林、30 μg/mL 卡那霉素和 10%（*V*/*V*）报告菌株 AI1-QQ.1 生长培养基的顶层琼脂。
2. 以同样的方式制备 AI-2 群体感应抑制平板，但顶层琼脂中添加 50 mmol/L 4-羟基-5-甲基-3(2H)-呋喃酮、100 μg/mL 氨苄西林、30 μg/mL 卡那霉素和 5%（*V*/*V*）报告菌株 AI2-QQ.1 生长培养基。
3. 平板在洁净工作台上室温干燥 20 min。
4. 加入 5 μL 的测试底物（细胞提取物和上清液）。
5. 于 37℃孵育过夜。
6. 通过观察报告菌株的生长情况判断 QQ 活性（图 3-7）。

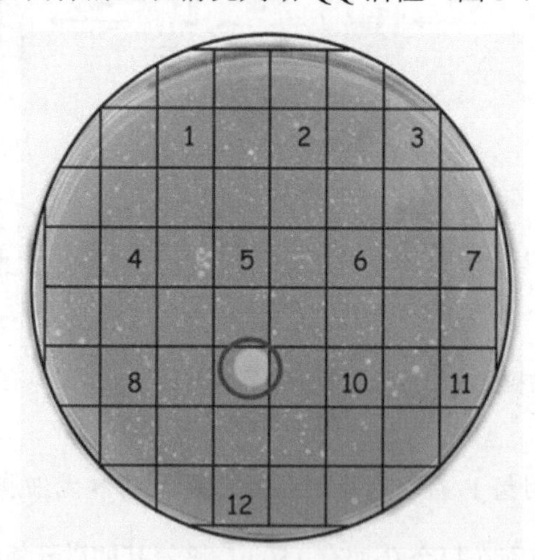

图 3-7 一个群体感应抑制活性试验平板。通过干扰信号分子，报告菌株 AI1-QQ.1 得以生长（圆圈处）

7. 从克隆池（由最多 96 个个体克隆组合而成）开始到单个克隆，通过至少三次重复实验验证 QQ 活性。

为了确定具有 QQ 活性的 F 黏粒上对应这一活性的可读框（open reading frame，ORF），可以使用以下两种方法之一：子克隆或体外转座子诱变，如用 Epicentre

公司（美国威斯康星州麦迪逊）生产的 EZ-Tn5™ <oriV/KAN-2> Insertion 试剂盒。

（Ⅲ）子克隆

提取 F 黏粒 DNA 并用合适的限制性内切酶消化。用琼脂糖凝胶电泳分析消化得到的 DNA 片段。将感兴趣的片段切胶纯化[可使用 NucleoSpin Extract II 核酸纯化试剂盒（Macherey-Nagel 公司，德国迪伦）]，然后连接到用相同（或同尾）的限制性内切酶消化过的克隆载体中，并转化到经适当处理的宿主细胞（主要是 *E. coli* 的衍生菌株[86]）中。得到的克隆可以分别用于分析确定 QQ 活性（见上文），并对阳性克隆的载体插入片段进行测序。

（Ⅳ）体外转座子诱变

用 EZ-Tn5™<oriV/KAN-2>Insertion 试剂盒（Epicentre 公司，美国威斯康星州麦迪逊）进行体外转座子诱变也可以鉴定 ORF。对阳性 F 黏粒进行体外转座子诱变后，将产物转化到大肠杆菌中，筛选失去了 QQ 活性的克隆。用 Presto™ Mini Plasmid 核酸提取试剂盒[旭基公司（GeneAid），中国台湾]提取失活克隆的 F 黏粒 DNA，然后用与转座子 5′端和 3′端互补的引物向转座子外侧测序。将测得的转座子外侧 DNA 序列分别进行组装以识别 QQ-ORF。鉴定出的 ORF 可以克隆到表达载体中以制备大量活性蛋白质。

3.4 注 释

1. 基于更高的孔数，聚偏氟乙烯滤膜更适合需要用单层滤膜过滤大体积水样的情形，特别是当滤膜直径较小时。
2. 过滤应在低温下采用蠕动泵尽快辅助完成。当采样体积较大时优先考虑使用原位泵在采样点直接进行过滤。
3. 滤膜如需长时间储存应裁剪成合适的尺寸冻存在−80℃。裁剪应在液氮处理前进行，以避免不必要的冻融。
4. 环境条件的变化要求取样必须快速。
5. 因为样品中有 DNA 酶，有时提取的宏基因组 DNA 会出现高度降解。向 DNA 提取缓冲液中加入 EDTA 有助于减轻 DNA 的损伤（EDTA 可以清除金属离子，进而钝化依赖它们的核酸酶）。
6. 当样品含有大量的多糖和糖蛋白时，需要修改标准 DNA 提取流程。在这种情况下，样品应用较高浓度的 CTAB 处理以充分裂解细胞。
7. 在某些情况下需要增加额外的机械裂解，因为一些细菌和古菌可能不会被酶裂解。

8. 16S rRNA 基因 PCR 扩增的关键步骤是用最佳的模板 DNA 量去扩增细菌和古菌的 16S rRNA 基因片段，对于不同样品来说模板量可从 1 pg 到 1 μg。
9. 如果宏基因组 DNA 将被用于文库构建，应该先分析它的降解情况，以确定是否有必要打断或跳过这一步。
10. 在进行末端修复反应之前，必须通过测量 260/280 nm 处的吸光度来精确测定 DNA 浓度，因为后续步骤加入的 dNTP 混合物会导致无法准确测定 DNA 浓度，所有后续步骤和计算都基于这次 DNA 定量。
11. 可以对完成了末端修复的片段进行目标长度为 20～40 kb 的片段选择，以确保仅将足够大的插入片段连接到 pCC1FOS 载体中。在特定情况下，将载体和插入片段的物质的量比从 10∶1 调整为 5∶1 或 7.5∶1 可以提高克隆效率。在培养前可以加入自诱导溶液（Epicentre 公司，美国威斯康星州麦迪逊），诱导 F 黏粒拷贝数从单拷贝提高到每个细胞约 50 个拷贝。F 黏粒自诱导溶液诱导 TransforMax EPI300 宿主细胞中包含突变的 *trfA* 基因表达，而这一基因的表达会引发由高拷贝数 *oriV* 复制起始位点开始的复制，并将 CopyControl™克隆扩增到高拷贝数。另外，CopyControl™自诱导溶液还含有促进细胞生长的成分，可带来较高的培养密度，并得到更高的 DNA 产量和更多的基因产物。
12. 在每个多孔板的孔里加入 150 μL 培养基。用无菌的金属取样器将 F 黏粒克隆从贮存文库的多孔板中取出，然后加盖密封。新的多孔板于 37℃下在一个装有湿纸巾或其他合适的增湿装置的容器中过夜培养，以防止介质蒸发。

参考文献

1. Kodzius R, Gojobori T (2015) Marine metagenomics as a source for bioprospecting. Mar Genomics 24(Pt 1):21–30
2. DeLong EF, Karl DM (2005) Genomic perspectives in microbial oceanography. Nature 437:336–342
3. Karl DM (2007) Microbial oceanography: paradigms, processes and promise. Nat Rev Microbiol 5:759–769
4. Reen FJ, Gutiérrez-Barranquero JA, Dobson ADW, Adams C, O'Gara F (2015) Emerging concepts promising new horizons for marine biodiscovery and synthetic biology. Mar Drugs 13:2924–2954
5. Kennedy J, Marchesi JR, Dobson AD (2007) Metagenomic approaches to exploit the biotechnological potential of the microbial consortia of marine sponges. Appl Microbiol Biotechnol 75:11–20
6. Zhang X, Wei W, Tan R (2015) Symbionts, a promising source of bioactive natural products. Sci China Chem 58:1097
7. Bowman JP (2007) Bioactive compound synthetic capacity and ecological significance of marine bacterial genus *Pseudoalteromonas*. Mar Drugs 5:220–241
8. Jaiganesh R, Sampath Kumar NS (2012) Marine bacterial sources of bioactive compounds. Adv Food Nutr Res 65:389–408
9. Singh AJ, Field JJ, Atkinson PH, Northcote PT, Miller JH (2015) From marine organism to potential drug: using innovative techniques to identify and characterize novel compounds - a bottom-up approach. In: Bioactive natural

products, chemistry and biology. Wiley-Blackwell, London, pp 443–472
10. Machado H, Sonnenschein EC, Melchiorsen J, Gram L (2015) Genome mining reveals unlocked bioactive potential of marine Gram-negative bacteria. BMC Genomics 16:158
11. Molina G, Pelissari FM, Pessoa MG, Pastore GM (2015) Bioactive compounds obtained through biotechnology. In: Biotechnology of bioactive compounds: sources and applications. Wiley-Blackwell, London, p 433
12. Bhakuni DS, Rawat DS (2005) Bioactive metabolites of marine algae, fungi and bacteria. In: Bioactive marine natural products. Springer, Netherlands, pp 1–25
13. Sidebottom AM, Carlson EE (2015) A reinvigorated era of bacterial secondary metabolite discovery. Curr Opin Chem Biol 24:104–111
14. Blunt JW, Copp BR, Keyzers RA, Munro MHG, Prinsep MR (2014) Marine natural products. Nat Prod Rep 31:160–258
15. Newman DJ, Hill RT (2006) New drugs from marine microbes: the tide is turning. J Ind Microbiol Biotechnol 33:539–544
16. Roussis V, King RL, Fenical W (1993) Secondary metabolite chemistry of the Australian brown alga Encyothalia cliftonii: evidence for herbivore chemical defence. Phytochemistry 34:107–111
17. Kobayashi J, Ishibashi M (1993) Bioactive metabolites of symbiotic marine microorganisms. Chem Rev 93:1753–1769
18. Blunt JW, Copp BR, Keyzers RA, Munro MH, Prinsep MR (2015) Marine natural products. Nat Prod Rep 32:116–211
19. Amann RI, Ludwig W, Schleifer K-H (1995) Phylogenetic identification and in situ detection of individual microbial cells without cultivation. Microbiol Rev 59:143–169
20. Streit WR, Schmitz RA (2004) Metagenomics--the key to the uncultured microbes. Curr Opin Microbiol 7:492–498
21. Lorenz P, Eck J (2005) Metagenomics and industrial applications. Nat Rev Microbiol 3:510–516
22. Pham VD, Palden T, DeLong EF (2007) Large-scale screens of metagenomic libraries. J Vis Exp 201.
23. DeLong EF (2009) The microbial ocean from genomes to biomes. Nature 459:200–206
24. Fu J, Leiros H-KS, de Pascale D, Johnson KA, Blencke H-M, Landfald B (2013) Functional and structural studies of a novel cold-adapted esterase from an Arctic intertidal metagenomic library. Appl Microbiol Biotechnol 97:3965–3978
25. Xing M-N, Zhang X-Z, Huang H (2012) Application of metagenomic techniques in mining enzymes from microbial communities for biofuel synthesis. Biotechnol Adv 30:920–929
26. Wang Q, Qian C, Zhang X-Z, Liu N, Yan X, Zhou Z (2012) Characterization of a novel thermostable ß-glucosidase from a metagenomic library of termite gut. Enzyme Microb Technol 51:319–324
27. Nimchua T, Uengwetwanit T, Eurwilaichitr L (2012) Metagenomic analysis of novel lignocellulose-degrading enzymes from higher termite guts inhabiting microbes. J Microbiol Biotechnol 22:462–469
28. Steele HL, Jaeger KE, Daniel R, Streit WR (2009) Advances in recovery of novel biocatalysts from metagenomes. J Mol Microbiol Biotechnol 16:25–37
29. Beja O, Suzuki MT, Koonin EV, Aravind L, Hadd A, Nguyen LP et al (2000) Construction and analysis of bacterial artificial chromosome libraries from a marine microbial assemblage. Environ Microbiol 2:516–529
30. Beja O, Spudich E, Spudich J, Leclerc M, DeLong E (2001) Proteorhodopsin phototrophy in the ocean. Nature 411:786–789
31. de la Torre JR, Christianson LM, Beja O, Suzuki MT, Karl DM, Heidelberg J, DeLong EF (2003) Proteorhodopsin genes are distributed among divergent marine bacterial taxa. Proc Natl Acad Sci U S A 100:12830–12835
32. O'Malley MA (2007) Exploratory experimentation and scientific practice: metagenomics and the proteorhodopsin case. Hist Philos Life Sci 29:337–360
33. Woyke T, Teeling H, Ivanova NN, Huntemann M, Richter M, Gloeckner FO et al (2006) Symbiosis insights through metagenomic analysis of a microbial consortium. Nature 443:950–955
34. Wild J, Hradecna Z, Szybalski W (2002) Conditionally amplifiable BACs: switching from single-copy to high-copy vectors and genomic clones. Genome Res 12:1434–1444
35. Shizuya H, Kouros-Mehr H (2001) The development and applications of the bacterial artificial chromosome cloning system. Keio J Med 50:26–30
36. Liebl W, Angelov A, Juergensen J, Chow J, Loeschcke A, Drepper T et al (2014) Alternative hosts for functional (meta) genome analysis. Appl Microbiol Biotechnol 98:8099–8109
37. Weiland-Bräuer N, Pinnow N, Schmitz RA (2015) Novel reporter for identification of interference with acyl homoserine lactone and autoinducer-2 quorum sensing. Appl Environ Microbiol 81:1477–1489
38. Gabor EM, de Vries EJ, Janssen DB (2003) Efficient recovery of environmental DNA for expression cloning by indirect extraction methods. FEMS Microbiol Ecol 44:153–163
39. Henne A, Daniel R, Schmitz RA, Gottschalk G

(1999) Construction of environmental DNA libraries in *Escherichia coli* and screening for the presence of genes conferring utilization of 4-hydroxybutyrate. Appl Environ Microbiol 65:3901–3907

40. Sogin ML, Morrison HG, Huber JA, Mark Welch D, Huse SM, Neal PR et al (2006) Microbial diversity in the deep sea and the underexplored "rare biosphere". Proc Natl Acad Sci U S A 103:12115–12120
41. De Corte D, Yokokawa T, Varela MM, Agogue H, Herndl GJ (2009) Spatial distribution of Bacteria and Archaea and amoA gene copy numbers throughout the water column of the Eastern Mediterranean Sea. ISME J 3:147–158
42. Treusch AH, Kletzin A, Raddatz G, Ochsenreiter T, Quaiser A, Meurer G et al (2004) Characterization of large-insert DNA libraries from soil for environmental genomic studies of Archaea. Environ Microbiol 6:970–980
43. Metzker ML (2010) Sequencing technologies - the next generation. Nat Rev Genet 11:31–46
44. Langfeldt D, Neulinger SC, Heuer W, Staufenbiel I, Kunzel S, Baines JF et al (2014) Composition of microbial oral biofilms during maturation in young healthy adults. PLoS One 9:e87449
45. Weiland-Bräuer N, Neulinger SC, Pinnow N, Künzel S, Baines JF, Schmitz RA (2015) Composition of bacterial communities associated with *Aurelia aurita* changes with compartment, life stage, and population. Appl Environ Microbiol 81:6038–6052
46. Langlois RJ, LaRoche J, Raab PA (2005) Diazotrophic diversity and distribution in the tropical and subtropical Atlantic Ocean. Appl Environ Microbiol 71:7910–7919
47. Langlois RJ, Hummer D, LaRoche J (2008) Abundances and distributions of the dominant nifH phylotypes in the Northern Atlantic Ocean. Appl Environ Microbiol 74:1922–1931
48. Wild J, Hradecna Z, Posfai G, Szybalski W (1996) A broad-host-range in vivo pop-out and amplification system for generating large quantities of 50- to 100-kb genomic fragments for direct DNA sequencing. Gene 179:181–188
49. Aakvik T, Degnes KF, Dahlsrud R, Schmidt F, Dam R, Yu L et al (2009) A plasmid RK2-based broad-host-range cloning vector useful for transfer of metagenomic libraries to a variety of bacterial species. FEMS Microbiol Lett 296:149–158
50. Sektas M, Szybalski W (1998) Tightly controlled two-stage expression vectors employing the Flp/FRT-mediated inversion of cloned genes. Mol Biotechnol 9:17–24
51. Westenberg M, Bamps S, Soedling H, Hope IA, Dolphin CT (2010) *Escherichia coli* MW005: lambda Red-mediated recombineering and copy-number induction of oriV-equipped constructs in a single host. BMC Biotechnol 10:27
52. Kim BS, Kim SY, Park J, Park W, Hwang KY, Yoon YJ et al (2007) Sequence-based screening for self-sufficient P450 monooxygenase from a metagenome library. J Appl Microbiol 102:1392–1400
53. Langlois R, Großkopf T, Mills M, Takeda S, LaRoche J (2015) Widespread distribution and expression of gamma A (UMB), an uncultured, diazotrophic, y-proteobacterial *nifH* phylotype. PLoS One 10:e0128912
54. Venter JC, Remington K, Heidelberg JF, Halpern AL, Rusch D, Eisen JA et al (2004) Environmental genome shotgun sequencing of the Sargasso Sea. Science 304:66–74
55. Gonzalez A, Knight R (2012) Advancing analytical algorithms and pipelines for billions of microbial sequences. Curr Opin Biotechnol 23:64–71
56. Caporaso JG, Lauber CL, Walters WA, Berg-Lyons D, Huntley J, Fierer N et al (2012) Ultra-high-throughput microbial community analysis on the Illumina HiSeq and MiSeq platforms. ISME J 6:1621–1624
57. Lasken RS (2013) Single-cell sequencing in its prime. Nat Biotechnol 31:211–212
58. Hicks MA, Prather KL (2014) Bioprospecting in the genomic age. Adv Appl Microbiol 87(87):111–146
59. Gillespie DE, Brady SF, Bettermann AD, Cianciotto NP, Liles MR, Rondon MR et al (2002) Isolation of antibiotics turbomycin a and B from a metagenomic library of soil microbial DNA. Appl Environ Microbiol 68:4301–4306
60. Brady SF, Chao CJ, Clardy J (2002) New natural product families from an environmental DNA (eDNA) gene cluster. J Am Chem Soc 124:9968–9969
61. Banik JJ, Brady SF (2010) Recent application of metagenomic approaches toward the discovery of antimicrobials and other bioactive small molecules. Curr Opin Microbiol 13:603–609
62. MacNeil IA, Tiong CL, Minor C, August PR, Grossman TH, Loiacono KA et al (2001) Expression and isolation of antimicrobial small molecules from soil DNA libraries. J Mol Microbiol Biotechnol 3:301–308
63. Madalozzo AD, Martini VP, Kuniyoshi KK, de Souza EM, Pedrosa FO, Glogauer A et al (2015) Immobilization of LipC12, a new lipase obtained by metagenomics, and its application in the synthesis of biodiesel esters. J Mol Catal B: Enzym 116:45–51
64. Selvin J, Kennedy J, Lejon DPH, Kiran GS, Dobson ADW (2012) Isolation identification and biochemical characterization of a novel

halo-tolerant lipase from the metagenome of the marine sponge *Haliclona simulans*. Microb Cell Fact 11:72
65. Henne A, Schmitz RA, Bomeke M, Gottschalk G, Daniel R (2000) Screening of environmental DNA libraries for the presence of genes conferring lipolytic activity on *Escherichia coli*. Appl Environ Microbiol 66:3113–3116
66. Cretoiu MS, Kielak AM, Al-Soud WA, Sörensen SJ, van Elsas JD (2012) Mining of unexplored habitats for novel chitinases - *chiA* as a helper gene proxy in metagenomics. Appl Microbiol Biotechnol 94:1347–1358
67. Cottrell MT, Moore JA, Kirchman DL (1999) Chitinases from uncultured marine microorganisms. Appl Environ Microbiol 65:2553–2557
68. Majernik A, Gottschalk G, Daniel R (2001) Screening of environmental DNA libraries for the presence of genes conferring Na(+)(Li(+))/H(+) antiporter activity on Escherichia coli: characterization of the recovered genes and the corresponding gene products. J Bacteriol 183:6645–6653
69. Dickschat JS (2010) Quorum sensing and bacterial biofilms. Nat Prod Rep 27:343–369
70. Shrout JD, Tolker-Nielsen T, Givskov M, Parsek MR (2011) The contribution of cell-cell signaling and motility to bacterial biofilm formation. MRS Bull 36:367–373
71. Landini P, Antoniani D, Burgess JG, Nijland R (2010) Molecular mechanisms of compounds affecting bacterial biofilm formation and dispersal. Appl Microbiol Biotechnol 86:813
72. Liu L, Tan X, Jia A (2012) Relationship between bacterial quorum sensing and biofilm formation--a review. Wei Sheng Wu Xue Bao 52:271–278
73. Moreira CG, Sperandio V (2010) The epinephrine/norepinephrine/autoinducer-3 interkingdom signaling system in Escherichia coli O157:H7. In: Lyte M, Cryan JF (eds) Microbial endocrinology. Springer, New York, NY, pp 213–227
74. Zohar B-A, Kolodkin-Gal I (2015) Quorum sensing in Escherichia coli: interkingdom, inter-and intraspecies dialogues, and a suicide-inducing peptide. In: Quorum sensing vs quorum quenching: a battle with no end in sight. Springer, New York, NY, pp 85–99
75. Higgins DA, Pomianek ME, Kraml CM, Taylor RK, Semmelhack MF, Bassler BL (2007) The major *Vibrio cholerae* autoinducer and its role in virulence factor production. Nature 450:883–886
76. Donlan RM, Costerton JW (2002) Biofilms: survival mechanisms of clinically relevant microorganisms. Clin Microbiol Rev 15:167–193
77. Elias S, Banin E (2012) Multi-species biofilms: living with friendly neighbors. FEMS Microbiol Rev 36:990
78. Dong YH, Zhang LH (2005) Quorum sensing and quorum-quenching enzymes. J Microbiol 43(Spec No):101–109
79. Hoiby N, Bjarnsholt T, Givskov M, Molin S, Ciofu O (2010) Antibiotic resistance of bacterial biofilms. Int J Antimicrob Agents 35:322–332
80. Romero M, Acuna L, Otero A (2012) Patents on quorum quenching: interfering with bacterial communication as a strategy to fight infections. Recent Pat Biotechnol 6:2–12
81. Dong YH, Wang LH, Xu JL, Zhang HB, Zhang XF, Zhang LH (2001) Quenching quorum-sensing-dependent bacterial infection by an N-acyl homoserine lactonase. Nature 411:813–817
82. Hentzer M, Wu H, Andersen JB, Riedel K, Rasmussen TB, Bagge N et al (2003) Attenuation of *Pseudomonas aeruginosa* virulence by quorum sensing inhibitors. EMBO J 22:3803–3815
83. Zhang LH (2003) Quorum quenching and proactive host defense. Trends Plant Sci 8:238–244
84. Zhang LH, Dong YH (2004) Quorum sensing and signal interference: diverse implications. Mol Microbiol 53:1563–1571
85. Kalia VC, Purohit HJ (2011) Quenching the quorum sensing system: potential antibacterial drug targets. Crit Rev Microbiol 37:121–140
86. Inoue H, Nojima H, Okayama H (1990) High efficiency transformation of *Escherichia coli* with plasmids. Gene 96:23–28

第4章　寒冷和碱性极端环境宏基因组文库的构建与筛选

米克尔·A. 格拉林（Mikkel A. Glaring），扬·K. 韦斯特（Jan K. Vester），
彼得·斯托尔高（Peter Stougaard）

摘要

天然的寒冷或碱性环境在地球上很常见，但二者兼而有之的极端环境比较少见。格陵兰岛南部伊卡（Ikka）峡湾中的伊卡岩柱（ikaite column）长时间处于低温（低于6℃）且呈碱性（pH在10以上），罕见地综合了这两种极端环境条件。通过生物检测发现，伊卡岩柱上存在着某些能够适应其环境的细菌和酶。同时人们发现，依赖微生物培养的技术方法在极端环境研究中存在较大的局限性，但宏基因组技术方法使得研究者能够获取来源于绝大部分不可培养细菌的极端微生物酶蛋白的信息。在本章中，我们描述了定植在伊卡岩柱上的原核生物群落的宏基因组文库的构建和筛选方法。

关键词

极端环境、嗜极端酶、细胞提取、宏基因组、基于功能筛选、生物技术

4.1　介　绍

极端微生物是指在环境条件处于或接近极端范围时，生长和繁殖处于最佳状态的一类微生物。这些环境条件可以是极端的温度、酸碱度（pH）、压力、盐度或者干旱，具备一个或多个极端环境条件的生态圈在地球上多有分布。其中最为常见的是极地、高山和深海等长期寒冷地区[1]。自然形成的碱性环境并不常见，通常以碱性湖泊、沙漠和碱性地下水的形式呈现。来源于寒冷和碱性环境的微生物与酶蛋白在生物技术应用方面所蕴含的潜力引起了人们极大的兴趣，很多研究关注这些新型酶蛋白的分离及其在低温和高pH环境中的应用[2-4]。来自上述极端环境的酶蛋白通常具有低温活性及高温下的不稳定性。这一特性使得某些工业过程可以在较低或正常温度下进行，从而减少能源消耗，降低生产成本。对于食品

工业来说，使用这类酶蛋白的优点还包括可以通过适当的加热，对它们进行选择性灭活[4]。来自嗜碱性微生物的酶，在洗涤剂配方、造纸和皮革等涉及高 pH 环境的行业中均有广泛的应用[2]。

极端环境下的生物研究工作会面临一些特别的挑战。首先，受限于采样地点的特殊环境，获取作为研究对象的生物材料会比较困难。生物材料的储存和运输，甚至是环境保护法规等，都会使采样过程变得复杂；而在样本到达实验室后，由于对极端环境微生物群落及其生长需求认识不足，加之受限于传统培养技术，很可能难以反映极端环境微生物真正的生物技术应用潜力。而宏基因组测序和基于宏基因组文库的功能筛选，则规避了依赖极端微生物培养而产生的问题，但仍可能存在环境 DNA 量过低无法满足测序要求，难以找到合适的宿主进行极端微生物酶异源表达等问题。

长时间低温、稳定的碱性环境是非常罕见的。在格陵兰岛南部伊卡峡湾的水下，存在一种独特的伊卡钙华岩柱（图 4-1），代表了典型的长期低温（低于 6℃）、碱性（pH 大于 10）且盐度低于 10‰的极端环境[5-7]。这些岩柱由亚稳态的碳酸钙六水化合物构成，称为伊卡岩（ikaite），是一种稀有的低温矿石，以其首次发现地命名。据之前的报道，在伊卡岩柱上定植有多样性惊人的细菌群落，而在过去的 10 年中，人们不断尝试从这些细菌中发现适应低温、碱性条件的酶[8-12]，而伊卡岩柱独特的多种极端自然条件混合的特性，使其成为相关研究的首选目标。

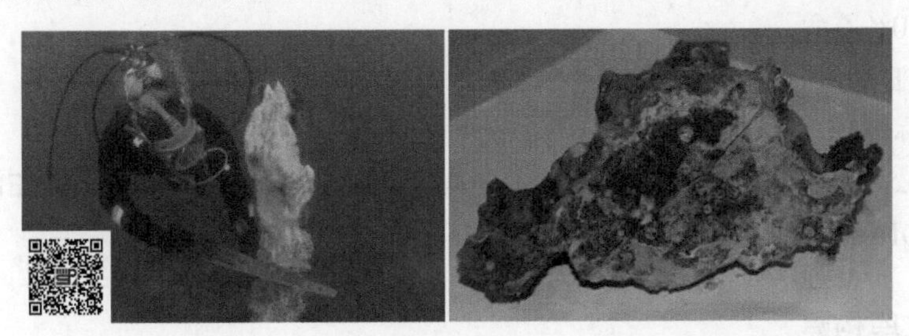

图 4-1　一名潜水员正在采集一块小型的伊卡岩柱，以及一块旧岩柱顶部的横截面照片（彩图请扫二维码）

基于 16S rRNA 基因高通量测序及人工培养的结果，可以确认，伊卡岩柱上定植的细菌中，只有很小一部分能够用标准方法进行培养[11]。延长培养时间并且进行混合培养，可以增加伊卡岩柱样本可培养细菌的多样性[13]，但是这种培养方法会对特定的物种类群有一定的偏向性。因此，利用宏基因组技术进行酶的发掘是一种较好的替代方案。然而，伊卡岩柱样本较低的生物量和 DNA 的提取较为困难，阻碍了宏基因组技术在这方面的应用。本方案描述了利用原核细胞提取方法采用低生物量的伊卡岩柱材料构建宏基因组文库的过程，并介绍了如何利用大肠杆菌标准菌株筛选适应低温、碱性条件的酶。

4.2 实验材料

4.2.1 完整的细胞提取和 DNA 提取

1. 0.9% NaCl。
2. 0.1% NaN_3。
3. 甲醇。
4. 洗脱液：100 mmol/L EDTA，100 mmol/L 焦磷酸钠（$Na_4O_7P_2$），1%（*V*/*V*）吐温 80。
5. STET 缓冲液：50 mmol/L Tris-HCl，50 mmol/L EDTA，8%（*m*/*V*）蔗糖，5%（*V*/*V*）Triton X-100。
6. 溶菌酶（鸡卵清蛋白，Sigma-Aldrich 公司）。
7. 20%十二烷基硫酸钠（SDS）。
8. 苯酚-氯仿-异戊醇（25∶24∶1）。
9. 去离子无菌水。
10. 5 mol/L NaCl。
11. 异丙醇。
12. 70%乙醇。
13. TE 缓冲液：10 mmol/L Tris-HCl（pH 8.0），1 mmol/L EDTA。
14. 标准琼脂糖。
15. 0.5×TAE 缓冲液：20 mmol/L Tris-乙酸（pH 8.3），0.5 mmol/L EDTA。
16. QIAquick 胶回收试剂盒（Qiagen 公司）。

4.2.2 文库构建

1. 使用 REPLI-g Mini 试剂盒（Qiagen 公司）进行多重置换扩增（multiple displacement amplification，MDA）。
2. 限制性内切酶 *Apa*L Ⅰ（10 U/μL）和 *Nsi* Ⅰ（10 U/μL）（New England Biolabs 公司，美国马萨诸塞州伊普斯威奇）。
3. 0.5×TAE 缓冲液。
4. 低熔点琼脂糖（Lonza Bioscience 公司，瑞士巴塞尔）。
5. 溴化乙锭（ethidium bromide，EB）染色液：EB 按 0.5 μg/mL 浓度溶解于 0.5×TAE 缓冲液中。
6. GELase 琼脂糖凝胶消化试剂盒（EPICENTRE 生物技术公司，美国威斯康星州麦迪逊）。

7. 3 mol/L 乙酸钠（pH 5.2）。
8. 96%和 70%乙醇。
9. GFX PCR DNA 和凝胶电泳条带纯化试剂盒（GE Healthcare 欧洲股份有限公司，丹麦布龙比）。
10. 虾碱性磷酸酶（rSAP；New England Biolabs 公司）。
11. T4 DNA 连接酶（New England Biolabs 公司）。
12. MF 微孔膜滤器，孔径 0.025 μm [默克密理博公司（Merck Millipore）]。
13. MegaX DH10B T1R 网络感受态 *E. coli* 细胞（Life Technologies，Thermo Fisher Scientific 公司）。
14. 标准质粒制备试剂盒，用于从转化后的 *E. coli* 培养液中提取并纯化质粒 DNA。

4.2.3 酶活性筛选

1. 方筛选板，如 Nunc Square BioAssay Dishes，241 mm×241 mm×20 mm（Thermo Scientific 公司）。
2. LB 琼脂培养基。
3. 12.5 mg/mL 氯霉素储备溶液。
4. 10%（*m*/*V*）果胶糖储备溶液，过滤灭菌。
5. 三丁酸甘油酯[1,3-di (butanoyloxy) propan-2-yl butanoate]。
6. 5-溴-4-氯-3-吲哚-β-D-半乳糖苷（X-β-Gal）。
7. 5-溴-4-氯-3-吲哚-α-D-半乳糖苷（X-α-Gal）。
8. 天青交联（azurine-crosslinked，AZCL）不溶性显色底物（Megazyme 公司，爱尔兰威克洛）。

4.3 实验方法

4.3.1 从伊卡岩柱样品中获取 DNA

伊卡岩柱是由一种被称为伊卡岩（ikaite）的碳酸钙矿物质组成的。虽然新形成的伊卡岩疏松多孔，但在随后的重结晶过程中，随着单水方解石和方解石的形成，老化的伊卡岩形成了一种硬化水泥般的材料（图 4-1）。这种矩阵结构及高浓度的带正电的钙离子导致了伊卡岩柱表面对 DNA 的吸附，进而对 DNA 的直接提取提出了挑战。同时，生物量低和大量微小真核生物的存在，进一步使宏基因组文库的制备复杂化。从这种样本中直接提取 DNA，会使得后续以细菌基因为目标的功能筛选工作变得复杂。研究者的目标是获取来自细菌的基因编码区域，而这部分数据的比例会因为样本中真核生物 DNA 的“污染”而被大幅降低。

为了构建有用的功能筛选文库，一种特别的细胞提取方案被用于从伊卡岩柱样本中富集较小的原核细胞。该方案在分离完整细胞的同时，也可以将来自环境中的外源 DNA（如来自生物膜的 DNA）的影响降到最小[14]。为了避免提取前大量细胞裂解，该方案建议使用未经冷冻的环境材料。对于伊卡岩柱样本来说，可以保存在 4℃以延长其使用时间，但这也有可能严重影响其中的微生物群落组成并最终影响基于该样本构建的宏基因组文库[13]。以下的细胞提取流程是已发表方法的改良版本[15]，适用于 100～150 g 起始样本材料。所有步骤均在 4℃下操作。

4.3.1.1 从伊卡岩柱基质中提取完整细胞

1. 将样本材料（100～150 g）与 450 mL 的 0.9% NaCl 混合，用搅拌器在低速下进行搅拌、匀质，在 3000×*g* 转速下离心 5 min。
2. 用 100 mL 0.9% NaCl 重悬、清洗沉淀并在 3000×*g* 条件下离心 5 min，重复一次（见注释 1）。
3. 加入 100 mL NaCl 混合液（含有 0.1% NaN_3）、17 mL 甲醇和 17 mL 20% SDS 重悬沉淀，在 1400 r/min 条件下涡旋振荡 60 min，使细胞从样本中分离。
4. 以低速 500×*g* 离心 2 min，使已分离的细胞与样本颗粒和较大的真核细胞分开，收集上清液。
5. 以 10 000×*g* 离心 10 min，收集上清液中较小的原核细胞，保留沉淀。

4.3.1.2 从完整细胞中提取 DNA

1. 用含有 2 mg/mL 溶菌酶的 STET 缓冲液 1.5 mL 重悬细胞，37℃孵育 30 min。
2. 加入 SDS 至终浓度为 2%，37℃孵育 30 min，随后，65℃孵育 30 min。用传统的酚/氯仿抽提法从裂解的细胞中提取 DNA。
3. 加入等体积的酚-氯仿-异戊醇（25∶24∶1），剧烈振荡 20 s 混匀，以 16 000×*g* 在室温下离心 5 min。
4. 将上清（水相）转入新管中，注意不要带入有机相溶液。在剩下的有机相溶液中加入等体积的无菌水，混匀和离心条件同上，并将新的水相合并到之前的新管中。
5. 加入 1/10 体积的 5 mol/L NaCl 溶液，轻柔混匀。
6. 加入等体积的异丙醇，混匀。如果存在大量的 DNA，将会有白色絮状物出现。随后在室温下以 16 000×*g* 的转速离心 5 min。
7. 用 70%乙醇冲洗 DNA 沉淀 3 次，晾干之后加入 TE 缓冲液重悬，溶解。
8. 将 DNA 上样到 0.5×TAE 1%琼脂糖凝胶中进行电泳，用 QIAquick 胶回收试剂盒进行胶纯化，回收分子量较高（> 8 kb）的 DNA。

4.3.2 文库构建

采用上述的细胞提取流程能够从伊卡岩柱样本中获取高质量的原核生物 DNA，但并没有解决生物量低的问题，而这一问题直接限制了我们能够从实验材料中获取的 DNA 总量。理论上，我们能够通过扩大样本起始量来获取更多的 DNA，但伊卡岩柱本身是受到保护的珍贵自然资源，且采样困难，运输和存储过程也存在很多问题，使得仅靠使用更多实验材料来获取更多 DNA 的方法并不实际。因此，为了获得足够量的 DNA 来进行后续的处理，对其进行扩增是一步必要的处理。使用 φ29 DNA 聚合酶的多重置换扩增（multiple displacement amplification，MDA）是一种全基因组扩增技术，可以迅速扩增微量 DNA。然而，MDA 过程会在 DNA 模板中引入大量偏差，并最终影响文库的多样性[11,16]。

能够适应碱性环境的细菌，其细胞内通常仍维持着接近中性的 pH 环境[17]，与这类细菌不同，那些能够适应低温环境的细菌，它们通常需要一个低温蛋白表达系统来高效产生所需的酶蛋白。人们基于大肠杆菌工程菌株或具备天然低温蛋白表达系统的宿主，构建了一些可用的低温蛋白表达系统[18]。Arctic Express *E. coli* 菌株[安捷伦科技公司（Agilent Technologies），美国加利福尼亚州圣克拉拉]就是一株类似的商业化菌株，它携带来自嗜冷细菌油螺旋菌属的 *Oleispira antarctica* 的分子伴侣蛋白，可以促进蛋白质在低温下正常折叠。此外，嗜冷革兰氏阴性假交替单胞菌属细菌 *Pseudoalteromonas haloplanktis* TAC125 也已被改造为可以表达和分泌重组蛋白的宿主[19]。

表达载体的选择依赖所要筛选的目标蛋白和宏基因组的群落组成。对单个酶蛋白进行活性筛选可以通过在质粒载体中插入小片段实现，因为它们适合于单个基因产物表达，且易于处理。如果筛选不能依赖载体自带的启动子进行，则可以利用 F 黏粒/黏粒或者细菌人工染色体（BAC）载体来进行较大片段的插入，增加宏基因组的覆盖率，而不用增大文库大小。携带有多个复制起点的穿梭载体，可以携带文库在不同的宿主中进行表达，且由于宏基因组文库是基于混合群落构建而成的，这样的操作可以显著增加功能基因筛选的命中率。

pGNS-BAC 载体是适用于革兰氏阴性菌的一种宿主范围较为广泛（广宿主谱）的穿梭载体，其拷贝数受阿拉伯糖诱导调控，已经被成功地应用到 6 种不同的 γ-变形菌[20]。它是一种 BAC 载体，相比寻常表达载体，可以携带大得多的插入片段，它还是一种广宿主谱的穿梭载体，可以通过接合转移作用来更换宿主细胞，因此被选择用于对伊卡岩柱样本微生物群落宏基因组文库进行筛选。所以，可以利用该载体在大肠杆菌中进行分子操作和初步筛选，如有必要，可以将其转入更适合低温或碱性活性酶表达和筛选的宿主，如一种嗜冷菌（见注释 2）。在应用中，我们发现 pGNS-BAC 载体有较高频率的自连，所以，我们通过插入 4 个独特的限制性酶切位点到原始载体的 *Hind*III位点，将其改造成包含一个多克隆位点（multiple cloning site，MCS）的载体（mod. pGNS-BAC，见注释 3）[11]。

4.3.2.1 克隆用高分子量 DNA 的制备

1. 以纯化的大分子量 DNA 为模板，使用 REPLI-g Mini 试剂盒，根据说明书步骤进行 MDA。
2. 将扩增获得的 DNA 约 100 μg 与限制性内切酶缓冲液混合至总体积为 120 μL，置于冰上。
3. 将 DNA 混合物分装到 3 支管中，体积分别为 60 μL（管 1）、40 μL（管 2）、20 μL（管 3），置于冰上。
4. 在管 1 中加入 1.5 μL *Apa*LⅠ（10 U/μL）和 1.5 μL *Nsi*Ⅰ（10 U/μL），小心混匀。
5. 从管 1 转移 20 μL 混合液至管 2 中，小心混匀。
6. 从管 2 中转移 20 μL 混合液至管 3 中，小心混匀。此时，三支管中的混合液均为 40 μL，继续置于冰上。
7. 将三管混合液在 37℃精确孵育 10 min，然后转移到冰上（*Apa*LⅠ酶不会因受热而失活）。
8. 从每管中取 1 μL 进行 1%琼脂糖凝胶电泳，检测 DNA 酶切（消化）效果（见注释 4）。
9. 将 3 支管中酶切后的混合液上样到较长（最少 20 cm）的 0.5×TAE 1%低熔点琼脂糖（SeaPlaque）凝胶中，30 V 电压电泳过夜。注意避免在上样缓冲液（loading buffer）和 DNA 梯状条带（DNA ladder）时使用 DNA 染料。
10. 用溴化乙锭（EB）染胶，并在长波长（365 nm）的紫外线下对大于 8 kb 的 DNA 片段进行切胶回收。
11. 采用 GELase 琼脂糖凝胶消化试剂盒，按照使用说明从凝胶中回收 DNA。
12. 对胶回收后得到的 DNA 进行浓缩。加入 1/10 体积的 3 mol/L 乙酸钠（pH 5.2）、3 倍体积的 96%乙醇。冰上孵育最少 15 min。对于低浓度的 DNA 样本，可以 5℃孵育过夜，效果更佳。
13. 在 4℃下以 14 000×*g* 离心 30 min，弃上清。
14. 用 70%乙醇冲洗沉淀，再次离心 15 min。
15. 弃掉上清液并将 DNA 沉淀溶解在缓冲液中。请注意，DNA 沉淀的很大一部分可能沉积在管壁上。

4.3.2.2　制备经过改造的 pGNS-BAC 载体（mod.pGNS-BAC）

1. 在将载体 DNA 加入到酶切体系之前，先将其加热到 65℃，然后在冰上冷却。用 *Apa*L Ⅰ（10 U/μL）和 *Nsi* Ⅰ（10 U/μL）各 2 μL 酶切 10 μg mod.pGNS-BAC 质粒，维持总体系为 50 μL，在 37℃孵育最少 1 h。
2. 用 GFX PCR DNA 和产物凝胶电泳条带纯化试剂盒对酶切后的载体 DNA 进行纯化。
3. 按照说明书步骤，用虾碱性磷酸酶处理酶切、纯化后的载体 DNA。然后将混合物加热至 65℃，温浴 5 min，使磷酸酶失活。
4. 进行相关感受态细胞的转化检测，尽量避免出现由未被酶切的载体引入的假阳性背景。

4.3.2.3　在 *E. coli* 中建立宏基因组文库

1. 将部分消化的宏基因组 DNA 与经过酶切的 mod.pGNS-BAC 载体混合，物质的量比大约为 10∶1。使用 T4 DNA 连接酶按照使用说明操作，15℃连接过夜。
2. 65℃温浴 20 min，使连接酶失活。
3. 通过透析对连接产物进行脱盐处理。将 25 μL 连接产物加入透析膜滤器（孔径 0.025 μm），悬浮于装有去离子水的培养皿中进行透析。透析 30 min，用移液器收集透析产物[21]。
4. 将透析后的连接产物通过电转转化进感受态 *E. coli* MegaX DH10B T1R 中。建议进行转化测试，用于调整连接和转化的流程，确保该流程与所需文库的大小相适应。
5. 将转化后的感受态细胞涂布到含有 12.5 μg/mL 氯霉素的 LB 琼脂培养基上。
6. 随机挑选 20～30 个菌落，液体培养后进行质粒 DNA 的提取和纯化，用 *Apa*L Ⅰ和 *Nsi* Ⅰ酶切后进行琼脂糖凝胶电泳（见注释 3），以此评估文库的平均插入片段大小。
7. 挑取克隆到 LB 液体培养基（含有 12.5 μg/mL 氯霉素和 10%甘油），37℃振荡培养过夜，–80℃保存。虽然可以通过人工挑选克隆建立文库，但即使是对很小的文库进行人工筛选也将耗费大量的人力。因此，强烈建议采用自动化设备来进行文库克隆的挑选和存储。

4.3.3　低温和高 pH 条件下酶活性的筛选

低温作为一种环境条件，对胞内和胞外酶均有影响，因此低温酶的筛选与这两种类型的酶都有关。另外，耐高 pH 酶的筛选，则主要与胞外酶有关，因为细菌细胞内通常维持着接近中性的 pH 条件。细胞内酶活性的筛选通常使用可溶性 5-溴-4-氯-3-吲哚交联（也称为 X-交联）底物来进行。胞外酶则可以用天青交联（AZCL）不溶性显色底物或其他底物进行筛选，因为具有酶活性的阳性克隆通常会降解周围的底物并形成可见的水解圈。有些底物可能需要二次染色来观察酶的活性，如刚果红染色的羧甲基纤维素（carboxymethyl cellulose，CMC）板可用于检测纤维素酶活性[22]，氯化十六烷基吡啶氯（cetyl pyridinium chloride，CPC）可用于检测海藻酸裂解酶活性[23]，不过需要注意的是，一旦使用了这类方法，则筛选板无法重复利用（见注释 5）。

大肠杆菌通常在温度低于 20℃时难以生长，这在进行低温活性酶筛选时是一个问题。不过，可以在转移到较低的温度下进行筛选之前，先在 37℃进行生物量的生产。如上所述，一些低温活性酶的表达和稳定性也可能依赖这一温度变化过程，此外，还可以选择经过改造的大肠杆菌工程菌株来增加低温条件下的酶蛋白表达。

对于小型文库，可以使用 96 孔微孔复制器进行文库整理。通过偏移微孔复制器的位置，可以将来自第二块平板的克隆定位在来自第一块平板的克隆之间。这样，一个大的筛选平板（24 cm×24 cm）可以容纳多达 1152 个克隆（相当于 12 块 96 孔板）。由于克隆之间距离非常近，对筛选出的活性克隆需要进行重新划线和活性验证，以避免污染。

4.3.3.1 低温下大肠杆菌克隆的功能筛选

1. 将文库转移到方形的 LB 琼脂筛选平板上，平板中含有 12.5 g/mL 的氯霉素、0.01%（*m*/*V*）的阿拉伯糖及合适的基质，如下所示。
   （a）脂肪酶：1%三丁酸甘油酯。
   （b）β-和 α-半乳糖苷酶：分别为 20 g/mL X-β-Gal 和 X-α-Gal。
   （c）胞外酶：0.05%（*m*/*V*）与目标酶活性对应的 AZCL 底物，如 AZCL-酪蛋白用于蛋白酶的筛选，AZCL 直链淀粉用于 α-淀粉酶的筛选。
2. 在 37℃条件下过夜培养。
3. 将平板转移到 20℃条件，培养两天，对各个克隆的活性进行评分。
4. 将平板转移到 15℃条件，继续培养，连续进行最少 14 天的活性评分。

4.3.3.2 高 pH 下大肠杆菌克隆的功能筛选

1. 将文库转移到方形的 LB 琼脂筛选平板上，平板中含有 12.5 g/mL 的氯霉素、0.01%（*m*/*V*）的阿拉伯糖，37℃过夜培养。
2. 准备筛选用的琼脂覆盖层：将 0.8%琼脂用 50 mmol/L 碳酸盐-碳酸氢盐缓

冲液调整到 pH 10，并加入 4.3.3.1 节步骤 1 所述的基质。

3. 将含有文库的平板冷却到 4℃。
4. 将加热融化后的琼脂覆盖层冷却到 50℃，轻柔地在文库平板上覆盖较薄的一层。
5. 迅速将文库平板降温到 4℃，直至覆盖层冷却凝固。
6. 将覆盖后的筛选平板置于适当的温度下孵育，如筛选低温活性酶则置于 15℃，并持续进行最少 14 天的酶活性评分。

4.3.4 宏基因组的偏差评估及酶潜力的检测

涉及环境材料、细胞、DNA 的每一步操作，都有可能在初始样品的宏基因组组成中引入偏差。针对用于文库构建的初始样本组成和后续可能引入的偏差，利用 16S rRNA 基因所反映的宏基因组 DNA 的微生物多样性来进行评估。利用通用引物 27F（AGAGTTTGATCMTGGCTCAG）和 1492R（TACGGYTACCTTGTTACGACTT）扩增细菌的 16S rRNA 基因，对 PCR 产物进行克隆和测序，将序列与 16S rRNA 基因数据库[如核糖体数据库项目（Ribosomal Database Project，RDP）；http://rdp.cme.msu.edu/]进行比对。另一种方法是通过对 16S rRNA 基因进行高通量测序来测定整体的微生物多样性。下一代测序技术的普及使得后一种方案的实用性越来越高，即使是小量样本的小规模分析，也可以考虑使用。引物 341F（CCTAYGGGRBGCASCAG）和 806R（GGACTACNNGGGTATCTAAT）可以扩增细菌与古细菌 16S rRNA 基因的高可变区域 V3-V4 区[24]。该区域适合用于进行样本的群落组成分析，并且不论是焦磷酸测序（454）还是 Illumina 双末端测序，其读长均足够覆盖这一区域。

对克隆文库的宏基因组进行测序可以作为评估文库中酶的潜力的工具。对于较小的文库，可以在 96 孔板液体培养基中培养大肠杆菌，然后将培养产物混合，提取质粒 DNA，进行高通量测序[11]。最终的测序结果中包含有载体序列，但在进一步分析之前可以很容易地将这些序列过滤掉。

4.4 注　　释

1. 我们建议通过显微镜观察来跟踪整个细胞提取过程的效率问题。取少量的上清液和重悬后的细胞进行 SYBR Green（分子探针）染色，然后用荧光显微镜检测，不但可以评估每个提取步骤的效率，还可以对真核细胞和原核细胞的个数比进行粗略估计。
2. 在将文库转移到另一个表达宿主之前，必须了解新宿主的以下特性。

（a）宿主天然具有的抗生素耐药性会干扰载体的选择。

（b）宿主的生长特性如 pH 和适合生长的温度范围。

（c）宿主参与三亲株交配的能力，该能力关系到文库的转移效率。

（d）在新宿主中质粒的稳定性。

（e）保存能力，如在–80℃能存活。

（f）是否具有会增加背景活性的内源酶。

3. 如上所述，在我们的实验中，pGNS-BAC 载体的自连频率为 30%～40%。高频率的空克隆会降低命中率，在处理较大的文库时对筛选效率有更高的要求。而经过改造的载体，自连频率下降到 15%左右[11]。建议在进行大规模文库筛选前，先对文库插入片段平均大小和空克隆频率进行检测，以评价是否适合进行后续工作。

4. 理论上，管 1 的基因组 DNA 酶切程度最高，在凝胶电泳之后，会出现大至基因组 DNA、小至几百碱基对的各种片段，电泳结果呈现为比较明显的弥散分布。管 2 和管 3 的酶切程度逐渐降低。在酶切不充分的情况下，可以将管在 37℃下再额外孵育 5 min，然后重新分析酶切程度。

5. 使用多种底物、多个条件筛选宏基因组文库，即使是较小的文库，所需的平板数和工作量也是超出想象的。为了简化筛选过程，可以在需要进行多个条件筛选时，重复使用平板。例如，用于低温筛选的中性 pH 平板可以用高 pH 的琼脂覆盖之后进行第二次筛选。此外，在同一平板上混合多种底物，可以大大降低所需的筛选平板数量。由于功能宏基因组学的命中率通常比较低，在筛选出阳性克隆后，我们可以通过在单一底物平板上重新划线来最终确认其活性。

参 考 文 献

1. Siddiqui KS, Williams TJ, Wilkins D, Yau S, Allen MA, Brown MV et al (2013) Psychrophiles. Annu Rev Earth Planet Sci 41: 87–115
2. Fujinami S, Fujisawa M (2010) Industrial applications of alkaliphiles and their enzymes - past, present and future. Environ Technol 31:845–856
3. Margesin R, Feller G (2010) Biotechnological applications of psychrophiles. Environ Technol 31:835–844
4. Cavicchioli R, Charlton T, Ertan H, Omar SM, Siddiqui KS, Williams TJ (2011) Biotechnological uses of enzymes from psychrophiles. Microbial Biotechnol 4:449–460
5. Buchardt B, Seaman P, Stockmann G, Vous M, Wilken U, Duwel L et al (1997) Submarine columns of ikaite tufa. Nature 390:129–130
6. Buchardt B, Israelson C, Seaman P, Stockmann G (2001) Ikaite tufa towers in Ikka Fjord, southwest Greenland: their formation by mixing of seawater and alkaline spring water. J Sediment Res 71:176–189
7. Hansen MO, Buchardt B, Kuhl M, Elberling B (2011) The fate of submarine ikaite tufa columns in Southwest Greenland under changing climate conditions. J Sediment Res 81:553–561

8. Schmidt M, Larsen DM, Stougaard P (2010) A lipase with broad temperature range from an alkaliphilic gamma-proteobacterium isolated in Greenland. Environ Technol 31: 1091–1100
9. Glaring MA, Vester JK, Lylloff JE, Abu Al-Soud W, Sorensen SJ, Stougaard P (2015) Microbial diversity in a permanently cold and alkaline environment in Greenland. PLoS One 10:e0124863
10. Vester JK, Glaring MA, Stougaard P (2015) An exceptionally cold-adapted alpha-amylase from a metagenomic library of a cold and alkaline environment. Appl Microbiol Biotechnol 99:717–727
11. Vester JK, Glaring MA, Stougaard P (2014) Discovery of novel enzymes with industrial potential from a cold and alkaline environment by a combination of functional metagenomics and culturing. Microb Cell Fact 13:72
12. Schmidt M, Stougaard P (2010) Identification, cloning and expression of a cold-active β-galactosidase from a novel Arctic bacterium, *Alkalilactibacillus ikkense*. Environ Technol 31:1107–1114
13. Vester JK, Glaring MA, Stougaard P (2013) Improving diversity in cultures of bacteria from an extreme environment. Can J Microbiol 59:581–586
14. Okshevsky M, Meyer RL (2015) The role of extracellular DNA in the establishment, maintenance and perpetuation of bacterial biofilms. Crit Rev Microbiol 41:341–352
15. Kallmeyer J, Smith DC, Spivack AJ, D'Hondt S (2008) New cell extraction procedure applied to deep subsurface sediments. Limnol Oceanogr Methods 6:236–245
16. Yilmaz S, Allgaier M, Hugenholtz P (2010) Multiple displacement amplification compromises quantitative analysis of metagenomes. Nat Methods 7:943–944
17. Horikoshi K (1999) Alkaliphiles: some applications of their products for biotechnology. Microbiol Mol Biol Rev 63:735–750
18. Vester JK, Glaring MA, Stougaard P (2015) Improved cultivation and metagenomics as new tools for bioprospecting in cold environments. Extremophiles 19:17–29
19. Parrilli E, De Vizio D, Cirulli C, Tutino ML (2008) Development of an improved *Pseudoalteromonas haloplanktis* TAC125 strain for recombinant protein secretion at low temperature. Microb Cell Fact 7:2
20. Kakirde KS, Wild J, Godiska R, Mead DA, Wiggins AG, Goodman RM et al (2011) Gram negative shuttle BAC vector for heterologous expression of metagenomic libraries. Gene 475:57–62
21. Saraswat M, Grand RS, Patrick WM (2013) Desalting DNA by drop dialysis increases library size upon transformation. Biosci Biotechnol Biochem 77:402–404
22. Teather RM, Wood PJ (1982) Use of Congo red-polysaccharide interactions in enumeration and characterization of cellulolytic bacteria from the bovine rumen. Appl Environ Microbiol 43:777–780
23. Gacesa P, Wusteman FS (1990) Plate assay for simultaneous detection of alginate lyases and determination of substrate specificity. Appl Environ Microbiol 56:2265–2267
24. Sundberg C, Al-Soud WA, Larsson M, Alm E, Yekta SS, Svensson BH et al (2013) 454 pyrosequencing analyses of bacterial and archaeal richness in 21 full-scale biogas digesters. FEMS Microbiol Ecol 85:612–626

第5章 基于DNA/RNA/蛋白质的稳定同位素探针技术用于活性微生物标志物的高通量分析

埃莉诺·詹姆森（Eleanor Jameson），马丁·陶贝特（Martin Taubert），
萨拉·科戈齐（Sara Coyotzi），陈寅（Yin Chen，音译），厄兹盖·埃伊杰（Özge Eyice），
亨德里克·舍费尔（Hendrik Schäfer），J. 科林·默雷尔（J. Colin Murrell），
乔希·D. 诺伊费尔德（Josh D. Neufeld），马克·G. 杜蒙（Marc G. Dumont）

摘要

通过在生长底物中加入重同位素，通常为 ^{13}C、^{18}O 和 ^{15}N，研究者可以利用稳定同位素探针（stable-isotope probing，SIP）技术在复杂的微生物群落中定位具有特定活性功能的微生物。用含有同位素标记底物的培养基培养微生物群落，然后提取微生物的生物标志物，通常是核酸或者蛋白质，随后可以利用 SIP 技术对被同位素标记的来自活跃微生物种群的生物标志物进行分离和分析。随着该技术的不断发展，通过对特定目标基因进行分析来鉴定被标记的种群已经成为比较通用的做法。这里的技术手段通常包括指纹图谱分析、克隆文库 16S rRNA 基因或功能标志基因测序。分子指纹图谱是确定异构体标记的一种快速有效的方法，但近年来随着测序技术的蓬勃发展，研究者可以获得大量且全面的来自 SIP 实验的扩增子序列、宏基因组和宏转录物组的数据。通过宏基因组数据不仅可以获取微生物群落的丰度信息，还可以通过分箱、组装和研究单个基因组等方式对被标记的微生物的代谢能力进行假设。最新的技术更是可以通过对已标记的 mRNA 进行分析，提供基于宏转录物组数据的分析结果，进而反映样本中活跃微生物的情况。宏转录物组技术的优势在于 mRNA 的丰度通常与其编码的酶活性密切相关，因此能够更深入地反映在采样时间点微生物的代谢情况。这些新技术显著提高了稳定同位素探针技术的灵敏度，使得研究者可以在实验中用更接近于环境中实际浓度的底物来进行标记。新技术在不断发展的同时，其成本也在持续下降，我们希望稳定同位素探针技术和多组技术的结合能够成为微生物生态研究中的主流手段，帮助我们发现新的微生物群落，解析复杂微生物群落的代谢功能，带来新的科学

突破。本章我们将主要介绍获得稳定同位素标记的 DNA、RNA 和蛋白质的实验操作方法，这些被标记的物质可以用于后续的多组学研究。

关键词

稳定同位素探针、DNA、RNA、蛋白质、宏基因组学、宏转录物组学、蛋白质组学

5.1 介　绍

技术的发展突破了传统微生物培养法固有的限制，大大加速了我们对环境微生物多样性及功能的认知。尽管通过不依赖培养的技术我们已经获得了数以百万计的小亚基核糖体 RNA（rRNA）基因序列，但对于大部分的未培养微生物，我们无法仅依据核糖体基因序列获知其生理和代谢功能。目前，研究者主要依赖宏基因组技术来获取环境样本中未培养微生物的基因组片段[1]，进而解析其中的功能信息。宏基因组 DNA，特别是组装后的宏基因组序列，包含了看家基因相应区域，其中就有可用来进行物种分类的 16S rRNA 基因，而其相邻区域则可能包括酶编码基因。这些功能基因有助于我们推断微生物在环境中潜在的代谢和生化过程。

传统的宏基因组研究方法主要是从环境样本中提取 DNA，构建克隆文库及之后进行序列或功能筛选。新技术的发展使我们可以无须经过载体克隆和异源宿主增殖过程，而直接对从环境微生物群落中提取的 DNA 进行测序。但不论是上述哪种方法，一个难以避免的问题是通过鸟枪法获得的大量环境 DNA 序列，通常只能代表样本中的优势物种。鉴于多数环境中存在的其实是由很多相对丰度低的微生物群落成员所组成的“稀有生物圈”[2]，对来自环境的大量 DNA 进行测序很有可能会忽略很多低丰度新物种的存在及某些关键微生物的潜在重要作用。以“全球海洋取样考察”（Global Ocean Sampling expedition）项目构建的数据集为例[3]，尽管已经进行了大量测序，但仍然只能覆盖样本中大约 50%的物种 DNA 序列。如果要覆盖样本中 90%的物种，则需要将测序数据量增加至现数据量的 5 倍。进一步，工业、生物技术和制药业所需的一些功能酶的筛选，也可能因为目标基因的低频而面临挑战[4]。一种替代的方法是使用特定的或复合的培养基进行培养，获得尽可能多的稀有微生物[5]。然而，培养法是一种随机获取群落中微生物的方法，与微生物在原来环境中所发挥的功能无关。换句话说，培养得到的微生物与研究者关注的功能并没有直接的关系。类似的，利用经典的富集培养法在测序之前将关注的基因进行富集，但得到的往往只是 *r*-选择后的微生物，这类微生物与自然环境并不相关，只是因为能够更好地适应富集培养的条件而被富集出来，并不能如实反映原本环境中的真实情况。

稳定同位素核酸探针（DNA stable-isotope probing，DNA-SIP）技术是一种不依赖培养的方法，可以选择性地标记那些能吸收、利用特定同位素标记（如 ^{13}C 和 ^{15}N）底物的微生物[6]。自该技术问世以来，就被广泛应用于研究微生物参与的多种特定的生物过程[7-10]。当在接近于自然条件下应用该技术时，SIP 具有无与伦比的优势，可以在选择性标记活性微生物基因组的同时，将富集偏差最小化[11,12]。将该技术与宏基因组技术结合，可以将来自相关功能微生物的 DNA 选择性地分离出来，并构建宏基因组文库，这在以前是难以做到的[7,11-18]。利用 DNA-SIP 技术结合宏基因组技术的第一个研究案例是把土壤样本暴露于 $^{13}CH_4$，获取了标记的核酸后，构建了高质量的 BAC 文库，最终发现了多个包含 *pmoA* 基因的操纵子[19]。从那之后，有多个研究利用了该技术，获取标记的核酸用于构建文库，随后基于序列或功能进行下一步的筛选，详见综述[20]。目前，丰度差异分箱方法[21]还未被用于利用已测序的标记 DNA 组装单菌基因组，但来自多个时间点或多个样本的多样性较低的标记 DNA，理论上是组装方法的理想应用对象。

随着 SIP 和宏基因组技术的发展，结合二者进行研究的研究者面临一个主要问题：当使用尽可能低浓度的底物（为了降低富集带来的偏差）进行 SIP 孵育时，该如何获得足够量的稳定同位素标记的核酸用于宏基因组测序文库的构建。而测序平台的技术发展，尤其是 Illumina，在很大程度上解决了这个问题。如今，样本/模板浓度要求的降低，以及高通量测序技术的广泛应用，使得稳定同位素核酸探针技术成为一种非常理想的用来帮助研究者从复杂微生物群落中定位与特定功能相关的微生物物种的工具。

将稳定同位素探针的标记对象拓展到 mRNA 和蛋白质，可以极大地扩展利用该技术获得的功能相关的数据（图 5-1）。已经有研究展示了 mRNA-SIP 技术[22-24]及其与宏转录物组分析的结合使用[25]，但这仍然属于相对较新的技术，需要进一步探索。相比较而言，SIP-蛋白质组学[26-28]是更为成熟的技术，检测和分析微生物群落中被标记的蛋白质的具体方法已经有相关描述和报道[29-32]。宏蛋白质组技术需要将蛋白质裂解成肽段，再用质谱进行检测和分析。通过测定多肽的分子量和质谱碎片图谱，以及与参考数据库比对，可以确定肽段的氨基酸序列。与超高压液相色谱（ultra-high pressure liquid chromatography，UHPLC）联用的高分辨率质谱，可以从微生物群落样本中鉴定出数以万计的蛋白质。

由于稳定同位素标记会导致多肽的分子量发生改变，质谱还是一种用于研究同位素结合并进入蛋白质情况的理想工具。其大致流程和标准的宏蛋白质组分析类似，但增加一个步骤，即对放射性同位素的丰度进行定量[26,27]。质谱的灵敏度和准确度使得研究者可以检测到多肽中同位素组分非常微小的变化，如 ^{13}C 或 ^{15}N 元素低至 0.1 的原子质量百分比差异[33,34]。因此，即使是微量的同位素吸收标记

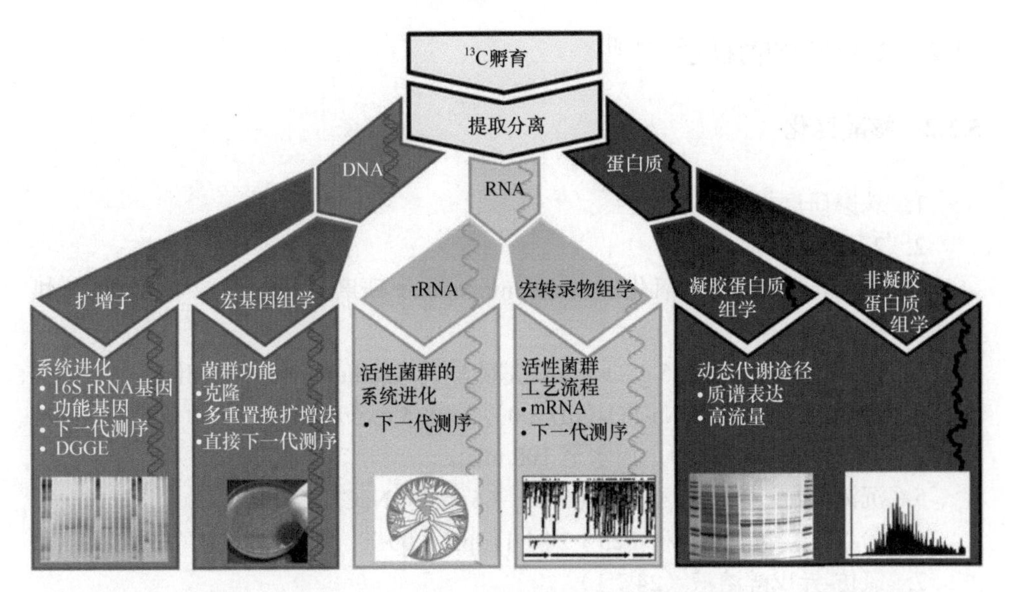

图 5-1　稳定同位素探针与宏基因组、宏转录物组和宏蛋白质组分析联用的示意图

也能被检测到，而这在 DNA 和 RNA 水平上是很难实现的。基于蛋白质的技术除了碳和氮，还可以使用其他的同位素元素进行 SIP 实验，包括硫同位素 ^{33}S、^{34}S、^{36}S 或氢同位素（^{2}D）[35,36]。

SIP-蛋白质组学的一个不足是在进行多肽序列鉴定时依赖参考序列，当有来自新微生物物种的多肽时，会造成鉴定、注释比例的下降。因此将 SIP-蛋白质组学数据和 DNA-SIP、RNA-SIP 结合，利用宏基因组、宏转录物组技术从被研究的微生物群中直接获取核酸、氨基酸序列数据，将是十分有意义且有必要的。此外，多肽序列的鉴定基于未标记的多肽的分子量，在对高度富集的同位素标记对象进行研究时，因为标记而产生的分子量变化，会使后续的鉴定过程变得复杂。多种不同的方法和生物信息工具已经被用于解决这一问题，但目前还没有标准的分析流程[29,37,38]。

本章我们提供了基于 DNA、RNA 和蛋白质的 SIP 标记实验的流程与技术，收集和鉴别标记的生物标志物并用于后续的生物学分析，如宏基因组学、宏转录物组学和宏蛋白质组学等。

5.2　实 验 材 料

5.2.1　稳定同位素探针技术所需的试剂和设备

除了下文中所提到的，相关试剂和所需设备，已经在相关文献中有详细描述，建议读者参考相应的报道[26,39,40]。

5.2.2 核酸纯化

1. 珠磨研磨机。
2. 2 mL 螺旋管。
3. 0.1 mm 氧化锆-二氧化硅（zirconia-silica）研磨珠（Roth），在 180℃下烘烤 16 h。
4. 核酸提取缓冲液[2.5 g 的十二烷基硫酸钠（sodium dodecyl sulfate，SDS），20 mL 1 mol/L 的 Na_3PO_4（pH 8.0），2 mL 5 mol/L 的 NaCl，10 mL 0.5 mol/L 的 EDTA（pH 8.0），加水至 100 mL]。
5. 沉淀溶液：30%聚乙二醇 6000，1.6 mol/L NaCl。
6. 酚-氯仿-异戊醇溶液（25∶24∶1，pH 8.0）。
7. 氯仿-异戊醇溶液（24∶1）。
8. 2 mL 离心管（Ambion 公司）。
9. 75%乙醇。
10. 不含 RNA 酶的 DNA 酶（Qiagen 公司）。
11. RNeasy 试剂盒（Qiagen 公司）。
12. 无核酸酶水。

5.2.3 DNA/RNA 超速离心

1. 超速离心机和垂直（或接近垂直）转头，如 Vti 65.2 [贝克曼库尔特公司（Beckman Coulter）]。
2. 用于贮存 DNA 的氯化铯（CsCl）贮存液（7.163 mol/L；水中密度为 1.890 g/mL），或者用于贮存 RNA 的 Illustra CsTFA（VWR）试剂。
3. 去离子甲酰胺。
4. 梯度缓冲液（gradient buffer，GB）：0.1 mol/L Tris-HCl，0.1 mol/L KCl，1 mmol/L EDTA，pH 8.0。
5. 乙醇。
6. RNA 酶抑制剂。
7. DNA 沉淀溶液：30%聚乙二醇 6000，1.6 mol/L NaCl。
8. 线性聚丙烯酰胺[linear polyacrylamide，LPA；如 co-precipitant pink（Bioline 公司）]（见注释 1）。
9. 用于梯度分层的设备，如带有 60 mL 注射器的多速注射泵（multi-speed syringe pump，BSP）。

10. 电子屈光仪，如 Reichert AR200，用于检测梯度密度。

5.2.4　16S rRNA 基因测序

16S rRNA 基因扩增子测序引物和相关方法可以参考已发表的参考文献[41,42]。

5.2.5　宏基因组/宏转录物组测序

目前 Miseq [因美纳公司（Illumina）]是扩增子和宏基因组测序最普遍使用的测序平台，通量高且错误率较低[43]。下面列出了几种我们使用过的试剂盒，但建议在进行测序尝试之前和测序服务的提供商充分讨论以保证应用最佳方案。

1. 用于 Illumina 的 NEBNext Ultra II DNA 文库制备试剂盒（见注释 2）。
2. TruSeq RNA 文库制备试剂盒。
3. 用于 Illumina 的 NEBNext 复合型寡聚物。
4. MiSeq Reagent Kit v3（600 循环）Illumina。

5.2.6　蛋白质纯化的试剂和设备

1. 苯甲磺酰氟（phenylmethanesulfonyl fluoride，PMSF）按 100 mmol/L 浓度溶于异丙醇。
2. 乙酸铵按 0.1 mol/L 浓度溶于纯甲醇。
3. 80%丙酮。
4. 70%乙醇。
5. 用于 SDS 聚丙烯酰胺凝胶电泳（SDS-polyacrylamide gel electrophoresis，SDS-PAGE）的设备。
6. SDS 样本缓冲液[60 mmol/L Tris-HCl（pH 6.8），10%甘油，2% SDS，5% β-巯基乙醇，0.01%溴酚蓝]。

5.2.7　蛋白质胶内消化

1. 乙腈。
2. 清洗溶液：40%乙腈，10%乙酸。
3. 5 mmol/L 碳酸氢铵。
4. 10 mmol/L 碳酸氢铵。
5. 10 mmol/L 1,4-二硫苏糖醇（DTT）溶于 10 mmol/L 碳酸氢铵。
6. 100 mmol/L 2-碘乙酰胺溶于 10 mmol/L 碳酸氢铵。
7. 胰蛋白酶缓冲液：把 20 μg 胰蛋白酶（蛋白质组学测序级）溶于 20 μL

1 mmol/L 的盐酸中。使用前取 5 μL 溶解的胰蛋白酶加入 495 μL 5 mmol/L 的碳酸氢铵中。

8. 肽提取缓冲液：50%乙腈，5%甲酸。

5.3 实验方法

不论是 DNA、RNA 还是蛋白质的 SIP 实验，其最初的一步是需要考虑实验设计和可能涉及的细节，包括环境样本的选择、底物、底物浓度、重复、对照组及加入底物后培养的时间等要素。将实验重复和使用未标记的底物进行培养的对照组都考虑进来，对于实验结果的可靠性和意义尤其重要。在整个实验过程中，对照样本必须保持和实验样本完全一致的处理条件，用于确保样本中被标记的 DNA 中掺入了稳定同位素，特别是对于低生物量或新陈代谢较慢的样本来说，这是非常必要的操作。

理想情况下，样本培养的时候要尽可能地模拟原始环境条件，尽量减少对样本的干扰。但在加入同位素标记的底物之前，通常会有一个“饥饿”的阶段（如碳源剥夺或缺乏），让微生物可以消耗掉环境样本中的天然底物，这样可以降低样本中天然底物的含量，有助于在培养阶段让微生物更多地利用被标记的底物。底物的浓度和最适的培养时间，可以通过“滴定法”来确定，以此确保 DNA 标记不会受到实验的干扰。不同的是，在以生物技术为导向的研究中，如当研究目的是发现功能酶时，那么采用高浓度的底物和短时间的培养更有利于发现可用于工业过程的理想的候选酶基因。

虽然在这里我们列出了一些实验设计时的要点，但是还有一些额外的细节需要根据各自的实验及使用的底物加以考虑，不能一概而论。关于这方面的讨论及环境样本中标记微生物合适培养条件的选择，可以阅读参考文献[39]。

5.3.1 被标记的土壤和沉积物样本的核酸提取

以下实验方法适用于从环境样本中提取核酸，提取蛋白质的方法请参考 5.3.5 节。实际上，在 DNA-SIP 实验中，并没有必要去除 RNA，其并不影响后续的实验过程。但在 RNA-SIP 实验中，必须很小心地去除样本中的 DNA。如果只需要进行 DNA-SIP 实验，那么可以使用 PowerSoil DNA 提取试剂盒（MO BIO Laboratories 公司）来完成提取，请按照制造商的实验方法说明书进行操作（见注释 3）。

1. 在灭菌后的 2 mL 螺旋管中加入 200 μL 的玻璃珠。
2. 在管子中加入最多 0.5 g 的土壤或沉积物样本。如果土壤或沉积物含水较多，可适当增加样本起始量。

3. 离心，去除上清液，留下约 0.5 mL 的沉淀物。
4. 加入 1 mL 核酸提取缓冲液，使用珠磨研磨机，以 6 m/s 的速度振荡 45 s。
5. 以最大速度在 20℃离心 5 min。
6. 转移上清液至新的 2 mL 离心管，加入 850 μL 酚-氯仿-异戊醇溶液（25∶24∶1），混匀。在留有土壤/沉积物沉淀的管子里，再加入 900 μL 核酸提取缓冲液，重复研磨和离心过程，然后把上清液转移至新的 2 mL 离心管，加入 850 μL 酚-氯仿-异戊醇溶液（25∶24∶1），混匀。把两次的上清液在微离心机中以最大速度离心 5 min（约 13 000×g，20℃）。
7. 将水相小心地转移至新的 2 mL 离心管。如果溶液呈浑浊状态，则重复酚-氯仿的抽提步骤，直至溶液澄清。
8. 加入 800 μL 氯仿，混匀后再次离心。
9. 转移水相上清至 2 mL 低吸附管，加入 1 mL 沉淀溶液，强力混合，静置至少 1 h。
10. 在 4℃下以最大速度离心 30 min。
11. 弃去上清液，向管中加入 800 μL 预冷的 75%乙醇，与沉淀混匀，在 4℃下以最大速度离心 10 min。
12. 吸出乙醇，确保沉淀周围的乙醇液滴去除干净。
13. 放置 30 min，让沉淀适度干燥，但要注意不要过分干燥，加入 50 μL 无核酸酶水，溶解沉淀。将上述过程中两次提取的核酸加到一起，总体积为 100 μL。如要提取 RNA，可继续以下步骤，或者将提取物保存于–80℃备用。
14. 取 50 μL 核酸提取物，加入 37.5 μL 水、10 μL RDD 缓冲液（Qiagen 公司）、2.5 μL DNA 酶。轻柔混匀后放置 10 min。将剩余的核酸提取物储存于–80℃。
15. 使用 RNeasy 试剂盒继续纯化 RNA 的步骤。用 30 μL 无核酸酶水进行 RNA 洗脱，重复一次洗脱过程，总共可得到 50～60 μL RNA。
16. 用针对 16S rRNA 基因的 PCR 扩增法确认获得的 RNA 中没有 DNA 污染。进行 RNA 反转录测试，同时使用不加反转录酶的空白对照。如果在空白对照中有产物，再次用 DNA 酶处理 RNA。
17. 把 RNA 置于低吸附管（如 Ambion）中，–80℃保存。建议每个样本分装保存多管，避免使用时的反复冻融。

5.3.2　通过氯化铯梯度离心分离同位素标记的 DNA

1. 按照下列公式计算 DNA 和梯度缓冲液（GB）的总体积，与 4.9 mL CsCl 保存液混合后，最终将得到 1.725 g/mL 的梯度密度。

2. GB/DNA 体积 =(CsCl 保存液密度–1.725)×4.9×1.52。
3. 根据计算结果，在无菌的 15 mL 管中加入 DNA 和梯度缓冲液，轻轻混匀。我们希望在每一个密度梯度中含有 0.5～5 μg 的 DNA。如果可能，请加入允许最大量的 DNA，这将有利于在后续的步骤中得到足够的被标记的 DNA。
4. 在管中继续加入 4.9 mL CsCl，来回颠倒管子，轻轻混匀。准备一个空白对照，不加入 DNA，仅有梯度缓冲液和 CsCl，用于评估过程中的污染。如果可能，再准备一个对照，加入纯培养的 ^{12}C 标记 DNA 和 ^{13}C 标记 DNA 混合物，用来确认密度梯度的形成。
5. 用巴斯德吸管将准备好的混合液缓慢注入超速离心管，直到管颈处，注意不要产生气泡。
6. 超速离心之前，将管子配对，调整重量，相差不超过±0.01 g。
7. 将离心管密封好，用两根手指轻轻挤压离心管以检查是否有漏出。再次确认配对管子的重量平衡。
8. 装上转子，在 20℃，以 177 000×*g* 的转速（如果是 Vti65.2 转子，平均转速约为 44 100 r/min）离心 36～40 h。将超速离心的程序设置为：真空，最大加速度，连续减速。
9. 将离心管小心地依次取出，注意不要倾覆或颠倒离心管。尽快在 2～3 h 完成分层分离过程。
10. 用取代法将离心管中的内容物分为 12 层进行收集。具体操作为从顶端注入含有溴酚蓝（显色便于观察）的水，使内容物从管底依次缓慢流出（图 5-2）。

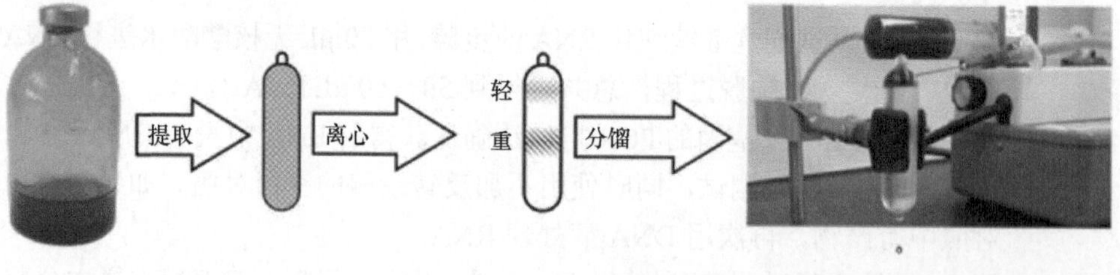

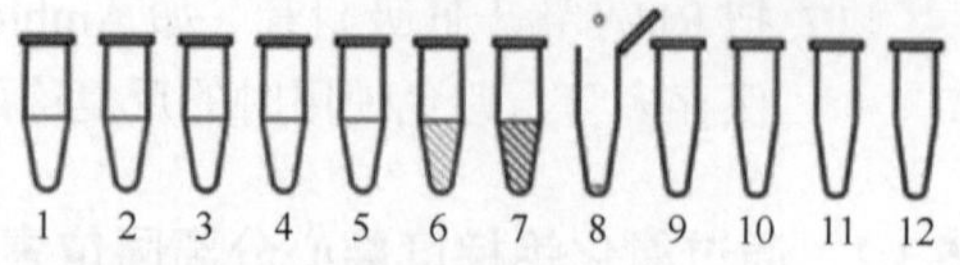

图 5-2 用注射泵和滴定管进行梯度分流的流程与装置示意图

11. 使用直径 0.6 mm 的针头刺入离心管的顶端，用来注入水溶液。在刺入之前确保针筒里已经有水溶液，防止把空气注入离心管。在离心管底部刺入另一个针头，并通过软管与蠕动泵连接，将流速保持在 425 μL/min。每分钟更换一个新的收集管，直到 12 层都被收集完毕。检测每一个密度梯度样本的折射率，如果难以对所有样本检测，至少需要检测不含 DNA 的空白对照。使用校准的折射仪，可以将折射率换算成密度。校准的数字折射仪可以连续稳定使用几年，并产出可靠的数据。

12. 加入 4 μL 的 LPA 和 850 μL 的 DNA 沉淀剂，颠倒离心管混匀溶液，在室温放置 2 h 或过夜，使 DNA 充分沉淀。
13. 在 15～20℃，以 13 000×*g* 离心 30 min。弃去上清液，把沉淀吹干。加入 500 μL 70%乙醇，清洗沉淀。在 15～20℃，以 13 000×*g* 离心 10 min。弃去上清液，把沉淀吹干，在室温放置 15 min，干燥。
14. 在冰上将 DNA 溶于 30 μL 的 TE 缓冲液。取 5 μL 溶液，用 1%琼脂糖凝胶进行电泳检测。
15. 对从各密度梯度组分中收集到的 DNA 量进行检测，可使用 260 nm 光吸收法（如 Nanodrop 或 Qbit）或针对 16S rRNA 基因进行 qPCR 定量。
16. 通过比较分别来自轻密度层和重密度层的微生物群落结构的差异，以及其和对照组的差异，可以确认 DNA 是否成功地被同位素标记。另外，重复样本的结果一致性也很重要。基于 16S rRNA 基因，采用变性梯度凝胶电泳（denaturing gradient gel electrophoresis，DGGE）或是高通量测序技术可以根据实际情况来选择。同时，这些数据可以帮助我们确认纯培养对照样本（如 ^{12}C-DNA 和 ^{13}C-DNA 标记样本）中标记和未标记 DNA 的物理分层情况，不含 DNA 的空白对照组则可用于确认整个过程中是否发生污染。

5.3.3　通过 CsTFA 分离同位素标记的 RNA

分离同位素标记的 RNA 的很多实验步骤与分离标记的 DNA 类似（参见 5.3.2 节），此处主要说明几处关键的不同之处。可以直接使用总 RNA 来进行密度梯度离心，也可以先富集 mRNA 再进行分离（见注释 4）。

1. 在每个管子中加入 4.9 mL CsTFA（2.0 g/mL）与 1 mL 梯度缓冲液，剧烈振荡混匀。如果有必要，通过加入少量的 CsTFA 或梯度缓冲液，把折射率调整到 1.3702。加入 210 μL 去离子甲酰胺，剧烈振荡混匀。此时折射率大概在 1.3725 左右。
2. 每管加入 0.5 μg RNA（见注释 5）。确保离心管已配对平衡和密封。
3. 在 20℃，以 130 000×*g* 离心 65 h。使用与提取 DNA 相同的超速离心程序设置：真空，最大加速度，连续减速。
4. 用取代法对离心管中的内容物进行分层收集，将无核酸酶水注入顶端

（图 5-2）。通常分为 12 层已经足够，为了提高分辨率，也可以分成更多层。测量折射率。

5. 在每个分层中加入 4 μL LPA、1/10 体积的 3 mol/L 乙酸钠（pH 5.2）和 2.5 倍体积的乙醇进行 RNA 沉淀。充分振荡混匀，在–20℃放置 1 h，使用小型桌面离心机，在 4℃下以最大速度（约 13 000×*g*）离心 30 min。弃上清液，加入 1 mL 70%乙醇，再次离心，弃上清液，吸干净沉淀周围的乙醇，并吹干沉淀。加入 6 μL 无核酸酶且含有 1 U/mL RNA 酶抑制剂的水。轻柔振荡混匀后保存于–80℃。
6. 对每个梯度组分中所含的 RNA 进行定量。通常可以对 16S rRNA 基因进行 qPCR，也可以用 260 nm 光吸收法或基于荧光的 RNA 检测法。
7. 将 RNA 样本送至测序服务商，进行后续的建库和测序。

5.3.4 宏基因组和宏转录物组分析

基于宏基因组测序的短序列（read）数据或组装后的结果，有很多生物信息软件和工具可用于直接分析样本中微生物的群落结构，如 Kraken[44]、metaphlan[45]、Kaiju[46]、MG-RAST[47]等。这些方法都依赖数据库中已测序的微生物基因组序列，但数据库中往往不包括特定环境中那些有代表性但未培养的微生物相关序列。因此，和基于核糖体基因扩增子的分析结果相比较，这些生物信息工具所反映的微生物群落功能组成结果往往是有偏差的。但是，宏基因组数据包含更丰富的信息，可以覆盖几乎所有的物种类别，甚至包括病毒，而不需要对某一类生物进行核糖体 RNA 基因的扩增。

在本章中，我们不会具体展开讲述宏基因组和宏转录物组数据分析方法或流程，这些内容在其他地方已经有非常多的综述了。

5.3.5 提取已标记样本中的蛋白质

以下的实验方法主要是为想对同位素标记的 DNA/RNA 进行研究的同时，也想对样本中蛋白质进行考察的研究者设计的，因此，具体的步骤基于 5.3.1 节的核酸提取，同时可进行蛋白质的提取（见注释 6）。

1. 将蛋白酶抑制剂苯甲磺酰氟（PMSF）加入核酸提取缓冲液至终浓度为 1 mmol/L。按照 5.3.1 节描述的步骤进行珠研磨和酚-氯仿-异戊醇抽提。蛋白质将溶于含有酚的有机相中。
2. 将酚-氯仿-异戊醇抽提过程中的有机相合并（但不包括步骤 8 中氯仿抽提的有机相）。加入 5 倍体积预冷的含 0.1 mol/L 乙酸铵的甲醇溶液，于–20℃静置过夜，让蛋白质充分沉淀。

3. 在4℃下以13 000×*g*离心300 min，推荐使用甩平式转头。弃上清液。
4. 用1 mL预冷的下列溶液吹打沉淀，随后在−20℃放置20 min，再于4℃下以13 000×*g*离心，弃上清液，共重复该过程5次：2×含0.1 mol/L乙酸铵的甲醇溶液，2×80%丙酮，1×70%乙醇。最后一次弃上清液后，打开管盖让沉淀自然干燥。
5. 按照标准实验步骤使用SDS-PAGE对蛋白质样本进行分析。将样本重新悬浮于20～50 μL的SDS上样缓冲液中，煮沸10 min。当样本进入凝胶2～3 cm时，停止电泳。这一步用于后续的蛋白质纯化或简单的前处理。

5.3.6 凝胶胰蛋白酶消化

1. 将每个泳道的凝胶横向切成2～4片，分别转移至一个新的0.5 mL管中。以下步骤均在常温下进行，除非有特别注明。每管加入200 μL的清洗溶液，振荡1 h。去除清洗溶液，加入200 μL乙腈，振荡5 min。
2. 去除乙腈，在真空离心机中放置5 min让凝胶干燥。加入30 μL 10 mmol/L DTT溶液，振荡30 min（为了还原蛋白质）。
3. 去除DTT溶液，加入30 μL 100 mmol/L 2-碘乙酰胺溶液，振荡30 min（使蛋白质烷烃化）。
4. 去除2-碘乙酰胺溶液，加入200 μL乙腈，振荡5 min。
5. 去除乙腈，加入200 μL 10 mmol/L碳酸氢铵溶液，振荡10 min。
6. 去除碳酸氢铵溶液，加入200 μL乙腈，振荡5 min。
7. 去除乙腈，在真空离心机中放置5 min让凝胶干燥。
8. 加入20 μL 胰蛋白酶缓冲液，在37℃孵育过夜。
9. 加入30 μL 5 mmol/L碳酸氢铵溶液，振荡10 min。
10. 将碳酸氢铵溶液转移至新的管中留存备用。
11. 在有凝胶的管中加入30 μL 肽提取缓冲液，振荡10 min。
12. 将肽提取缓冲液转移至上述含有碳酸氢铵溶液的管中。
13. 再重复一次步骤11和12。
14. 从步骤7开始，你现在应该有一个里面有凝胶而没有液体的管子（这个管子可以丢弃）和一个有溶液的管子（碳酸氢铵溶液和肽提取缓冲液，这个管子中包含有胰蛋白酶消化后的肽）。在真空离心机中将液体完全蒸发，这个过程可能需要几小时。
15. 将肽重悬于0.1%甲酸中，然后按照说明书指引使用ZipTip（Milipore公司）进行多肽的纯化和富集。
16. 将肽的洗脱液置于真空离心机中，将液体蒸发后，重悬于10～20 μL 0.1%

甲酸中，用于后续的 LC-MS 分析，也可保存于–20℃备用。

5.3.7 利用高分辨率质谱分析同位素标记的蛋白质

同位素标记蛋白质样本的分析方法与普通的蛋白质组分析方法基本是一致的，因此需要参考机构内部蛋白质组学的流程。如果机构内没有高分辨率的质谱（如 Orbitrap），或用来进行蛋白质鉴定的生物信息工具，或相应的计算能力，可以和具备这些条件的研究机构合作完成。

一般来说，蛋白多肽的鉴定依赖未被同位素标记的肽。如果一个样本中富集了大量的 ^{13}C，肽就无法被鉴定，只能用未被标记的样本去推断（见注释 7）。这里，我们将简单展示评估重同位素标记技术的基本原理。

1. 人工观察被重同位素标记的样本的质谱，可以找到同位素（^{13}C）标记的肽的信号，如图 5-3 所示，被标记的和未标记的肽，其图谱的分布模式是不一样的。这是检验同位素标记实验是否成功的一个简单的方法。

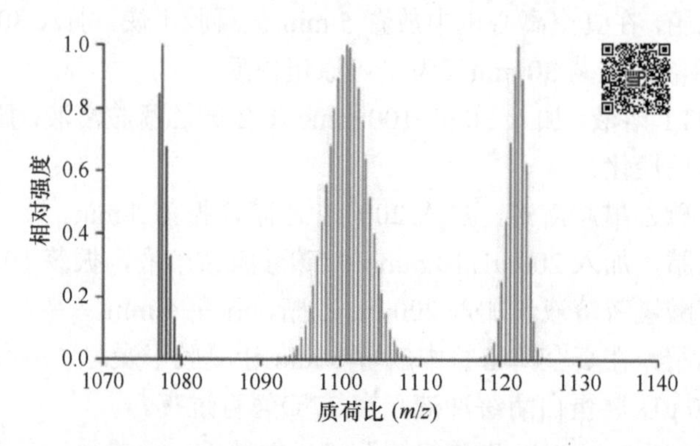

图 5-3　含 1.1% ^{13}C（黑色，天然丰度）、50% ^{13}C（蓝色）和 95% ^{13}C（红色）的多肽 EAGLCTHEKINGLIVESIVK（电量= 2）的理论质谱。重稳定同位素标记的多肽的谱图呈对称的类泊松分布，未标记的多肽的谱图则不会出现分布于左半侧的信号（彩图请扫二维码）

2. 通过寻找最近的共同祖先的方法，对来自标记样本和未标记样本的所有肽进行系统发生分类（如可以使用 unipept.ugent.be 中的工具）。在每个分类单元中比较从 ^{12}C 和 ^{13}C 样本中分别鉴定到的肽的数量。在 ^{12}C 样本中出现，而在 ^{13}C 样本中减少的那些类群，是首先需要关注的目标，因为这些多肽由于被重同位素标记而无法被鉴定。
3. 确定 ^{13}C 存在于目标类群中。这一步可以使用上述提到的软件。如果只有少量的肽需要研究，那么可以通过人工分析来确定，具体方法可参考文献[30]。每个分类单元中能检测到 10 种以上 ^{13}C 标记的肽就已经足够用来粗略评估它们对标记的碳源的同化、吸收作用。

5.4 注　释

1. 糖原（glycogen）作为一种共沉淀剂，同时也是潜在的核酸污染来源[48]。因此，我们推荐使用 LPA 作为共沉淀剂，有等同的效果，但可以在密度梯度分离过程中减少污染。
2. NEBNext Ultra II DNA 文库制备试剂盒（New England Biolabs 公司，英国希钦）能获得较高的文库产量（约 100 nmol/L），所需的起始 DNA 量仅≥500 pg。
3. 提取同位素标记样本中的 DNA 需要谨慎地选择合适的方法。例如，需要构建大片段插入文库时，就不能使用对 DNA 有强力剪切作用的方法（如珠研磨法）。如果 DNA 中有明显的腐殖酸污染，那么在密度梯度离心之前需要纯化 DNA，尽管氯化铯也有部分纯化核酸的作用。
4. 在这一步可以通过去除核糖体 RNA 来富集 mRNA（如使用 RiboZero 试剂盒，Illumina 公司）。这步富集可显著提高后续宏转录物组测序数据中 mRNA 序列的比例，提高幅度可达 10 倍以上。
5. 每个管中加入的 RNA 不要超过 1 μg，因为 RNA 有可能会在溶液中沉淀。笔者不知道有什么方法可以防止这种现象发生，也不知道 RNA 发生沉淀后如何回收。
6. 蛋白质提取方法非常依赖环境样本的类型（如水、沉积物、土壤），因此，本章提供的方法无法保证适用于所有类型的样本。不要使用其他的蛋白酶或蛋白质（如溶菌酶）处理你的样本。如果你常用的核酸提取过程包含这样的处理，请先检查这是否会降低 DNA/RNA 的提取效率。
7. 为了达到这个目的，可以把标记和未标记样本混合之后进行质谱分析，或者使用一些软件（如 SIPPER 或 MetaProSIP）[37,38]将从未标记样本中鉴定出来的部分比对到标记的样本中。另外，也有方法可以直接鉴定标记的肽，只是需要消耗较大的计算资源[29]。

致谢

感谢 NERC grant NE/I027061/1 对陈寅（音译）的资助。感谢戈登（Gordon）和贝蒂·摩尔（Betty Moore）基金会海洋微生物学倡议补助 GBMF3303 和位于英国诺里奇的地球与生命系统（Earth and Life Systems）对陈寅（音译）、J. 科林·默雷尔的资助。感谢加拿大自然科学与工程研究理事会（NSERC）的发现补助（Discovery Grant）对乔希·D. 诺伊费尔德的资助。

参考文献

1. Handelsman J (2004) Metagenomics: application of genomics to uncultured microorganisms. Microbiol Mol Biol Rev 68:669–685
2. Lynch MD, Neufeld JD (2015) Ecology and exploration of the rare biosphere. Nat Rev Microbiol 13:217–229
3. Rusch DB, Halpern AL, Sutton G, Heidelberg KB, Williamson S, Yooseph S et al (2007) The sorcerer II global ocean sampling expedition: northwest Atlantic through eastern tropical Pacific. PLoS Biol 5:e77
4. Quince C, Curtis TP, Sloan WT (2008) The rational exploration of microbial diversity. ISME J 2:997–1006
5. Shade A, Hogan CS, Klimowicz AK, Linske M, McManus PS, Handelsman J (2012) Culturing captures members of the soil rare biosphere. Environ Microbiol 14:2247–2252
6. Radajewski S, Ineson P, Parekh NR, Murrell JC (2000) Stable-isotope probing as a tool in microbial ecology. Nature 403:646–649
7. Dumont MG, Murrell JC (2005) Stable isotope probing - linking microbial identity to function. Nat Rev Microbiol 3:499–504
8. Neufeld JD, Wagner M, Murrell JC (2007) Who eats what, where and when? Isotope-labelling experiments are coming of age. ISME J 1:103–110
9. Uhlik O, Leewis MC, Strejcek M, Musilova L, Mackova M, Leigh MB, Macek T (2013) Stable isotope probing in the metagenomics era: a bridge towards improved bioremediation. Biotechnol Adv 31:154–165
10. Grob C, Taubert M, Howat AM, Burns OJ, Chen Y, Murrell JC (2015) Generating enriched metagenomes from active microorganisms with DNA stable isotope probing. Hydrocarb Lipid Microbiol Protoc 10:1007
11. Friedrich MW (2006) Stable-isotope probing of DNA: insights into the function of uncultivated microorganisms from isotopically labeled metagenomes. Curr Opin Biotechnol 17:59–66
12. Neufeld JD, Dumont MG, Vohra J, Murrell JC (2007) Methodological considerations for the use of stable isotope probing in microbial ecology. Microb Ecol 53:435–442
13. Schloss PD, Handelsman J (2003) Biotechnological prospects from metagenomics. Curr Opin Biotechnol 14:303–310
14. Wellington EM, Berry A, Krsek M (2003) Resolving functional diversity in relation to microbial community structure in soil: exploiting genomics and stable isotope probing. Curr Opin Microbiol 6:295–301
15. Martineau C, Whyte LG, Greer CW (2010) Stable isotope probing analysis of the diversity and activity of methanotrophic bacteria in soils from the Canadian high Arctic. Appl Environ Microbiol 76:5773–5784
16. Bell TH, Yergeau E, Martineau C, Juck D, Whyte LG, Greer CW (2011) Identification of nitrogen-incorporating bacteria in petroleum-contaminated arctic soils by using [15N] DNA-based stable isotope probing and pyrosequencing. Appl Environ Microbiol 77:4163–4171
17. Eyice Ö, Namura M, Chen Y, Mead A, Samavedam S, Schäfer H (2015) SIP metagenomics identifies uncultivated Methylophilaceae as dimethylsulphide degrading bacteria in soil and lake sediment. ISME J 9:2336–2348
18. Grob C, Taubert M, Howat AM, Burns OJ, Dixon JL, Richnow HH et al (2015) Combining metagenomics with metaproteomics and stable isotope probing reveals metabolic pathways used by a naturally occurring marine methylotroph. Environ Microbiol 17:4007–4018
19. Dumont MG, Radajewski SM, Miguez CB, McDonald IR, Murrell JC (2006) Identification of a complete methane monooxygenase operon from soil by combining stable isotope probing and metagenomic analysis. Environ Microbiol 8:1240–1250
20. Coyotzi S, Pratscher J, Murrell JC, Neufeld JD (2016) Targeted metagenomics of active microbial populations with stable-isotope probing. Curr Opin Biotechnol 41:1–8
21. Albertsen M, Hugenholtz P, Skarshewski A, Nielsen KL, Tyson GW, Nielsen PH (2013) Genome sequences of rare, uncultured bacteria obtained by differential coverage binning of multiple metagenomes. Nat Biotechnol 31:533–538
22. Dumont MG, Pommerenke B, Casper P, Conrad R (2011) DNA-, rRNA- and mRNA-based stable isotope probing of aerobic methanotrophs in lake sediment. Environ Microbiol 13:1153–1167
23. Haichar FZ, Roncato MA, Achouak W (2012) Stable isotope probing of bacterial community structure and gene expression in the rhizosphere of Arabidopsis thaliana. FEMS Microbiol Ecol 81:291–302
24. Huang WE, Ferguson A, Singer AC, Lawson K, Thompson IP, Kalin RM et al (2009) Resolving genetic functions within microbial populations: in situ analyses using rRNA and

mRNA stable isotope probing coupled with single-cell raman-fluorescence in situ hybridization. Appl Environ Microbiol 75:234–241
25. Dumont MG, Pommerenke B, Casper P (2013) Using stable isotope probing to obtain a targeted metatranscriptome of aerobic methanotrophs in lake sediment. Environ Microbiol Rep 5:757–764
26. Jehmlich N, Schmidt F, Taubert M, Seifert J, Bastida F, von Bergen M et al (2010) Protein-based stable isotope probing. Nat Protoc 5:1957–1966
27. Seifert J, Taubert M, Jehmlich N, Schmidt F, Volker U, Vogt C et al (2012) Protein-based stable isotope probing (protein-SIP) in functional metaproteomics. Mass Spectrom Rev 31:683–697
28. von Bergen M, Jehmlich N, Taubert M, Vogt C, Bastida F, Herbst FA et al (2013) Insights from quantitative metaproteomics and protein-stable isotope probing into microbial ecology. ISME J 7:1877–1885
29. Pan C, Fischer CR, Hyatt D, Bowen BP, Hettich RL, Banfield JF (2011) Quantitative tracking of isotope flows in proteomes of microbial communities. Mol Cell Proteomics 10(M110):006049
30. Taubert M, Vogt C, Wubet T, Kleinsteuber S, Tarkka MT, Harms H et al (2012) Protein-SIP enables time-resolved analysis of the carbon flux in a sulfate-reducing, benzene-degrading microbial consortium. ISME J 6:2291–2301
31. Lünsmann V, Kappelmeyer U, Benndorf R, Martinez-Lavanchy PM, Taubert A, Adrian L et al (2016) In situ protein-SIP highlights Burkholderiaceae as key players degrading toluene by para ring hydroxylation in a constructed wetland model. Environ Microbiol 18:1176
32. Herbst FA, Bahr A, Duarte M, Pieper DH, Richnow HH, von Bergen M et al (2013) Elucidation of in situ polycyclic aromatic hydrocarbon degradation by functional metaproteomics (protein-SIP). Proteomics 13:2910–2920
33. Taubert M, Baumann S, von Bergen M, Seifert J (2011) Exploring the limits of robust detection of incorporation of ^{13}C by mass spectrometry in protein-based stable isotope probing (protein-SIP). Anal Bioanal Chem 401:1975–1982
34. Taubert M, von Bergen M, Seifert J (2013) Limitations in detection of ^{15}N incorporation by mass spectrometry in protein-based stable isotope probing (protein-SIP). Anal Bioanal Chem 405:3989–3996
35. Jehmlich N, Kopinke FD, Lenhard S, Vogt C, Herbst FA, Seifert J et al (2012) Sulfur-^{36}S stable isotope labeling of amino acids for quantification (SULAQ). Proteomics 12:37–42
36. Justice NB, Li Z, Wang Y, Spaudling SE, Mosier AC, Hettich RL et al (2014) ^{15}N- and ^{2}H proteomic stable isotope probing links nitrogen flow to archaeal heterotrophic activity. Environ Microbiol 16:3224–3237
37. Slysz GW, Steinke L, Ward DM, Klatt CG, Clauss TR, Purvine SO et al (2014) Automated data extraction from in situ protein-stable isotope probing studies. J Proteome Res 13:1200–1210
38. Sachsenberg T, Herbst FA, Taubert M, Kermer R, Jehmlich N, von Bergen M et al (2015) MetaProSIP: automated inference of stable isotope incorporation rates in proteins for functional metaproteomics. J Proteome Res 14:619–627
39. Neufeld JD, Vohra J, Dumont MG, Lueders T, Manefield M, Friedrich MW, Murrell JC (2007) DNA stable-isotope probing. Nat Protoc 2:860–866
40. Whiteley AS, Thomson B, Lueders T, Manefield M (2007) RNA stable-isotope probing. Nat Protoc 2:838–844
41. Bartram AK, Lynch MD, Stearns JC, Moreno-Hagelsieb G, Neufeld JD (2011) Generation of multimillion-sequence 16S rRNA gene libraries from complex microbial communities by assembling paired-end illumina reads. Appl Environ Microbiol 77:3846–3852
42. Caporaso JG, Lauber CL, Walters WA, Berg-Lyons D, Huntley J, Fierer N et al (2012) Ultra-high-throughput microbial community analysis on the Illumina HiSeq and MiSeq platforms. ISME J 6:1621–1624
43. Jünemann S, Sedlazeck FJ, Prior K, Albersmeier A, John U, Kalinowski J et al (2013) Updating benchtop sequencing performance comparison. Nat Biotechnol 31:294–296
44. Wood DE, Salzberg SL (2014) Kraken: ultrafast metagenomic sequence classification using exact alignments. Genome Biol 15:R46
45. Segata N, Waldron L, Ballarini A, Narasimhan V, Jousson O, Huttenhower C (2012) Metagenomic microbial community profiling using unique clade-specific marker genes. Nat Methods 9:811–814
46. Menzel P, Ng KL, and Krogh A (2015) Kaiju: fast and sensitive taxonomic classification for metagenomics. bioRxiv. doi: 10.1101/031229.
47. Meyer F, Paarmann D, D'Souza M, Olson R, Glass EM, Kubal M et al (2008) The metagenomics RAST server - a public resource for the automatic phylogenetic and functional analysis of metagenomes. BMC Bioinformatics 9:386
48. Bartram A, Poon C, Neufeld J (2009) Nucleic acid contamination of glycogen used in nucleic acid precipitation and assessment of linear polyacrylamide as an alternative co-precipitant. Biotechniques 47:1019–1022

第6章 植物内生细菌和真菌的多样性评估

伯德·温豪尔（Bernd Wemheuer），弗朗西斯卡·温豪尔（Franziska Wemheuer）

摘要

植物可被多种多样的微生物定植，其中包括内生菌。这些微生物在农业生产中扮演着重要角色，它们能够促进植物生长，增强植物对病害和环境压力（不良生长环境）的抗性。尽管不依赖培养的分子生物技术，如 DNA 条形码技术，极大地提高了我们对植物内生细菌和真菌群落的理解，但在内生菌多样性研究方面，仍然存在着一些方法学问题。其中一个主要的问题是植物中来源于质体的 rRNA 基因序列和细菌的 16S rRNA 基因序列高度相似，因此其可能会被针对细菌 16S rRNA 基因的 PCR 引物所扩增进而造成序列污染。而植物本身也有转录间隔区（internally transcribed spacer，ITS）序列或 18S rRNA 基因，在扩增真菌的相应序列时也会有同样的问题。选用特异性较高的引物，可以显著抑制植物本身的基因被误扩增。本章将详细描述使用这些引物，结合高通量测序来评估植物内生细菌和真菌多样性的方法与流程。

关键词

内生菌群落、DNA 条形码、微生物多样性

6.1 介　　绍

内生菌是指定植在健康植物组织细胞内或细胞间的微生物。已经在很多植物中发现了内生的细菌或真菌[1]。有益的内生菌可以促进植物的生长和健康，因此对于农业生产来说极其重要。此外，这些微生物还可以帮助宿主抵抗病害，以及环境压力，如干旱等[1,2]。因此，需要深入研究内生菌与植物宿主及环境因素之间的相互作用。

依赖培养的技术是研究植物内生细菌和真菌的常用方法，但是，这种技术通常只能得到非常有限的内生菌群落信息，因为大多数的微生物用普通的实验室技术是难以培养的。因此，在过去的几年中，越来越多的植物内生菌研究使用了不

依赖培养的分子生物技术，用于研究内生细菌及真菌[3-5]。这些研究极大地推动了人们对植物内生菌多样性及其群落结构的理解。然而，植物质体和线粒体中 rDNA 序列及植物本身的 ITS 序列与植物内生菌 DNA 提取物混杂在一起造成的误扩增，对分析内生细菌或真菌的群落结构造成了一定的影响。

在本章中，我们描述了一种使用 DNA 条形码结合高通量测序来研究植物内生细菌和真菌群落结构与多样性的标准流程。该方法使用对目标微生物序列具有高度特异性的引物进行 PCR 反应，能显著抑制植物本身的基因被误扩增。本方法已经用于研究来源于不同植物品种的内生细菌群落对田间管理方法的不同反应[5]。植物的不同部位生长着完全不同的内生微生物，因此需要分别进行分析[1,6]。

6.2 实验材料

配制的所有溶液都必须用滤膜过滤除菌，使用焦炭酸二乙酯（diethylpyrocarbonate，DEPC）处理的无菌水，以及分析纯试剂。使用 DEPC 处理时，每升超纯水中加入 1 mL DEPC。搅拌至少 1 h，然后通过高温高压灭菌（121℃，20 min）去除多余的 DEPC。溶液配制和储存均在常温条件下，除非有额外说明。

6.2.1 植物样本采集

1. 无菌剪刀。
2. 经 DEPC 处理并过滤的无菌水。

6.2.2 处理植物材料

6.2.2.1 植物样本表面消毒

1. 70%乙醇。
2. 2%次氯酸钠。
3. 用 DEPC 处理过并过滤的无菌水。
4. LB 琼脂（Luria/Miller）（Carl Roth 公司，德国卡尔斯鲁厄）。
5. 土豆提取物葡萄糖琼脂（Carl Roth 公司，德国卡尔斯鲁厄）。
6. 麦芽汁琼脂（Carl Roth 公司，德国卡尔斯鲁厄）。

6.2.2.2 植物材料匀浆

1. 研钵和研杵。
2. 液氮。

6.2.3 从粉末化的植物样本中提取 DNA

1. 蛋白酶 K，20 mg/mL（AppliChem 有限公司，德国达姆施塔特）。
2. 玻璃珠（A556.1；Carl Roth 公司，德国卡尔斯鲁厄）。
3. PeqGold Plant DNA Mini DNA 提取试剂盒（Peqlab 公司，德国埃尔朗根）。
4. 经 DEPC 处理并过滤的无菌水。

6.2.4 标记基因扩增

6.2.4.1 真菌 ITS 序列扩增

1. Phusion 高保真 DNA 聚合酶（2 U/μL），5×反应缓冲液，100%二甲基亚砜（DMSO）和 50 mmol/L $MgCl_2$（Thermo Fisher Scientific 公司，美国沃尔瑟姆）。
2. Fermentas™ 10 mmol/L dNTP 混合物（Thermo Fisher Scientific 公司，美国沃尔瑟姆）。
3. 扩增引物溶液，浓度为 10 mmol/L。一对引物：ITS1-F_KYO2（5′-TAGAGGAAGTAAAAGTCGTAA-3′）[7]，ITS4（5′-TCCTCCGCTTATTGATATGC-3′）[8]（见注释 1）。另一对引物：ITS3_KYO2（5′-GATGAAGAACGYAGYRAA-3′）[7]，ITS4（5′-TCCTCCGCTTATTGATATGC-3′）[8]（见注释 1 和 2）。
4. PeqGOLD 胶回收试剂盒（Peqlab 公司，德国埃尔朗根）。
5. 经 DEPC 处理并过滤后的无菌水。

6.2.4.2 细菌 16S rRNA 基因扩增

1. Fermentas™ *Taq* DNA 聚合酶（1 U/μL），10×反应缓冲液，$(NH_4)_2SO_4$ 和 25 mmol/L $MgCl_2$（Thermo Fisher Scientific 公司，美国沃尔瑟姆）。
2. Phusion 高保真 DNA 聚合酶（2 U/μL），5×反应缓冲液（Thermo Fisher Scientific 公司，美国沃尔瑟姆）。
3. Fermentas™ 10 mmol/L dNTP 混合物（Thermo Fisher Scientific 公司，美国沃尔瑟姆）。
4. 扩增引物溶液，浓度为 10 mmol/L。一对引物：799F（5′-AACMGGATTAGATACCCKG-3′）[9]，1492R（5′-GCYTACCTTGTTACGACTT-3′）[10]（见注释 3）。另一对引物：F968（5′-AACGCGAAGAACCTTAC-3′）[11]，R1401（5′-CGGTGTGTACAAGACCC-3′）[11]（见注释 2 和 4）。
5. PeqGOLD 胶回收试剂盒（Peqlab 公司，德国埃尔朗根）。

6. 经 DEPC 处理并过滤后的无菌水。

6.2.5 测序数据的处理

1. 一台电脑，至少 4 GB 内存，安装有 64 位的 Linux 系统。
2. 64 位版本的 USEARCH（当前版本 8.1.1861[12]）（见注释 5）。
3. UCHIME 的参考文件：真菌使用最新版 UNITE/INSDC 参考数据库（https://unite.ut.ee/repository.php）[13]；细菌使用最新版 RDP 分类训练集（https://sourceforge. net/projects/rdp-classifier/）[14]（见注释 6）。
4. OTU 分类的参考文件：真菌使用最新版 QIIME 的 UNITE/INSDC 参考数据库（https://unite.ut.ee/repository.php）[13]；细菌使用最新版 QIIME 的 SILVA SSURef 数据库（http://tax4fun.gobics.de/）[15]（见注释 7）。
5. R 软件[16]（见注释 8）。

6.3 实 验 方 法

所有步骤均在室温下进行，除非特殊说明。准备 PCR 时请使用带过滤膜的枪头。溶液、研钵、研杵和微离心管需要高压灭菌两次，以防止 DNA 酶、RNA 酶或核酸污染。操作时佩戴手套和其他适当的实验防护措施。使用液氮时需佩戴安全眼镜和防护手套。按照规定处理和丢弃生物废料。请仔细阅读本章的注释。

6.3.1 植物样本采集

1. 使用无菌剪刀从植物的不同部位采集样本，如叶子或根部。
2. 植物不同部位采集的样本应该分开单独处理，因为其中包含完全不同的内生菌。
3. 振荡根部样本，随后用经 DEPC 处理并过滤的无菌水清洗，去除附着在根际的泥土。
4. 在进行表面灭菌处理之前，可以把样本保存于 4℃。

6.3.2 处理植物材料

6.3.2.1 植物样本表面消毒

样本表面的灭菌方法参考了 Araujo 的文章[17]，有少量调整。

1. 用 70%乙醇清洗植物样本 2 min。
2. 用 2%次氯酸钠清洗植物样本 3 min。

3. 用 70%乙醇清洗植物样本 30 s。
4. 用水清洗植物样本 3 次，每次 30 s。
5. 为了评估消毒的效果，在进行完步骤 4 后，取 100 μL 来自最后一次清洗的水，涂布在不同的琼脂平板上。
6. 将平板在 25℃、避光的条件下培养至少两周。
7. 取步骤 4 中最后一次清洗的水，用针对 16S rRNA 基因或 ITS 区域的 PCR 进行检测来确保表面除菌达到了预期效果（参见 6.3.4.1 节的步骤 2 及 6.3.4.2 节的步骤 2）。

6.3.2.2 植物材料匀浆

1. 在无菌研钵中用液氮研磨消毒后的植物样本。
2. 将磨成粉末状的植物样本保存在−20℃，直至 DNA 提取。

6.3.3 DNA 提取

1. 按照说明，使用 peqGOLD Plant DNA Mini DNA 提取试剂盒提取 DNA。为了提高细胞裂解的效果，可对流程稍做改动，在第一步加入玻璃珠和 10 μL 蛋白酶 K。
2. 用经 DEPC 处理并过滤的无菌水洗脱 DNA。

6.3.4 标记基因的扩增和测序

6.3.4.1 真菌 ITS rRNA 基因扩增

1. 第一轮 PCR，在 0.2 mL 的无菌 PCR 管中加入以下溶液：5 μL 5×反应缓冲液，1 μL 引物 ITS1-F_KYO2，1 μL 引物 ITS4，1.25 μL DMSO，0.75 μL $MgCl_2$，0.5 μL dNTP 混合物，0.25 μL Phusion 聚合酶（2 U/μL），约 25 ng 来自 6.3.3 节步骤 2 的 DNA，加水至终体积为 25 μL。
2. 为了评估表面除菌是否达到预期效果，使用 6.3.2.1 节步骤 7 中最后一次清洗样本的水作为模板同时进行 PCR。
3. 使用不加模板的反应作为空白对照。
4. 设定 PCR 热循环程序：98℃，30 s；[98℃，15 s；53℃，30 s（每个循环降低 0.5℃）；72℃，30 s]×6 个循环；（98℃，15 s；50℃，30 s；72℃，30 s）×20 个循环；72℃，2 min。
5. 通过凝胶电泳检测 PCR 扩增效果。

6. 第二轮 PCR，在 0.2 mL 的无菌 PCR 管中加入以下溶液：5 μL 5×反应缓冲液，1 μL 带 MiSeq 接头的引物 ITS3F-KYO2（译者注：引物名称与上文 6.2.4.1 节不一致，可能是原版的排版错误），1 μL 带 MiSeq 接头的引物 ITS4，1.25 μL DMSO，0.75 μL $MgCl_2$，0.5 μL dNTP 混合物，0.25 μL Phusion 聚合酶（2 U/μL），加水至总体积为 24 μL。可按需要放大 PCR 反应体系。
7. 加入 1 μL 第一轮 PCR 的产物作为模板。
8. 使用不加模板的反应作为空白对照。
9. 设定与上述步骤 4 相同的 PCR 程序。
10. 按照试剂盒说明，使用 PeqGOLD 胶回收试剂盒（Peqlab 公司）纯化 PCR 产物。
11. 使用测序试剂盒 MiSeq Reagent Kit v3，将文库在 MiSeq 测序仪（Illumina 公司，美国圣迭戈）上进行测序。

6.3.4.2　细菌 16S rRNA 基因的扩增和测序

1. 第一轮 PCR，在 0.2 mL 的无菌 PCR 管中加入以下溶液：2.5 μL 10×不含 Mg 的 *Taq* DNA 酶反应缓冲液，1.75 μL $MgCl_2$，0.5 μL 引物 799F，0.5 μL 引物 1492R，0.5 μL dNTP 混合物，1.25 μL DMSO，1.5 μL *Taq* DNA 聚合酶（1 U/μL），约 25 ng 来自 6.3.3 节步骤 2 的 DNA 提取物作为模板，加水至终体积为 25 μL。
2. 为了评估表面消毒是否达到预期效果，使用 6.3.2.1 节步骤 7 最后一次清洗样本的水作为模板同时进行 PCR。
3. 使用不加模板的反应作为空白对照。
4. 设定 PCR 程序：95℃，5 min；（95℃，1 min；50℃，1 min；72℃，1 min）×35 个循环；72℃，5 min。
5. 通过凝胶电泳检测 PCR 扩增效果。
6. 按照说明，使用 PeqGOLD 胶回收试剂盒（Peqlab 公司）切胶回收目标产物，用 30 μL 经 DEPC 处理并过滤的无菌水洗脱 DNA。
7. 第二轮 PCR，在 0.2 mL 的无菌 PCR 管中加入以下溶液：5 μL 5×Phusion HF 反应缓冲液，1 μL 带 MiSeq 接头的引物 F968，1 μL 带 MiSeq 接头的引物 R1401，0.5 μL dNTP 混合物，0.5 μL Phusion 聚合酶（2 U/μL），加水至体积为 24 μL。可根据需要扩大 PCR 反应体系。
8. 加入 1 μL 纯化后的第一轮 PCR 产物作为模板。
9. 使用不加模板的反应作为空白对照。
10. 设定 PCR 程序：98℃，30 s；（98℃，15 s；53℃，30 s；72℃，30 s）×30 个循环；72℃，2 min。

11. 按照说明，使用 PeqGOLD 胶回收试剂盒（Peqlab 公司）纯化 PCR 产物。
12. 使用测序试剂盒 MiSeq Reagent Kitv3，将文库在 MiSeq 测序仪（Illumina 公司，美国圣迭戈）上进行测序。

6.3.5 测序数据的处理

6.3.5.1 基于样本的测序数据（sample-wise）的前处理

完成测序后，每个样本将得到至少两个文件，一个是正向读取的结果，另一个是反向读取的结果。第一步要把这两个方向的序列进行合并，此外，要去除太短的和低质量的序列。每个样本序列的前端都带有特定的标签，这个标签是后续将所有序列与 OTU 进行比对并生成 OTU 丰度表时所必需的。为了减少数据量，需要对序列进行去重复处理，这一步对内存有一定的要求（参见 6.3.3.2 节步骤 2，见注释 5）。完成前处理后，数据可以上传到 SILVA-NGS（https://www.arb-silva.de/ ngs/）或 MG-RAST（http://metagenomics.anl.gov/）进行后续分析。

1. 合并双端测序的短序列，去除太短和低质量的序列。
```
usearch -fastq_mergepairs SampleX_forward.fastq -reverse /
SampleX_reverse.fastq -fastqout SampleX_merged_filtered.fastq /
-fastq_minmergelen 300 -fastq_merge_maxee 1.0。
```
2. 将 fastq 文件转换成 fasta 文件，并给每个样本的序列加上标签用于后续的比对。
```
usearch -fastq_filter SampleX_merged_filtered.fastq –fastaout /
SampleX_merged_filtered.fasta -sample "SampleX"
```

6.3.5.2 前处理后数据的进一步处理

将所有样本经过前处理的序列数据合并到一起，注意 16S rRNA 基因和 ITS 序列的数据要分开处理。然后，将序列进行去重复，即所有相同的序列用 1 条序列代替。使用 USEARCH 中的 UPARSE 算法对去重复后的序列进行可操作分类单元（operational taxonomic unit，OTU）聚类[18]。聚类的过程中包含不依赖参考序列的嵌合体去除步骤。随后，用 UCHIME 进行一次基于参考序列的嵌合体去除[19]。使用 UBLAST 与参考数据库比对，对 OTU 进行物种分类。最后，将所有去重复之前的序列比对到 OTU 序列，统计每个 OTU 在不同样本中的序列数量，最终得到 OTU 丰度表。

1. 将所有需要处理的数据合并到一起。
```
cat *_merged_filtered.fasta>AllSamples.fasta
```
2. 对所有序列进行去重复处理。

```
usearch -derep_fulllength AllSamples.fasta -fastaout /
AllSamples_uniques.fasta -sizeout
```

3. 对去重复后的序列进行 OTU 聚类。

```
usearch -cluster_otus AllSamples_uniques.fasta -otus /
AllSamples_otus.fasta -relabel OTU_ -sizein
```

4. 用 UCHIME 去除嵌合体（见注释 6）。

```
usearch -uchime_ref AllSamples_otus.fasta -db /
<PATH_TO_REFERENCE_DATA>-strand plus /
-nonchimeras AllSamples_otus_uchime.fasta
```

5. 用 UBLAST 进行物种分类（见注释 7）。

```
usearch -usearch_local AllSamples_otus_uchime.fasta /
-db<PATH TO REFERENCE DATA>-id 0.9 -blast6out /
AllSamples_otus_uchime.taxonomy -top_hit_only -strand plus
```

6. 将所有去重复之前的序列比对到 OTU 序列。

```
usearch -usearch_global AllSamples.fasta -db /
AllSamples_otus_uchime.fasta -strand plus /
- id 0.97 -otutabout AllSamples_otu_table.txt
```

7. 用 R 语言把物种注释的结果添加到 OTU 丰度表中。

```
#Reading the generated OTU table
OTU_TABLE=read.delim("AllSamples_otu_table.txt")
#Reading the taxonomy file supplied with reference datasets
FULL_TAX=read.delim("<PATH TO TAXONOMY DATA>", h=F)
names(FULL_TAX)=c("Accession", "taxonomy")
#Reading the first two columns of the local tax file generated /
by UBLAST alignment against reference data
UBLAST_TAX=read.delim("AllSamples_otus_uchime.taxonomy", /
h=F)[,1:2]
names(LOCAL_TAX)=c("OTU ID", "Accession")
#Merging local and full Taxonomy Files but deleting the first /
column of the merged file
JOINED_TAX=merge(LOCAL_TAX, FULL_TAX, by="Accession")[,-1]
# Merging the generated taxonomy table with the otu table
TABLE_TAX=merge(TABLE, JOINED_TAX, by.x="X.OTU.ID", /
by.y="OTU ID")
# Writing output to new file
write.table(TABLE_TAX, "AllSamples_otu_table_tax.txt", /
sep="\t", quote=F, dec=".")
#Generating a biom table for use in QIIME
Write("#OTU table generated with USEARCH", /
```

```
"AllSamples_otu_table_tax_qiime.txt", sep="\t")
Names(TABLE_TAX)[1]="#OTU ID"
write.table(TABLE_TAX, "AllSamples_otu_table_tax_qiime.txt", /
sep="\t", quote=F, dec=".", append=T)
```

6.4 注 释

1. 非真菌的 ITS 序列是常见的污染源。使用高度特异性的引物扩增 18S rRNA 和 23S rRNA 基因之间的区域，可以抑制这些污染序列的误扩增。考虑到 MiSeq 测序仪的极限读长为 2×300 bp，因此可以用针对 ITS2 区域的引物进行第二轮的巢式 PCR 扩增。如果测序读长能够增加，那未来有可能不再需要使用巢式 PCR。
2. 第二轮 PCR 的目的是为扩增产品加上 MiSeq 测序接头及条形码序列。
3. 在植物来源的样本中，植物质体和线粒体中 16S rRNA 基因是常见的污染序列，通过使用微生物特异性引物可以减少污染序列的比例。
4. PCR 产物在凝胶电泳检测时会显示两个条带，一条 1100 bp 左右的条带来自线粒体，另一条约 735 bp 的条带来源于细菌。
5. 在样本量和数据量都比较小的情况下，通常 32 位版本的 USEARCH 已经足够完成数据分析。但是，有两个处理步骤对内存有一定要求：去重复和 OTU 的物种分类。每个样本内部的数据先单独去重复，然后将所有样本合并在一起去重复（参见 6.3.5.2 节步骤 1）可以解决前面一个问题。对于后面一个问题，我们建议使用 USEARCH 里面的“search_pcr”功能，结合第二轮 PCR 的引物序列，可以去除 PCR 产物上目标区域之外不必要的侧翼序列。
6. 建议使用高质量的 16S rRNA 基因数据库，如最新的 RDP 的 16S rRNA 训练集，作为去除嵌合体的参考数据集。一些大的参考数据库，如 SILVA 或 Greengenes，其中包含一些低质量的序列，这将影响比对的准确度。
7. 使用参考序列来识别污染序列同样重要，因为以上的方法只能降低污染序列的比例。结果中仍然包含非细菌或非真菌的序列，在进行后续分析之前要把这些污染序列尽量去除干净。
8. 对于后续的分析，建议使用 R 语言和 vegan 程序包。例如，可以使用一些排序分析方法（PCA、CCA、NMDS），将一些分析结果可视化，以及计算 α 多样性指数。

参 考 文 献

1. Hardoim PR, van Overbeek LS, Berg G, Pirttila AM, Compant S, Campisano A et al (2015) The hidden world within plants, ecological and evolutionary considerations for defining functioning of microbial endophytes. Microbiol Mol Biol Rev 79:293–320
2. Lodewyckx C, Vangronsveld J, Porteous F, Moore ERB, Taghavi S, Mezgeay M et al (2002) Endophytic bacteria and their potential applications. Crit Rev Plant Sci 21:583–606
3. Bulgarelli D, Garrido-Oter R, Münch PC, Weiman A, Dröge J, Pan Y et al (2015) Structure and function of the bacterial root microbiota in wild and domesticated barley. Cell Host Microbe 17:392–403
4. Gottel NR, Castro HF, Kerley M, Yang Z, Pelletier DA, Podar M et al (2011) Distinct microbial communities within the endosphere and rhizosphere of *Populus deltoides* roots across contrasting soil types. Appl Environ Microbiol 77:5934–5944
5. Wemheuer F, Wemheuer B, Kretzschmar D, Pfeiffer B, Herzog S, Daniel R et al (2016) Impact of grassland management regimes on bacterial endophyte diversity differs with grass species. Lett Appl Microbiol 62:323. doi:10.1111/lam.12551
6. Robinson RJ, Fraaije BA, Clark IM, Jackson RW, Hirsch PR, Mauchline TH (2016) Endophytic bacterial community composition in wheat (*Triticum aestivum*) is determined by plant tissue type, developmental stage and soil nutrient availability. Plant Soil 405:381
7. Toju H, Tanabe AS, Yamamoto S, Sato H (2012) High-coverage ITS primers for the DNA-based identification of ascomycetes and basidiomycetes in environmental samples. PLoS One 7:e40863
8. White TJ, Bruns T, Lee S, Taylor J (1990) Amplification and direct sequencing of fungal ribosomal RNA genes for phylogenetics. PCR Protoc 18:315–322
9. Chelius MK, Triplett EW (2001) The diversity of Archaea and Bacteria in association with the roots of *Zea mays* L. Microb Ecol 41:252–263
10. Lane DJ (1991) 16s/23s rRNA sequencing. In: Stackebrandt E, Goodfellow M (eds) Nucleic acid techniques in bacterial systematics. John Wiley & Sons, New York, NY, pp 115–175
11. Nübel U, Engelen B, Felske A, Snaidr J, Wieshuber A, Amann RI et al (1996) Sequence heterogeneities of genes encoding 16S rRNAs in *Paenibacillus polymyxa* detected by temperature gradient gel electrophoresis. J Bacteriol 178:5636–5643
12. Edgar RC (2010) Search and clustering orders of magnitude faster than BLAST. Bioinformatics 26:2460–2461
13. Abarenkov K, Henrik Nilsson R, Larsson K-H, Alexander IJ, Eberhardt U, Erland S et al (2010) The UNITE database for molecular identification of fungi – recent updates and future perspectives. New Phytol 186:281–285
14. Cole JR, Wang Q, Cardenas E, Fish J, Chai B, Farris RJ et al (2009) The Ribosomal Database Project, improved alignments and new tools for rRNA analysis. Nucleic Acids Res 37:D141–D145
15. Quast C, Pruesse E, Yilmaz P, Gerken J, Schweer T, Yarza P et al (2013) The SILVA ribosomal RNA gene database project, improved data processing and web-based tools. Nucleic Acids Res 41:D590–D596
16. R Core Team (2014) R, a language and environment for statistical computing. Vienna, R Foundation for Statistical Computing. Available at: http://www.R-project.org/
17. Araujo WL, Marcon J, Maccheroni W Jr, Van Elsas JD, Van Vuurde JW, Azevedo JL (2002) Diversity of endophytic bacterial populations and their interaction with *Xylella fastidiosa* in citrus plants. Appl Environ Microbiol 68:4906–4914
18. Edgar RC (2013) UPARSE: highly accurate OTU sequences from microbial amplicon reads. Nat Methods 10:996–998
19. Edgar RC, Haas BJ, Clemente JC, Quince C, Knight R (2011) UCHIME improves sensitivity and speed of chimera detection. Bioinformatics 27:2194–2200

第 7 章　通过宏基因组鸟枪法测序技术研究复杂微生物群落中的植物软腐病肠杆菌科病原菌

詹姆斯·杜南（James Doonan），桑德拉·登曼（Sandra Denman），
詹姆斯·E. 麦克唐纳（James E. McDonald），彼得·N. 戈雷申（Peter N. Golyshin）

摘要

通过宏基因组技术对坏死的植物病变组织进行测序分析有助于理解病原菌与宿主植物间的相互作用。软腐肠杆菌是一类常见的农作物病原菌，可以侵染多种宿主。从被感染作物组织中提取微生物 DNA 样本进行宏基因组测序，可以提供其中微生物的相对丰度和潜在功能，帮助我们了解和揭示它们的生活方式。本章我们将描述这一整个操作流程，包括 DNA 提取、宏基因组鸟枪法测序和数据分析，特别是对从感染植物上分离到的单菌基因组进行分析。

关键词

宏基因组鸟枪法测序、宿主-病原菌分子相互作用、软腐肠杆菌、复杂微生物、生物信息

7.1　介　　绍

7.1.1　软腐病肠杆菌科

软腐肠杆菌科（soft-rot Enterobacteriaceae，SRE）是一类植物病原菌，主要包括果胶杆菌属（*Pectobacterium*）和迪克氏菌属（*Dickeya*），曾经被归属为软腐欧文氏菌科（Erwiniae）[1]。这类病原菌感染粮食作物和园艺植物，导致巨大的经济损失，并且属于十大植物病原菌[2]。SRE 是死体营养型病原菌，通过植物细胞壁降解酶（plant cell wall degrading enzyme，PCWDE）分解并侵染植物组织。哺乳动物细胞壁的主要成分是脂类，而植物细胞壁则主要由多糖（包括果胶酸盐和纤维素）组成。植物细胞壁降解酶具有降解这些多糖的能力，从而使病原菌具有危害性[1]。动物病原性的肠杆菌科细菌也能产生植物细胞壁降解酶，但是表达水

平很低，且对植物组织的侵染能力较低[3]。而软腐肠杆菌可产生针对植物细胞壁的特异性降解酶，导致软腐病，进而利用这一过程中释放出的营养生长繁殖[4]。这些细菌释放多种胞外酶，包括纤维素酶、蛋白酶和多种亚型的果胶酶，使植物组织解聚[5]。每种酶的亚型都可能对应特定的宿主，多种酶的亚型组合在一起，使得病原菌具备了入侵多种不同宿主的能力。纤维素酶可以降解初生和次生植物细胞壁，但和蛋白酶一样，它们只是病原菌中次要的毒力因子。果胶酶是主要的致病因子，能够降解细胞壁之间的中间层和细胞壁，导致植物组织崩溃，细胞损伤，细胞液漏出[6]。这些降解过程中的产物通过细菌的细胞膜被转运到胞内，之后被细菌分解、利用[7]。宿主组织的分解代谢是一个依赖全局调控因子的靶向过程，该调控因子选择适当的时机释放细胞壁降解酶进行攻击，以最大限度地伤害宿主[8]。

7.1.2　分泌系统

细菌利用分泌系统来协助、促进大分子（如植物细胞壁降解酶）穿过其细胞膜。分泌系统是研究细菌毒性的关键，因为它能把多种毒素和效应因子运送到受体细胞。在肠杆菌科，分泌系统是关键的毒力决定因子[1,2]。致病性决定因子（包括植物细胞壁降解酶）需要分泌系统的协助转运才能到达宿主的细胞外环境或者直接进入宿主细胞内。基本的分泌系统包含必要的“核心元件”，如果在基因组数据分析中能鉴定出这些核心元件，就能够反映其潜在的功能性[9]。然而，需要注意的是，数据分析中能鉴定到的基因并不意味着其就一定会表达，很多退化的分泌系统基因都没有正常的功能[10]。

7.1.3　基因水平转移

软腐肠杆菌具有一系列的毒力因子。它们能够侵染多种宿主，其中部分原因在于其更倾向于利用基因丢失和基因水平转移（horizontal gene transfer，HGT）来改变自己的适应性。相对于选择性点突变的缓慢进化过程，基因水平转移可以快速获取“完整”的毒力因子基因[11]。此外，这种基因交换的特性允许细菌本身快速适应新的环境，加上基因水平转移的多样化，将最终导致新物种的形成。在一个有多种微生物的群落中，肠杆菌科细菌能够快速获取毒力相关基因，如果这些基因表现出进化优势，则被保留，反之，那些无用或无益的基因则在基因组的演变中很快被丢弃[12]。这种基因获得/丢失模式证实了微生物组研究者的一个观点，即微生物组作为一个群体基因组，并不仅仅包括单个细菌的基因，而是一个动态的多个细菌物种共享的基因集合[13]。因此，为了理解群落的功能，需要用一个整体的方法来更全面地解析微生物之间的相互关系，包括协同作用和拮抗作用。基于测序的环境基因组学应运而生[14]。

7.1.4 宏基因组

对植物的患病组织进行环境基因组学或者宏基因组学研究，可以解析其中微生物群落的物种组成和潜在功能。宏基因组学提供了一种不依赖培养的方法来发现生态系统中致病的关键微生物和酶。对微生物群落进行宏基因组分析可以提供丰富的信息，包括物种组成、已知和未知的功能类型、对特定环境的适应性，以及基因家族在不同生态系统中的分布[15]。通常，会使用下一代测序技术（NGS）来进行宏基因组研究，目前已经有很多非常好的综述文章来描述该技术[16]。在本章中，我们将重点展示微生物物种和功能多样性的分析过程，主要解决以下两个关键的问题。

1. 群落里有什么？
2. 它们有什么潜在的功能？

7.2 实验材料

7.2.1 DNA 提取

Gentra Puregene 酵母/细菌试剂盒（Qiagen 公司，英国曼彻斯特）。

7.2.2 DNA 富集

QIAamp DNA 微生物组试剂盒（Qiagen 公司，英国曼彻斯特）。

7.2.3 DNA 文库制备

Illumina Nextera DNA 文库制备试剂盒（Illumina 英国公司，英国小切斯特福德）。

7.2.4 实验室设备

1. 木槌和凿子。
2. 研杵和研钵。
3. Illumina HiSeq2500 测序仪。
4. Qbit 荧光光度计 V3.0（Thermo Fisher 公司）。

7.2.5 软件

1. FastQC[17]——宏基因组原始数据的初步处理。
2. Cutadapt[18]——去除序列上的测序接头。
3. Trim Galore![19]——去除接头，即使在不知道接头序列的情况下也可将其去除。
4. Sickle[20]——去除低质量序列数据。
5. Ray-Meta[21]——宏基因组序列组装。
6. MEGAN[22]——将相关的序列进行分箱。
7. Prokka[23]——用于宏基因组物种和功能数据分析的工具。
8. HUMAnN2[24]——同 Prokka，可用于宏基因组物种和功能数据分析的工具。
9. LefSe[25]——用于组间差异分析的统计软件包。
10. GraPhlAn[26]——可视化辅助工具。
11. bCAN[27]——针对 CAZy 数据库的注释工具。
12. T346Hunter[28]——Ⅲ型、Ⅳ型和Ⅵ型分泌系统注释软件。

7.3 实验方法

7.3.1 鸟枪法宏基因组测序

1. 宏基因组测序可以不依赖培养而对整个微生物群落进行研究。首先从样本中提取总 DNA，如果有必要，可以把多个样本进行等摩尔数混合，然后打断，建库，并对合成的核酸文库进行测序。
2. 测序策略需要根据研究目的来设计，如果是要尽可能广泛地覆盖样本中的微生物群落，那么只进行短序列测序和组装通常就可以实现，如果想要得到更精确和连续的长序列，那么就需要将短序列测序和长序列测序结合起来[29]。不同测序平台的组合使用，会产生多种形式的数据，包括长度为 150 bp 左右的双端短序列数据（使用 Illumina HiSeq2500 测得），长度为 800～1000 bp 的大片段文库双端测序数据（使用 Roche 454 测得），甚至是更长、更准确、使用 Pacific Biosciences RSII 产生的数据[30]。当然，这种混合方法的使用必然会增加研究经费和时间成本，同时大大提高了对起始实验材料浓度的要求。目前，仅在很少数的研究中利用高深度的宏基因组数据组装得到了完整的基因组，但也有例外，如有研究者只使用 Roche 454 测得的大片段文库双端测序数据，利用波罗的海的样本组装得到了接近完整的斯巴达杆菌纲（Spartobacteria）的基因组，该结果得益于该菌在实验样本中有很高的浓度[31]。在一篇已经发表的研究中，研究者使用荧光激活细胞分选仪（fluorescence activated cell sorter，FACS）进行细菌细胞分选，再进行测序，共得到了 201 个未培养的细菌和古菌的完整基因组[32]。但是，这种“单细胞”技术的通量有限，操作过程中存在被污染的可能性，而且研究成本和时间都大大增加[33]。对于大多数宏基因组研究而言，构建小片段文库再进行双端测序，就可以得到深度足够的测序数据，用于分析样本中的微生物物种组成及功能。目前，Illumina HiSeq2500（Illumina 英国公司，英国小切斯特福德）因其较高的数据覆盖度、相对较低的成本，成为宏基因组研究中使用最广泛的测序平台，本节中我们将主要围绕这一平台进行方法描述。

3. 短序列测序平台产生大量包含非随机错误的序列。这种方法存在技术上的难点，第一个难点来自测序平台，并延续到组装过程，错误分布的序列被合并到连续的基因组中，产生错误的组装序列，这些错误序列的典型特征有折叠重复、序列重排或倒置[34]。第二个难点是微生物群落的性质，即不同种类的微生物丰度差别很大。通过对组装结果进行分析，可以对不同的微生物进行相对定量。但是，在一个单一物种非常富集的样本中，很多微生物会因为测得的序列数量太少而被遗漏。因此，对样本中微生物群落结构进行预先了解可以帮助研究者评估所需的测序深度[29]。但这实际上难以做到，特别是对于未知的微生物群落，很难预先评估其群落结构。因此，在进行深度测序之前，可以先进行低深度测序进行预实验和评估。总的来说，一个大的数据集合中可能会丢失一些低丰度物种的信息，但相对高丰度的微生物物种在相应的生态环境中会发挥更重要的功能[15]。此外，宏基因组的物种和功能基因定量信息通常能和宏转录物组层面的结果相对应[35]。

7.3.2 实验设计和采样

为了得到有意义的统计结果，必须要考虑生物重复和技术重复问题，最后确定样本数量。请参考文献[36]。

7.3.2.1 植物组织匀浆

根据样本的不同，从植物组织样本中获得细菌 DNA 的最佳方法也不一样。对于植物的根部样本，使用珠磨仪（Thermo Savant FastPrep 120 Cell Disrupter System）是比较合适的方法[37]。而对于植物的叶子，则最好使用珠磨式组织研磨器（BeadBeater，Thistle Scientific 公司）进行处理[38]。对于木质组织的匀浆，需要用木槌和凿子把病变的部位取下来，放入合适的容器里，然后保存在液氮中。匀浆的效果可以通过获得的微生物 DNA 来评估，当然每种样本对应的最佳方法可能是不同的。不管使用以上哪种方法，接下来都需要准备一个容器（如聚苯乙烯材料的），加入适量液氮，然后把研钵放在液氮里。聚苯乙烯是一种用来盛放液氮的理想材料，也可以使用聚苯乙烯盒子。将研钵放入容器里，再把液氮倒入容器中，同时在研钵中倒入少量的液氮。将保存在液氮中的样本取出来，转移至研钵中。用研杵把组织研磨成粉末状（见注释 1）。

7.3.2.2　DNA 提取

使用 Qiagen Gentra Puregene 酵母/细菌试剂盒（Qiagen 公司，英国曼彻斯特）进行 DNA 提取，可以获得较高产量的 DNA。该方法可以成功地提取植物病变组织样本中的细菌 DNA[39]（其他可选方法见注释 2）。

7.3.2.3　细菌 DNA 富集

宿主 DNA 的存在是限制提高测序数据对微生物覆盖度的一个重要阻碍。从植物组织提取的样本中，会含有大量的植物 DNA。植物的基因组远比微生物要大，因此对植物病变组织进行测序所得到的数据中，很大部分来自植物本身的基因组序列，来自微生物的序列数据比例很低，这样的数据很难能够反映真实的微生物信息[40]。选择性地富集细菌 DNA 可以在一定程度上解决这个问题。Qiagen QIAamp DNA 微生物组试剂盒利用细菌细胞相对稳定的特征，裂解不稳定的真核细胞并酶解它们的 DNA，以此减少来自植物本身的宿主 DNA（其他可选方法见注释 3）。

7.3.2.4　文库制备

根据不同的测序平台，如 Pacific Biosciences RSII、Oxford Nanopore MinION 或者 Illumina HiSeq，使用相应的试剂盒进行文库构建，具体的方法不一。以 Illumina HiSeq 测序平台为例，目前有三种试剂盒可用于宏基因组测序，分别是 TruSeq DNA PCR free 试剂盒、TruSeq Nano DNA 试剂盒和 Nextera DNA 文库制备试剂盒。其中，前两种试剂盒的区别在于要求的 DNA 起始量不一样，TruSeq Nano DNA 试剂盒要求的 DNA 起始量较低，为 25～75 ng，而 TruSeq DNA PCR free 试剂盒的 DNA 起始量要求则为 1～2 μg。Nextera DNA 文库制备试剂盒使用了酶打断技术，可以提供较长的片段（300～1500 bp），且 DNA 起始量要求较低，为 50 ng，整个流程耗时也较短。相较而言，TruSeq 试剂盒使用的物理打断法得到的片段长度较短，一般为 350 bp 或 550 bp。

7.3.3 组装前的数据预处理

Illumina HiSeq 平台产生 fastq 格式的数据，通常是左侧和右侧（或者说 5′端和 3′端）的双端测序数据，数据被保存在大的压缩文件里。

7.3.3.1 数据质量控制

使用 FastQC 可以快速地进行数据质量的评估，该程序可以直接读取 fastq 文件，结果以图形展示[17]。

7.3.3.2 去除接头和低质量序列

1. 在组装之前需要去除序列上的测序接头。如果接头序列是已知的，可以使用基于 Unix 系统的软件 Cutadapt 来去除[18]，如果接头序列未知，则可以使用 Trim Galore!来检测和去除接头[19]。
2. 去除低质量序列可以提高组装的准确性，基于 Unix 系统的软件 Sickle[20] 可以去除低质量数据。结果产生高质量的 fastq 格式数据，这些数据可以继续用于后续的分析。

7.3.4 物种多样性分析

宏基因组数据的组装，通常使用 de Bruijn 算法进行从头（*de novo*）组装，共线性序列之间通过重叠部分连接起来，成为连接序列或重叠群（contig），输出的结果以 fasta 格式保存。

1. 宏基因组组装软件包括 MetaVelvet[41]和 Ray-Meta[21]。组装的准确性可以用 ALE[42]进行评估。组装后的基因组可以用其他软件进行后续的分析，如 Prokka[23]，它可以利用组装结果来预测基因编码区，并进行随后的基于功能的同源性探索。
2. 另一种方法是把序列在不同的分类级别（如目、科、属等）上进行聚类或分箱，或者根据某些特征，如 GC 含量或与数据库序列的相似性等来进行分类。比较常用的软件是 MEGAN[22]，它先将序列与数据库进行比对，然后根据相似性对序列进行分箱（bin）。
3. 组装和分箱可以结合使用，被聚类到一起的序列可以单独进行组装，排除了其他序列的干扰，组装的准确性可能更高[40]。

采用以上这些方法可以分析样本中微生物群落的物种多样性（见注释 4），也回答了宏基因组研究中的第一个问题（即，群落里有什么？）（图 7-1）。

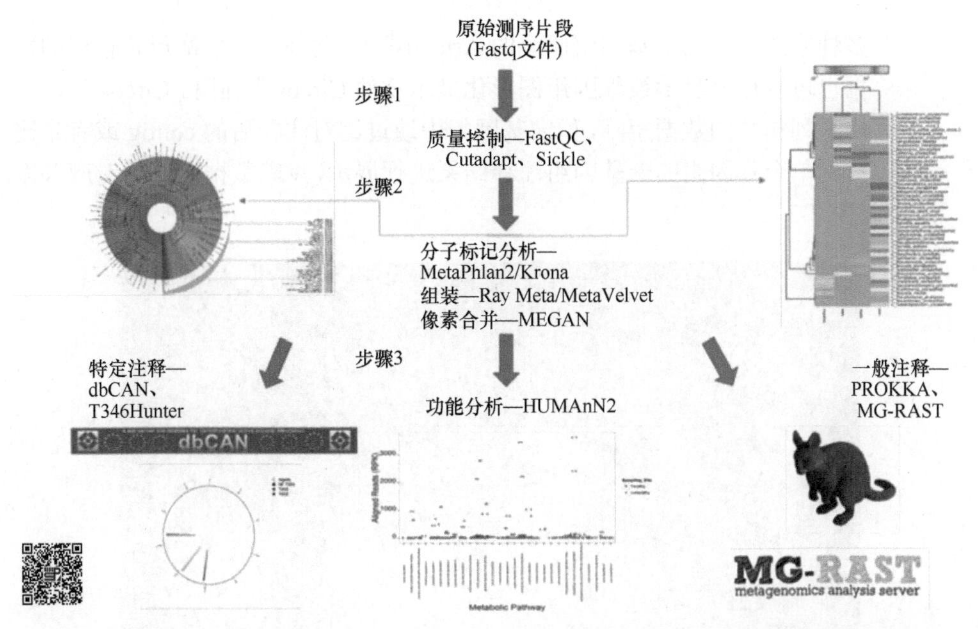

图7-1　宏基因组数据的分析流程图。第一步——数据质控。第二步——不同微生物的相对丰度，此图使用MetaPhlan2（包含在HUMAnN软件包中）绘制，使用热图在属和种分类水平上展示了健康与患病植物中丰度最高的前100位微生物物种，并且用Krona plot[43]软件绘制了所有物种的分类级别。第三步——功能分析，这里使用HUMAnN2输出结果，来自健康和患病植物的微生物测序数据与MetaCyc数据库进行比对。常规的物种和功能注释可以帮助研究者对数据有一个全面了解，此处用PROKKA和MG-RAST的输出结果作为展示。特定的注释软件可以针对感兴趣的某些基因或代谢通路提供更为精细的结果，如图中所示的通过dbCAN利用CAZy数据库注释PCWDE，或利用T346Hunter注释分泌系统（彩图请扫二维码）

7.3.5　物种和功能注释

1. MG-RAST是一款开源的可互动的宏基因组注释工具，可以对组装数据进行注释并可以将结果"情景化"[44]。使用MG-RAST进行注释需要把组装后的序列或未组装的数据上传到服务器（后者需要更长的处理时间）。使用网站提供的优异的图形化比较工具可以直观地展示物种组成和功能丰度的差异。这些结果图形可以不同的格式下载保存，用于后续分析或作为最终结果使用。
2. 另一种方法主要是对那些敏感数据（如临床数据）进行分析，可以在本地电脑上安装基因组和宏基因组注释流程，如Prokka[23]。这是基于Unix操作系统的一个注释程序，用户可根据需求进行个性化调整。该程序可以整合研究者自有的基因组数据，而不需要把这些数据提交到公共数据库。宏基因组组装结果以fasta格式输入，而输出文件可根据下游分析需要设定多种格式，如用于基因组研究的 Artemis[45]。此外，以表格形式输出的数据也可以很容易地被基因组图形化展示软件 Circos[46]利用。Circos 可以将一系列相关的数据矩阵，如宏基因组中通过比对注释后的 contig 或者是比对到单个基因组的宏基因组注释结果进行展示，反映数据之间的对应关系（图 7-2）。

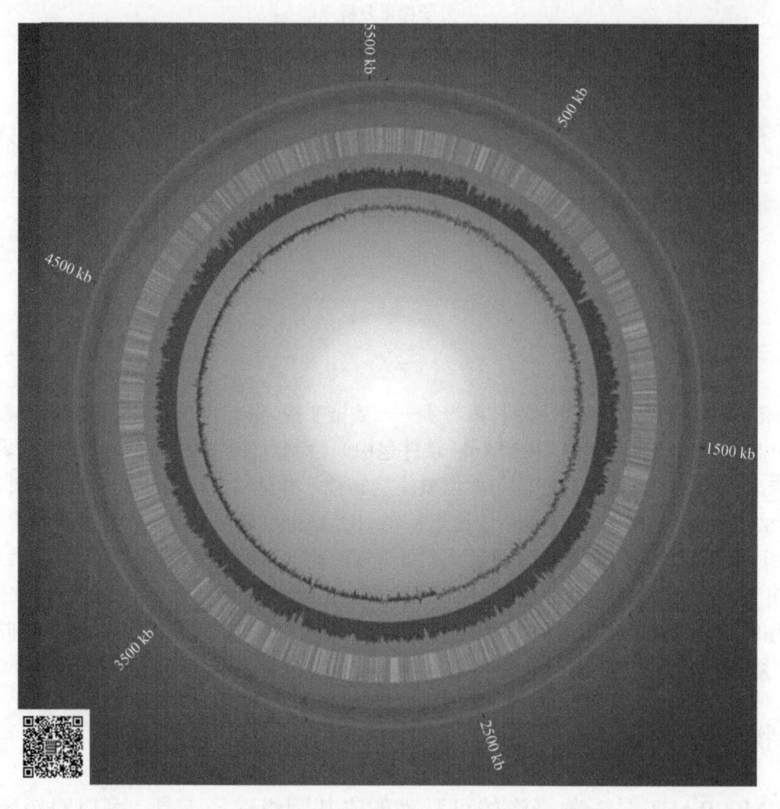

图 7-2　用 Circos 作的图，展示了宏基因组数据与某个单菌基因组比对后得到的同源编码区。从外圈开始分别是：细菌基因组、注释的基因区域、利用多个数据库从宏基因组数据中注释到的和单菌具有相似性的编码区（不同数据库以不同的颜色进行区分）、GC 含量、GC 偏移（彩图请扫二维码）

3. 采用独立的局部序列排比检索基本工具（basic local alignment search tool，BLAST）软件[47]，利用本地安装的数据库，对组装好的结构化的宏基因组数据集进行分析，是研究群落中细菌个体相对丰度和功能的好方法之一。这样本地化的分析方法可以使研究者对感兴趣的基因做更精细的分析，在处理大数据的时候特别需要考虑这一点。把从宏基因组中预测得到的蛋白质序列和经过编译的包含感兴趣细菌蛋白（或者基因）的数据库进行比对（使用严格的阈值），可以得到宏基因组数据和数据库中细菌之间的相似性，使得我们可以了解一种或一些微生物在宏基因组样本中的相对丰度及功能。这样的分析结果可以用 Circos 进行图形化，图 7-2 即展示了宏基因组数据与一个单菌基因组比对后的结果。

4. 人类微生物组计划统一代谢分析网络（Human Microbiome Project unified metabolic analysis network，HUMAnN）是一种用于物种和功能预测的软件，由杜滕赫费尔（Huttenhower）实验室为人类微生物组计划（HMP）开发，作为微生物组分析软件包 bioBakery 的一部分[24]。HUMAnN2 是更新后的扩展版本，可用于分析任意微生物群落的数据。HUMAnN2 先通过 MetaPhlan2 对相对丰度进行评估，然后，根据实验验证过的大量微生物单菌的代谢通路信息来重构宏基因组样本中细菌群落的潜在代谢能力。这一分析结果可以回答之前提到过的两个问题：①群落里有什么？②它们有什么潜在的功能？

5. HUMAnN2 的输入文件格式为 fastq，每条序列需要单独进行处理，因此，双末端测序数据在处理前需要先进行关联。完成分析后主要的输出文件有三个，以 tsv 的格式保存，包括功能基因的丰度和分类学起源（基因家族，genefamily），微生物群体的潜在代谢能力（通路丰度，pathabundance），以及单个代谢通路在该群落中是否存在（通路覆盖度，pathcoverage）等信息。具体来说，通路丰度文件中包含可以比对到 MetaCyc 数据库的序列，并对每个代谢途径的序列丰度进行了分析（图 7-1）。该文件还可以继续被导入 bioBakery 中，用 LefSe 基于每个宏基因组的特定标记对物种分类和代谢关系进行统计分析[48]。最终样本间物种分类和功能的差异，可以用 GraPhlAn 进行可视化[26]。

7.3.6 特定的注释工具

1. 生物数据库通常缺乏校验，因此会包含不少错误的信息。CAZy 数据库是经过人工校正后公认较为准确的数据库，可以用来鉴定和碳水化合物活性酶（CAZyme）密切相关的基因，并且能够和最新的分类命名规则保持一致[49]。CAZy 数据库包括多种参与复杂碳水化合物合成和分解的酶类，如糖基转移酶、糖苷水解酶、多糖裂解酶和碳水化合物酯酶等。

2. 利用 CAZy 数据库的注释分析可以简单地通过一个在线的分析软件 dbCAN 来实现[27]。dbCAN 使用隐马尔可夫模型（hidden Markov model）通过搜索 CAZyme 的特征域来识别 CAZyme，如果数据库中有对应的蛋白质家族信息，就会输出到结果文件中。此外，dbCAN 还可以利用 GenBank[50]

或 Pfam[51]数据库中的结构域信息，以进一步分析已经得到注释的 CAZyme。dbCAN 要求上传翻译后的蛋白质序列，Prokka 输出的 faa 格式文件可以直接上传到 dbCAN 进行分析。

3. 从通用注释数据库中提取分泌系统编码区的信息十分费力，且由于使用了多种命名规则，因此提取的结果容易出错。采用隐马尔可夫模型的Ⅲ型、Ⅳ型和Ⅵ型分泌系统预测软件 T346Hunter（type 3, 4 and 6 secretion system hunter）是一个基于网页的在线软件，可用于预测、分析分泌系统，并统一命名[28]。该软件本是针对单菌基因组设计的，但实际也可用于分析宏基因组组装得到的 contig，只要将格式为 fasta 的文件上传至网站服务器即可进行细致分析。然而，软腐肠杆菌是使用Ⅱ型分泌系统将植物细胞壁降解酶转运穿过细胞膜的[1]，而 T346Hunter 并不包含针对Ⅱ型分泌系统的分析流程，因此需要人工分析相关的基因，这些基因通常会被聚类在操纵子相关基因簇中。

7.4 注 释

1. 在 7.3.2.1 节中，进行植物组织匀浆时，可在研钵和外面的容器中添加少量的液氮并根据情况进行补充。
2. 除了 7.3.2.2 节描述的 DNA 提取方法之外，还有很多其他较为简便的方法，如强碱法[52]，已经被成功应用在植物组织中微生物样本的提取中，如参考文献[53]所示。
3. 除了 7.3.2.3 节描述的微生物 DNA 富集方法之外，还可以使用 New England BioLabs 公司生产的 NEBnext 微生物组 DNA 富集试剂盒，其作用原理是微生物 DNA 上的 CpG 甲基化位点非常少，通过识别真核 DNA 上的 CpG 甲基化位点进一步将真核 DNA 降解，从而达到富集微生物 DNA 的目的。
4. 除了 7.3.4 节描述的方法之外，还有很多其他的软件包可以用来对宏基因组数据进行分析。OneCodex 是其中比较新的一个，可以用来进行物种分类及相对丰度分析，它提供了友好的图形化用户界面（GUI）和优秀的图形展示，并且用简单的拖拽就可以完成数据上传等操作[54]。

7.5 总 结

宏基因组测序技术使得对多种微生物群落中的物种及其功能特性进行分析成为可能。本章我们主要描述了从患病植物组织样本中获取 SRE 细菌 DNA 的多种方法及分析流程。除文中所述，还有多种分析方法和工具可供选择、使用。最为重要的是，研究者需要选择最合适的方法来回答最为关键的问题：①群落里有什么？②它们有什么潜在的功能？

参 考 文 献

1. Toth IK, Pritchard L, Birch PR (2006) Comparative genomics reveals what makes an enterobacterial plant pathogen. Annu Rev Phytopathol 44:305–336
2. Mansfield J, Genin S, Magori S, Citovsky V, Sriariyanum M, Ronald P et al (2012) Top 10 plant pathogenic bacteria in molecular plant pathology. Mol Plant Pathol 13:614–629
3. Manulis S, Kobayashi DY, Keen NT (1988) Molecular cloning and sequencing of a pectate lyase gene from *Yersinia pseudotuberculosis*. J Bacteriol 170:1825–1830
4. Toth IK, Bell KS, Holeva MC, Birch PR (2003) Soft rot erwiniae: from genes to genomes. Mol Plant Pathol 4:17–30
5. Beaulieu C, Boccara M, Vangijsegem F (1993) Pathogenic behavior of pectinase-defective *Erwinia chrysanthemi* mutants on different plants. Mol Plant Microb Interact 6:197–202
6. Barras F, van Gijsegem F, Chatterjee AK (1994) Extracellular enzymes and pathogenesis of soft-rot erwinia. Annu Rev Phytopathol 32:201–234
7. Nasser W, Reverchon S, Robert-Baudouy J (1992) Purification and functional characterization of the KdgR protein, a major repressor of pectinolysis genes of *Erwinia chrysanthemi*. Mol Microbiol 6:257–265
8. Nykyri J, Niemi O, Koskinen P, Nokso-Koivisto J, Pasanen M, Broberg M et al (2012) Revised phylogeny and novel horizontally acquired virulence determinants of the model soft rot phytopathogen *Pectobacterium wasabiae* SCC3193. PLoS Pathog 8, e1003013
9. Murdoch SL, Trunk K, English G, Fritsch MJ, Pourkarimi E, Coulthurst SJ (2011) The opportunistic pathogen *Serratia marcescens* utilizes type VI secretion to target bacterial competitors. J Bacteriol 193:6057–6069
10. Ochman H, Davalos LM (2006) The nature and dynamics of bacterial genomes. Science 311:1730–1733
11. Dobrindt U, Hochhut B, Hentschel U, Hacker J (2004) Genomic islands in pathogenic and environmental microorganisms. Nat Rev Microbiol 2:414–424
12. Nowell RW, Green S, Laue BE, Sharp PM (2014) The extent of genome flux and its role in the differentiation of bacterial lineages. Genome Biol Evol 6:1514–1529
13. Goldenfeld N, Woese C (2007) Biology's next revolution. Nature 445:369
14. Marchi G, Sisto A, Cimmino A, Andolfi A, Cipriani MG, Evidente A, Surico G (2006) Interaction between *Pseudomonas savastanoi* pv. *savastanoi* and *Pantoea agglomerans* in olive knots. Plant Pathol 55:614–624
15. Knight R, Jansson J, Field D, Fierer N, Desai N, Fuhrman JA et al (2012) Unlocking the potential of metagenomics through replicated experimental design. Nat Biotechnol 30:513–520
16. Loman NJ, Pallen MJ (2015) Twenty years of bacterial genome sequencing. Nat Rev Microbiol 13:787–794
17. Andrews S (2010) FastQC: a quality control tool for high throughput sequence data. Available at: http://www.bioinformatics.babraham.ac.uk/projects/fastqc
18. Martin M (2011) Cutadapt removes adapter sequences from high-throughput sequencing reads. EMBnetJ 17(1):10–12
19. Krueger F (2013) Trim Galore!: a wrapper tool around Cutadapt and FastQC to consistently apply quality and adapter trimming to FastQ files.
20. Joshi N and Fass J (2011) Sickle. A sliding-window, adaptive, quality-based trimming tool for FastQ files.
21. Boisvert S, Raymond F, Godzaridis E, Laviolette F, Corbeil J (2012) Ray Meta: scalable *de novo* metagenome assembly and profiling. Genome Biol 13:R122
22. Huson DH, Auch AF, Qi J, Schuster SC (2007) MEGAN analysis of metagenomic data. Genome Res 17:377–386
23. Seemann T (2014) Prokka: rapid prokaryotic genome annotation. Bioinformatics 30:2068–2069
24. Abubucker S, Segata N, Goll J, Schubert AM, Izard J, Cantarel BL et al (2012) Metabolic reconstruction for metagenomic data and its application to the human microbiome. PLoS Comput Biol 8, e1002358
25. Segata N, Izard J, Waldron L, Gevers D, Miropolsky L, Garrett WS, Huttenhower C

(2011) Metagenomic biomarker discovery and explanation. Genome Biol 12:R60

26. Asnicar F, Weingart G, Tickle TL, Huttenhower C, Segata N (2015) Compact graphical representation of phylogenetic data and metadata with GraPhlAn. PeerJ 3:e1029
27. Yin Y, Mao X, Yang J, Chen X, Mao F, Xu Y (2012) dbCAN: a web resource for automated carbohydrate-active enzyme annotation. Nucleic Acids Res 40:W445–W451
28. Martinez-Garcia PM, Ramos C, Rodriguez-Palenzuela P (2015) T346Hunter: a novel web-based tool for the prediction of type III, type IV and type VI secretion systems in bacterial genomes. PLoS One 10, e0119317
29. Vieites JM, Guazzaroni ME, Beloqui A, Golyshin PN, Ferrer M (2009) Metagenomics approaches in systems microbiology. FEMS Microbiol Rev 33:236–255
30. Frank JA, Pan Y, Tooming-Klunderud A, Eijsink VGH, McHardy AC, Nederbragt AJ, Pope PB (2015) Improved metagenome assemblies and taxonomic binning using long-read circular consensus sequence data. bioRxiv doi: 10.1101/026922.
31. Herlemann DP, Lundin D, Labrenz M, Jurgens K, Zheng Z, Aspeborg H, Andersson AF (2013) Metagenomic *de novo* assembly of an aquatic representative of the verrucomicrobial class Spartobacteria. MBio 4:e00569–12
32. Rinke C, Schwientek P, Sczyrba A, Ivanova NN, Anderson IJ, Cheng JF et al (2013) Insights into the phylogeny and coding potential of microbial dark matter. Nature 499:431–437
33. Darling AE, Jospin G, Lowe E, Matsen FA, Bik HM, Eisen JA (2014) PhyloSift: phylogenetic analysis of genomes and metagenomes. PeerJ 2:e243
34. Phillippy AM, Schatz MC, Pop M (2008) Genome assembly forensics: finding the elusive mis-assembly. Genome Biol 9:R55
35. Mason OU, Hazen TC, Borglin S, Chain PS, Dubinsky EA, Fortney JL et al (2012) Metagenome, metatranscriptome and single-cell sequencing reveal microbial response to Deepwater Horizon oil spill. ISME J 6:1715–1727
36. Ju F, Zhang T (2015) Experimental design and bioinformatics analysis for the application of metagenomics in environmental sciences and biotechnology. Environ Sci Technol 49:12628–12640
37. Viebahn M, Veenman C, Wernars K, van Loon LC, Smit E, Bakker PA (2005) Assessment of differences in ascomycete communities in the rhizosphere of field-grown wheat and potato. FEMS Microbiol Ecol 53:245–253
38. Cai R, Lewis J, Yan S, Liu H, Clarke CR, Campanile F et al (2011) The plant pathogen *Pseudomonas syringae* pv. tomato is genetically monomorphic and under strong selection to evade tomato immunity. PLoS Pathog 7, e1002130
39. Maes M, Huvenne H, Messens E (2009) *Brenneria salicis*, the bacterium causing watermark disease in willow, resides as an endophyte in wood. Environ Microbiol 11:1453–1462
40. Sharpton TJ (2014) An introduction to the analysis of shotgun metagenomic data. Front Plant Sci 5:209
41. Namiki T, Hachiya T, Tanaka H, Sakakibara Y (2012) MetaVelvet: an extension of Velvet assembler to *de novo* metagenome assembly from short sequence reads. Nucleic Acids Res 40, e155
42. Clark SC, Egan R, Frazier PI, Wang Z (2013) ALE: a generic assembly likelihood evaluation framework for assessing the accuracy of genome and metagenome assemblies. Bioinformatics 29:435–443
43. Ondov BD, Bergman NH, Phillippy AM (2011) Interactive metagenomic visualization in a Web browser. BMC Bioinformatics 12:385
44. Meyer F, Paarmann D, D'Souza M, Olson R, Glass EM, Kubal M et al (2008) The metagenomics RAST server - a public resource for the automatic phylogenetic and functional analysis of metagenomes. BMC Bioinformatics 9:386
45. Carver T, Harris SR, Berriman M, Parkhill J, McQuillan JA (2012) Artemis: an integrated platform for visualization and analysis of high-throughput sequence-based experimental data. Bioinformatics 28:464–469
46. Krzywinski M, Schein J, Birol I, Connors J, Gascoyne R, Horsman D et al (2009) Circos: an information aesthetic for comparative genomics. Genome Res 19:1639–1645
47. Altschul SF, Gish W, Miller W, Myers E, Lipman D, Park U (1990) Basic local alignment search tool. J Mol Biol 215:403–410
48. Segata N, Boernigen D, Tickle TL, Morgan XC, Garrett WS, Huttenhower C (2013) Computational meta'omics for microbial community studies. Mol Syst Biol 9:666
49. Lombard V, Golaconda Ramulu H, Drula E, Coutinho PM, Henrissat B (2014) The carbohydrate-active enzymes database (CAZy) in 2013. Nucleic Acids Res 42:D490–D495
50. Benson DA, Clark K, Karsch-Mizrachi I, Lipman DJ, Ostell J, Sayers EW (2015) GenBank. Nucleic Acids Res 43:D30–D35
51. Finn RD, Mistry J, Tate J, Coggill P, Heger A, Pollington JE et al (2010) The Pfam protein families database. Nucleic Acids Res 38:D211–D222
52. Niemann S, Pühler A, Tichy HV, Simon R, Selbitschka W (1997) Evaluation of the resolv-

ing power of three different DNA fingerprinting methods to discriminate among isolates of a natural *Rhizobium meliloti* population. J Appl Microbiol 82:477–484

53. Brady C, Hunter G, Kirk S, Arnold D, Denman S (2014) *Rahnella victoriana* sp. nov., *Rahnella bruchi* sp. nov., *Rahnella woolbedingensis* sp. nov., classification of *Rahnella* genomospecies 2 and 3 as *Rahnella variigena* sp. nov. and *Rahnella inusitata* sp. nov., respectively and emended description of the genus *Rahnella*. Syst Appl Microbiol 37:545–552
54. Minot SS, Krumm N, Greenfield NB (2015) One codex : a sensitive and accurate data platform for genomic microbial identification. bioRxiv.

第 8 章　来源于宏基因组的基因在变铅青链霉菌中的克隆、表达和发酵优化

尤里·里贝特（Yuriy Rebets），扬·科马内茨（Jan Kormanec），
安德里·卢热茨基（Andriy Lutzhetskyy），克里斯特尔·贝纳尔茨（Kristel Bernaerts），
约瑟夫·阿内（Jozef Anné）

摘要

通过外源表达来研究宏基因组中的特定基因或基因簇时，选择合适的表达系统至关重要。目前大部分研究采用革兰氏阴性菌 *E. coli* 作为宿主构建文库。但是该系统有个缺点，当基因被随机克隆到 *E. coli* 后大约只有 40%的基因能表现出活性。为了研究其余 60%的基因，可以选用其他宿主如链霉菌（*Streptomyces* spp.）来进行克隆。链霉菌属于放线菌，是 GC 含量较高的革兰氏阳性菌，其作为表达系统应用在各项研究中已有超过 15 年的历史，非常适合用来表达来源于其他放线菌的同样是高 GC 含量的基因。由于链霉菌天生有很高的胞外分泌能力，因此在表达胞外蛋白方面与 *E. coli* 相比具有明显的优势。在本章中，我们将详细描述用变铅青链霉菌（*Streptomyces lividans*）作为宿主来表达多种外源蛋白的实验方法，包括转化流程、所用质粒和用于将 DNA 整合到宿主染色体上载体的类型，伴随克隆策略等。此外，还将讨论包括合成启动子在内的多种在基因表达中发挥作用的控制因子，以及对它们的效果进行评估的方法。本章也会说明如何将感兴趣的基因置于选用的启动子的控制下，并通过 pAMR4 系统与 *S. lividans* 的基因组进行同源重组和整合。最后会介绍使用桌面型生物反应器进行发酵优化和规模放大的基本实验方法。

关键词

链霉菌、基因表达、克隆、放线菌、克隆载体、整合型载体、质粒、蛋白质分泌、发酵

8.1 介　　绍

宏基因组学为酶的发掘及生化代谢途径的研究提供了前所未有的机会。基于

序列和基于功能的研究方法都被广泛采用。基于序列的研究方法需要先对环境样本进行宏基因组测序，然后通过生物信息学分析寻找感兴趣的基因。接着根据目标蛋白的序列设计简并引物并对这些基因进行扩增，然后用特定的载体进行克隆并在宿主中表达。进行基于功能筛选时宏基因组 DNA 被克隆到高容量的载体中，然后在宿主中进行表达。无论采用哪种研究方法，*E. coli* 都是最常用的宿主。但是，能在 *E. coli* 中正常表达的基因有限，进行基于功能筛选时其结果往往令人失望[1]。众所周知的原因主要有两个，一是能在文库宿主中表达的基因本来就少，二是被发现的往往是已知功能的酶，后一种情况在基于序列的筛选技术中尤其常见。研究者尝试了很多不同的方法来解决这些基因表达问题，包括使用不同的载体、用强启动子进行调控、优化核糖体结合位点、使用符合宿主偏好的密码子、分子伴侣的共表达等，然而结果并不理想。因此大家开始尝试使用其他微生物作为宿主[2]，以便提供与来自不同微生物的基因更配套的宿主表达机制[3]。由于无法预测哪种宿主更适合特定基因的表达，通常会尝试包括革兰氏阳性菌在内的一系列不同宿主。相较于革兰氏阴性菌，革兰氏阳性菌具有可以把分泌蛋白释放到培养基中的优势，更有利于某些蛋白质折叠和发挥功能。

近年开展了大量旨在评估将 *S. lividans* 用作为外源蛋白表达宿主的潜力的研究[4]。结果显示，一些在其他宿主中很难表达的蛋白质可以在 *S. lividans* 中表达[5]。研究者随即建立起了一套利用 *S. lividans* 作为宿主来表达和筛选宏基因组中基因的实验方法。最近完成的菌株 *S. lividans* TK24 的基因组测序更是让他们得以设计更有效的菌株优化策略[6]。很多原核和真核生物的基因能在 *S. lividans* 中表达，但它特别适合用于表达放线菌的基因或者其他高 GC 含量的基因。土壤中含有大量的放线菌，因此第一个用 *S. lividans* 表达外源蛋白并发现了新的活性物质的案例使用了土壤样品也就一点都不让人感到奇怪了[7]。使用 *S. lividans* 进行基因表达和功能筛选的其他研究成果之后陆续被发表[8,9]。

这一方向上的一项新技术是利用 *E. coli* - *S. lividans* 黏粒穿梭载体[10]把在 *E. coli* 中构建的克隆文库转移到 *S. lividans* 中。由于采用这种方法时文库可以在标准宿主 *E. coli* 中完成构建，然后在两种宿主中进行表达和筛选，因此能为整个宏基因组的表达提供极大的便利。接下来还可以运用多种载体和表达系统在 *S. lividans* 中很容易地生产目标蛋白。研究者已经用 *S. lividans* 生产出了大量从土壤宏基因组和海洋宏基因组中筛选、鉴定出的新酶[11,12]。

由于 *S. lividans* TK24 缺乏甲基化/限制酶系统且蛋白酶的活性较低，是较理想的表达宿主。在本章我们将详细介绍培养这一菌株、利用它表达整个宏基因组文库或单个目的基因的实验方法，包括转化的方法，不同链霉菌载体和它们的特点，重要的基因表达调控元件和如何通过整合它们构建高效的目的基因表达系统。此外，我们还将讨论实验室常用的小规模培养和工业生产用的大规模生物反应器培养的差异，以及如何利用宏基因组资源得到最高的目标蛋白产量。

需要注意的是，尽管我们以 *S. lividans* TK24 为例来介绍以上实验方法，但其中大部分步骤也适用于其他的链霉菌（当然也有部分不适用），我们会在 8.7 节具体讨论相关问题。

8.2 变铅青链霉菌的转化

8.2.1 实验材料

8.2.1.1 通用培养基

1. 噬菌体培养基：0.5 g $MgSO_4 \cdot 7H_2O$，0.74 g $CaCl_2 \cdot 2H_2O$，10 g 葡萄糖，5 g 蛋白胨[贝克顿-迪金森公司（Becton-Dickinson），cat. no. 211705]，5 g 酵母提取物（Becton-Dickinson 公司，cat. no. 288620），5 g 牛肉膏（Oxoid 公司，cat. no. LP0029B）。溶于 1 L 去离子水，用 5 mol/L NaOH 调整 pH 至 7.2，灭菌。
2. 微量元素溶液：40 mg $ZnCl_2$，200 mg $FeCl_3 \cdot 6H_2O$，10 mg $CuCl_2 \cdot 2H_2O$，10 mg $MnCl_2 \cdot 4H_2O$，10 mg $Na_2B_4O_7 \cdot 10H_2O$，10 mg $(NH_4)_6Mo_7O_{24} \cdot 4H_2O$。溶于 1 L 去离子水，过滤灭菌。
3. TES 缓冲液：0.25 mol/L TES，pH 调至 7.2。
4. R2 培养基（有调整）：103 g 蔗糖，0.25 g K_2SO_4，10.12 g $MgCl_2 \cdot 6H_2O$，0.1 g 酪蛋白氨基酸（Becton-Dickinson 公司，cat. no. 223050），1 g 酵母提取物（Becton-Dickinson 公司，cat. no. 288620），5 g 牛肉膏（Oxoid 公司，cat. no. LP0029B），将上述成分溶于水，再加入 100 mL TES 缓冲液、2 mL 微量元素溶液、10 mL KH_2PO_4（0.5%）溶液。用去离子水定容至 1 L。然后用锥形瓶分装成 4 份，每份体积为 250 mL，并加入 5.5 g 琼脂。高温高压灭菌 20 min。加入 1/100 体积的已过滤灭菌的 $CaCl_2 \cdot 2H_2O$（浓度为 3.68%）和 1/1000 体积的已过滤灭菌的 2 mmol/L $CuSO_4$ 溶液（见注释 1 和 2），混合均匀后倒入培养皿中。
5. 玻璃/特氟龙材质的波-伊匀浆器（Potter-Elvehjem homogenizer）（图 8-1，见注释 3）。
6. TSB 培养基：30 g 胰蛋白胨大豆肉汤粉（Oxoid 公司，cat. no. CM129），溶于 1 L 去离子水（见注释 4）。
7. Bennet 麦芽糖培养基[13]：0.1% Difco 酵母提取物，0.1% Difco 肉膏，0.2% Difco 胰蛋白胨，1%麦芽糖（pH 7.2），1.5% Difco 细菌琼脂粉。高温高压灭菌后倒入培养皿中。

图 8-1　波-伊匀浆器

8.2.1.2　*S. lividans* 孢子悬液的制备

1. 溶于去离子水的 20%甘油，已灭菌。
2. 在 MS 培养基上生长 3～4 天的 *S. lividans*。
3. 接种环。
4. 10 mL 无菌注射器，里面有不吸水的脱脂棉（图 8-2，见注释 5）。

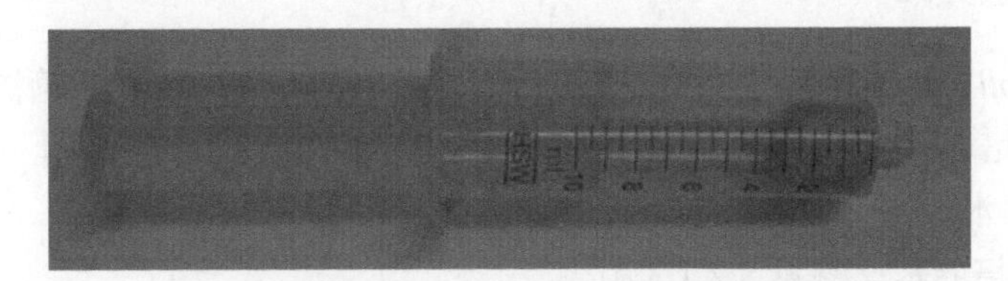

图 8-2　带脱脂棉的注射器，用于过滤孢子悬液

5. 12 mL Falcon 圆底离心管。
6. 5 mL 枪头，里面塞有脱脂棉，并通过一根短的硅胶管与 20 mL 的无菌注射器相连接（图 8-3）。这个装置用来再次过滤孢子悬液，彻底去除菌丝。

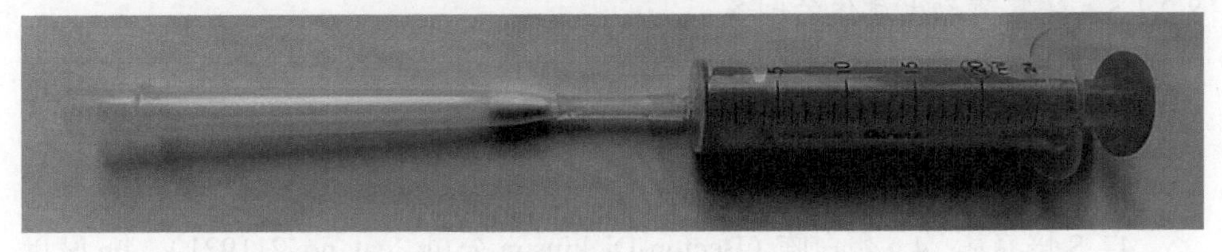

图 8-3　5 mL 连接了短硅胶管的带脱脂棉滤芯的灭菌吸头尖端连接到 20 mL 的注射器上，用于额外过滤孢子悬液

8.2.1.3　*E. coli* 和 *S. lividans* 的质粒接合

1. 含有插入 DNA 片段的 *E. coli* S17-1（ATCC #4705）或 *E. coli* ET12567 [pUZ8002][14]（见注释 6）。
2. LB 培养基：10 g 胰蛋白胨（Becton-Dickinson 公司，cat. no. 211705），5 g 酵母提取物（Becton-Dickinson 公司，cat. no. 288620），10 g NaCl。用去

离子水溶解至体积为 1 L，用 5 mol/L NaOH 调节 pH 至 7.0，灭菌。

3. 2×YT 培养基：32 g 胰蛋白胨（Becton-Dickinson 公司，cat. no. 211705），20 g 酵母提取物（Becton-Dickinson 公司，cat. no. 288620），10 g NaCl。用去离子水溶解至体积为 1 L，灭菌。
4. 甘露醇大豆粉（MS）培养基。在 1 L 水中溶解 20 g 甘露醇，再加入 20 g 琼脂粉和 20 g 大豆粉（见注释 7）。灭菌两次，在两次之间的时间里要轻轻振荡培养基。最后加入 10 mmol/L $MgCl_2$，混合均匀后倒入培养皿中。
5. 抗生素储存液：氨苄西林（50 mg/mL，溶解在 dH_2O 中），安普霉素（50 mg/mL，溶解在 dH_2O 中），卡那霉素（50 mg/mL，溶解在 dH_2O 中），萘啶酸（25 mg/mL，溶解在 0.2 mol/L NaOH 中），硫链丝菌素（50 mg/mL，溶解在 DMSO 中）。

8.2.1.4 三亲交配

1. *E. coli* ET12567 [pUB307]，含 cosmid 文库 BAC 的 *E. coli* 宿主菌株，*S. lividans*。
2. LB 培养基：参见 8.2.1.3 节。
3. 无菌水。
4. MS 培养基：参见 8.2.1.3 节。
5. 抗生素储存液：氨苄西林（50 mg/mL，溶解在 dH_2O 中），安普霉素（50 mg/mL，溶解在 dH_2O 中），卡那霉素（50 mg/mL，溶解在 dH_2O 中），萘啶酸（25 mg/mL，溶解在 0.2 mol/L NaOH 中），硫链丝菌素（50 mg/mL，溶解在 DMSO 中），氯霉素（25 mg/mL，溶解在乙醇中）。

8.2.1.5 链霉菌原生质体的制备

1. 噬菌体培养基：参见 8.2.1.1 节。
2. 6.5%葡萄糖，溶于去离子水，过滤灭菌。
3. 20%甘氨酸，高温高压灭菌。
4. S 培养基：4 g 蛋白胨（Becton-Dickinson 公司，cat. no. 211921），4 g 酵母提取物（Becton-Dickinson 公司，cat. no. 288620），0.5 g $MgSO_4·7H_2O$，2 g KH_2PO_4，4 g K_2HPO_4，溶于 800 mL 去离子水。平均分成 3 份，每份体积为 266 mL，高温高压灭菌 20 min。在每份培养基（266 mL）中加入 50 mL 6.5%葡萄糖溶液，并加入甘氨酸溶液使终浓度为 0.8%（见注释 8）。
5. 培养好的 *S. lividans*，用 5 mL 噬菌体培养基以 300 r/min 振荡培养 48 h。
6. 0.9% NaCl 溶液，灭菌。
7. 微量元素溶液：参见 8.2.1.1 节。
8. TES 缓冲液：参见 8.2.1.1 节。

9. PTC 缓冲液：103 g 蔗糖，0.25 g K_2SO_4，2.03 g $MgCl_2·6H_2O$，2.94 g $CaCl_2·2H_2O$，80 mL TES 缓冲液，2 mL 微量元素溶液。用去离子水定容至 1 L，高温高压灭菌。
10. 溶菌酶[罗氏诊断公司（Roche diagnostics），cat. no. 10837059001]。

8.2.1.6　原生质体转化

1. PTC 缓冲液。
2. 35% PEG6000（NBS Biologicals 公司，cat. no. 14808-C）（见注释 9），溶于 PTC 缓冲液，过滤灭菌。
3. R2 培养基：参见 8.2.1.1 节。
4. 抗生素储存液。

8.2.2　实验方法

8.2.2.1　*S. lividans* 的培养

S. lividans 或同属的其他物种通常是很容易培养的。但是 *S. lividans* 比 *E. coli* 长得慢很多，5 mL 培养物可能需要培养 48 h 才能得到足够高的菌浓度。培养 *E. coli* 时细胞通常相对均匀地分散在液体培养基中，而 *S. lividans* 容易形成颗粒状的菌丝聚集体。这些颗粒会引起一些麻烦，尤其是在接种到新的培养基时。使用物理方法进行均质化或者在培养基中加入 2 mm 的玻璃珠，可以大大减少颗粒的形成。以下步骤包括从孢子悬液或甘油保存的菌种涂板开始将链霉菌扩大培养至 50 mL 的整个过程。

1. 在培养皿中倒入 20 mL R2 培养基，冷却凝固后，加 100 μL 孢子悬液或甘油保存的菌种，均匀涂板（见注释 10）。
2. 2～3 天后用接种环在平板上挑取一个单菌落，接种到 5 mL 噬菌体培养基中进行培养。培养物将作为扩大培养用的种子（见注释 11）。
3. 在 27℃下以 300 r/min 振荡培养 48～60 h。
4. 将培养液倒入玻璃细胞匀浆器，来回拉动活塞，打散颗粒状的菌丝（见注释 12）。
5. 在一个锥形瓶中加入 50 mL TSB 培养基和 1 mL 匀浆后的菌种，在 27℃下以 300 r/min 振荡培养 24～48 h 后即可进行后续的实验（如测定酶活或次级代谢产物）。

8.2.2.2　*S. lividans* 孢子悬液的制备

S. lividans 孢子悬液非常有用，相比于保存在 20%（终浓度）甘油中的菌种，

用孢子悬液接种培养可以更快地达到后续实验（如 DNA/RNA 提取、酶活测定等）所需的菌浓度。此外，载体细菌与孢子接合比与菌丝碎片接合更高效，在把克隆文库从 *E. coli* 中转移到 *S. lividans* 中时，制备孢子悬液也很重要。

1. 准备 4 个 MS 培养平板，加入所需要的抗生素。
2. 取 1 mL 用噬菌体培养基过夜培养的 *S. lividans*，均匀涂布在每个平板上。
3. 30℃培养 4～5 天（见注释 13）。
4. 在平板上加 9 mL 无菌去离子水。
5. 用接种环或无菌的棉签轻轻刮培养物的表面以收集孢子，逐渐加大力度，注意不要刮到培养基。
6. 用枪头把孢子悬液吸到 12 mL 圆底离心管中。把涡旋振荡仪开到最大挡进行振荡，把孢子打散。
7. 用塞有脱脂棉的无菌注射器（图 8-2，见注释 5）过滤孢子悬液，然后收集在一个新的 12 mL 圆底离心管中。
8. 用图 8-3 所示的装置再次过滤以充分去除菌丝。
9. 把孢子悬液以 5000×*g* 离心 5 min，立刻弃去上清液。
10. 将孢子重悬于 1～2 mL 20%甘油中，漩涡振荡混匀后保存于–20℃。
11. 通常需要知道孢子的大概数量。取 1 μL 孢子悬液，用水进行 10 倍稀释，直到 10^{-9}。把不同稀释倍数的孢子悬液涂布在 MS 平板上，在 27～30℃培养 2～3 天，然后对菌落形成单位（CFU）进行计数。为了方便计数，最好使用透明的 Bennet 培养基。

8.2.2.3 *E. coli* 和 *S. lividans* 的质粒/黏粒接合

根据载体的不同，把外源 DNA 导入 *S. lividans* 的方法主要有原生质体转化和接合两种。接合法有很多优势，最主要的是所用载体可以在 *E. coli* 中进行复制，从而大大增加拷贝数。另外，用原生质体转化法导入大片段 DNA 如黏粒时效率很低，而接合效率受到的影响则很小。

在 8.3 节我们将讨论不同的链霉菌载体和它们各自的特点。黏粒穿梭载体使得研究者可以在 *E. coli* 中构建克隆文库，然后直接在 *E. coli* 或 *S. lividans* 中进行表达和功能筛选。以下是进行黏粒接合实验的标准步骤。

1. 把插入了外源基因、带有 *oriT* 的黏粒转化到 *E. coli* S17-1（ATCC #4705）或 *E. coli* ET12567 [pUZ8002]的感受态细胞中（见注释 6）。
2. 挑取单克隆转移至 5 mL 的 LB 培养基中，用合适的抗生素筛选带有 *oriT* 的黏粒，30℃过夜培养（见注释 14）。
3. 用新鲜的 LB 培养基把培养的菌稀释 100 倍，在 37℃培养至 OD_{600} 值达到 0.4～0.5。

4. 以 5000×*g* 离心 5 min。
5. 弃上清液，加入相同体积预冷的 LB 培养基，悬浮菌体。
6. 依次重复步骤 4—5—4。
7. 弃上清液，把沉淀重悬于 0.1 倍体积预冷的 LB 培养基中，然后置于冰上。
8. 在清洗 *E. coli* 细胞时，将 10^8 的 *S. lividans* 孢子加到 0.5 mL 2×YT 培养基中。
9. 以 13 000 ×*g* 将孢子离心 1 min。
10. 弃上清液，把孢子重悬于 0.5 mL 2×YT 培养基中。
11. 依次重复步骤 9—10—9—10。
12. 孢子在 59℃孵育 10 min，然后冷却至室温。
13. 把 500 mL *E. coli* 加入孢子悬液中，振荡混合后离心。
14. 倒掉上清液，把沉淀重悬于剩余的少量液体中。
15. 把上述悬液涂在 MS 平板[15]上，在准备培养基时记得额外加入 10 mmol/L 的 $MgCl_2$（见注释 15）。在 27～30℃培养 16～20 h。
16. 在平板上加 1 mL 含有 0.5 mg 萘啶酸和抗生素的溶液，对接合后个体进行选择（见注释 16）。
17. 把抗生素溶液均匀分散在平板上（见注释 17）。
18. 在 27～30℃继续培养 3～4 天。
19. 挑选可能是阳性的接合菌落，用含抗生素的培养基选择培养。

8.2.2.4　三亲交配

1. 挑取 *E. coli* ET12567 [pUB307]的单克隆，接种到 5 mL 的 LB 培养基中进行培养，培养基中需要额外加入氯霉素和卡那霉素，终浓度均为 25 μg/mL。37℃过夜培养，注意不要超过 16 h。
2. 把带有 BAC 或黏粒文库（载体上有 *oriT*）的 *E. coli* 甘油保存液接种到 5 mL 含合适抗生素的 LB 培养基中，37℃过夜培养。
3. 以 5000 ×*g* 离心 5 min。
4. 弃上清液，再加入 5 mL 的 LB 培养基，洗去残留的抗生素。以 5000×*g* 离心 5 min。
5. 把沉淀重悬于 0.5 mL 的 LB 培养基中，置于冰上。
6. 在清洗 *E. coli* 时，用无菌水或 TSB 培养基准备 *S. lividans* 孢子悬液，把孢子悬液转移至 1.5 mL 离心管中。
7. 以 13 000 ×*g* 离心 1 min。
8. 弃上清液，把沉淀重悬于剩余的少量液体中。
9. 孢子在 42～45℃孵育 10 min，然后冷却到室温（我们发现降低孢子热激温度可以提高质粒转移的效率）。

10. 两种 *E. coli*（供体和助手）各取 100 μL 加到有孢子的离心管中，振荡混合。
11. 把上述混合液涂在 MS 平板[15]上，准备培养基时记得额外加入 10 mmol/L $MgCl_2$（见注释 15）。在 27～30℃培养 12 h。
12. 在平板上加 1 mL 含有 0.5 mg 萘啶酸和抗生素的溶液（如果用安普霉素，需要加 1 mg），选择成功接合的个体（见注释 16）。
13. 把抗生素溶液均匀分散在平板上（见注释 17）。
14. 在 27～30℃继续培养 3～4 天。
15. 挑选可能是阳性的接合个体，用含有萘啶酸（25 μg/mL）和合适抗生素的培养基选择培养。

8.2.2.5 链霉菌原生质体的制备

在 *S. lividans* 文库中检测到目标酶的活性或目标活性物质后，有时需要表达单个基因而非整个插入片段。在 *S. lividans* 中有几种各有优劣的载体和表达体系[4,15]。表达组件可以用能在 *E. coli* 和 *S. lividans* 中复制的穿梭载体构建或用 *S. lividans* 的载体直接转化。前者需要用纯化的质粒 DNA 进行转化，而后者则需使用连接产物。在有 PEG 的情况下，质粒 DNA 可以高效地转化到 *S. lividans* 的原生质体中。以下我们将详细介绍原生质体的制备和转化。

1. 在 5 mL 噬菌体培养基中培养 *S. lividans*，如果有必要可以加入适当的抗生素。
2. 把培养物匀浆（参见 8.2.2.1 节）后取 2 mL 接种到 50 mL S 培养基中。以 27～30℃、280 r/min 振荡培养 20～24 h。
3. 以 5000 ×*g* 离心 5 min 后收集菌体。
4. 弃上清液，把沉淀重悬于 0.9% NaCl 中。
5. 以 5000 ×*g* 离心 5 min。
6. 弃上清液，把沉淀重悬于 15 mL PTC 缓冲液。
7. 以 5000 ×*g* 离心 5 min。
8. 在离心时，为每个样本准备 5.5 mL 含 10 mg/mL 溶菌酶的 PTC 缓冲液，过滤灭菌。
9. 将离心后的沉淀重悬于 5 mL 上述溶菌酶溶液中，放在摇床上，以 27～30℃、120 r/min 孵育 15～30 min（见注释 18）。
10. 用显微镜检查原生质体的形成情况（见注释 19）。
11. 当形成足够多的原生质体后继续下一个步骤，否则继续孵育。
12. 加 10 mL PTC 缓冲液，用枪头轻轻吹打混匀，以 800 r/min 离心。原生质体将留在上清液中，菌丝则会沉淀在底部。

13. 将包含原生质体的上清液转移到新的管中。
14. 以 5000 ×*g* 离心 5 min。
15. 弃上清液，把原生质体重悬于 10 mL 的 PTC 缓冲液中。
16. 以 5000 ×*g* 离心 5 min。
17. 弃上清液，把原生质体重悬于 PTC 缓冲液中，控制浓度使 OD_{600} 值约为 1。
18. 把原生质体悬液分装成每份体积为 0.4～1.4 mL 的小份，–80℃保存。

8.2.2.6　原生质体转化

1. 把原生质体从冰箱中取出并快速融化，但不要过度加热（见注释 20）。
2. 在离心管中加入 200 μL 融化后的原生质体。
3. 加入 DNA（或连接产物），轻轻吹打混匀。
4. 立刻加入 500 μL 35% PEG6000，轻轻吹打混匀。
5. 室温放置 5 min。
6. 将溶液涂布在 R2 平板上（见注释 21），在 27～30℃培养 16～20 h，使原生质体再生。
7. 在平板上加 1 mL 抗生素溶液（见注释 16）。
8. 把抗生素溶液均匀分散在平板上（见注释 17）。

8.3　链霉菌载体及其特征

高效地构建文库是从宏基因组样品中成功筛选到目的基因的必要条件。以 *S. lividans* 作为宿主需要特定的载体来构建文库及筛选和表达目的基因。根据插入片段长度的不同，载体可以选择质粒、黏粒或 BAC。大部分常用载体可以在 *E. coli* 和链霉菌中工作。

质粒适合不超过 15 kb 的小插入片段，因此用质粒构建的文库需要包含大量克隆才能保证良好的覆盖度，在下游实验中同样要筛选大量的克隆。质粒不适合用来克隆由大型操纵子或基因簇编码的代谢通路。但用质粒进行克隆操作简单，对 DNA 样本的质量要求也较低。质粒的拷贝数通常也较高，有利于检测弱表达基因。此外，从 *S. lividans* 中抽提质粒也很容易。

有几种黏粒和 BAC 穿梭载体也适用于链霉菌。这些载体可有效地克隆和导入最长 300 kb（平均长度约 150 kb）的插入片段。大部分链霉菌黏粒和 BAC 是整合型载体，但也有几种是低拷贝数的复制型载体。它们适合用来克隆大的操纵子或者基因簇，可以降低文库规模、提高筛选效率。然而使用此类载体构建文库必须使用质量高、片段长度足够的 DNA 样本，而且从链霉菌中提取黏粒或 BAC 更困难（有时甚至不可能做到）。黏粒和 BAC 文库通常在 *E. coli* 中进行筛选，选出的克隆随后在链霉菌宿主中进行表达。

表 8-1 列出了常用链霉菌载体的各项特点。接下来我们会介绍制备质粒或基因组 DNA 的实验方法、几种用于基因表达的重要的链霉菌启动子和它们的特点。此外，将介绍克隆目的基因并将其置于启动子控制下的方法，以及如何修饰大片段黏粒和 BAC 克隆。

表 8-1　用于 *S. lividans* 的质粒、黏粒和细菌人工染色体载体概述

载体名称	大小（kb）	大肠杆菌		链霉菌		特征	参考文献
		复制子	标记	复制子	标记		
质粒和噬菌体载体							
pL97	7.4	pUC18	*aac(3)IV*	pIJ101	*aac(3)IV*	*ermEp*；*oriT* RK2	[16]
pL98	7.4	pUC18	*aac(3)IV*	pIJ101	*aac(3)IV*	*ssrAp*；*oriT* RK2	[16]
pL99	7.6	pUC18	*aac(3)IV*	pIJ101	*aac(3)IV*	*nitAp*，*nitR*；*oriT* RK2	[16]
pHZ1271	约 9	pUC18	*bla*	pIJ101	*neo*、*tsr*	*tipAp*	[17]
pHZ1272	约 9	pUC18	*bla*	pIJ101	*neo*、*tsr*	*tipAp*；6×His-标记（N 端）	[17]
pTONA5		pUC18	*neoS(Km)*	pIJ101	*neoS*、*tsr*	金属内肽酶（*SSMP*）启动子；*oriT* RK2	[18]
pWHM3/pWHM4	7.2	pUC18	*bla*	pIJ101	*tsr*	*lacZ'*	[19]
pSOK101	7.1	ColE1	*aac(3)IV*	pIJ101	*aac(3)IV*	oriT RK2	[20]
pUWLoriT			*bla*	pIJ101	*tsr*	*ermEp*；*oriT* RK2	[21]
pUCS75	13.9	pUC18	*bla*、*aacC1*	pIJ303	*aacC1*、*tsr*	*lacZ'*；带 *ssi* 位点的 pIJ101 复制子（拷贝数高达 400 个）	[22]
pKC1139	6.5	p15A	*aac(3)IV*	pSG5	*aac(3)IV*	*lacZ'*；*oriT* RK2	[23]
pAL1		pUC18	*aac(3)IV*	pSG5	*tsr*、*hph*	*tipAp*；*oriT* RK2	[21]
pKC1218	5.8	p15A	*aac(3)IV*	SCP2*	*aac(3)IV*	*lacZ'*；*oriT* RK2	[23]
pSET152	5.5	pUC	*aac(3)IV*	intøC31	*aac(3)IV*	*lacZ'*；*oriT* RK2	[23]
pTES	5.9	pUC	*aac(3)IV*	intøC31	*aac(3)IV*	pSET152 衍生物；两侧带有 *loxP* 位点的 *attP*；*ermEp*；t_{fd} 终止子	[24]
pKC824	5.3	pUC	*aac(3)IV*	int pSAM2	*aac(3)IV*	*lacZ'*	[25]
pKTO2	6.0	pUC	*bla*	intVWB	*tsr*		[26]
pSOK804	5.3	ColE1	*aac(3)IV*	intVWB	*aac(3)IV*	*oriT* RK2	[27]
pTOS	5.4	ColE1	*aac(3)IV*	intVWB	*aac(3)IV*	pSOK804 衍生物；两侧带有 *rox* 位点的 *attP*；*oriT* RK2	[24]
黏粒载体							
pOJ446	10.4	p15A	*aac(3)IV*	SCP2*	*aac(3)IV*	（cos）3λ；*oriT* RK2	[23]
pKC505	18.7	ColE1	*aac(3)IV*	SCP2*复制子和 *tra* 基因	*aac(3)IV*	（cos）3λ	[28]

续表

载体名称	大小（kb）	大肠杆菌		链霉菌		特征	参考文献
		复制子	标记	复制子	标记		
黏粒载体							
pOJ436	10.4	pUC	*aac(3)IV*	intøC31	*aac(3)IV*	(cos)3λ；*oriT* RK2	[23]
pMM436	10.4	pUC	*aac(3)IV*	intøC31	*aac(3)IV*	(cos)3λ；pOJ436 衍生物，带有 *attP* 和 *int* 基因，两侧带有 *Pac* I 限制性酶切位点	[8]
pKC767	8.7	pUC	*aac(3)IV*	int pSAM2	*aac(3)IV*	(cos)3λ	[25]
pOS700I	未说明	ColE1	*bla*、*hyg*	int pSAM2	*hyg*	(cos)3λ；pWED1 衍生物	[10]
细菌人工染色体和植物人工染色体载体							
pSMART BAC-S	约 10.5	单拷贝 *F1*，可诱导的 *oriV*	*Cat*、*aac(3)IV*	intøC31	*aac(3)IV*	Psmart BAC v2.0（细菌人工染色体载体）衍生物；平均插入大小 110 kb；*cos*N；*oriT* RK2	Lucigen
pPAC-S1	22.5	P1	*kan*	intøC31	*tsr*	pCYPAC2（植物人工染色体载体）衍生物；可高达 300 kb，平均 140 kb	[29]
pESAC13	23.3	P1	*kan*	intøC31	*tsr*	pPAC-S1 衍生物；平均插入大小 75 kb；*oriT* RK2	[30]
pSTREPTOBAC V	16.0	F1	*aac(3)IV*	intøC31	*aac(3)IV*	pBACe3.6 衍生物；*oriT* RK2	[31]
pSBAC	12.0	F1	*aac(3)IV*	intϕBT1	*aac(3)IV*	pCC1BAC；*oriT* RK2	[32]
pAMR4	10.5	pUC	*aac(3)IV*	无	*aac(3)IV*	*oriT* RK2，*bpsA*	[33]

有三类载体可以在链霉菌中增殖：①具有自主复制起点的复制型载体。②通过位点特异性整合的方式插入链霉菌染色体的整合型载体。③能通过外源基因与链霉菌基因组同源重组的方式整合 DNA 的载体。

1）复制型质粒载体

大部分具有复制能力的链霉菌载体是以源于天然质粒的复制子为基础构建的。从 *S. lividans* ISP5434 菌株分离出的高拷贝数质粒 pIJ101 的复制子被用在很多载体中[34]。这种复制子可以让质粒的拷贝数最高达到每个细胞 300 个。pSG5 是一种从 *S. ghanaensis* 中分离出的温度敏感型质粒[35]。pSG5 的复制能力中等，最高可达每个细胞 50 个拷贝，用它作为载体主要是为了让基因失活，但也可以用于基因克隆和表达。SCP2 是来源于 *S. coelicolor* A3（2）的一种较大的接合质粒[36]。人们深入研究了它的高复制能力变体 SCP2*，并使用其复制子构建了克隆载体[37,38]。SCP2*是低拷贝数质粒，通常每个细胞里只有 1～5 个拷贝。基于 SCP2*构建的载体非常稳定，很适合用来克隆大片段。这类很大的载体-插入片段组合体通常需要同时具有一些特定的功能来保持自身的遗传能力稳定。有些用 SCP2*构建的载体缺少这样的辅助功能，需要一直保持在抗生素压力下以免丢失。SCP2*复制子的一种高拷贝数变体 SCP2α 缺少了 45 bp 的序列，每个细胞里的拷贝数可因此多达 10～1000 个[39]。但这些质粒非常不稳定，因此应用有限[40]。还有一些其他的天然质粒被用来构建链霉菌载体。其中质粒 pJV1 和 pIJ101 类似，但是每个细胞的拷贝数最高只有 150 个。*S. coelicolor* 的低拷贝数附加体 SLP1.2（每个细胞里 1～10 个拷贝）被用作 *S. lividans* 的专用载体，因为它会整合到链霉菌属其他物种的基因组上。

2）整合型质粒或噬菌体载体

基于噬菌体或质粒整合系统构建的载体广泛应用在链霉菌的遗传研究中，因为它们在没有选择压的情况下仍然具有稳定的遗传能力。除了这个显著的优点外，这类载体也有明显的缺点，就是难以从筛选后的克隆里把导入的外源基因重新提取出来。因此，用整合型 BAC 或黏粒构建的宏基因组文库通常先在 *E. coli* 中进行筛选，再在链霉菌中验证功能。最近报道了一种基于常用载体 pOJ436 构建的黏粒 pMM436[8]，它在原载体的整合系统两侧引入了稀有的限制性酶切位点 *Pac* Ⅰ，让研究者可以从阳性克隆中将导入的片段重新提取出来。

具有广泛宿主的放线菌噬菌体 φC31 的整合酶基因 *int* 和 *attP* 位点被应用在大部分链霉菌整合型载体上。噬菌体 φC31 通过自身 *attP* 位点和宿主染色体 *attB* 位点之间的同源重组进行溶源[41]。由于整合酶基因和 *attP* 位点的长度较短，因此可以基于 φC31 构建小型的整合型载体。大部分的链霉菌染色体携带一个 *attB* 位点，但也有部分链霉菌含有若干假 *attB* 位点，因此会整合两个载体拷贝[42,43]。

作为 φC31 系统的替代方案，*S. venezuelae* ETH14630 VWB 噬菌体的 *int-att* 基因座也能用于构建整合型载体[44]。VWB 也有广泛的宿主，因此也适用于 *S. venezuelae* 和 *S. lividans* 之外的其他链霉菌属物种[26]。其他用于构建载体的噬菌体包括来源于 *S. coelicolor* J1929 的 φBT1[45]，来源于 *S. venezuelae* 的 SV1[46]和来源于 *S. avermitilis* 的 TG1[47]。

来源于 *S. ambofaciens* JI3212 的 pSAM2 质粒既能以共价闭合环状质粒的形式独立存在，也能通过位点特异性重组整合到宿主染色体的 $tRNA^{pro}$ 基因上[48,49]。pSAM2 质粒上的 *int* 和 *xis* 基因、*attP* 位点和 *rep* 操纵子也被用来构建整合型载体[50]。

3）通过同源重组整合外源 DNA 和链霉菌染色体的载体

同源重组是一种在从细菌到真核生物的所有生命中高度保守的机制[51]。有几种基于这一机制的载体（如 pKC1132[23]）被开发出来进行链霉菌的遗传操作，主要用于使基因失活或直接删除基因。进行基因删除操作时一般使用携带靶序列和用于选择的抗生素抗性基因的非复制型载体，通过同源重组整合到链霉菌的基因组上得到第一交叉重组子，然后筛选失去抗生素抗性基因的克隆即所需的第二交叉重组子。这个过程非常费时费力，需要筛选数以百计的克隆。因此，这些载体的主要问题是低下的双交叉阳性筛选效率。最近，我们构建的用于双交叉同源重组阳性筛选的新载体 pAMR4 解决了这个问题[33]。这种非复制型质粒携带安普霉素抗性基因和可接合的两侧带有多种罕见单酶酶切位点接头的 *oriT*（用于接合）序列。此外，该质粒还携带能同时表达的下游靛蓝合成基因 *bps*A 和卡那霉素抗性基因。双交叉重组克隆可以很容易地通过菌落颜色来筛选，所需的阳性克隆是无色的（图 8-4）。

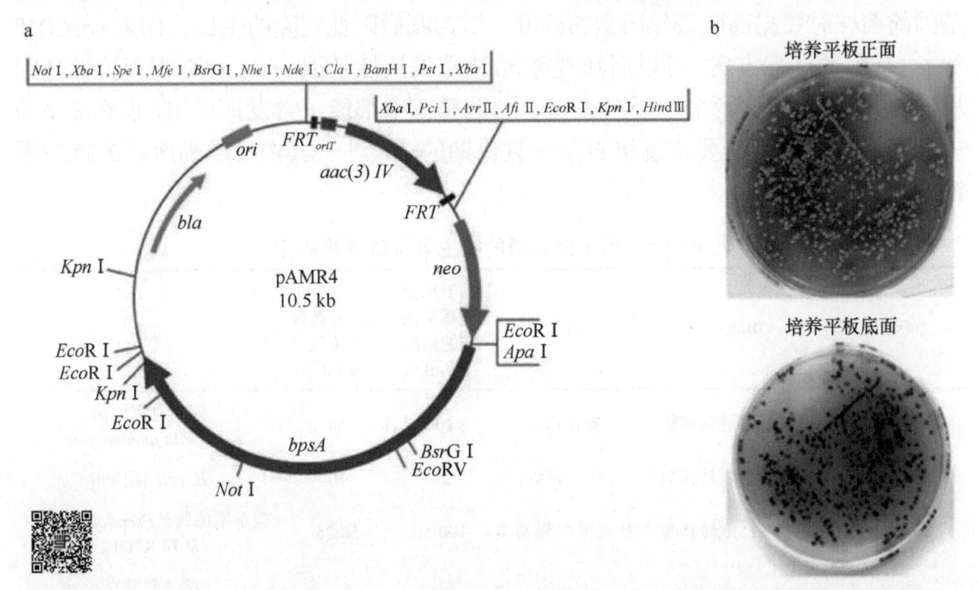

图 8-4 （a）pAMR4 质粒的限制性内切酶酶切图。缺少启动子的 *bps*A 基因、来自 Tn5 的卡那霉素抗性基因 *neo*、安普霉素抗性基因 *aac(3)IV* 以及来源于 pIJ773 质粒[52]的 *oriT* 位点和 FRT 区域被整合在 *E. coli* 质粒 pBluescript II SK+骨架上。单一限制性酶切位点用红色标记。（b）TK24 与用于敲除放线紫红素基因簇的 pAct1LL 质粒接合，以区别单交叉（蓝色菌落）和双交叉（白色菌落）后的菌落示例[33]（彩图请扫二维码）

除了用来删除基因，pAMR4 还可以稳定高效地把外源 DNA 整合到链霉菌染色体上。被整合的外源 DNA 可以是属于不同操纵子的多个基因，也可以是研究者感兴趣的代谢产物的生物合成基因簇。与上述第二种载体（整合型载体）相比，通过同源重组整合的载体有许多优点，该系统非常稳定，可以把外源基因整合到染色体的任意位置，而且能被广泛应用于链霉菌属的任何物种。

链霉菌质粒的其他特性

1）作为选择标记的抗生素抗性基因

链霉菌本身对多种作为选择标记的抗生素具有抗性。*S. lividans* 对四环素、红霉素、氯霉素和β-内酰胺都有抗性，因此可以用来筛选克隆的抗生素非常有限。目前大部分链霉菌载体有安普霉素抗性基因 *aac(3)IV* 和硫链丝菌素抗性基因 *tsr*（表 8-1 和表 8-2）[53,54]。*Aac(3)IV* 基因被应用在很多载体上，因为这个基因的突变频率特别低，不会因为突变而丢失抗性，且在 *E. coli* 和链霉菌中都能正常发挥作用，同时安普霉素是种相对便宜的抗生素。*tsr* 基因不能用在 *E. coli* 中，因为 *E. coli* 本身就对硫链丝菌素有抗性。因此，如果载体也需要用在 *E. coli* 中，除 *tsr* 之外还会加上一个 *bla* 基因来辅助选择。需要注意的是，用 MS 培养基培养带有 *tsr* 基因的菌株时要提高硫链丝菌素的浓度，以抑制假阳性克隆的生长。作为 *aac(3)IV* 和 *tsr* 基因的替代方案，可以用壮观霉素/链霉素抗性基因 *aadA* 和潮霉素抗性基因 *hyg* 来构建载体。这两个基因在 *E. coli* 和链霉菌中都能正常发挥作用，但在 *E. coli* 中利用潮霉素筛选时要注意培养基中氯化钠的浓度——其浓度越高所需的抗生素浓度也越高。

表 8-2　用于链霉菌的抗生素抗性选择标记

基因	功能	抗性	用于选择链霉菌菌株的浓度（μg/mL）	用于选择大肠杆菌菌株的浓度（μg/mL）	来源
aac(3)IV	安普霉素乙酰转移酶	安普霉素	100	50	肺炎克雷伯菌（*Klebsiella pneumoniae*）
aacC1	庆大霉素乙酰转移酶	庆大霉素	20	10	*E. coli* Tn1696
aadA	壮观霉素乙酰转移酶	壮观霉素/链霉素	100/50	50/25	假单胞菌属（*Pseudomonas*）质粒 R100.1
hyg	潮霉素磷酸转移酶	潮霉素	50	50～100	吸水链霉菌（*Streptomyces hygroscopicus*）
neo/aphII	氨基糖苷类磷酸转移酶	新霉素/卡那霉素	100/100	—	*E. coli* Tn5
tsr	23S rRNA 甲基化酶	硫链丝菌素	50	—	远青链霉菌（*Streptomyces azureus*）
vph	紫霉素磷酸转移酶	紫霉素	50	50	酒红链霉菌（*Streptomyces vinaceus*）
ermE	23S rRNA 二甲基酶	红霉素	20	—	红色糖多孢菌（*Saccharopolyspora erythraea*）

2）*E. coli*-链霉菌接合的转移功能

大部分用于 *E. coli* 和链霉菌的穿梭载体有源于具有广泛宿主的 RK2（RP4）质粒的 *oriT* 序列，它在接合转移 DNA 时发挥作用[55]。使用甲基化缺陷型 *E. coli* 作为质粒供体有助于避免质粒被大多数链霉菌菌株中存在的限制性内切酶酶切系统破坏[56,57]。转移宏基因组文库时常使用三亲接合的方法，以免于对 DNA 进行纯化。需要注意的是，在三亲接合时选用的 *E. coli* 不能是基因组上整合有 *tra* 基因的菌株（如 *E. coli* S17-1）或携带有 *tra* 但没有 *oriT* 质粒的菌株（*E. coli* ET12567/pUZ8002）。而携带具有转移功能或类似 *oriT* 序列的质粒（如 pRK2013 或 pUB307）的菌株在三亲接合时效率最高。

8.3.1　实验材料

8.3.1.1　用碱裂解和乙酸钾沉淀法提取质粒 DNA

1. 2 mL 和 1.5 mL 离心管，> 15 000×*g* 离心机，37℃水浴，冰浴。
2. 携带目标质粒的 *S. lividans* 小体积培养物，培养时间为 2～4 天，采用 TSB、YEME 或噬菌体培养基。酵母提取物-麦芽提取物培养基（yeast extract-malt extract medium，YEME）：酵母提取物 3 g/L，细菌蛋白胨 5 g/L，麦芽提取物 3 g/L，葡萄糖 10 g/L，蔗糖 340 g/L，溶于 1 L 无菌水。高温高压灭菌后每升培养基加入 2 mL 的 2.5 mol/L $MgCl_2·6H_2O$ 溶液，终浓度为 5 mmol/L。TSB 和噬菌体培养基参见 8.2.1.1 节。
3. STE 缓冲液：75 mmol/L NaCl，25 mmol/L EDTA，20 mmol/L Tris-HCl（pH 8.0）。
4. 溶菌酶溶液：50 mg/mL，溶于 STE 缓冲液。RNase A 溶液：1 mg/mL。
5. SDS/NaOH 缓冲液：1% SDS，0.2 mol/L NaOH。新鲜配制。2 mL 1 mol/L NaOH、1 mL 10% SDS 和 7 mL 的无菌水混合。
6. 3 mol/L 乙酸钾，pH 4.8。60 mL 5 mol/L 乙酸钾、11.5 mL 冰醋酸和 28.5 mL 无菌水混合。
7. 异丙醇，70%乙醇，5 mol/L 乙酸钾，5 mol/L NaCl。
8. TE 缓冲液：1 mmol/L EDTA，10 mmol/L Tris-HCl（pH 8.0）。

8.3.1.2　用 QIAGEN Plasmid Midi 试剂盒从 *S. lividans* 中提取低拷贝数质粒 DNA

1. 50 mL 离心管，> 15 000×*g* 离心机，37℃水浴，冰浴，–20℃冰箱，显微镜载玻片，QIAGEN Plasmid Midi 试剂盒，QIAGEN-tip 100。
2. 50～100 mL 携带目标质粒的 *S. lividans*，培养时间为 2～4 天，采用 TSB、YEME 或噬菌体培养基。
3. 10.3%蔗糖溶液，高温高压灭菌。
4. 溶菌酶：称量 50 mg 溶菌酶，加到 50 mL 离心管中，用 10 mL P1 缓冲液溶解，置于冰上直到使用。
5. P1 缓冲液（重悬缓冲液）：50 mmol/L Tris-HCl（pH 8.0），10 mmol/L EDTA，RNase A 100 μg/mL（可选，QIAGEN 试剂盒里有提供）P2 缓冲液（裂解

缓冲液）：200 mmol/L NaOH，1% SDS（*V/V*）。P3 缓冲液（中和缓冲液）：3 mol/L 乙酸钾（pH 5.5）。QBT 缓冲液（平衡缓冲液）：750 mmol/L NaCl，50 mmol/L MOPS（pH 7.0），15%异丙醇（*V/V*），0.15% Triton X-100（*V/V*）。QC 缓冲液（清洗缓冲液）：1.0 mol/L NaCl，50 mmol/L MOPS（pH 7.0），15%异丙醇（*V/V*）。QF 缓冲液（洗脱缓冲液）：1.25 mol/L NaCl，50 mmol/L Tris-HCl（pH 8.5），15%异丙醇（*V/V*）。

6. 10 mg/mL RNase A 溶液，10% SDS 溶液，异丙醇，70%乙醇，TE 缓冲液（pH 8.0）。

8.3.1.3 用 Minprep 试剂盒和乙酸钾沉淀法提取总 DNA

1. 2 mL 和 1.5 mL 离心管，>（16 000～18 000）×*g* 离心机，37℃和 65℃水浴，冰浴。
2. STE25 缓冲液：75 mmol/L NaCl，25 mmol/L EDTA，25 mmol/L Tris-HCl（pH 8.0）。
3. RNase A 溶液，10 mg/mL。
4. 溶菌酶：称量 50 mg 溶菌酶，加到 50 mL 离心管中，用 10 mL STE25 缓冲液溶解，置于冰上直到使用。
5. 5 mol/L NaCl，10% SDS 溶液，5 mol/L 乙酸钾，异丙醇，70%乙醇。

8.3.1.4 基因组 DNA 脱盐

1. 50 mL 离心管，能放 50 mL 离心管的>5000×*g* 离心机，2 mL 离心管，37℃和 55℃水浴，冰浴，显微镜载玻片。
2. STE25 缓冲液：75 mmol/L NaCl，25 mmol/L EDTA，25 mmol/L Tris-HCl（pH 8.0）。
3. 蛋白酶 K 溶液：把 20 mg 蛋白酶 K 溶于 1 mL 缓冲液中，缓冲液包括 20 mmol/L Tris-HCl（pH 8.0）、3 mmol/L $CaCl_2$ 和 40%甘油。保存于–20℃。
4. 10% SDS 溶液，5 mol/L NaCl，氯仿，异丙醇，70%乙醇，TE 缓冲液。
5. 巴斯德吸管：把玻璃吸管的一端在火焰中烧一会，使其封闭，并呈弯钩状（图 8-5）。

图 8-5 密封的巴斯德吸管，用于从溶液中提取总 DNA

8.3.2 实验方法

8.3.2.1　提取质粒 DNA

有多种从链霉菌中提取质粒 DNA 的方法。不管哪种方法其提取效率都取决于载体所用的复制子、质粒大小及培养时间。基于 pIJ101 或 pSG5 的复制子构建的小型穿梭质粒可以很容易地用这里介绍的方法从 *S. lividans* 中提取出来。得到的质粒 DNA 可用于后续的操作，如 PCR、*E. coli* 转化或制作限制性内切酶酶切图谱，但不适合用来测序。如果要对低拷贝数的大片段载体进行测序，可以改用 QIAGEN 质粒 DNA 提取试剂盒进行提取。

用碱裂解和乙酸钾沉淀法提取质粒 DNA

1. 带有质粒的 *S. lividans* 培养 2～4 天，取 0.5～1 mL 培养物移至 2 mL 离心管，以 5000×*g* 离心 5 min 后收集菌体，弃上清液（见注释 22）。
2. 用 STE 缓冲液清洗细胞（见注释 23）。
3. 把细胞重悬于 180 μL STE 缓冲液中，加入 20 μL 溶菌酶，使终浓度为 5 mg/mL。加入 4 μL RNase A 溶液，使终浓度为 20 μg/mL。在 37℃孵育 30 min。
4. 加入 400 μL SDS/NaOH 缓冲液，来回颠倒离心管混匀（不要用力振荡）。在室温孵育 10～15 min。
5. 加入 300 μL 3 mol/L 乙酸钾（pH 4.8），来回颠倒离心管混匀。冰浴 10 min。
6. 以（16 000～18 000）×*g* 离心 10 min，把上清液转移到新的 1.5 mL 离心管中。
7. 加入 540 μL 异丙醇（室温），来回颠倒离心管混匀。以（16 000～18 000）×*g* 离心 10 min，弃上清液。
8. （此步骤可选）把管子再离心几秒钟，去除所有液体，在室温下自然干燥，然后溶于 500 μL TE 缓冲液中。加 30 μL 5 mol/L 乙酸钾（非缓冲液）、30 μL 5 mol/L NaCl 和 920 μL 乙醇。来回颠倒离心管混匀，以（16 000～18 000）×*g* 离心 10 min，弃上清液（见注释 24）。
9. 加入 700 μL 70%乙醇，以（16 000～18 000）×*g* 离心 5 min，弃上清液。再离心几秒钟，去除所有液体，在室温下自然干燥。
10. 把 DNA 溶于 30～50 μL TE 缓冲液中。

用 QIAGEN Plasmid Midi 试剂盒从 *S. lividans* 中提取低拷贝数质粒的 DNA

该方法适用于提取大片段的低拷贝数质粒或黏粒的 DNA，提取的总量和纯度可满足酶切或测序要求。

1. 用 50～100 mL TSB 培养基培养 *S. lividans*，然后用无菌的 50 mL 离心管在 4℃下以 5000×*g* 离心 10 min 后收集菌体。
2. 用 20～30 mL 10.3%蔗糖清洗沉淀，以 3000×*g* 离心 10 min，在–20℃冷冻。
3. 把细胞重悬于 8 mL P1 缓冲液中，其中溶菌酶浓度为 5 mg/mL。在 37℃孵育 30～60 min，每隔 15 min 颠倒离心管混匀溶液。取 10 μL 细胞与 1 μL 10% SDS 混合，在显微镜下观察，根据裂解程度决定是否终止反应。
4. 加入 8 mL P2 缓冲液，轻轻颠倒离心管 4～6 次，在室温孵育 5～15 min（见注释 25）。
5. 加入 8 mL 预冷的 P3 缓冲液，立刻轻轻颠倒离心管 4～6 次，在冰上孵育 30～60 min。
6. 在 4℃下以（15 000～20 000）×*g* 离心 30 min，小心地把含有 DNA 的上清液转移到新的离心管。
7. 以（15 000～20 000）×*g* 离心 10 min。
8. 在离心时，取 QIAGEN-tip 100，用 4 mL QBT 缓冲液进行配平，让液体依靠重力作用完全流过柱子（2 min）（见注释 26）。
9. 离心之后立刻把上清液转移到 QIAGEN-tip 100 中，让液体依靠重力作用流过树脂柱（5 min）（见注释 27）。
10. 每次用 10 mL QC 缓冲液洗柱子，共洗两次。
11. 用 5 mL QF 缓冲液洗脱 DNA（见注释 28）。
12. 把洗脱下来的同一个样本的 DNA 合并到一个离心管中，加入 7 mL 异丙醇（室温），颠倒离心管混匀。
13. 在 4℃下以 15 000×*g* 离心 30 min。
14. 用 1 mL 预冷的 70%乙醇清洗沉淀，共洗两次。以 15 000×*g* 离心 10 min，小心地弃去上清液。再离心几秒钟，去除所有液体。
15. 让沉淀自然干燥 5 min，然后用 50～100 μL TE 缓冲液溶解 DNA，4℃静置过夜。

8.3.2.2 提取 *S. lividans* 总 DNA

在有些情况下（如片段太大、拷贝数太低或者质粒已经整合到宿主染色体上）无法直接提取质粒 DNA，因此需要提取宿主的总 DNA 来得到目标片段。得到的复制型载体还可以再次转化到 *E. coli* 中，然后重新进行质粒提取和纯化。我们将介绍两种提取 *S. lividans* 总 DNA 的方法。

用乙酸钾沉淀法提取总 DNA

该方法能简单且快速地提取链霉菌的总 DNA。整个过程只需 2 h。提取物可能仍含有蛋白质和多糖，但质量足以进行酶切、DNA 杂交或 PCR 等后续实验。

1. 将 *S. lividans* 培养 2～3 天，取 1 mL 培养物放入 2 mL 离心管。以 5000×*g* 离心 1 min 后收集菌体，弃上清液。
2. 用 1 mL STE25 缓冲液清洗沉淀。
3. 把细胞重悬于 450 μL STE25 缓冲液中，其中 RNase A 终浓度为 20 μg/mL，溶菌酶终浓度为 5 mg/mL。在 37℃孵育 30～60 min，每隔 15 min 颠倒离心管混匀溶液。
4. 准备好 65℃的水浴锅。
5. 在裂解的细胞中加入 50 μL 5 mol/L NaCl，立刻颠倒离心管 2～3 次。
6. 加入 120 μL 10% SDS，立刻颠倒离心管 2～3 次。
7. 在 65℃孵育 15～20 min，溶液将变得清澈。
8. 停止水浴，取出离心管在室温下放置 2 min。加入 240 μL 预冷的 5 mol/L 乙酸钾（非缓冲液），颠倒离心管混匀，冰浴 30 min。
9. 在 4℃下以（16 000～18 000）×*g* 离心 15 min。小心地将含有 DNA 的上清液转移到新的 1.5 mL 离心管。
10. 加入 500 μL 异丙醇，颠倒离心管混匀。在室温放置 5 min，以（16 000～18 000）×*g* 离心 15 min，弃上清液。
11. 加入 700 μL 70%乙醇，以（16 000～18 000）×*g* 离心 5 min，弃上清液。再离心几秒钟，去除所有液体，在室温下让 DNA 沉淀自然干燥（不要过分干燥，不然 DNA 会不容易溶解）。
12. 用 50 μL TE 缓冲液溶解 DNA（见注释 29）。

8.3.2.3　高质量基因组 DNA 的提取

该方法需要更长的操作时间，但是可以得到能满足包括文库构建、测序、PCR 和酶切在内的任何后续操作要求的高质量基因组 DNA。

1. 将 *S. lividans* 培养 2～3 天，取 30 mL 培养物于 50 mL 离心管中，以 5000×*g* 离心 10 min，弃上清液。
2. 用 30 mL STE25 缓冲液清洗沉淀。将细胞重悬于 5 mL STE25 缓冲液中，其中 RNase A 终浓度为 20 μg/mL，溶菌酶终浓度为 5 mg/mL。在 37℃孵育 30～60 min，每隔 15 min 颠倒离心管混匀溶液。取 10 μL 细胞与 1 μL 10% SDS 混合，在显微镜下观察，根据裂解程度决定是否终止反应。
3. 加入 140 μL 蛋白酶 K 溶液，颠倒离心管几次使溶液混匀。加入 600 μL 10% SDS，再次轻轻混匀，在 55℃孵育 2 h，中间偶尔混匀一下。
4. 加入 2 mL 5 mol/L NaCl，颠倒离心管彻底混匀。
5. 加入 5 mL 氯仿，在室温下颠倒离心管持续 10 min（见注释 30）。在 20℃

以 3000×*g* 离心 5 min，把上层水相转移至新的 50 mL 离心管。

6. 重复步骤 5。
7. 把上层水相转移至新的 50 mL 离心管，加入 100 μL RNase A，在 37℃孵育 30 min。
8. 加入 5 mL 异丙醇，颠倒离心管混匀。此时将会看到呈白色丝状的 DNA，用封口的巴斯德吸管（一次性塑料移液管）把 DNA 卷起来，转移至已装有 1.5 mL 70%乙醇的 2 mL 离心管中。以 15 000×*g* 离心 3 min，用 2 mL 70%乙醇清洗沉淀一次，再次离心。DNA 沉淀自然干燥后溶于 1～2 mL TE 缓冲液中。

8.4 链霉菌中的基因表达调控元件

在 *S. lividans* 中表达链霉菌属其他物种来源的基因时通常可以使用基因自带的启动子。但对于其他来源的基因，则需要提供转录和翻译控制元件以确保基因正确表达。表 8-3 列出了在链霉菌中常用的一些启动子和它们的特点。

表 8-3 表达载体中使用的链霉菌启动子

启动子	描述	参考文献
ermEp	来自红霉素抗性基因的强组成型启动子，在 *S. erythreae* 中部分诱导	[58]
*ermEp**	经修饰活性增加的 *ermEp*。强效的，组成型	[59]
actIp	*S. coelicolor* 的主要放线菌素生物合成操纵子的启动子。强效的，暂时控制的。*actIp* 的活性需要 actII-ORF4 基因产物	[60]
vsi	*S. venezuelae* CBS762.70 高度分泌的枯草杆菌蛋白酶抑制剂（VSI）的启动子。强效的，组成型	[61]
hrdBp	来自 *S. coelicolor* 的 RNA 聚合酶主要 σ 因子基因的启动子。强效的，组成型	[62]
*kasOp**	来自 *S. coelicolor* coelimycin P1 基因簇的 *cpkO*（*kasO*）基因修饰过的启动子。强效的，组成型。表现比 *ermEp**和 *SF14p* 更活跃	[63]
A1p-D4p	具有被 HrdB sigma 聚合酶识别的−10 和−35 区共有序列的合成启动子文库。可提供不同强度的组成型启动子。最强变异体活性不超过 *ermEp**	[64]
P21p	具有 *ermEp1* 的−10 和−35 区共有序列的合成启动子文库。可提供不同强度的组成型启动子。最强变异体 P21 的活性超过 *ermEp**的活性 1.6 倍	[65]
tipAp	来自 *S. coelicolor* 的强效的硫链丝菌素诱导型启动子。诱导范围可达 200 倍。需要 TipA 蛋白活化。渗漏的	[66]
tcp830p	结合 *ermEp1* 序列和来自 *E. coli* Tn5 的 *tet* 操纵子的强效的四环素诱导型启动子。在有 *tcp830p* 的情况下，诱导范围高达 270 倍。需要 TipA 蛋白活化。渗漏的	[67]
T7p	改造自 *E. coli* 的 T7p/T7 RNA 聚合酶系统。强效的，硫链丝菌素诱导型。诱导范围大，适用于长 DNA 片段的转录。严格控制的，不渗漏的。需要菌株构建	[68]
nitAp	来自紫红红球菌（*Rhodococcus rhodochrous*）的腈水解酶基因启动子。强效的，可被 ε-己内酰胺诱导。需要抑制基因 *nitR*。严格控制的和表达水平严格取决于诱导剂浓度	[69]

续表

启动子	描述	参考文献
P21pCymO	强诱导型启动子系统。诱导剂为 Cumate。严格控制的和表达水平严格取决于诱导剂浓度	[70]
P21RolO	强诱导型启动子系统。诱导剂为间苯二酚。严格控制的和表达水平严格取决于诱导剂浓度	[70]
gylP	来自 *S. coelicolor* 的甘油诱导型启动子。需要 *gylR* 调节剂活化	[71]
TREp	来自 *S. nigrifaciens* 质粒 pSN22 的温度诱导型启动子。需要 *traR* 基因活化。在 37℃温度下诱导	[72]

S. erythreae 中红霉素抗性基因的启动子是研究和应用得最多的一种启动子[58]。*ermEp* 区域原本包含两个启动子——*ermEp1* 和 *ermEp2*[59]。在 *ermEp1* 的–35 区删除 TGG 可以进一步提高启动效率，这个优化后的启动子被命名为 *ermEp**，应用非常广泛，包括用来构建表达载体。

由于很多看家基因如核糖体 RNA 基因、RNA 合成酶基因等通常是高水平表达的，因此使用宿主菌株看家基因的启动子能增强外源基因在链霉菌中的表达。有一系列看家基因的启动子能在 *S. albus* 和 *S. lividans* 中发挥作用，为构建表达载体提供了很多选择[73,74]。但是这些启动子的活性会受到生长条件及其他内部、外部因素的影响而发生变化。除了上述天然启动子之外，我们也可以使用合成启动子，后者的活性对宿主因素的依赖性更低。研究者已经发表了多种用于链霉菌的合成启动子[63,75]。Virolle 等通过在主要的 σ 因子 HrdB 的识别位点——–10 到–35 间隔区序列引入随机突变，设计出了 38 种具有不同活性的合成启动子[64,65]。我们实验室也采用类似的方法制备了基于 *ermEp1* 的一套共 56 个合成启动子。与原本的 *ermEp1* 相比，这套合成启动子的相对活性介于 2%～319%。上述两套启动子的一大优点是序列很短，最长也就 45 bp，因此可以将拟使用的启动子序列插入到目的基因的扩增引物中。

有几种诱导型启动子系统也被用于链霉菌的遗传操作。启动子 *tipAp* 在硫链丝菌素的诱导下会增强 *tipA* 基因的转录[76]。这是一个强启动子，在培养基中存在硫链丝菌素时可以使基因表达量提高最多 200 倍[66,77]。但该启动子也有几个缺点，首先必须要有抗性基因来保护宿主细胞，其次 *tipAp* 由于自身的调节特征无法被完全抑制[78]。尽管如此，*tipAp* 仍然是链霉菌中应用最多的可诱导启动子系统。

还有另外几种可诱导启动子可用于控制链霉菌中的基因表达。例如，基于 *ermEp1* 和 *E. coli* 转座子 Tn*10* 的 *tetO1*/*O2* TetR 操纵子改造得到的一系列合成启动子[67]。类似的，另一种基于 *E. coli* T7 聚合酶的表达系统经过调适后也被用在链霉菌中[68]。然而这套系统需要自行构建，且目前只能用于 *S. lividans*。来源于紫红红球菌（*Rhodococcus rhodochrous*）腈水解酶基因的启动子 *nitAp* 和相应的调节因子

NitR 也被调适并用于调控链霉菌中的基因表达[69]。由 *nitAp* 启动的基因表达受 ε-己内酰胺的诱导，其效果高度依赖所用的诱导物剂量。基于 *nitAp*/NitR 构建的载体常被用于在 *S. lividans* 中生产蛋白质。此外，还有来源于恶臭假单孢菌（*Pseudomonas putida*）和谷氨酸棒状杆菌（*Corynebacterium glutamicum*）的类似的启动子系统[70]，它们分别基于依赖二甲氨基二硫代甲酸铜（cumate）和间苯二酚的转录抑制子 CymR 与 RolR 及其操纵子序列进行设计。起诱导作用的化合物没有毒性且相对便宜，而且它们都是水溶性的，很容易进入细胞。这两个启动子系统的效果也受到诱导物浓度的影响，因此可以通过改变诱导物浓度来达到预期的效果。但并非任何基因都能成功被克隆到这类带有诱导型表达系统的载体上。

总而言之，现在已经有很多带有不同表达强度启动子的载体可以用于链霉菌中外源基因的表达。如果需要很强的组成型表达，那么优先选择主要的看家基因或高表达的次级代谢产物合成基因的启动子。如果需要表达可诱导的或可控的基因，则可以选择其他天然或合成的启动子系统。

转录是否正确终止会影响基因表达的稳定性。在克隆载体中，需要用终止子确保目的基因的表达只受到相应启动子的调控，防止其受到载体上其他元件启动子的调控。有几种不依赖 *rho* 的终止子被用在链霉菌中。把 *S. fradiae* 的 *aph* 基因终止子克隆到人干扰素基因的下游可以显著地提升该蛋白质在 *S. lividans* 中的合成，这可能是因为加入终止子能防止产生很长的不稳定转录产物[79]。这个终止子的效率大概是 90%。大部分在链霉菌中使用的终止子来源于 *E. coli* 噬菌体 fd（t_{fd}）[80]和 λ（t_0）[81]。

8.4.1 实验材料

8.4.1.1 克隆目的基因并将其置于选用的合成启动子控制下

1. 按照 8.4.2.1 节所述方法设计的引物。
2. Phusion®高保真 DNA 聚合酶或其他有校对活性的热稳定 DNA 合成酶。
3. 拟使用的克隆载体和合适的限制性内切酶。

8.4.1.2 在大片段克隆中插入启动子元件

扩增激活元件

1. 按 8.4.2.2 节所述方法设计的引物。
2. 携带拟采用启动子的质粒（*hyg*：强启动子 KP234256；温和启动子 KP234259；弱启动子 KP234261。*aadA*：强启动子 KP234258；温和启动子 KP234260。*aac(3)IV*：强启动子 KP234257）。

3. Phusion、*Taq* 或其他热稳定 DNA 合成酶。限制性内切酶 *Bam*H Ⅰ和 *Hin*dⅢ。PCR 仪。
4. 凝胶电泳系统，TAE 缓冲液，胶回收试剂盒（QIAquick 胶回收试剂盒或其他同类试剂盒）。

重组

1. 需要改造的 *E. coli* BW25113/pIJ790、黏粒或 BAC。通过之前的步骤得到的 PCR 产物。
2. 电转仪，0.2 cm 电转杯，台式离心机，温控摇床（37℃），培养箱（37℃），冰浴，15 mL 培养管，1.5 mL 和 2 mL 灭菌离心管。
3. LB 液体培养基，LB 平板，氯霉素和用于筛选的抗生素（潮霉素、安普霉素或壮观霉素），无菌去离子水，无菌的 10%甘油，过滤灭菌的 10%阿拉伯糖溶液。
4. 用于 PCR 验证的引物，*Taq* DNA 酶，PCR 仪。

移除标记基因

1. 携带具有 φC31 整合酶基因的 pUWLint31 质粒的 *E. coli* ET12567（pUB307 或 pUZ8002）菌株[82]。
2. TSB 液体培养基，MS 平板，LB 平板，硫链丝菌素，用于筛选的抗生素。
3. 用于验证的引物，*Taq* DNA 酶，PCR 仪。

8.4.2 实验方法

8.4.2.1 克隆目的基因并将其置于选用的合成启动子控制下

我们将介绍把目的基因克隆到 *S. lividans* 中进行表达的实验步骤。很多载体自带启动子，但它们克隆位点附近的限制性酶切位点非常有限。大部分链霉菌表达载体包含启动子系统 *ermEp* 或 *tipAp*，可以满足大部分研究需求。如果有对基因表达进行特定调节的需要，或拟采用的载体不包含合适的启动子，也可以把所需的启动子通过 PCR 引入载体。数据库中有不同表达强度的启动子可供挑选[65]。以下是把目的基因克隆到 pSOK101 载体中，并将其置于合成启动子控制下的具体过程，该方法也适用于构建其他链霉菌载体。

1. 引物设计。用于克隆目的基因的正向引物：TATGGATCCTGTGCG**GGCT**CTAACACGTCCTAGTATGG**TAGGAT**GAGCAA（NNNNNN**AAAGGAGG**NNNNN）**A/CTG***NNNNNNNNNNNNNNNNNNNN*GGACTT-*Bam*H Ⅰ限制性酶切位点。

P21 启动子序列为下划线部分，其中−10 和−35 区用粗体表示。

如果有需要，核糖体结合位点（RBS）也可以包括在引物中。如果目的基因自带 RBS，引物中就不需要额外的 RBS。

斜体的 *N* 表示和目的基因互补配对的引物序列。

2. 反向引物要包含 *Eco*R Ⅰ或 *Kpn* Ⅰ限制性酶切位点。如果有需要，可以像在正向引物中加入启动子序列那样把终止子的序列加入到反向引物中。

   t_{fd} TTAAAGGCTCCTTTTGGAGCCTTTTTTTT

3. 按标准流程进行 PCR 和克隆（见注释 31）。

8.4.2.2 在大片段克隆中插入启动子元件

如果文库是用黏粒或 BAC 载体构建的，可以用与上述不同的方法来调整目标基因或目标操纵子的表达调控。在这种情况下，启动子可以和抗性基因组成一个元件，再用 Red/ET 重组技术引入载体（Myronovskyi 博士提供，未发表）。研究者已经用不同表达强度的启动子构建了多种此类元件，如 *aac*(*3*)*Ⅳ*、*hyg* 或 *aadA*（图 8-6）（NCBI 序列编号：KP234256、KP234259、KP234261、KP234258、KP234260 和 KP234257）。抗性基因的两侧是修改过的 φC31 整合酶识别位点，让我们可以简单地在 *S. lividans* 中从元件里移除抗性标记[82]。

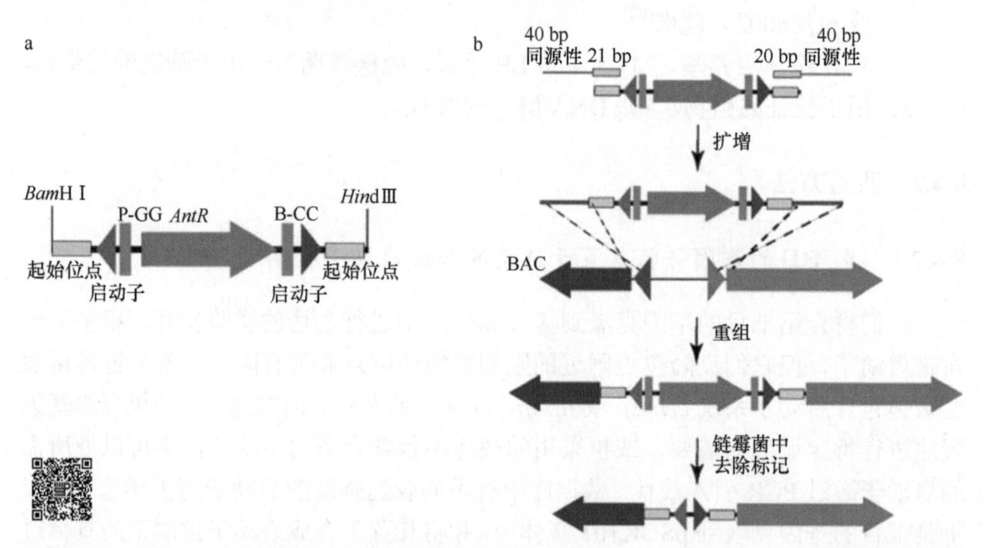

图 8-6 （a）操纵子元件的结构。*AntR* 为抗生素抗性基因；P-GG 和 B-CC 为用于移除抗生素抗性标记的重组位点[82]。（b）操纵子置换和抗生素抗性基因移除的示意图。BAC 为细菌人工染色体（彩图请扫二维码）

扩增

1. 设计引物。正向引物：NNNNNNNNNNNNNNNNNNNNNNNNNNNNNNNNNNNNN

NNNNNNNNNGTCGACCCTCTAGGGTACCCT。

反向引物：NNNNNNNNNNNNNNNNNNNNNNNNNNNNNNNNNNNNNNNNNNGTGTAGGCTGGAGCTGCTTC。

N——40 bp 的 N 对应插入的启动子元件两侧的序列（图 8-6b），建议替换掉原有的启动子。

2. 取 5～10 μg 质粒，用限制性内切酶 *Bam*H Ⅰ 和 *Hin*dⅢ在 37℃消化 1 h。用酶切后的产物跑胶，回收 1.3 kb 的片段（即启动子加 *hyg* 抗性标记基因组成的元件）。
3. 用步骤 1 的引物进行扩增。如果用 *Taq* 酶，那么退火温度设置为 52℃，如果用 Phusion 酶，那么退火温度设置为 62℃。
4. 用胶回收法纯化 PCR 产物。最后用 10～20 μL 无菌水洗脱 DNA，使浓度为 100～200 ng/μL。

重组

1. Red/ET 重组。把需要改造的黏粒或 BAC 克隆转化到 *E. coli* BW25113/pIJ790 中。然后涂在 LB 平板上，30℃过夜培养。培养基中加入 30 μg/mL 的氯霉素（用来筛选 pIJ790）和用来筛选载体的抗生素（见注释 32）。
2. 挑选一个阳性克隆，接种到 15 mL 培养管，管中有 1 mL 新鲜、已加入 30 μg/mL 氯霉素的 LB 培养基。在 30℃培养直至 OD_{600} 值达到 0.2，需要 2～3 h。
3. 加入 30 μL 无菌的 10%阿拉伯糖溶液，诱导重组酶的表达。在 30℃培养直至 OD_{600} 值达到 0.4～0.5，大约需要 2 h。
4. 把培养物转移到 1.5 mL 离心管中，以 10 000×*g* 离心 30 s。
5. 用 1 mL 无菌水清洗沉淀，共重复三次。
6. 用 1 mL 的 10%甘油清洗沉淀。最后把沉淀重悬于残留的甘油中。
7. 把 50 μL 细胞悬液和 100 ng（1～2 μL）PCR 产物混合，用 0.2 cm 在冰浴中预冷的比色皿进行电转化。参数：200 Ω，25 μF，2.5 kV。之后立刻加入 1 mL 预冷的 LB 培养基，在 37℃摇床上培养 1 h。
8. 把细胞涂在含有合适抗生素的选择性 LB 平板上，37℃过夜培养。
9. 用菌落 PCR 或酶切图谱验证重组是否成功（见注释 33）。

移除标记基因

如果启动子元件使用的抗性标记需用于后续的其他筛选，可以通过表达 *S. lividans* 重组体上的 φC31 整合酶来移除元件中的标记基因。如果载体是基于 φC31 整合酶系统设计的，接合的同时也会移除元件上的标记基因（效率是 50%～95%）。

1. 把 pUWLint 和携带构建完成、需要移除标记基因的黏粒或 BAC 克隆的菌株进行接合。在含硫链丝菌素的培养基上筛选接合细胞。
2. 挑选一个单克隆在含硫链丝菌素（30 μg/mL）的 MS 培养基上培养。4～5 天后收集孢子，制备孢子悬液。
3. 用 TBS 制备梯度稀释的孢子悬液，涂在没有抗生素的 MS 平板上。
4. 挑选 20 个单克隆，分别在两种 LB 平板上进行筛选，一种含有启动子元件上标记基因对应的抗生素，另一种含有用于载体选择的抗生素。选择能在第二种平板上生长但不能在第一种平板上生长的克隆。
5. 用与验证启动子元件正确插入时相同的引物验证抗性基因是否已被成功移除。

8.5 采用基于 pAMR4 系统的同源重组技术将由选用的启动子控制的目的基因整合到变铅青链霉菌染色体上

以下部分我们将介绍采用基于 pAMR4 系统的同源重组技术将由选用的启动子控制的目的基因整合到 *S. lividans* 染色体上的实验方法，实验策略见图 8-7。

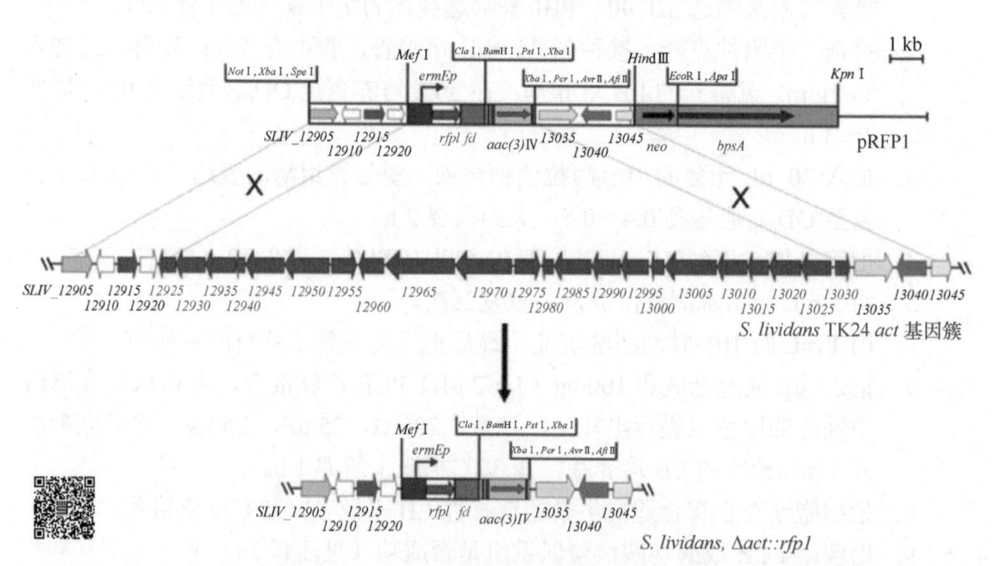

图 8-7 利用 pRFP1 质粒在 *S. lividans* TK24 中将 *act* 基因簇替换为由 *ermEp* 启动子控制的红色荧光蛋白合成基因 *rfp1*。这个质粒包括 pAMR4 中克隆的 *act* 基因簇上游和下游的 3kb 区域，以及 *ermEp* 启动子控制下的 *rfp1* 基因和 fd 终止子。粗箭头表示基因的方向和大小；转角箭头表示 *ermEp* 启动子的位置。基因标记参考 *S. lividans* TK24 的基因组测序结果（GenBank 记录编号 CP009124）（彩图请扫二维码）

8.5.1　实验材料

1. 按 8.5.2.1 节所述实验方法设计的引物。
2. *Pfu* DNA 聚合酶或其他有校对活性的 DNA 聚合酶。
3. pAMR4 质粒，合适的限制性内切酶，T4 连接酶。
4. *E. coli* 感受态细胞，如 *E. coli* DH5α。
5. 凝胶电泳系统，TAE 缓冲液[83]，胶回收试剂盒（如 QIAquick 胶回收试剂盒）。
6. LB 平板[83]，含 50 mg/mL 安普霉素。
7. MS 平板[15]，Bennet 平板[13]（含 50 μg/mL 安普霉素或卡那霉素）。

8.5.2　实验方法

1. 使用 *S. lividans* TK24 染色体 DNA 作为模板，用一对 24 bp 的引物通过 PCR 扩增 *S. lividans* TK24 中放线紫红素合成基因簇的上游 3 kb 区域（含有基因 *SLIV_12905* 至 *SLIV_12920*，图 8-7），并按图示方向在产物外侧分别加入 *Spe*III和 *Mfe* I 限制性酶切位点（5′-CCCCCACTAGT 和 5′-CCCCCAATTG）。扩增时优先选用 *Pfu* DNA 聚合酶。
2. 用酚/氯仿和氯仿抽提产物，加入 5 μg 糖原（Roche 公司），用乙醇沉淀 DNA 后重新溶于水，用 *Spe* I 和 *Mfe* I 进行消化。产物进行凝胶电泳后用试剂盒回收。按照标准流程把该片段克隆到用 *Spe* I 和 *Mfe* I 处理过的 pAMR4 质粒上[83]。
3. 用同样的方法扩增 *S. lividans* TK24 中放线紫红素合成基因簇的下游区域（含有基因 *SLIV_13035* 至 *SLIV_13045*，图 8-7）并克隆到步骤 2 得到的重组载体上，这次将片段按图示方向插入 *Afl*I I 和 *Hind*III限制性酶切位点之间。
4. 把目的基因或基因簇克隆到步骤 3 得到的重组载体的 *Mfe* I 和 *Cla* I 限制性酶切位点之间，得到最终的 pRFP1 重组质粒。在示例中，插入的目的基因包括启动子 *ermEp*、基因 *rfp1* 和强终止子 fd（图 8-7）。
5. 按本章前面部分描述的方法，通过接合把质粒转化到 *S. lividans* TK24 中，用安普霉素作为选择标记。
6. 从一个蓝色克隆收取孢子，加到 100 μL 无菌水中，铺在 Bennet 平板上，在 28℃培养 7 天，最终完全形成灰色的孢子。
7. 重复非选择性的孢子形成过程。
8. 准备不同稀释倍数的孢子悬液，分别涂在 Bennet 平板上，在 28℃培养 7

天，形成孢子。

9. 挑选几个白色克隆，按前述方法制备孢子储存液。
10. 用含有卡那霉素的 Bennet 平板测试卡那霉素敏感性。
11. 通过 DNA 印迹（Southern blotting）或 PCR（见参考文献[83]）验证实验结果。

8.6 重组变铅青链霉菌的发酵

在成功构建携带目的外源基因或基因簇的 *S. lividans* 重组体之后，培养条件需要针对生物反应器进行优化以实现扩大培养。进行扩大培养时培养基需要得到优化，这样才能提高培养物中的生物量和产物产量。因为产物产量与培养物中的生物量通常成正比，我们需要培养得到足够高的生物量。但细胞的生长繁殖和产物生成并不一定是同步的。D'Huys 等发现指数期和平台期的蛋白质产量（在该研究中是 mTNF-α）差别很大——最大值出现在平台期[84]。这样的结果并不奇怪，因为活跃的生物量增长会与特定产物的合成反应竞争基本组分（如氨基酸）、能量（ATP、GTP）和还原剂（NADPH）。然而当生产蛋白质产物时，蛋白酶活性也会在平台期（通常是 pH 开始上升时）开始出现[11]。因此达到最高产物产量所需的发酵时间也需要加以确定。

本节介绍了一种用桌面型生物反应器进行发酵优化和扩大生产的基本操作流程。大部分筛选实验基于摇瓶培养，非常耗时耗力，但生物反应器在流程控制上有巨大优势。一方面可以将溶氧、pH 和温度等培养参数稳定地保持在最优值，另一方面培养模式有批次发酵、分批补料或连续发酵等多种选择。在分批补料的模式下，可控的底物补充在某些情况下能提高生物量和增加外源基因产物的分泌，并减少溢出代谢导致的副产物产生[85,86]。我们也会讨论如何优化运行参数（如搅拌速度、通气量等）和对培养基的要求（如组成成分、C/N 等）。

8.6.1 实验材料

8.6.1.1 *发酵培养基*

通用培养基和用于接种的培养基参见 8.2.1 节。以下是两种用于发酵的培养基。

1. 基本培养基（MM，基于参考文献[87]调整而来）。每升培养基包含 1.8 g NaH_2PO_4（Sigma—S0751），2.6 g K_2HPO_4（Chem-Lab—CL00.1156），0.6 g $MgSO_4 \cdot 7H_2O$（Chem-Lab—CL00.1324），3 g $(NH_4)_2SO_4$（Chem-Lab—CL00.0148），10 g 蔗糖（Fisher—G/0500/60），25 mL 微量元素溶液（见注释 34）。

2. 微量元素溶液（40×浓度）：在 1 L 去离子水中溶解 40 mg $ZnSO_4 \cdot 7H_2O$（Chem-Lab—CL00.2629），40 mg $FeSO_4 \cdot 7H_2O$（Fluka—44970），40 mg $MnCl_2 \cdot 4H_2O$（Acros—205895000），40 mg $CaCl_2$（Sigma—21074）。用 0.2 μm 的膜过滤除菌，在 4℃避光保存（见注释 35）。
3. 优化的基础培养基（NMMP）。在基础培养基中加入 5 g/L 酪蛋白氨基酸（Bacto DB）（见注释 36）。

8.6.1.2　生物反应器

1. 任何可用于微生物发酵的商业化生物反应器。Rushton 涡轮适用于链霉菌的发酵。
2. 1 mol/L KOH 和 1 mol/L H_2SO_4，用于调节 pH。用合适的试剂瓶灭菌上述试剂和一些试管（见注释 37）。
3. 消泡剂，如 Antifoam Y-30（Sigma 公司，A5758）。灭菌后取适量加入发酵培养基（见注释 38）。

8.6.2　实验方法

8.6.2.1　接种准备

流程标准化对提高 *S. lividans* 生理和发酵研究的可重复性很重要，这种标准化应从合适的接种准备开始。预培养可使用以下任意菌种：①用 20%甘油冻存在–80℃的用富营养培养基（如噬菌体培养基）培养得到的菌丝体；②用 20%甘油冻存在–80℃的孢子悬液（参见 8.2.2.2 节），③在 MS 平板上培养成熟（通常需要 3 周以上，直至覆盖了大量带有灰色孢子的气生菌丝）的菌体。预培养通常要传代两次以上，以避免保种带来的负面影响。在接种到生物反应器之前，培养的细胞要先用生理盐水清洗，去除原有的培养基，然后重悬于新鲜的发酵培养基中。

基本的预培养方法如下。

1. 用接种环从 MS 平板上刮取菌丝和孢子，转移到装有 5 mL 噬菌体培养基的试管中，重复刮取 3 次。
2. 把试管置于摇床上，在 27～30℃培养 48～60 h，转速为 250～300 r/min。
3. 收集菌体后用细胞匀浆器进行匀浆。
4. 把 1 mL 匀浆后的细胞转移至装有 50 mL 噬菌体培养基的 250 mL 锥形瓶中（见注释 39）。
5. 把锥形瓶置于摇床上，在 30℃培养 24～48 h，转速为 250～300 r/min。
6. 将培养液转移至离心管中。
7. 以（3200～4000）× *g* 离心 10 min，小心弃去上清液，有必要的话用枪头把液体吸走，使沉淀保持完整。

8. 把沉淀重悬于几毫升 0.9%（*m*/*V*）的生理盐水中，漩涡振荡，重复步骤 7。
9. 把沉淀重悬于几毫升新鲜的发酵培养基中。
10. 接种到生物反应器（见注释 14）。

8.6.2.2 培养基的选择

深入的机制研究（如代谢流分析）应该选用只含有碳源和氮源的基础培养基，如 MM 培养基。富营养的培养基，如 NMMP 培养基则更适用于研究基因表达。

用于生产的培养基非常多样化且通常是非标准的复杂培养基（如 NMMP、TSB 和 NB 培养基）。氨基酸通常由蛋白质水解的产物提供，如酪蛋白氨基酸通常来源于加入的酪蛋白的水解产物或链霉菌产生的蛋白酶对其他蛋白质产物的降解。在链霉菌发酵培养基中，大豆粉是最常用的蛋白质来源。用于制药的发酵必须使用优化了的氨基酸组分构成的标准培养基[88]。在培养基中添加次级代谢产物的前体通常也能增加终产物的产量[89]。NMMP 一种是可用于链霉菌 *S. lividans* TK24 表达的外源基因的初始筛选的简单培养基。

8.6.2.3 小规模批次发酵

以下内容是在一个标准的 5 L 桌面型生物反应器中进行批次发酵的操作过程。

1. 在反应器中加入培养基，灭菌（见注释 36 和 40）。
2. 根据需要加入适量的微量元素溶液。
3. 设置运行参数（见注释 41）。
   （a）温度：30℃。
   （b）pH：6.8（用灭过菌的 1 mol/L KOH 和 1 mol/L H_2SO_4 来调节）。
   （c）搅拌速度：400 r/min（见注释 42）。
   （d）通气：2 L/min 压缩空气（见注释 43）。
   （e）控制溶氧（见注释 44）。
4. 加入 500 μL/L 的 Y-30 消泡剂（见注释 45）。
5. 把适量准备好的菌种接种到反应器中（见注释 46）。

S. lividans 的野生型菌株通常需要发酵 48～72 h。发酵时间取决于指数期细胞倍增的时间、培养基中的营养成分，以及外源基因表达带来的代谢压力。由于外泌通常发生在平台期的早期，因此会维持适合这个时期的培养条件一段时间。由于蛋白酶随后会开始降解外泌的蛋白质，需要合理设置发酵的终止时间。

8.6.2.4 生物量测定

对产物进行定量，以及对生物反应器中的生长动力学进行评估，都需要测定发酵物的生物质浓度或总量。以下是常用的测量生物质干重的方法。

1. 把滤膜（0.22 μm，PES，Ø45 mm）在 105℃干燥并称重。
2. 把滤膜置于真空抽滤系统，开启真空泵。
3. 用枪头吸取 5 mL 充分混匀的培养物，加在滤膜上（见注释 47）。
4. 用去离子水清洗滤膜上的菌体（见注释 48）。
5. 把带有菌体的滤膜在 105℃烘箱里烘干，过夜（12～24 h），直到重量恒定。
6. 再次称重，然后计算出反应器中每升培养物的干重，单位是 g_{DW}/L。

产物的测定需要根据其类型选择特定的方法，如 ELISA、酶活测定、色谱、质谱等。近几年的生理学研究开始采用基于色谱技术的代谢组学分析。在一些文章中可以找到分析内外代谢组的方法[84,90]。

8.6.2.5　发酵规模放大

对培养基和发酵条件进行优化可以从实验室规模的 1～10 L 生物反应器开始。对于高附加值的药物生产，最终发酵规模将会放大到 5000～10 000 L，在工业酶的生产中甚至可达 100 000 L。在规模逐步放大的过程中，需要预先考虑和评估各种生物、化学和物理因素对发酵体系的影响[91]。

在大规模生产中，微生物的繁殖代数（细胞分裂次数）远远高于在小型生物反应器中，一般需要通过逐级放大得到一定数量和浓度的菌种，再接种到大型发酵罐中。重组菌必须非常稳定，在逐级放大及生产过程中其携带外源基因的质粒不能丢失。在大型发酵罐中无法做到充分均匀混合，因此局部的底物浓度会影响产物的生成并决定其总产量。加强搅拌可以使混合更均匀，但过度搅拌产生的剪切力会损伤细胞甚至使细胞裂解。更强的搅拌会使泡沫问题更严重，尤其是在富营养培养基中发酵丝状的微生物时。因此必须采用适当的强度进行搅拌。此外，氧气在水相中的扩散非常缓慢，在大规模有氧发酵过程中这一点特别重要。在链霉菌的发酵中，要获得理想的产物产量必须维持一定水平的溶氧。

几何、物理和一些运行参数之间的经验关系，如搅拌速度、罐体直径、叶轮类型、黏性及混合和传质效率的经验关系，在其他发酵指南类的书籍中有详细的介绍和讨论[86,92,93]，在发酵规模放大时可以参考这些资料。对于大型的发酵罐来说，罐体的直径和叶轮数量决定了很多其他的参数。尽管可以使用大型计算机来对传质和代谢活性进行建模，但更常用的是经验法则。发酵规模的放大可以基于几何相似性，如恒定的叶轮尖端速度、恒定的单位体积的气体功率或恒定的混合时间。对于丝状的微生物，建议保持恒定的叶轮叶尖端速度。而对于单细胞游离生长的微生物，则建议保持恒定的溶氧[94]。

8.7 注　释

1. 在灭菌之前加入 $CaCl_2 \cdot 2H_2O$ 和 $CuSO_4$ 会导致灭菌后出现沉淀。
2. 如果使用对盐敏感的抗生素，如卡那霉素和安普霉素，Ca^{2+}和 Cu^{2+}会影响抗生素的效果。因此，有时候希望在培养基中把这些成分去掉，这是可以的，但会使 *S. lividans* 的生长变得缓慢。
3. 由于 *S. lividans* 或其他链霉菌在培养时会形成颗粒，因此需要用细胞匀浆器（也称组织研磨器）将菌体进行匀浆，使细胞均匀分散。
4. TSB 是常规的富营养培养基。也可以使用其他富营养培养基来培养链霉菌[15]。
5. 注射器中的脱脂棉是用来过滤的，使孢子和菌丝体分开。
6. *E. coli* S17-1 是甲基化正常的菌株，可以用于与 *S. lividans* 接合并把外源 DNA 转入受体。但对于其他链霉菌菌株，可能需要使用甲基化缺陷型的菌株 ET12567。
7. 从超市购买的便宜大豆粉与专门用来配制培养基的昂贵大豆粉效果是差不多的。
8. 对于 *S. lividans*，培养基中甘氨酸的终浓度是 0.8%。而对于其他链霉菌，所需的甘氨酸终浓度介于 0.5%～1%。
9. 用从不同供应商购买的 PEG6000 来进行原生质体转化的效果差别很大。
10. 孢子悬液（约 10^6 个孢子）或甘油保存的菌株（50～100 μL）都能直接接种到 5 mL 的噬菌体培养基中进行培养。如果后续不需要平板上的单菌落，那么这样直接培养是更符合逻辑的做法，因为可以跳过在平板上培养的 2～3 天。
11. 这一培养物也可以用来做筛选实验，如酶活测定。但需要注意的是，噬菌体培养基主要是用来让微生物快速生长，而其他的培养基如 TSB 则更适合让微生物产生次级代谢产物或酶。
12. 一般来说，*S. lividans* 长成颗粒状并不影响后续的实验。在锥形瓶中加入一些硬物可以减少培养过程中颗粒的形成。例如，不锈钢弹簧，规格为 30 cm 长，直径 1.3 cm，19sw gauge。也可以用直径 2 mm 的玻璃珠。如果这些还不能明显减少颗粒，也可以加入 34%的蔗糖，*S. lividans* 是不能利用蔗糖的。此外，在一些其他含有 PEG 或 Junlon 的培养基中，菌更倾向于呈现分散的生长状态而不是聚集的颗粒状态[15]。
13. 培养至能看到灰黑色的链霉菌孢子。如果看起来是浅灰色的，那说明仍然处于菌丝生长阶段，此时收获无法获得足够多的孢子。

14. 如果这一步是从甘油保存的菌种开始，可以先在 3 mL 含有抗生素的 LB 培养基中培养 5～6 h，稀释后再接种到培养基进行过夜培养。
15. 把 MS 平板放在通风橱里干燥 1 h，这样有助于吸收下一步加入的 1 mL 溶液。
16. 安普霉素和卡那霉素是最常用的选择抗生素，每个平板需要加 1 mg。如果用硫链丝菌素，每个平板加 750 μg。若使用安普霉素，请先加萘啶酸再加安普霉素。
17. 可以通过涂布轻轻地将溶液分散到平板上，也可以用手转动平板使溶液分散。
18. 用溶菌酶处理得到原生质体，不同的菌株需要的时间差别很大。对于 *S. lividans*，15～20 min 就足够了，但是对其他菌，如 *S. coelicolor*，需要的处理时间可长达 60 min。另外需要注意的是，*S. lividans* 即使用溶菌酶处理更长的时间（1 h 以内）其细胞也不会溶解，但是其他菌就不一定了。
19. 在显微镜下观察到的菌丝团中的球体就是 *S. lividans* 的原生质体。如果看到的原生质体还不够多，那么继续孵育，直到在显微镜下能看到原生质体已经占据视野的绝大部分。
20. 融化原生质体最好的方法是 40～45℃的水浴，或者是把管子放在流动的温水里轻轻振荡。
21. 连接后的产物，一般会平均分成 4 份，每份 150 μL，涂到 4 块平板上。如果转化用的是纯 DNA，可以先稀释 10 倍再涂平板。
22. 培养时在锥形瓶中加入玻璃珠(直径 5～10 mm，每个 50 mL 的瓶子用 10～20 粒）或首尾相连成环状的不锈钢弹簧，这样可以使菌体分散生长，有利于后续的裂解。液体培养基所需的抗生素浓度比固体培养基要低一半甚至更多，安普霉素浓度为 20μg/mL，硫链丝菌素浓度为 10 μg/mL。培养完成后，在每个离心管中加入 0.2～0.3 g 湿重的菌体。如果菌体太多，会使裂解产物很黏，不利于蛋白质沉淀，而加得太少又导致最终质粒 DNA 的产量很低。
23. 清洗过程将去除胞外的核酸酶、蛋白酶和多糖酶。
24. 此步骤可选，主要是为了去除残留的 SDS 和盐。
25. 孵育 15 min 可以提高质粒的产量。
26. 缓冲液必须完全流出。
27. 每个 QIAGEN-tip 100 最多可加入 12 mL 裂解产物。把另外 12 mL 置于冰上。在完成步骤 11 之后，用同一个管子加入剩余的 12 mL 裂解产物，重复步骤 7～11。

28. 如果是大于 50 kb 的大片段，把 QF 缓冲液在 65℃预热会提高回收率。
29. 把管子在 55℃孵育会加快溶解 DNA，不能用枪头吹打，否则会打断 DNA。
30. 这一步对于 DNA 的提取非常重要。过于强烈的混合会打断 DNA，而混合不充分又会导致蛋白质污染。我们不建议使用振荡仪。
31. 仅使用与目的基因配对的区域来计算解链温度。
32. 在 37℃培养会使 pIJ790 丢失。
33. 在 PCR 验证时使用的引物匹配在插入组件上下游各 100 bp 的区域，因此 PCR 产物既有正确插入后的长度，也有野生型的长度。后者来源于残留的野生型菌株，在后续步骤中会自行消失。
34. 对文献中的培养基成分做了些调整[87]。其中$(NH_4)_2SO_4$的浓度提高到原来的 1.5 倍，这样使菌可在碳源受限的状态下生长。另外去掉了 PEG6000（聚乙二醇）以减少反应器中泡沫的生成，从而减少其对后续分析如干重称量和色谱分析的干扰。
35. 在使用前，要把微量元素溶液充分混匀。计算需要的用量，再加到已经灭菌的反应器或摇瓶中。
36. 如果可以，葡萄糖请单独配制和灭菌，防止在灭菌时与培养基中的氨基酸或肽发生美拉德反应（Maillard reaction，呈褐色）。用灭菌后的漏斗把葡萄糖溶液倒进反应器中，或者用枪加到摇瓶中。
37. 在发酵过程中，pH 可能会发生变化，用高浓度的酸/碱（1～4 mol/L）来调节可以避免加入的酸/碱体积明显地影响发酵总体积。
38. Y-30 是水性硅氧烷乳液，在使用前要尽量混匀，防止分层。也可以使用其他的消泡剂。
39. 通常接种的体积比为 1/50，当然也可以根据情况改变接种量。摇瓶中不要加入太多的培养基，这样能保证培养过程中气相与液相之间的气体可以交换，以满足溶氧需求。
40. 按照操作手册进行操作。在灭菌之前用培养基对 pH 计的电极进行校正。灭菌后，在最适运行参数下，包括温度、转速和通气，对溶氧探头进行校正。
41. 可以根据培养菌株和培养基类型对各项参数进行调整。温度一般设置为 28～30℃，pH 一般为中性左右（pH 6.8～7.3）。
42. 搅拌过强会增加泡沫，而且会导致细胞破裂，从而影响表达。链霉菌对剪切力比较敏感。
43. 为了保证发酵过程中溶氧的浓度，生产高价值产物时可以泵入高氧空气（氧含量 40%以上）进行喷射。
44. 链霉菌的生长需要氧气。在发酵过程中，为了防止溶氧显著下降，可以设置溶氧的控制值在 30%，低于该值时自动开始通气和搅拌。在能够避免泡沫生成和过强剪切力产生的情况下使用最大的通气速度与搅拌速度。

45. 在使用营养丰富的培养基时，特别是含有大量的大豆粉并为满足高浓度细胞培养需要使用了更大的通气量时，泡沫的产生是个很严重的问题。在观察到泡沫形成时可以加大消泡剂的用量。
46. 反应器接种时的配比一般是 5%～10%（*V*/*V*，接种量/培养基体积）。例如，接种 3 L 的培养基需要 4 份 50 mL 的预培养物。
47. 混合不均匀或损失细胞沉淀会显著影响干重测量的结果，因此必须充分混匀后再取样。
48. 这一步清洗主要是去除滤膜上的盐分，因为盐分会增加干重，导致高估生物量。

致谢

本研究得到了欧盟第七框架计划（FP7/2007—2013）的资助，项目号是 613877。此外，扬·科马内茨（Jan Kormanec）还得到了斯洛伐克研究与发展署的资助，合同号是 APVV-15-0410 和 DO7RP-0037-12，以及来源于斯洛伐克科学院的 VEGA grant 2/0002/16 的资助。

参 考 文 献

1. Gabor EM, Alkema WB, Janssen DB (2004) Quantifying the accessibility of the metagenome by random expression cloning techniques. Environ Microbiol 6:879–886
2. Liebl W, Angelov A, Juergensen J, Chow J, Loeschcke A, Drepper T et al (2014) Alternative hosts for functional (meta)genome analysis. Appl Microbiol Biotechnol 98: 8099–8109
3. Rondon MR, August PR, Bettermann AD, Brady SF, Grossman TH, Liles MR et al (2000) Cloning the soil metagenome: a strategy for accessing the genetic and functional diversity of uncultured microorganisms. Appl Environ Microbiol 66:2541–2547
4. Vrancken K, Anné J (2009) Secretory production of recombinant proteins by *Streptomyces*. Future Microbiol 4:181–188
5. Anné J, Vrancken K, Van Mellaert L, Van Impe J, Bernaerts K (2014) Protein secretion biotechnology in Gram-positive bacteria with special emphasis on *Streptomyces lividans*. Biochim Biophys Acta 1843:1750–1761
6. Rückert C, Albersmeier A, Busche T, Jaenicke S, Winkler A, Friethjonsson OH et al (2015) Complete genome sequence of *Streptomyces lividans* TK24. J Biotechnol 199:21–22
7. Wang GY, Graziani E, Waters B, Pan W, Li X, McDermott J et al (2000) Novel natural products from soil DNA libraries in a streptomycete host. Org Lett 2:2401–2404
8. McMahon MD, Guan C, Handelsman J, Thomas MG (2012) Metagenomic analysis of *Streptomyces lividans* reveals host-dependent functional expression. Appl Environ Microbiol 78:3622–3629
9. Kang HS, Brady SF (2014) Mining soil metagenomes to better understand the evolution of natural product structural diversity: pentangular polyphenols as a case study. J Am Chem Soc 136:18111–18119
10. Courtois S, Cappellano CM, Ball M, Francou FX, Normand P, Helynck G et al (2003) Recombinant environmental libraries provide access to microbial diversity for drug discovery from natural products. Appl Environ Microbiol 69:49–55
11. Sianidis G, Pozidis C, Becker F, Vrancken K, Sjoeholm C, Karamanou S et al (2006) Functional large-scale production of a novel *Jonesia sp.* xyloglucanase by heterologous

secretion from *Streptomyces lividans*. J Biotechnol 121:498–507
12. Meilleur C, Hupe JF, Juteau P, Shareck F (2009) Isolation and characterization of a new alkali-thermostable lipase cloned from a metagenomic library. J Ind Microbiol Biotechnol 36:853–861
13. Horinouchi S, Hara O, Beppu T (1983) Cloning of a pleiotropic gene that positively controls biosynthesis of A-factor, actinorhodin, and prodigiosin in *Streptomyces coelicolor* A3(2) and *Streptomyces lividans*. J Bacteriol 155: 1238–1248
14. Macneil DJ, Gewain KM, Ruby CL, Dezeny G, Gibbons PH, Macneil T (1992) Analysis of *Streptomyces avermitilis* genes required for avermectin biosynthesis utilizing a novel integration vector. Gene 111:61–68
15. Kieser T, Bibb MJ, Buttner MJ, Charter KF, Hopwood D (2000) Practical *Streptomyces* genetics. John Innes Foundation, Norwich
16. Sun N, Wang ZB, Wu HP, Mao XM, Li YQ (2012) Construction of over-expression shuttle vectors in *Streptomyces*. Ann Microbiol 62:1541–1546
17. Yang R, Hu Z, Deng Z, Li J (1998) Construction of *Escherichia coli-Streptomyces* shuttle expression vectors for gene expression in *Streptomyces*. Chin J Biotechnol 14:1–8
18. Hatanaka T, Onaka H, Arima J, Uraji M, Uesugi Y, Usuki H et al (2008) pTONA5: a hyperexpression vector in Streptomycetes. Protein Expr Purif 62:244–248
19. Vara J, Lewandowskaskarbek M, Wang YG, Donadio S, Hutchinson CR (1989) Cloning of genes governing the deoxysugar portion of the erythromycin biosynthesis pathway in *Saccharopolyspora erythraea* (*Streptomyces erythreus*). J Bacteriol 171:5872–5881
20. Zotchev S, Haugan K, Sekurova O, Sletta H, Ellingsen TE, Valla S (2000) Identification of a gene cluster for antibacterial polyketide-derived antibiotic biosynthesis in the nystatin producer *Streptomyces noursei* ATCC 11455. Microbiology 146(Pt 3):611–619
21. Fedoryshyn M, Petzke L, Welle E, Bechthold A, Luzhetskyy A (2008) Marker removal from actinomycetes genome using Flp recombinase. Gene 419:43–47
22. Dyson PJ, Evans M (1996) pUCS75, a stable high-copy-number *Streptomyces Escherichia coli* shuttle vector which facilitates subcloning from pUC plasmid and M13 phage vectors. Gene 171:71–73
23. Bierman M, Logan R, Obrien K, Seno ET, Rao RN, Schoner BE (1992) Plasmid cloning vectors for the conjugal transfer of DNA from *Escherichia coli* to *Streptomyces spp*. Gene 116: 43–49
24. Herrmann S, Siegl T, Luzhetska M, Petzke L, Jilg C, Welle E et al (2012) Site-specific recombination strategies for engineering actinomycete genomes. Appl Environ Microbiol 78: 1804–1812
25. Kuhstoss S, Richardson MA, Rao RN (1991) Plasmid cloning vectors that integrate site-specifically in *Streptomyces* spp. Gene 97: 143–146
26. Van Mellaert L, Mei LJ, Lammertyn E, Schacht S, Anné J (1998) Site-specific integration of bacteriophage VWB genome into *Streptomyces venezuelae* and construction of a VWB-based integrative vector. Microbiology 144: 3351–3358
27. Sekurova ON, Brautaset T, Sletta H, Borgos SEF, Jakobsen OM, Ellingsen TE et al (2004) In vivo analysis of the regulatory genes in the nystatin biosynthetic gene cluster of *Streptomyces noursei* ATCC 11455 reveals their differential control over antibiotic biosynthesis. J Bacteriol 186:1345–1354
28. Richardson MA, Kuhstoss S, Solenberg P, Schaus NA, Rao RN (1987) A new shuttle cosmid vector, pKS505, for streptomycetes—its use in the cloning of 3 different spiramycin-resistance genes from a *Streptomyces ambofaciens* library. Gene 61:231–241
29. Sosio M, Giusino F, Cappellano C, Bossi E, Puglia AM, Donadio S (2000) Artificial chromosomes for antibiotic-producing actinomycetes. Nat Biotechnol 18:343–345
30. Jones AC, Gust B, Kulik A, Heide L, Buttner MJ, Bibb MJ (2013) Phage P1-derived artificial chromosomes facilitate heterologous expression of the FK506 gene cluster. PLoS One 8:e69319
31. Miao V, Coeffet-LeGal MF, Brian P, Brost R, Penn J, Whiting A et al (2005) Daptomycin biosynthesis in *Streptomyces roseosporus*: cloning and analysis of the gene cluster and revision of peptide stereochemistry. Microbiology 151: 1507–1523
32. Liu H, Jiang H, Haltli B, Kulowski K, Muszynska E, Feng XD et al (2009) Rapid cloning and heterologous expression of the meridamycin biosynthetic gene cluster using a versatile *Escherichia coli-Streptomyces* artificial chromosome vector, pSBAC. J Nat Prod 72: 389–395
33. Knirschova R, Novakova R, Mingyar E, Bekeova C, Homerova D, Kormanec J (2015) Utilization of a reporter system based on the blue pigment indigoidine biosynthetic gene *bpsA* for detection of promoter activity and deletion of genes in *Streptomyces*. J Microbiol Methods 113:1–3
34. Kieser T, Hopwood DA, Wright HM, Thompson CJ (1982) pIJ101, a multi-copy broad host-range *Streptomyces* plasmid: func-

tional analysis and development of DNA cloning vectors. Mol Gen Genet 185:223–238

35. Muth G, Wohlleben W, Pühler A (1988) The minimal replicon of the *Streptomyces ghanaensis* plasmid pSG5 identified by subcloning and Tn5 mutagenesis. Mol Gen Genet 211: 424–429
36. SchrempfH, GoebelW(1977) Characterization of a plasmid from *Streptomyces coelicolor* A3(2). J Bacteriol 131:251–258
37. Lydiate DJ, Malpartida F, Hopwood DA (1985) The *Streptomyces* plasmid SCP2star - its functional analysis and development into useful cloning vectors. Gene 35:223–235
38. Bibb MJ, Hopwood DA (1981) Genetic studies of the fertility plasmid Scp2 and its Scp2 star variants in *Streptomyces coelicolor* A3(2). J Gen Microbiol 126:427–442
39. Hu ZH, Hopwood DA, Hutchinson CR (2003) Enhanced heterologous polyketide production in *Streptomyces* by exploiting plasmid co-integration. J Ind Microbiol Biotechnol 30:516–522
40. Fong R, Vroom JA, Hu ZH, Hutchinson CR, Huang JQ, Cohen SN, Kao CM (2007) Characterization of a large, stable, high-copy-number *Streptomyces* plasmid that requires stability and transfer functions for heterologous polyketide overproduction. Appl Environ Microbiol 73:4094
41. Kuhstoss S, Rao RN (1991) Analysis of the integration function of the streptomycete bacteriophage Phi C31. J Mol Biol 222:897–908
42. Combes P, Till R, Bee S, Smith MCM (2002) The *Streptomyces* genome contains multiple pseudo-attB sites for the phi C31-encoded site-specific recombination system. J Bacteriol 184:5746–5752
43. Bilyk B, Luzhetskyy A (2014) Unusual site-specific DNA integration into the highly active pseudo-attB of the *Streptomyces albus* J1074 genome. Appl Microbiol Biotechnol 98: 5095–5104
44. Anné J, Wohlleben W, Burkardt HJ, Springer R, Pühler A (1984) Morphological and molecular characterization of several actinophages isolated from soil which lyse *Streptomyces cattleya* or *Streptomyces venezuelae*. J Gen Microbiol 130:2639–2649
45. Gregory MA, Till R, Smith MCM (2003) Integration site for streptomyces phage phi BT1 and development of site-specific integrating vectors. J Bacteriol 185:5320–5323
46. Fayed B, Younger E, Taylor G, Smith MCM (2014) A novel *Streptomyces spp.* integration vector derived from the *S. venezuelae* phage, SV1. BMC Biotechnol 14:51
47. Morita K, Yamamoto T, Fusada N, Komatsu M, Ikeda H, Hirano N, Takahashi H (2009) The site-specific recombination system of actinophage TG1. FEMS Microbiol Lett 297: 234–240
48. Pernodet JL, Simonet JM, Guerineau M (1984) Plasmids in different strains of *Streptomyces ambofaciens* - free and integrated form of plasmid pSAM2. Mol Gen Genet 198:35–41
49. Boccard F, Pernodet JL, Friedmann A, Guerineau M (1988) Site-specific integration of plasmid Psam2 in *Streptomyces lividans* and *Streptomyces ambofaciens*. Mol Gen Genet 212:432–439
50. Smokvina T, Mazodier P, Boccard F, Thompson CJ, Guerineau M (1990) Construction of a series of pSAM2-based integrative vectors for use in actinomycetes. Gene 94:53–59
51. West SC (2003) Molecular views of recombination proteins and their control. Nat Rev Mol Cell Biol 4:435–445
52. Gust B, Challis GL, Fowler K, Kieser T, Chater KF (2003) PCR-targeted *Streptomyces* gene replacement identifies a protein domain needed for biosynthesis of the sesquiterpene soil odor geosmin. Proc Natl Acad Sci U S A 100: 1541–1546
53. Cundliffe E (1978) Mechanism of resistance to thiostrepton in the producing-organism *Streptomyces azureus*. Nature 272:792–795
54. Stanzak R, Matsushima P, Baltz RH, Rao RN (1986) Cloning and expression in *Streptomyces lividans* of clustered erythromycin biosynthesis genes from *Streptomyces erythreus*. Nat Biotechnol 4:229–232
55. Labigneroussel A, Harel J, Tompkins L (1987) Gene transfer from *Escherichia coli* to *Campylobacter* species - development of shuttle vectors for genetic analysis of *Campylobacter jejuni*. J Bacteriol 169:5320–5323
56. Mazodier P, Petter R, Thompson C (1989) Intergeneric conjugation between *Escherichia coli* and *Streptomyces* species. J Bacteriol 171:3583–3585
57. Flett F, Mersinias V, Smith CP (1997) High efficiency intergeneric conjugal transfer of plasmid DNA from *Escherichia coli* to methyl DNA-restricting streptomycetes. FEMS Microbiol Lett 155:223–229
58. Bibb MJ, Janssen GR, Ward JM (1985) Cloning and analysis of the promoter region of the erythromycin resistance gene (ErmE) of *Streptomyces erythraeus*. Gene 38:215–226
59. Bibb MJ, White J, Ward JM, Janssen GR (1994) The mRNA for the 23S rRNA methylase encoded by the ermE gene of *Saccharopolyspora erythraea* is translated in the absence of a conventional ribosome-binding site. Mol Microbiol 14:533–545
60. McDaniel R, Ebertkhosla S, Hopwood DA, Khosla C (1993) Engineered biosynthesis of novel polyketides. Science 262:1546–1550

61. Van Mellaert L, Lammertyn E, Schacht S, Proost P, Van Damme J, Wroblowski B et al (1998) Molecular characterization of a novel subtilisin inhibitor protein produced by *Streptomyces venezuelae* CBS762.70. DNA Seq 9:19–30
62. Du D, Zhu Y, Wei JH, Tian YQ, Niu G, Tan HR (2013) Improvement of gougerotin and nikkomycin production by engineering their biosynthetic gene clusters. Appl Microbiol Biotechnol 97:6383–6396
63. Wang WS, Li X, Wang J, Xiang SH, Feng XZ, Yang KQ (2013) An engineered strong promoter for streptomycetes. Appl Environ Microbiol 79:4484–4492
64. Seghezzi N, Amar P, Koebmann B, Jensen PR, Virolle MJ (2011) The construction of a library of synthetic promoters revealed some specific features of strong *Streptomyces* promoters. Appl Microbiol Biotechnol 90:615–623
65. Siegl T, Tokovenko B, Myronovskyi M, Luzhetskyy A (2013) Design, construction and characterisation of a synthetic promoter library for fine-tuned gene expression in actinomycetes. Metab Eng 19:98–106
66. Kuhstoss S, Rao RN (1991) A thiostrepton-inducible expression vector for use in *Streptomyces* spp. Gene 103:97–99
67. Rodriguez-Garcia A, Combes P, Perez-Redondo R, Smith MCA, Smith MCM (2005) Natural and synthetic tetracycline-inducible promoters for use in the antibiotic-producing bacteria *Streptomyces.* Nucleic Acids Res 33
68. Lussier FX, Denis F, Shareck F (2010) Adaptation of the highly productive T7 expression system to *Streptomyces lividans.* Appl Environ Microbiol 76:967–970
69. Herai S, Hashimoto Y, Higashibata H, Maseda H, Ikeda H, Omura S, Kobayashi M (2004) Hyper-inducible expression system for streptomycetes. Proc Natl Acad Sci U S A 101: 14031–14035
70. Horbal L, Fedorenko V, Luzhetskyy A (2014) Novel and tightly regulated resorcinol and cumate-inducible expression systems for *Streptomyces* and other actinobacteria. Appl Microbiol Biotechnol 98:8641–8655
71. Hindle Z, Smith CP (1994) Substrate induction and catabolite repression of the *Streptomyces coelicolor* glycerol operon are mediated through the GylR protein. Mol Microbiol 12:737–745
72. Kataoka M, Tatsuta T, Suzuki I, Kosono S, Seki T, Yoshida T (1996) Development of a temperature-inducible expression system for *Streptomyces spp.* J Bacteriol 178:5540–5542
73. Shao ZY, Rao GD, Li C, Abil Z, Luo YZ, Zhao HM (2013) Refactoring the silent spectinabilin gene cluster using a plug-and-play scaffold. ACS Synth Biol 2:662–669
74. Luo YZ, Zhang L, Barton KW, Zhao HM (2015) Systematic identification of a panel of strong constitutive promoters from *Streptomyces albus.* ACS Synth Biol 4:1001–1010
75. Bai CX, Zhang Y, Zhao XJ, Hu YL, Xiang SH, Miao J et al (2015) Exploiting a precise design of universal synthetic modular regulatory elements to unlock the microbial natural products in *Streptomyces.* Proc Natl Acad Sci U S A 112:12181–12186
76. Murakami T, Holt TG, Thompson CJ (1989) Thiostrepton-induced gene expression in *Streptomyces lividans.* J Bacteriol 171: 1459–1466
77. Schmittjohn T, Engels JW (1992) Promoter constructions for efficient secretion expression in *Streptomyces lividans.* Appl Microbiol Biotechnol 36:493–498
78. Chiu ML, Folcher M, Katoh T, Puglia AM, Vohradsky J, Yun BS et al (1999) Broad spectrum thiopeptide recognition specificity of the *Streptomyces lividans* TipAL protein and its role in regulating gene expression. J Biol Chem 274:20578–20586
79. Pulido D, Jimenez A (1987) Optimization of gene expression in *Streptomyces lividans* by a transcription terminator. Nucleic Acids Res 15:4227–4240
80. Ward JM, Janssen GR, Kieser T, Bibb MJ, Buttner MJ, Bibb MJ (1986) Construction and characterization of a series of multi-copy promoter-probe plasmid vectors for *Streptomyces* using the aminoglycoside phosphotransferase gene from Tn5 as indicator. Mol Gen Genet 203:468–478
81. Scholtissek S, Grosse F (1987) A cloning cartridge of lambda-to terminator. Nucleic Acids Res 15:3185
82. Myronovskyi M, Rosenkranzer B, Luzhetskyy A (2014) Iterative marker excision system. Appl Microbiol Biotechnol 98:4557–4570
83. Ausubel FM, Brent R, Kingston RE, Moore DO, Seidman JS, Smith JA, Struhl K (1995) Current protocols in molecular biology. Wiley, New York, NY
84. D'Huys PJ, Lule I, Van Hove S, Vercammen D, Wouters C, Bernaerts K et al (2011) Amino acid uptake profiling of wild type and recombinant *Streptomyces lividans* TK24 batch fermentations. J Biotechnol 152:132–143
85. Eiteman MA, Altman E (2006) Overcoming acetate in *Escherichia coli* recombinant protein fermentations. Trends Biotechnol 24:530–536
86. Villadsen J, Nielsen JH, Lidén G (2011) Bioreaction engineering principles. Springer, New York, NY
87. Hodgson DA (1982) Glucose repression of carbon source uptake and metabolism in *Streptomyces coelicolor* A3(2) and its perturbation

in mutants resistant to 2-deoxyglucose. J Gen Microbiol 128:2417–2430

88. Nowruzi K, Elkamel A, Scharer JM, Cossar D, Moo-Young M (2008) Development of a minimal defined medium for recombinant human interleukin-3 production by *Streptomyces lividans* 66. Biotechnol Bioeng 99:214–222
89. Gajzlerska W, Kurkowiak J, Turlo J (2015) Use of three-carbon chain compounds as biosynthesis precursors to enhance tacrolimus production in *Streptomyces tsukubaensis.* New Biotechnol 32:32–39
90. Muhamadali H, Xu Y, Ellis DI, Trivedi DK, Rattray NJW, Bernaerts K, Goodacre R (2015) Metabolomics investigation of recombinant mTNF alpha production in *Streptomyces lividans.* Microb Cell Fact 14
91. Takors R (2012) Scale-up of microbial processes: impacts, tools and open questions. J Biotechnol 160:3–9
92. Doran PM (2013) Bioprocess engineering principles. Elsevier, Amsterdam
93. Shuler ML, Kargi F (2002) Bioprocess engineering: basic concepts. Prentice Hall, Upper Saddle River, NJ
94. Garcia-Ochoa F, Gomez E (2009) Bioreactor scale-up and oxygen transfer rate in microbial processes: an overview. Biotechnol Adv 27: 153–176

第9章　基于宏基因组数据的降解网络重建

拉斐尔·巴尔吉耶拉（Rafael Bargiela），曼努埃尔·费雷尔（Manuel Ferrer）

摘要

基于宏组学数据的网络重建过程是推断微生物群落中不同微生物介导的总反应和有效反应的非常有价值的工具。在这些过程之中，基于网络自动分析宏基因组分解代谢能力的方法目前是受限的。在本章中，我们将描述完整的工作流程、脚本和命令，允许研究者直接使用测序产生的宏基因组序列作为输入，自动化重建生物降解网络。

关键词

AromaDeg、芳香族化合物、生物降解、宏基因组学、网络重建、下一代测序、通路、污染物

9.1　介　　绍

微生物群落的分析始于评估种群结构，目前通常通过部分16S rRNA（核糖体RNA）基因序列来实现这一目的，而这些数据通常不需要组装[1]。下一步则是应用计算方法来表征微生物群落的代谢能力。已有文献中描述的常用方法是将基因、蛋白质或代谢产物的数据比对到已知的通路或基因本体（gene ontology，GO）条目上[2]。对于那些在多数微生物基因组中普遍存在的代谢通路蛋白，这一方法能够鉴定出与之类似蛋白质的分子功能。然而，由于生物通路之间的高度关联性，研究者的关注点逐渐从单个的蛋白质、通路转向了整个网络[3,4]，这使得我们能够获得更多的全局性特征[5]。分子网络整合了不同的功能通路，构建了更为全面的框架用于解释所获得的组学数据[6]。具体来说，已经有多种具有针对性设计的方法，可将基因和蛋白质表达数据[7-9]及代谢产物和通量水平数据[10,11]整合到代谢途径中。这些方法（如SEED模型）从生物体已注释的基因组[12,13]或宏基因组开始，利用已有的参考代谢数据库作为输入信息，使用图论方法来创建“宏”网络[14-17]。

利用重建方法整合基于由精确预测的基因构成的多条通路，可以构建一个能

够解释组学数据并解析代谢能力的更为全面的框架。这类方法可以消除由标准的蛋白质功能预测方法所产生的系统误差。这对于某些关键基因的功能分类是十分必要的，特别是那些编码芳香族化合物降解蛋白的基因。最近，基于网站的 AromaDeg 数据资源已经由研究者创建[18]。它包含一个最新的经过人工校正的数据库，其中包括一个基于芳香族化合物降解系统基因组学分析的查询系统。该数据库通过提高芳香族化合物降解蛋白的关键编码基因的功能分类准确性，消除了由标准的蛋白质功能预测方法所产生的系统误差。简言之，若来自基因组或宏基因组的每条查询序列，与 AromaDeg 数据库中已有蛋白质家族相匹配，则意味着其与经过实验验证的参与芳香族化合物降解反应的分解代谢酶相关联。在本章中，我们描述了一种自动宏网络图形化方法，采用该方法直接构建了与编码群落生物基因组注释的酶的基因相关的分解代谢反应的网络。该方法侧重于使用基于网站的 AromaDeg 资源[18]和宏基因组数据。本章报道的方法已成功地应用于由原油污染的海洋沉积物和富集微生物直接测序所产生的多个宏基因组数据集的分解代谢网络重建[19,20]。

9.2 实 验 材 料

所有的计算都可以在配有 64 位 Linux UBUNT 操作系统、英特尔酷睿 8 代 2.4 GHz CPU 和 24 GB 内存的计算机上进行。输入数据是由高通量下一代测序所产生的预测宏基因组序列（长度大于 50 个氨基酸残基）。

1. AromaDeg[18]。
2. 全基因组或宏基因组鸟枪法序列（示例见参考文献[19,20]）。

9.3 实 验 方 法

在本章中，我们介绍了使用宏基因组数据重建代谢网络的流程。简单来说，使用基于网站的 AromaDeg 资源[18]鉴定编码分解代谢酶的序列，用来创建节点表格，然后在此基础上用 R 语言程序进行降解网络的自动重构，具体描述如下。

9.3.1 宏基因组序列中分解代谢基因的鉴定

基于网站的 AromaDeg 资源[18]可用于分解代谢网络的重建。AromaDeg 是一个基于网站的资源，具有最新的经过人工校正的数据库，其中包括一个相关的查询系统，可用于芳香族化合物降解的系统发育分析。来自基因组或宏基因组的查询序列，与 AromaDeg 数据库中已有蛋白质家族相匹配，则意味着其与经过实验验证的参与芳香族化合物降解反应的分解代谢酶相关联。

1. 基于网站的 AromaDeg 资源（见注释 1）用于过滤宏基因组 DNA 序列中预测的可读框（见注释 2）。筛选条件是比对长度大于 50 个氨基酸残基及最小同源性高于 50%。
2. 手动检查后，得到一个包含参与降解的编码酶基因潜在序列的最终列表。

9.3.2 创建降解节点列表

1. 网络中的每个连接都代表降解途径中的一个步骤（降解反应），将产物和它的底物（节点）连接起来，分配给编码分解酶的基因（参见表 9-1 的示例）。因此，一条降解通路可以用初始底物到主要的常见中间产物，最终到可以进入三羧酸循环（TCA）的底物来表征。在重建网络之前，需要将连接初始底物（即污染物）、中间产物、最终降解产物和感兴趣的分解代谢酶的表格准备好（见注释 3）。图 9-1 总结了从萘到儿茶酚再到 TCA 的一个例子。

表 9-1 用于降解网络图形可视化的带有节点和连接信息的表格

底物	产物	酶	基因相对丰度	
			MG1	MG2
丙酸苯酯	2,3-二羟基丙酸苯酯	多种	0	0
2,3-二羟基丙酸苯酯	2-羟基-6-酮-2,4-二烯二酸酯	Dpp	0	1
2-羟基-6-酮-2,4-二烯二酸酯	三羧酸循环（TCA）	多种	0	0
菲	1-羟基-2-萘甲酸盐	多种	0	0
1-羟基-2-萘甲酸盐	2′-羧基苯甲醛丙酮酸	Hna	1	2
2′-羧基苯甲醛丙酮酸	2-羧基苯甲醛	多种	0	0
2-羧基苯甲醛	邻苯二甲酸	多种	0	0
邻苯二甲酸	原儿茶酸	Pht	1	0
原儿茶酸	2-羧基-顺,顺-黏糠酸	Pca	1	0
2-羧基-顺,顺-黏糠酸	三羧酸循环（TCA）	—	0	0
喹啉	2-氧代-1,2-二氢喹啉	NID	0	0
2-氧代-1,2-二氢喹啉	三羧酸循环（TCA）	Odm	2	2
二苯并呋喃	2,2′,3-三羟基联苯	NID	0	0
2,2′,3-三羟基联苯	水杨酸	Thb	2	0
水杨酸	邻苯二酚	—	0	0
4-氨基苯磺酸	4-磺基儿茶酚	Abs	2	0
4-磺基儿茶酚	3-磺基黏糠酸	多种	0	0
3-磺基黏糠酸	三羧酸循环（TCA）	多种	0	0
邻苯二酚	2-羟基黏糠酸半醛	Cat	14	17
2-羟基黏糠酸半醛	三羧酸循环（TCA）	多种	0	0

续表

底物	产物	酶	基因相对丰度	
			MG1	MG2
萘	1,2-二羟基萘	NaDi	0	0
1,2-二羟基萘	水杨酸	NID	0	0
水杨酸	龙胆酸	多种	0	0
龙胆酸	马来酰丙酮酸	Gen	10	1
马来酰丙酮酸	三羧酸循环（TCA）	多种	0	0
2-氯苯甲酸	邻苯二酚	2CB	5	3
苯	邻苯二酚	Bzn	0	1
对-异丙基苯甲酸异丙酯	顺-2,3-二羟基-2,3-二氢-对-异丙基苯甲酸异丙酯	Cum	2	0
顺-2,3-二羟基-2,3-二氢-对-异丙基苯甲酸异丙酯	2-羟基-3-羧基-6-氧代-7-甲基辛-2,4-二烯酸酯（HCOMOD）	NID	0	0
2-羟基-3-羧基-6-氧代-7-甲基辛-2,4-二烯酸酯（HCOMOD）	三羧酸循环（TCA）	多种	0	0
联苯	2,3-二羟基联苯	Bph	1	1
2,3-二羟基联苯	2-羟基-6-氧代-6-苯基己-2,4-二烯酸酯（HOPD）	Dhb	6	3
2-羟基-6-氧代-6-苯基己-2,4-二烯酸酯（HOPD）	苯甲酸	NID	0	0
苯甲酸	邻苯二酚	Bzt	4	1
高原儿茶酸酯	5-羧甲基-2-羟基-黏糠酸半醛（CMHMS）	Hpc	0	1
5-羧甲基-2-羟基-黏糠酸半醛（CMHMS）	三羧酸循环（TCA）	多种	0	0
布洛芬	布洛芬辅酶 A	NID	0	0
布洛芬辅酶 A	1,2-顺-二醇-2-水合布洛芬-辅酶 A	Ibu	0	1
1,2-顺-二醇-2-水合布洛芬-辅酶 A	2-羟基-5-异丁基己-2,4-二烯酸酯	NID	0	0
2-羟基-5-异丁基己-2,4-二烯酸酯	三羧酸循环（TCA）	多种	0	0
苔黑酚	2,3,5-三羟基甲苯	Orc	0	2
2,3,5-三羟基甲苯	2,4,6-三氧代庚酸酯	NID	0	0
2,4,6-三氧代庚酸酯	三羧酸循环（TCA）	—	0	0
吲哚-3-乙酸	邻苯二酚	Ind	1	1

注：表格显示了生物降解反应与基因编码的分解酶之间的关联。如文中所述，与 AromaDeg[18]的给定蛋白质家族匹配的来自宏基因组的序列与芳香族化合物降解反应的关键分解酶相关联。根据文献记录，底物和中间产物可以联系起来形成生物降解网络。对于网络重建，每条编码分解代谢酶的查询序列都被分配到一个降解代谢反应中（具有 AromaDeg 指定的代码），包括反应涉及的代谢底物和产物。使用 9.3 节的专用脚本和命令，可以将这部分信息进一步用于网络重建。表中还显示了编码各种分解代谢酶的基因的相对丰度（消除由样品量差异造成的误差），这一信息是进行网络重建所必需的。基因名称如图 9-3 所示

NaDi. 萘双加氧酶；MG1. 宏基因组 1；MG2. 宏基因组 2（见注释 5）

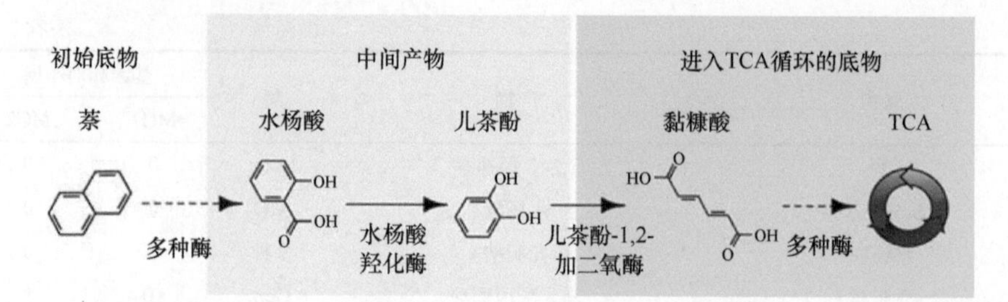

图 9-1　绘制降解通路的常用模式图示。以萘降解途径为例，萘是该途径的初始底物，其通过多个反应（由虚线表示）转化为水杨酸（中间产物 1），水杨酸通过直接反应降解为儿茶酚（由实线表示）。儿茶酚通过直接反应（实线）进一步转化为黏糠酸。最后黏糠酸进入 TCA 循环

2. 在每个样品的宏基因组数据中所发现的编码分解代谢酶的基因（检测到的可能参与降解的编码酶基因的序列列表）的相对丰度（见注释 4）被用于建立节点列表，从而产生一个附带权重的列表，该列表指定了每个样本的网络中每个步骤连接程度的大小，如表 9-1 所示。

9.3.3　设定网络的节点

1. 网络结构的重建使用的是 R 语言，具体来说是使用 R 语言中 *igraph* 包提供的功能和节点表（表 9-1）的信息。该过程最开始是调用这个程序包的功能，在 R 环境下打开表格并用表格中的底物/产物信息作为节点，创建一个新的图形。

```
> library(igraph)
> edgelist <-read.table("NodesTable.txt",
+    header=TRUE, dec=",",sep="\t",check.names=FALSE)
> g <-graph.empty(directed=TRUE)
> u <-unique(c(as.character(edgelist[,2]),
+             as.character(edgelist[,3])))
> g <-add.vertices(g,length(u),name=u,
+                         size=size,degree=degree,dist=dist)
```

2. 使用 *graph.empty* 命令创建新图形后，所有底物/产物的名字都将通过 *unique* 参数被列为一个值，然后作为节点被添加到新图形中（通过 *add.vertices* 功能），其中一些属性，如节点的大小或者标签的位置可以通过 *size*、*degree* 或 *dist* 参数的值来自定义。

9.3.4　添加节点和网络之间的连接

1. 对于网络来说，有两种不同的连接类型：在所有样品中目标基因丰度均为

0 的（空连接），以及至少在一个样本中丰度>0 的（正连接）。为了区分，我们独立设置了两种连接类型的图形属性，如箭头中线条的类型和曲线，见图 9-2。

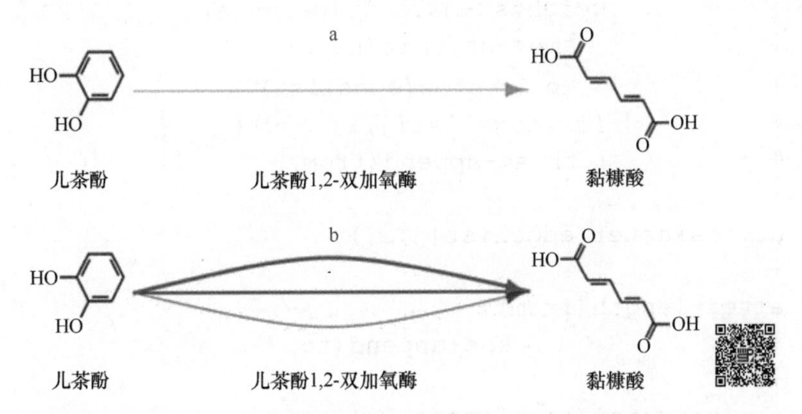

图 9-2　分解代谢网络中两种不同类型连接的图示。当进行多个宏基因组数据的比较时，使用多个连接进行展示。（a）所有样品中丰度为 0 的空连接，表示在宏基因组中没有发现催化该反应的酶编码基因。（b）在三个不同的宏基因组数据（用绿色、红色和蓝色箭头表示）中丰度>0 的正连接，并且连接线的粗细对应于每个样品中酶编码基因的相对丰度高低（彩图请扫二维码）

2. 首先添加空连接，然后用一个循环来检查数据。

```
> for(i in 1:nrow(edgelist)){
+   if (sum(edgelist[i,4: ncol(edgelist)])==0){
+           g<- add.edges(g,rbind(edgelist[i,2],
edgelist[i,3]),
+                              attr=list(color="grey60",
curve=0,
+                                     name=as.character
(edgelist[i,1])))
+    }
+}
```

3. 使用 *add.edges* 函数将连接引入到图中。利用节点表（表 9-1）计算每个网络步骤（行）中基因的总丰度，验证其是否在所有样本中丰度均为 0；在该实例中，用灰色箭头将简单连接添加到图形中。然后运用另一个循环来添加正连接（至少在一个样本中丰度> 0）。

```
> curve<-0
> for(i in 4:ncol(edgelist)){
+         from<-NA
+         to<-NA
+         weights<-NA
```

```
+           name<-NA
+           newfrom<-na.omit(from)
+           newto<-na.omit(to)
+           weights<-na.omit(weights)
+            name<-na.omit(name)
+       for(j in 1: nrow(edgelist)){
+           if (edgelist[j,i] > 0){
+             from<-append(from,
+
as.character(edgelist[j,2]),
+
after=length(from))
+                   to<-append(to,
+
as.character(edgelist[j,3]),
+                                 after=length(to))
+             weights<-append(weights,
+                                    edgelist[j,i],
+
after=length(weights))
+             name<-append(name,
+
as.character(edgelist[j,1]),
+
after=length(name))
+          }
+       }
+   g<- add.edges(g,rbind(from,to),
+
attr=list(weight=weights,
+                                color=color,curve=
curve),name=name)
+
+       if (curve%%2==0){
+           curve<-abs(curve)
+       }
+       else{
+           curve<- -curve
+      }
```

```
+
+     if (curve<0){
+       curve<-curve
+     }
+     else{
+       curve<-abs(curve)+0.2
+     }
+
+}
```

4. 在丰度>0（至少在一个样本中）的情况下使用的循环会更复杂。在第一部分中，为每个样本创建空向量，用于保存（使用函数 *append* 追加）各种情况（连接的名称、权重和节点）下连接的多种不同属性。每个样本的连接都通过 *add.edges* 命令再次添加到循环最后的图形中。在此步骤之前，可以通过 *curve* 命令配置曲线的属性，并可在循环结束时更改曲线属性以用于下一个样本。
5. 独立运行两个循环并检查整个表格两次的原因很简单，检查空连接需要逐行检索表格，就像在第一个循环中一样。但检查正连接需要逐列检索表格（逐个样本的处理），就像在第二个循环中一样。
6. 需要注意的是，空连接的线用灰色绘制，意味着在这种情况下丰度为 0，且线的宽度不代表基因的相对丰度。而且，这些连接可以表示降解途径（直线）中的一个或多个反应步骤（虚线）。

9.3.5 设置网络中节点的坐标

1. 节点的坐标决定了最终绘制成型的网络中每个节点（底物/产物）的位置。这些坐标可以手动设置，以便获取更为个性化的自定义网络图。这些设置可以被保存在文件中，在需要绘制新网络时使用，而无须重新手动设置。

```
> p <- tkplot(g)
> Coords <- tkplot.getcoords(p)
> write.table(Coords,"Coords.txt",row.names=FALSE,
col.names=FALSE)
> Coords<- matrix(scan("Coords.txt"),nc=2,byrow=TRUE)
```

2. 功能函数 *tkplot* 可以显示一个新的交互屏幕，使用者可以直观地指定每个节点的位置，并使用 *tkplot.getcoords* 命令将其坐标值保存。使用 *write.table* 命令可以将这个带有坐标的值输出到一个文件中，并使用 *matrix* 和 *scan* 再次读取，以方便重复使用。

9.3.6 绘制降解网络

1. 可以使用前面步骤中的坐标和配置来绘制网络。

```
>  jpeg("Network.jpg",width=5796,height=3561,
+    res=300,quality=100,units="px")
> par(mar=c(0,0,0,0),xpd=TRUE)
>  plot.igraph(g,
+             layout=Coords,
+    vertex.shape=shape,
+    vertex.size=size1,
+    vertex.size2=size2,
+    vertex.size2=size2,
+    vertex.label=labels,
+    vertex.label.dist=V(g)$dist,
+    vertex.label.degree=V(g)$degree,
+    vertex.label.dist=V(g)$dist,
+    vertex.label.degree=V(g)$degree,
+    edge.width=ifelse(E(g)$weight<=0.01,1,
+          ifelse(E(g)$weight>0.10,10,E(g)$weight*100)),
+    edge.lty=lty
+    )
+ dev.off()
```

2. 功能函数 *jpeg* 和 *dev.off* 可将绘图保存为 *jpeg* 格式的文件。绘制网络的主要函数是 *plot.igraph*，可使用之前保存的坐标，当需要将顶点功能加入各个图形对象，以针对不同功能设定不同的可选项时，需要提供相关参数。其他选项可以使用具有不同顶点/连接值的矢量对象进行修改。各样本中每个节点的丰度值作为连接的宽度（在步骤 2 中保存为连接权重），但可以通过条件循环（*ifelse*）进行调整，以使它们更加适合整体图形布局。这里，0.01 的丰度在 *edge.width* 参数中相当于 1，所以此处的参数值将是丰度乘以 100(即 0.02 的丰度换算为 2，0.05 的丰度换算为 5)。当 *edge.width* 的值大于 10（即丰度大于 0.1）时，该值设为 10，如果 *edge.width* 的值小于 1（即丰度小于 0.01），则该值设为 1，即上限为 10，下限为 1。对于空连接，虽然丰度为 0，但在网络绘制过程中，*edge.width* 参数配置为 1。因为必须在脚本中指定> 0 的值才可绘制可见的连接；在这些连接中，我们使用灰色来突出显示这些反应的缺失。图 9-3 提供了两例不同宏基因组数据中不同降解能力的图例。

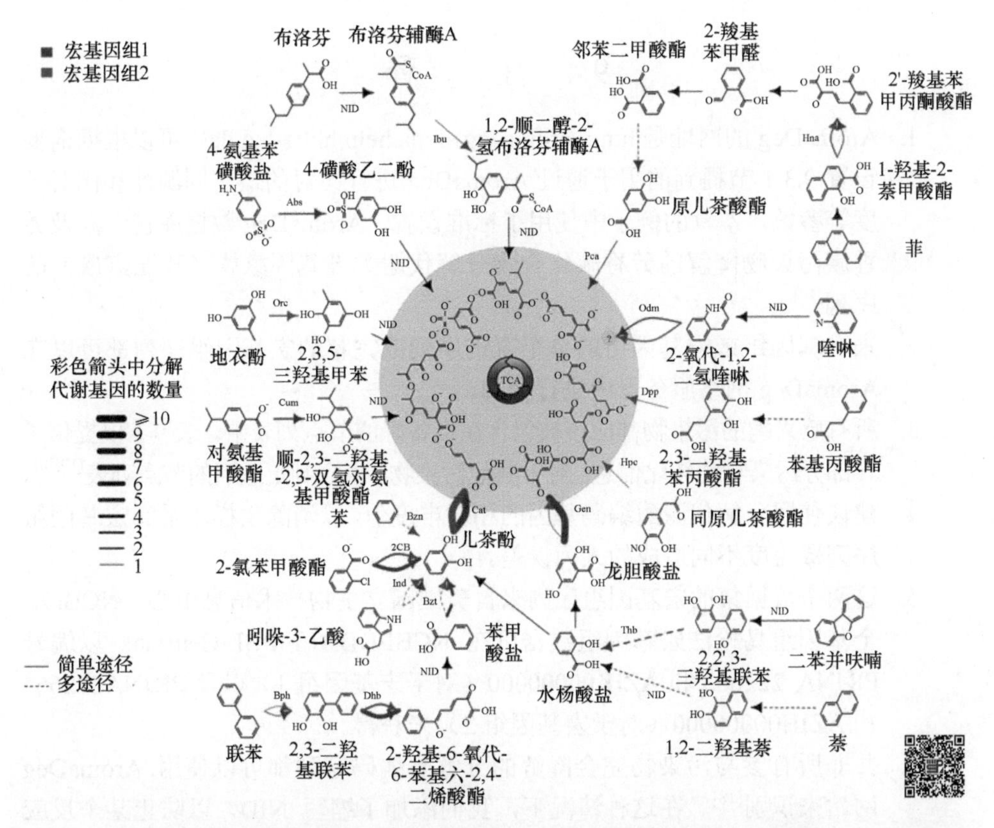

图 9-3　使用宏基因组数据集重建的潜在芳香族化合物分解代谢网络。生物降解网络重建使用的是 9.3.2 节到 9.3.6 节所描述的方法，红色和蓝色分别用于表示两个宏基因组数据集（见注释 5）。简言之，按照 9.3.1 节的描述对分解代谢基因进行鉴定。为了进行网络重建，需要将每个序列指定为代谢底物或是具有分配代码的产物（定义方法参考文献[18]）。在样品中，假定底物到产物的产生过程被连接起来，使用适当的脚本和命令创建代谢网络[19,20]。降解反应中每个分解代谢基因的数量由图中线条的粗细表示，并且所有可能被该群落所降解的底物将用列表完整地展示。通用和样本特异的初始底物或是通过推断的降解标志物鉴定到的中间产物将被特别显示在图中。实线代表单步反应，而虚线代表包含多个反应的降解步骤[19,20]。基因名称或代码（见注释 6）如下：Abs. 4-氨基苯磺酸 3,4-双加氧酶；Bph. 联苯双加氧酶；Bzn. 苯双加氧酶；Bzt. 苯甲酸双加氧酶；Cat. 儿茶酚 2,3-双加氧酶；2CB. 2-氯苯甲酸双加氧酶；Cum. 对-异丙基苯甲酸异丙酯双加氧酶；Dhb. 2,3-二羟基联苯双加氧酶；Dpp. 2,3-二羟基苯丙酸双加氧酶；Gen. 龙胆酸双加氧酶；Hna. 1-羟基-2-萘甲酸双加氧酶；Hpc. 同原儿茶酸酯 2,3-双加氧酶；Ibu. 布洛芬辅酶 A 双加氧酶；Ind. 参与吲哚乙酸降解的 Rieske 加氧酶；Odm. 2-氧代-1,2-二羟基喹啉单加氧酶；Orc. 苔黑酚羟化酶；Pca. 原儿茶酸 3,4-双加氧酶；Pht. 邻苯二甲酸酯 4,5-双加氧酶；Thb. 2,2′,3-三羟基联苯双加氧酶；TCA. 三羧酸循环（彩图请扫二维码）

9.4 注 释

1. AromaDeg 的网址是 http://aromadeg.siona.helmholtz-hzi.de/。可以根据需要设置 9.3.1 节提到的用于通过 AromaDeg 进行比对的最小同源性和比对长度等参数。本章的例子中使用了标准设置。AromaDeg 数据库包含涉及芳香族污染物降解的芳香族化合物分解代谢关键基因家族（和亚家族）的序列[18]。
2. 来自基因组或宏基因组的单个查询序列或完整的宏基因组序列都可以在 AromaDeg 网络服务器中进行查询。
3. 所有感兴趣的污染物都应该被包含在准备好的节点列表中。表 9-1 仅提供了一部分污染物的转化信息。对于其他污染物，也应制定适当的节点列表[19,20]。
4. 建议使用分解代谢酶编码基因的相对丰度值，以消除由样本量和宏基因组序列覆盖度不同造成的人为误差。
5. 这两个数据集的宏基因组序列来自美国国立生物技术信息中心（NCBI）。全基因组鸟枪法宏基因组数据可在 NCBI/DDBJ/EMBL/GenBank 以编号 PRJNA 222663 和 AZIK00000000（对于宏基因组 1）以及 PRJNA222664 和 AZIH00000000（对于宏基因组 2）来获得。
6. 并非所有参与污染物完全降解的分解酶编码序列都可以使用 AromaDeg 网站来识别[18]。在这种情况下，我们添加了缩写 NID，以防止某个反应（图 9-3 中的黑色）是由不包含在数据库中的分解代谢酶所支持的。

致谢

作者非常感谢欧洲共同体项目 KILL-SPILL（FP7-KBBE-2012-312139）、MAGIC-PAH（FP7-KBBE-2009-245226）和 ULIXES（FP7-KBBE-2010-266473）提供的资金支持。该项目已获得欧盟“地平线 2020”计划“蓝色增长：释放海洋的潜力”（Blue Growth: Unlocking the potential of Seas and Oceans）项目的资助（编号 [634486]）。这项工作得到了西班牙经济和竞争力部 BIO2011-25012 和 BIO2014-54494-R 项目的进一步拨款资助。作者非常感谢欧洲区域发展基金（ERDF）提供的资金支持。

参 考 文 献

1. Röling WF, Ferrer M, Golyshin PN (2010) Systems approaches to microbial communities and their functioning. Curr Opin Biotechnol 21:532–538
2. Yamada T, Letunic I, Okuda S, Kanehisa M, Bork P (2011) iPath2.0: interactive pathway

explorer. Nucleic Acids Res 39:W412–W415

3. Letunic I, Yamada T, Kanehisa M, Bork P (2008) iPath: interactive exploration of biochemical pathways and networks. Trends Biochem Sci 33:101–103
4. Palsson B (2009) Metabolic systems biology. FEBS Lett 583:3900–3904
5. McCloskey D, Palsson BO, Feist AM (2013) Basic and applied uses of genome-scale metabolic network reconstructions of *Escherichia coli*. Mol Syst Biol 9:661
6. Bordbar A, Palsson BO (2012) Using the reconstructed genome-scale human metabolic network to study physiology and pathology. J Intern Med 271:131–141
7. Jerby L, Shlomi T, Ruppin E (2010) Computational reconstruction of tissue-specific metabolic models: application to human liver metabolism. Mol Syst Biol 6:401
8. Rezola A, Pey J, de Figueiredo LF, Podhorski A, Schuster S, Rubio A, Planes FJ (2013) Selection of human tissue-specific elementary flux modes using gene expression data. Bioinformatics 29:2009–2016
9. Tobalina L, Bargiela R, Pey J, Herbst FA, Lores I, Rojo D et al (2015) Context-specific metabolic network reconstruction of a naphthalene-degrading bacterial community guided by metaproteomic data. Bioinformatics 31:1771–1779
10. Zamboni N, Kummel A, Heinemann M (2008) anNET: a tool for network-embedded thermodynamic analysis of quantitative metabolome data. BMC Bioinformatics 9:199
11. Pey J, Tobalina L, de Cisneros JP, Planes FJ (2013) A network-based approach for predicting key enzymes explaining metabolite abundance alterations in a disease phenotype. BMC Syst Biol 7:62
12. Bachmann H, Fischlechner M, Rabbers I, Barfa N, Branco dos Santos F, Molenaar D, Teusink B (2013) Availability of public goods shapes the evolution of competing metabolic strategies. Proc Natl Acad Sci U S A 110: 14302–14307
13. Zomorrodi AR, Suthers PF, Ranganathan S, Maranas CD (2012) Mathematical optimization applications in metabolic networks. Metab Eng 14:672–686
14. Henry CS, DeJongh M, Best AA, Frybarger PM, Linsay B, Stevens RL (2010) High-throughput generation, optimization and analysis of genome-scale metabolic models. Nat Biotechnol 28:977–982
15. Branco dos Santos F, de Vos WM, Teusink B (2013) Towards metagenome-scale models for industrial applications--the case of Lactic Acid Bacteria. Curr Opin Biotechnol 24:200–206
16. Zomorrodi AR, Maranas CD (2012) OptCom: a multi-level optimization framework for the metabolic modeling and analysis of microbial communities. PLoS Comput Biol 8:e1002363
17. Khandelwal RA, Olivier BG, Roling WF, Teusink B, Bruggeman FJ (2013) Community flux balance analysis for microbial consortia at balanced growth. PLoS One 8:e64567
18. Duarte M, Jauregui R, Vilchez-Vargas R, Junca H, Pieper DH (2014) AromaDeg, a novel database for phylogenomics of aerobic bacterial degradation of aromatics. Database (Oxford) 2014:bau118
19. Bargiela R, Gertler C, Magagnini M, Mapelli F, Chen J, Daffonchio D et al (2015) Degradation network reconstruction in uric acid and ammonium amendments in oil-degrading marine microcosm guides by metagenomic data. Front Microbiol 6:1270
20. Bargiela R, Mapelli F, Rojo D, Chouaia B, Tornes J, Borin S et al (2015) Bacterial population and biodegradation potential in chronically crude oil-contaminated marine sediments are strongly linked to temperature. Sci Rep 5:11651

第10章　宏基因组DNA功能表达的新工具

纳丁·卡茨克（Nadine Katzke），安德烈亚斯·克纳普（Andreas Knapp），
阿尼塔·勒施克（Anita Loeschcke），托马斯·德雷佩尔（Thomas Drepper），
卡尔-埃里克·耶格（Karl-Erich Jaeger）

摘要

许多因素限制了宏基因组文库中基因的功能表达，包括目的基因转录、翻译的低效和因缺少合适的分子伴侣、辅因子导致的蛋白质错误折叠与组装。目前普遍认为，使用系统发生关系较远、生理差异较大的不同表达宿主可以明显提高功能表达的成功率。在本章中，我们将介绍可以在5种宿主细菌中表达外源基因的工具和实验方法，这5种宿主细菌分别为：大肠杆菌（*Escherichia coli*）、恶臭假单孢菌（*Pseudomonas putida*）、枯草芽孢杆菌（*Bacillus subtilis*）、颖壳伯克霍尔德菌（*Burkholderia glumae*）及荚膜红细菌（*Rhodobacter capsulatus*）。多种宿主范围广泛的穿梭载体可用于在这些细菌中进行基于活性的宏基因组DNA筛选。此外，我们还介绍了新开发的转移-表达系统TREX，它包含了必要的遗传因子，可以在不同的微生物中进行包含多个功能偶联基因的大型基因簇的表达。

关键词

宏基因组文库、环境DNA、基于活性筛选、功能表达、多宿主筛选、穿梭载体、*E. coli*、*P. putida*、*B. subtilis*、*B. glumae*、*R. capsulatus*、转座子

10.1　介　　绍

宏基因组学包括一系列不依赖培养的可进行微生物群落基因研究的方法，旨在阐明微生物的多样性和生态系统的组织形式[1]，或是发现新的生物催化剂和天然产物[2]。取样环境的选择因此成为一个重要步骤。从具有较高微生物多样性的取样地点如土壤或沉积物中有望发现高度多样化的生物催化剂[3,4]，而从拥有较低微生物多样性的生境中取样可能会获得较少、特性较为一致的生物催化剂或者天然产物。这种微生物多样性较低的生境往往具有极端的条件，如pH、温度、盐度

或者压力[5-9]，或者它们本身就富含目标生物催化剂[10,11]。通过诸如提供选择性生长条件等富集策略，可以进一步加速从环境样本中寻找新生物催化剂的研究，从而将天然生物多样性缩小为一个能提供所需生物催化活性的微生物子集[12-14]。

宏基因组文库的筛选方法可以被细分为两个不同的类别，即基于序列的策略和基于活性的策略。基于序列（基因组挖掘）的策略依靠基因组和宏基因组数据库来鉴定研究者感兴趣的酶家族中可能的新成员，因而缺乏发现全新的酶的潜力[15-17]。基于活性筛选则采用酶活性检测法，从而可以鉴定出宏基因组文库中特定的生物催化功能。为此，当感兴趣的酶活性易于检测时通常使用高通量筛选方法，如观察给定底物颜色的改变或在琼脂平板上生长的菌落周围是否形成晕圈。然而，新生物催化剂的发现受限于筛选系统的可用性及相关目的基因的表达效率[18-21]。同时、高效地表达来自一个特定宏基因组 DNA 片段的所有基因是基于活性筛选系统面临的独特挑战。基因的大小、方向和组织形式，以及表达宿主对启动子或调控元件的识别是基于功能筛选系统常见的瓶颈[18,19]。即使在这些基因被正确地转录和翻译出来之后，有活性的酶的产量往往还会受限于合适的分子伴侣和特定的辅因子的可用性，或受限于宿主的翻译后修饰和目的蛋白的分泌能力[22,23]。

跨过这些限制的一种常规策略是用不同宿主表达宏基因组中的基因。这促进了宿主范围广泛的载体和合成生物学工具的发展，从而能高效地构建 *E. coli* 克隆并将外源片段进一步转化到特定的筛选宿主菌株中[24,25]。此外，人们对开发和建立具有独特生理特性的新型微生物菌株并进行高效表达也越来越有兴趣[24-28]。

在这一章中我们介绍了使用多种细菌表达宿主来高效筛选宏基因组文库和过表达候选基因的策略。第一部分描述了从细菌群落中分离和纯化宏基因组 DNA 并构建宏基因组文库的方法。文库的构建基于在 *E. coli*、*P. putida* 和 *B. subtilis* 中均可表达的宿主范围广泛的穿梭载体 pEBP18[29]。第二部分描述了 TREX 表达系统，它可用于在 *E. coli*、*P. putida* 和 *R. capsulatus* 中高效表达大型（大于 20 kb）天然基因簇[30,31]。其通过使用两个 DNA 元件（L-TREX 和 R-TREX，分别整合到目的基因簇的上游和下游）进行转座，将目的 DNA 整合到宿主基因组中。包含在两个元件中的噬菌体 T7 衍生启动子使基因簇双向转录，从而使得表达不依赖簇中基因的方向。最后两部分讨论了革兰氏阴性菌 *B. glumae* 和 *R. capsulatus* 的操作及用它们生产蛋白质的方法。*B. glumae* PG1 为伯克霍尔德氏菌属的一种非人类致病菌[32,33]，能有效生产和分泌一种与生物技术相关的脂肪酶[34,35]，因此被认为是现有细菌表达宿主一种有趣的替代选择。*R. capsulatus* 是一种光合兼性厌氧紫细菌，在光照生长条件下形成能够容纳大量异源膜蛋白的胞质内膜系统。由于常用表达宿主（如 *E. coli*）的膜空间有限，因此这些膜蛋白被认为是难以表达的[36]。表 10-1 概述了本章介绍的 5 种不同表达宿主的优势特征。

表 10-1 细菌表达宿主的特征

表达宿主	特征
E. coli	• 完善的工业化表达宿主 • 已知的分子遗传学特征 • 大量可用的克隆和表达工具
P. putida	• 已知的分子遗传学特征[37] • 大量可用于培养和遗传操作的方法[38] • 可产生大量辅因子，适用于氧化还原酶的表达[39,40] • 具有基于多种酶的多功能代谢途径[37] • 对抗生素和有机溶剂具有高耐受性[41,42]
B. subtilis	• 具有高效异源蛋白分泌系统的完善的工业化表达宿主 • 纯化异源蛋白的成本较低[43]
B. glumae	• 缺乏特征性毒性因子的非人类致病菌[33] • 可用于培养和遗传操作的实验方法 • 可有效分泌对映选择性脂肪酶[34,35]
R. capsulatus	• 兼性厌氧细菌，适用于对氧敏感蛋白和通路进行功能性表达 • 具有可承载异源膜蛋白和酶的胞质内膜系统[44] • 可生产多种不同的含金属的辅因子[45,46] • 具有无毒的脂多糖[47]

10.2 实验材料

10.2.1 细菌菌株、培养基和抗生素

除非另有说明，否则所用的化学品来源于 Carl Roth 公司（德国卡尔斯鲁厄）。

1. *E. coli* DH5α（Thermo Fisher Scientific 公司，美国马萨诸塞州沃尔瑟姆），用于 DNA 克隆；*E. coli* S17-1[48]，用于质粒向 *R. capsulatus* 和 *B. glumae* PG1 的接合转移（见注释 1）。
2. *P. putida* KT2440[37]和 *B. subtilis* TEB1030[43]，用于筛选和表达 pEBP18 与 TREX 系统。
3. *B. glumae* PG1[32]，用于质粒或转座子的转化。
4. *R. capsulatus* B10S，用于 pRhok 系列质粒的表达；B10S-T7 菌株，用于 T7 依赖性表达[49]。
5. 卢里亚-贝尔塔尼（Luria-Bertani，LB）培养基[50]：10 g/L 胰蛋白胨（来自

酪蛋白的蛋白胨)、5 g/L 酵母提取物及 5 g/L NaCl 溶于去离子水中并进行高压蒸汽灭菌（121℃，200 kPa，20 min）。2×LB 培养基：含有两倍浓度的上述相同组分。

6. EM 培养基：20 g/L 胰蛋白胨（来自酪蛋白的蛋白胨）、5 g/L 酵母提取物和 5 g/L NaCl 溶于去离子水中，将 pH 调节到 7.2 并进行高温蒸汽灭菌（121℃，200 kPa，20 min）。在灭菌和冷却后，加入 5 mL/L 无菌葡萄糖溶液[50%（*m*/*V*）α-D(+)-葡萄糖-水合物]以获得 0.5%（*m*/*V*）的最终浓度。
7. EM1 培养基：含有 1%（*m*/*V*）葡萄糖的 EM 培养基。
8. 基本培养基 E（MME）制备为 50 倍储备液[51]：10 g $MgSO_4·7H_2O$、100 g 水合柠檬水、500 g K_2HPO_4 及 175 g $NaNH_4HPO_4·4H_2O$ 连续溶解于 670 mL 去离子水中，得到约 1 L 的储备液，并且进行高温蒸汽灭菌（121℃，200 kPa，20 min）。用经高温蒸汽灭菌的水稀释 50 倍后，得到 pH 为 7.0 的培养基。对于 MME 琼脂平板，溶解在水中的 1.5%（*m*/*V*）琼脂高温蒸汽灭菌后，加入 0.5%（*m*/*V*）葡萄糖，冷却到 60℃后加入 1/50 体积的 MME 储备液和适当体积的抗生素溶液。
9. 根据表 10-2 制备用于培养 *R. capsulatus* 的 RCV 基本培养基。将该溶液进行高温蒸汽灭菌（121℃，200 kPa，20 min）。冷却后，加入 9.6 mL 1 mol/L 磷酸盐缓冲液（81.3 g KH_2PO_4 和 78.7 g K_2HPO_4 溶解于 500 mL 去离子水中，pH 为 6.8）、40 mL 10%的 DL-苹果酸溶液（pH 为 6.8）及 10 mL 10%的 $(NH_4)_2SO_4$ 溶液（见注释 2）。

表 10-2 RCV 基本培养基成分（修改自参考文献[49]）

基本 RCV 培养基（1 L）				
溶液	浓度[a]	灭菌[b]	存储	体积
EDTA	1%（*m*/*V*）	121℃	RT	2 mL
$MgSO_4$	20%（*m*/*V*）	121℃	RT	1 mL
微量元素溶液[c]	见下方	121℃	RT	1 mL
$CaCl_2$	7.5%（*m*/*V*）	121℃	RT	1 mL
$FeSO_4$[d]	0.5%（*m*/*V*）	121℃	RT	2.4 mL
硫胺素	0.1%（*m*/*V*）	121℃	RT	1 mL
MilliQ 水			RT	加 1000 mL

微量元素溶液（250 mL）	
成分	含量
$MnSO_4·H_2O$	0.40 g
H_3BO_3	0.70 g
$Cu(NO_3)_2·3H_2O$	0.01 g
$ZnSO_4·7H_2O$	0.06 g

续表

微量元素溶液（250 mL）	
成分	含量
$Na_2MoO_4·2H_2O$	0.02 g
MilliQ 水	加 250 mL

注：RT. 室温

a. 表示储备液的浓度

b. 在 121℃、200 kPa 下高温蒸汽灭菌 20 min

c. 微量元素溶液中成分溶解性很差，因此在移液前充分搅拌很重要

d. 在灭菌之前将 1 mL 37%的盐酸加入到溶液中以防止 $FeSO_4$ 氧化

10. PY 培养基：*R. capsulatus* 的复合培养基，包含 10 g/L 细菌蛋白胨（BD 公司，美国斯帕克斯）及 0.5 g/L 细菌酵母提取物（BD 公司，美国斯帕克斯）。在高温蒸汽灭菌（121℃，200 kPa，20 min）后，让培养基冷却并加入 2 mL/L 的 1 mol/L $MgCl_2$ 和 1 mol/L $CaCl_2$ 及 2.4 mL/L 的 0.5% $FeSO_4$ 溶液（加入 2 mL/L 的 37%盐酸）。如果是为了接合，准备该培养基时不添加 $FeSO_4$（见注释 3）。
11. 果糖溶液：使用 1.2 mol/L 果糖溶液诱导 *R. capsulatus* B10S-T7 菌株中的 T7 依赖性表达。灭菌后（121℃，200 kPa，20 min），溶液在室温下储存。
12. 如有必要，将抗生素加入培养基中，浓度如表 10-2 所示。
13. 琼脂平板通过在灭菌前补充含有 1.5%（*m*/*V*）琼脂的液体培养基来制备。对于 *R. capsulatus*，使用 Select Agar（Thermo Fisher Scientifc 公司，美国马萨诸塞州沃尔瑟姆）；对于其他细菌，可以使用 agar-agar（Carl Roth 公司，德国卡尔斯鲁厄）。用于培养 *B. glumae* 的琼脂平板需要加入额外的补充剂（参见条目 8）。
14. 淀粉板是含有 1%（*m*/*V*）玉米淀粉的 LB 琼脂平板（玉米淀粉来自 Mondamin 公司，由当地超市提供），并进行高温蒸汽灭菌（121℃，200 kPa，20 min）。为了着色淀粉板，将由 0.5%（*m*/*V*）碘（Fluka，Sigma-Aldrich Chemie 股份有限公司，德国慕尼黑）和 1%（*m*/*V*）碘化钾（AppliChem 股份有限公司，德国达姆施塔特）组成的碘酒溶液溶解在去离子水中（注意溶解可能需要好几天）。
15. 用于清洗和机械破碎 *R. capsulatus* 细胞的 SP 再悬浮缓冲液包含 22 mmol/L KH_2PO_4、40 mmol/L K_2HPO_4 及 150 mmol/L NaCl。当用于细胞破碎时，用蛋白酶抑制剂片剂（如 Complete，EDTA-free；Roche 公司，瑞士巴塞尔，每 50 mL 1 片）补充缓冲液。

10.2.2 载体

1. 穿梭载体 pEBP18（图 10-1a）：该 10.6 kb 穿梭载体作为游离质粒在 *E. coli*

（ori_{Ec}）和 *P. putida*（ori_{Pp}）中复制。在 *B. subtilis* 中，穿梭载体通过同源重组整合到细菌染色体（$amyE'_{Bs}$、$'amyE_{Bs}$）的淀粉酶基因座中。将异源 DNA 插入 *Bam*H Ⅰ克隆位点。克隆位点上游和下游的 *Swa* Ⅰ限制性酶切位点能够重新打断 DNA 片段。异源基因在 *E. coli*、*P. putida* 和 *B. subtilis* 中通过诱导型启动子 P_{T7}（T7 RNA 聚合酶依赖性）表达或在 *B. subtilis* 中通过 P_{xyl}（由木糖诱导）表达。内含的 GFP 基因（*gfp*）可用于监测基因表达。*cos* 位点可以通过噬菌体感染高效转导 *E. coli*（如果穿梭载体携带大插入片段使其大小增加到 37～52 kb，则这步是必需的）[52]。

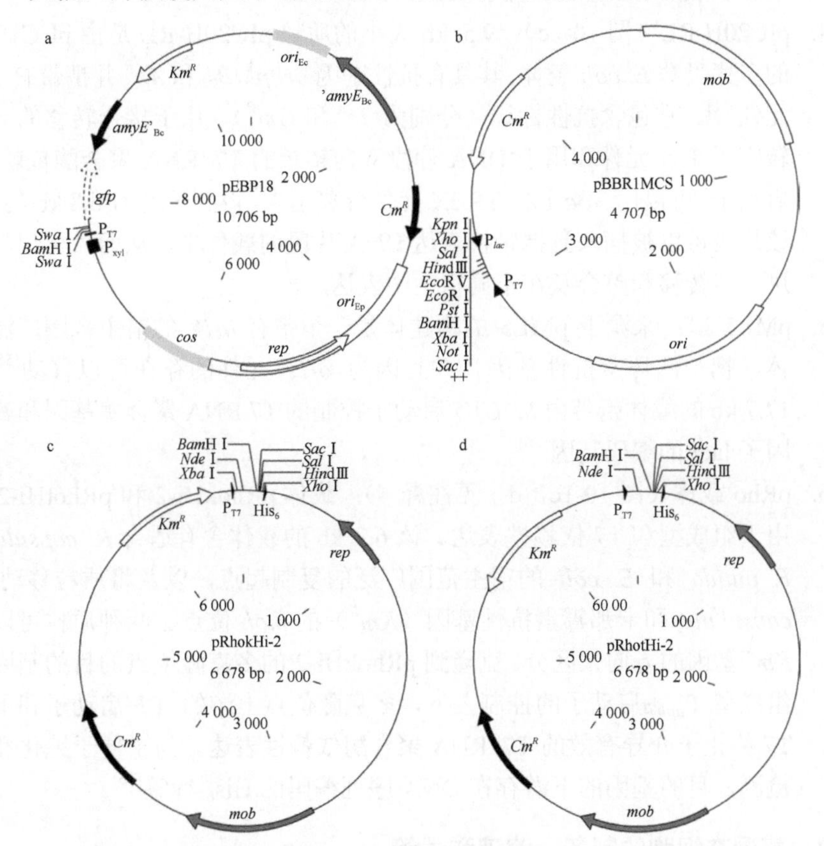

图 10-1　在多种宿主中用于宏基因组文库构建和表达的载体。（a）用于 *E. coli*、*P. putida* 和 *B. subtilis* 文库构建的穿梭载体 pEBP18。（b）*B. glumae* 的表达质粒 pBBR1MCS，也可使用 pBBR1MCS 系列的其他载体，其在抗生素抗性基因和多克隆位点组成方面存在差异[43]。（c）*R. capsulatus* 中用于组成型表达的 pRhokHi-2 质粒。（d）*R. capsulatus* 中用于 T7 RNA 聚合酶依赖性表达的 pRhokHi-2 质粒。Km^R. 卡那霉素抗性基因；Cm^R. 氯霉素抗性基因；P_{T7}. T7 启动子区域；P_{Xyl}. Xyl 启动子区域；P*lac*. *lac* 启动子区域；ori_{Pp}. *P. putida* 的复制起点；ori_{Ec}. *E. coli* 复制起点；*rep*. 复制起点；*mob*. 转移起点；$amyE_{Bs}$. *B. subtilis* 整合位点；His_6. 6×组氨酸标记；*cos*. 转导位点；++. 可用的其他限制性酶切位点。未按比例绘制

2. pUC18：带有 *ori pMB1* 的 2.6 kb 的 *E. coli* 标准克隆载体，携带有一个氨苄西林抗性基因（Thermo Fisher Scientific 公司，美国马萨诸塞州沃尔瑟姆）。
3. pBBR1MCS 系列（图 10-1b）：pBBR1MCS 载体含有多个克隆位点，用于接合转移的 *mob* 位点和宿主范围广泛的复制起点被 *E. coli* 与 *B. glumae* 这种革兰氏阴性菌所识别。对于本章中的实验方法，可以使用含有氯霉素抗性标记的 4.7 kb 大小的质粒 pBBR1MCS[53]。也可以使用 pBBR1MCS 系列的其他质粒[54]，如 pBBR1MCS-2（卡那霉素）、pBBR1MCS-3（四环素）和 pBBR1MCS-5（庆大霉素）。
4. pIC20H-RL（图 10-2c）：9.5 kb 大小的质粒 pIC20H-RL 是由 pUC19 衍生的多拷贝数 *E. coli* 载体，其具有抗性基因 *ori pMB1* 和 Ap^R 并携带有 TREX 元件[31]。它包含抗性标记（分别为 Tc^R 和 Gm^R），用于接合转移的 *oriT*，转座子 Tn5 元件和用于 DNA 片段双向转录的 T7 RNA 聚合酶依赖性 T7 启动子。可以用 *Xba* I 将 TREX 元件分离出来，得到长度为 6.8 kb 的片段，该片段可以被插入到携带待表达 DNA 片段的载体中，从而“标记”它以进一步转移和整合及在不同宿主中表达。
5. pML5-T7：来源于 pML5 的构建体是一个带有 *oriV* 的宿主范围广泛的载体，携带四环素抗性基因，并且因为 *oriT* 元件的存在可以移动[55]。该 17.7 kb 的载体携带由 *lacUV5* 启动子控制的 T7 RNA 聚合酶基因和其抑制因子 lacI 的编码基因[56]。
6. pRho 载体（图 10-1c，d，见注释 4）：载体 pRhokHi-2 和 pRhotHi-2 分别用于组成型和 T7 依赖性表达。该 6.7 kb 的载体含有适合 *R. capsulatus*、*P. putida* 和 *E. coli* 的宿主范围广泛的复制起点，以及将质粒移动至 *R. capsulatus* 和卡那霉素抗性基因（Km^R）的 *mob* 位点。两种质粒可以按照 Km^R 基因的方向来区分。克隆到 pRhokHi-2 的多克隆位点的目的基因处于组成型 $P_{aph\,II}$启动子的控制之下，多克隆位点上游的 T7 启动子和下游的 T7 终止子介导有效的 T7 RNA 聚合酶依赖性表达。为了便于纯化和免疫检测，目的基因的下游存在 DNA 序列编码的 His_6-标签[36]。

10.2.3 感受态细胞的制备：溶液和试管

除非另有说明，否则所用的化学品来源于 Carl Roth 公司（德国卡尔斯鲁厄）。

1. 电转杯：分为 1 mm 间隙和 2 mm 间隙两种（BioBudget 技术股份有限公司，德国克雷费尔德）。
2. MilliQ 水（Millipore 公司，德国施瓦尔巴赫）的，在 25℃下提供的水的电导率为 18.2 mΩ。通过高温蒸汽灭菌（121℃，200 kPa，20 min）并在 4℃下储存。

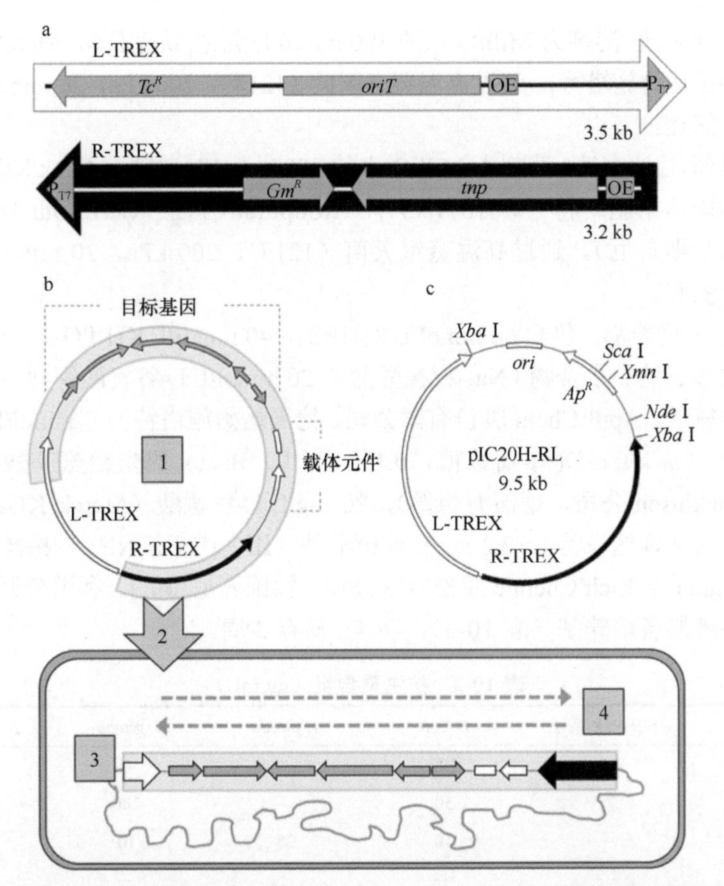

图 10-2　TRE 通路转移和表达系统 X 的结构与功能。(a) TREX 系统由两个 DNA 元件组成，即 L-TREX（白色）和 R-TREX（黑色）元件，它们包含了在异源细菌宿主中整合和表达具有多个基因的 DNA 片段的所有元件。(b) TREX 介导的通路转移和表达的原理示意图，包括用 TREX 元件“标记”具有目的基因的 DNA 片段（步骤 1），TREX 标记的基因接合转移到革兰氏阴性细菌宿主中（步骤 2），通过转座将 TREX 标记的基因随机整合到细菌染色体中（步骤 3）（质粒构建体的转座区在步骤 1 以灰色阴影表示），最后通过 T7 RNA 聚合酶对所有基因进行双向表达（步骤 4）。(c) 质粒 pIC20H-RL 携带 TREX 元件作为<L-TREX-R>组件，以“内外”方式包含 L-TREX 和 R-TREX 元件，其中 T7 启动子指向外，位于 *Xba* I 限制性酶切位点的两侧；对于直接一步的 TREX 标记，可将此模块插入携带待表达 DNA 片段的载体中；或者，*Nde* I、*Xmn* I 或 *Sca* II 限制性酶切位点可用于在该载体中引入目的基因。Ap^R. 氨苄西林抗性基因；Gm^R. 庆大霉素抗性基因；Tc^R. 四环素抗性基因；*oriT*. 转移起点；OE. 转座子 Tn5 外端；P_{T7}. T7 噬菌体启动子；*tnp*. Tn5 转座酶基因

3. 甘油溶液：溶剂为 MilliQ 水的 10%（*V*/*V*）Rotipuran 甘油（Carl Roth 公司，德国卡尔斯鲁厄）。通过高温蒸汽灭菌（121℃，200 kPa，20 min）并在 4℃下储存。

4. 蔗糖溶液：溶剂为 MilliQ 水的 300 mmol/L 蔗糖[默克公司（Merck KGaA），德国达姆施塔特]。通过高温蒸汽灭菌（121℃，200 kPa，20 min）并在 4℃下储存。
5. 蔗糖-甘油溶液：溶剂为 MilliQ 水的 300 mmol/L 蔗糖（Merck KGaA 公司，德国达姆施塔特）和 10%（*V*/*V*）Rotipuran 甘油（Carl Roth 公司，德国卡尔斯鲁厄）。通过高温蒸汽灭菌（121℃，200 kPa，20 min）并在 4℃下储存。
6. Paris 培养基：包含 60 mmol/L K_2HPO_4，40 mmol/L KH_2PO_4，3 mmol/L 柠檬酸三钠二水合物（Na_3-柠檬酸盐），20 mmol/L L-谷氨酸钾-水合物（K-L-谷氨酸，AppliChem 股份有限公司，德国达姆施塔特），3 mmol/L $MgSO_4$，1%（*m*/*V*）α-D(+)-葡萄糖，0.1%（*m*/*V*）Bacto 酪蛋白氨基酸（Becton-Dickinson 公司，德国海德堡），20 mg/L L-色氨酸（Merck KGaA 公司，德国达姆施塔特），2.2 mg/L 柠檬酸铁（Ⅲ）[Fe(Ⅲ)NH_4-柠檬酸（Fluka，Sigma-Aldrich Chemie 股份有限公司，德国慕尼黑）]。利用分开消毒的储备液制备培养基（表 10-3）。在 4℃储存 2 周。

表 10-3 抗生素含量（μg/mL）

	pEBP18 系统	*E. coli*	*P. putida*	*B. glumae*	*R. capsulatus*
氨苄西林	150	100	—	—	—
氯霉素	7.5	50	—	200	—
庆大霉素	—	50	25	10	—
氯苯酚	—	—	25	—	—
卡那霉素	20	50	—	50	25
链霉素	—	—	—	—	200
四环素	—	10	50	40	—

7. $MgCl_2$ 溶液：溶剂为 MilliQ 水的 100 mmol/L $MgCl_2$。通过高温蒸汽灭菌（121℃，200 kPa，20 min）并在 4℃下储存。
8. $CaCl_2$ 溶液：溶剂为 MilliQ 水的 100 mmol/L $CaCl_2$。通过高温蒸汽灭菌（121℃，200 kPa，20 min）并在 4℃下储存。

10.2.4 用于 DNA 提取和纯化的溶液

除非另有说明，否则所用的化学品来源于 Carl Roth 公司（德国卡尔斯鲁厄）。

1. 异丙醇：2-丙醇（Rotisolv）。
2. 乙醇：用去离子水将乙醇（Rotisolv）稀释到 70%（*V*/*V*）。
3. 乙酸钠：用离子水配制浓度为 3 mol/L 的乙酸钠溶液。使用乙酸将 pH 调节到 5.5（不要使用 HCl）。

4. 溶液#1（用于从细菌样本中提取基因组 DNA）：345 mmol/L 蔗糖（Merck KGaA 公司，德国达姆施塔特），10 mmol/L Tris-HCl（pH 8.0），1 mmol/L EDTA（pH 8.0），以及 2 mg/mL 溶菌酶（Sigma-Aldrich Chemie 股份有限公司，德国慕尼黑）。
5. 溶液#2（用于从细菌样本中提取基因组 DNA）：300 mmol/L NaCl，2%（*m/V*）SDS，100 mmol/L Tris-HCl（pH 8.0），以及 20 mmol/L EDTA（pH 8.0）。
6. 2 mmol/L 1,4-二硫苏糖醇（DTT，Carl Roth 公司，德国卡尔斯鲁厄）：制备溶于去离子水中的 1mol/L DTT 储备液。
7. 50 μg/mL RNase A。
8. 苯酚-氯仿溶液（随时可用）：Roti 苯酚-氯仿-异戊醇（25∶24∶1），pH 7.5～8。
9. 氯仿-异戊醇溶液：氯仿（Rotisolv）与异戊醇（Rotipuran）按 24∶1 混合。
10. TE 缓冲液：10 mmol/L Tris-HCl 及 1 mmol/L EDTA，pH 8.0。
11. 上样缓冲液（6×）：50%（*V/V*）甘油（Rotipuran），0.1%（*m/V*）SDS，100 mmol/L EDTA（pH 8.0），以及 0.05%（*m/V*）溴酚蓝。
12. 根据标准实验方法进行琼脂糖凝胶电泳，凝胶用溴化乙锭染色（也可参见参考文献[50]第 1 卷第 5 章）。

10.2.5　商业化试剂盒

1. 质粒 DNA 制备：innuPREP Plasmid Mini 试剂盒[耶拿分析仪器股份公司（Analytik Jena AG），德国耶拿]或者 NucleoBond Xtra Midi 试剂盒（Macherey-Nagel 股份有限公司，德国迪伦）。
2. 从琼脂糖凝胶中分离 DNA：innuPrep DOUBLEpure 试剂盒（Analytik Jena AG 公司，德国耶拿）。

10.2.6　酶

除非另有说明，否则酶来源于 Thermo Fisher Scientific 公司（美国马萨诸塞州沃尔瑟姆），并在最佳反应温度下与对应缓冲液一起使用。

1. 限制性内切酶：*Bam*HⅠ（10 U/μL），*Bsp*143Ⅰ（*Sau*3AⅠ，10 U/μL），*Nde*Ⅰ（10 U/μL），*Swa*Ⅰ（10 U/μL），*Xho*Ⅱ（10 U/μL）。
2. FastAP 热敏碱性磷酸酶，1 U/μL。
3. T4 DNA 连接酶，1 U/μL。
4. T4 多核苷酸激酶，10 U/μL。

5. 来自鸡蛋清的溶菌酶（Fluka，Sigma-Aldrich Chemie 股份有限公司，德国慕尼黑）：按浓度 100 mg/mL 溶于 10 mmol/L Tris-HCl，过滤灭菌（滤纸孔径：0.22 mm）并储存于–20℃。
6. 来自白色念球菌（*Tritirachium album*；Merck KGaA 公司，德国达姆施塔特）的蛋白酶 K：按浓度 10 mg/mL 溶于去离子水中，过滤灭菌（滤纸孔径：0.22 mm）并储存于–20℃。
7. 不含 DNase 的 RNase A 根据参考文献[50]第 3 卷附录 A4.39 制备。来自牛胰腺的 100 mg/mL RNase A（Fluka，Sigma-Aldrich Chemie 股份有限公司，德国慕尼黑）溶于乙酸钠溶液（0.01 mol/L 乙酸钠，用乙酸将 pH 调节至 5.2）。加热至 100℃ 15 min，并缓慢冷却至室温。通过加入 0.1 体积的 1 mol/L Tris-HCl（pH 7.4）来调节 pH。制备每个 1 mL 的等分试样并储存在–20℃。

10.2.7 DNA 梯状条带

1. GeneRuler 1 kb DNA 梯状条带（DNA Ladder；Thermo Fisher Scientifc 公司，美国马萨诸塞州沃尔瑟姆），片段大小（bp）：10 000、8000、6000、5000、4000、3500、3000、2500、2000、1500、1000、750、500、250。
2. 1 kb DNA 延伸梯状条带（Thermo Fisher Scientifc 公司，美国马萨诸塞州沃尔瑟姆），片段大小（bp）：40 000、20 000、15 000、10 000、8144、7126、6108、5090/5000、4072、3054、2026、1636、1018、517/506。

10.2.8 设备和材料

这里描述的设备可以用具有适当规格的替代设备替代。

1. 使用 BioPhotometer [艾本德股份公司（Eppendorf AG），德国汉堡]和配套的石英比色皿 TrayCell [海尔玛股份有限公司（Hellma GmbH & Co. KG），米尔海姆，德国]及 1 mm 或 0.2 mm 管盖测量 DNA 浓度。
2. 用于在固体培养基上进行 *R. capsulatus* 的厌氧培养：Microbiology Anaerocult A 系统（Merck KGaA 公司，德国达姆施塔特），由气密容器和气体包组成，目的是消除大气中的氧气。
3. French Press 细胞破碎机，带有 French 压力传感器 40K，1″活塞直径（Thermo Fisher Scientific 公司，美国马萨诸塞州沃尔瑟姆）。
4. 电转仪：MicroPulser（Bio-Rad 公司，德国慕尼黑）。
5. 醋酸纤维素膜过滤器：0.2 μm 孔径，25 mm 直径（GE Healthcare 英国有限公司，英国白金汉郡）。

10.3　实 验 方 法

10.3.1　用穿梭载体 pEBP18 构建宏基因组文库

10.3.1.1　穿梭载体 pEBP18 的线性化和去磷酸化

1. 用 NucleoBond Xtra Midi 试剂盒从 *E. coli* DH5α（pEBP18）过夜培养物中提取 50 μg pEBP18 载体 DNA。用分光光度法测定 DNA 浓度。
2. 在体积 200～300 μL 的反应体系中用 50 U *Bam*H Ⅰ 消化 50 μg 载体 DNA 4 h（见注释 5）。
3. 使用琼脂糖凝胶电泳分析水解 DNA 的等分试样（1～2 μL），并将同量的未酶切载体作为对照。如果线性化不完全，加入 2.5 μL 酶缓冲液（10×）、20 U *Bam*H Ⅰ 和 20.5 μL 去离子水。仔细混合并在 37℃下额外培养 2 h。重复此步骤，直至载体完全线性化，但确保反应混合物中 *Bam*H Ⅰ 储存液的浓度不超过 5%（*V*/*V*）。
4. 一旦载体完全线性化，去除 *Bam*H Ⅰ：按照 10.3.1.2 节步骤 6 所述用苯酚-氯仿提取。通过加入 0.1 体积的 3 mmol/L 乙酸钠和 0.7 体积的异丙醇（–20℃）沉淀 DNA。通过重复倒置离心管进行混合。在冰上培养 10 min，在室温和 16 000×*g* 下离心 30 min。弃去上清液并用冷却的 900 μL 70%乙醇洗涤沉淀。离心，弃去上清液，风干。将 DNA 沉淀溶于无核酸酶水中。
5. 用分光光度法测量 DNA 浓度并计算 DNA 末端的摩尔浓度（pmol DNA ends）（http://www.promega.com/biomath）：

$$\text{pmol DNA ends} = \text{g DNA} \times \frac{\text{pmol}}{660\ \text{pg}} \times \frac{10^6\ \text{pg}}{\text{g}} \times \frac{1}{N} \times 2 \times \frac{\text{kb}}{1000\ \text{bp}}$$

   式中，*N* 为碱基数（bp）；pmol/660 pg 为单个碱基对的平均分子量；2 为线性 DNA 分子的末端数目；kb/1000 bp 为将 bp 转化成 kb（千碱基对）。
6. 按以下步骤准备去磷酸化反应：取对应 1 pmol DNA 末端的 DNA，向其中加入 1 U FastAP 热敏碱性磷酸酶和 2 μL FastAP 缓冲液（10×）。用无核酸酶水将总体积调至 20 μL。
7. 在 37℃培养去磷酸化反应混合物 10 min。
8. 在 75℃热灭活 FastAP 热敏碱性磷酸酶 5 min。
9. 通过琼脂糖凝胶电泳和胶回收来纯化去磷酸化的载体（见注释 6）。
10. 为了检验载体制备的质量（即线性化和去磷酸化的效率），在载体应用于连接反应之前进行重新连接控制：用 1～2 μL 去磷酸化载体转化感受态

E. coli DH5α 细胞（参见 10.3.1.5 节步骤 2）并在选择性 LB 琼脂平板上涂板。在 37℃下进行过夜培养。如果培养后没有或只有少数 *E. coli* 菌落可见，则载体质量是可过关的。

10.3.1.2　宏基因组 DNA 的分离

这种分离宏基因组 DNA 的方法适用于来自生物膜的细菌细胞颗粒样品或湖水样品。由于环境 DNA 中常见的腐殖质、有机化合物和盐类等污染物难以用此方法去除，且其会干扰后续酶促反应（如限制性酶切或连接），因此不推荐使用这种方法从土壤样品中提取 DNA。

1. 轻轻地将约 1 g 细胞重悬于 3 mL 溶液#1 中。在 37℃的水浴中培养样品 1.5 h。
2. 轻轻地周期性倒置试管来混合溶液。不要在本实验方法的任何步骤中涡旋振荡制剂，因为这可能导致基因组 DNA 的剪切。
3. 将含有 2 mmol/L DTT 和 50 mg/mL RNase A 的 6 mL 溶液#2 加入到每个样品中。并在 55℃下培养 30 min，重复步骤 2。
4. 加入 100 mg/mL 蛋白酶 K。在 55℃培养 15 min，重复步骤 2。
5. 通过抽吸匀化 DNA 溶液，并通过套管（直径约 0.9 mm）轻轻地喷到新的离心管中（见注释 7）。
6. 为了去除蛋白质并纯化 DNA，根据参考文献[50]第 3 卷附录 A8.9（稍做修改）使用苯酚-氯仿来提取 DNA。由于该过程涉及有毒物质，因此要小心操作并使用保护设备和排风设备。
   (a) 将 0.5～1 体积的苯酚-氯仿溶液加入到匀浆中。
   (b) 翻转试管直到溶液变浑浊。在 4℃下以 3000×*g* 离心 5 min 以分离有机相（下层相，黄色）和水相（上层相）（见注释 8）。DNA 通常包含在水相中，但如果苯酚-氯仿溶液的 pH 偏离 7.8～8.0，则可能发生核酸迁移至有机相中。
   (c) 将未着色的 DNA 水相转移到新的离心管中。小心不要从中间相中去除蛋白质（使用改进的微量移液器，其末端被切掉以扩大开口）。
   (d) 将 0.5～1 体积的氯仿-异戊醇溶液加入到水相中并重复步骤（b）。
   (e) 在几个干净的 2 mL 离心管中收集水相。
7. 如前文所述，使用异丙酮沉淀来浓缩 DNA（参见 10.3.1.1 节步骤 4）
8. 轻轻上下吹打，将 DNA 沉淀溶解在 100 μL 65℃的 TE 缓冲液中。在 65℃下培养 10 min，随后在 4℃继续培养并至少过夜以完全溶解 DNA（培养几天可提高洗脱效率）。由此产生的溶液应该会显得黏稠。
9. 用分光光度法测定 DNA 浓度和纯度。DNA 的纯度由 2.0～2.2 的 $A_{260/230}$

值和 1.8 的 $A_{260/280}$ 值表示。如果观察到与这些值存在显著差异，或者从样本中闻到残留苯酚的味道，则进行重复纯化。

10. 将 DNA 在 4℃保存或在–20℃长期保存。

10.3.1.3　宏基因组 DNA 的片段化

在此实验方法中，使用 *Bsp*143 I（一种 *Sau*3A I 同尾酶）进行酶切来产生片段化的宏基因组 DNA。*Bsp*143 I 识别一个 4 bp 的位点并产生 *Bam*H I 相容末端。生成的 DNA 片段大小不应超过 10 kb，因为较大的片段可能会干扰基于活性筛选的效率。

1. 采用低百分比的琼脂糖凝胶[0.5%～0.6%(*m*/*V*)]，25～30 cm 的间距和 1 kb 的 DNA 梯状条带作为标记，通过琼脂糖凝胶电泳分析环境 DNA 的质量和浓度。如果 DNA 具有高分子量（>40 kb），则继续进行步骤 2，否则重复从样品中分离 DNA 的步骤。如果样品 RNA 含量较高（表明存在大量低分子量的片段），使用 RNase A 进行 RNA 水解并用苯酚-氯仿重复提取 DNA（参见 10.3.1.2 节步骤 6）。
2. 为了部分水解宏基因组 DNA，将 4 μg 分离的 DNA 和 4 μL 酶缓冲液（10×）与 28 μL MilliQ 水混合。在 37℃下培养此预混物 10 min。
3. 准备 7 个标记为 0、2、4、6、8、10、12（min）的 1.5 mL 离心管并分别吸取 2 μL 上样缓冲液。将它们放在冰上。
4. 加入 4 μL *Bsp*143 I（1 U/mL）到调和预混物中，并通过上下吹打混合。
5. 将 4 μL 反应混合物直接吸入标记为 0 min 的离心管中，并将其置于冰上。在 37℃培养残留的反应混合物。
6. 每 2 min 重复步骤 5，将另外 4 μL 等分试样转移到合适的离心管中并置于冰上。
7. 用低百分比的琼脂糖凝胶[0.5%～0.6%（*m*/*V*）]和 10 cm 的间距通过琼脂糖凝胶电泳分析限制性酶切动力学。成功的部分酶切通过形成 DNA 弥散而不是明显可区分的条带来指示。使用步骤 6 的测试酶切来估计最佳培养时间，以达到 3～6 kb 大小的混合 DNA 片段的最高浓度。如果没有发现适当的培养时间，调整酶浓度重复测试酶切。
8. 为了制备 DNA 片段，在 36 μL MilliQ 水中稀释 4 μg 分离的 DNA。加入适当浓度的 *Bsp*143 I（如步骤 7 所估计）并将总体积调整到 40 μL。在 37℃下培养由步骤 7 测试酶切所估计的最佳时间。加入 8 μL 上样缓冲液以终止反应。
9. 使用琼脂糖凝胶电泳分离不同大小的 DNA 片段并从凝胶中切出含有 3～6 kb DNA 片段的琼脂糖块。用 innuPREP DOUBLE 胶回收试剂盒从凝胶切片中纯化 DNA。

10. 通过凝胶电泳分析 200～300 ng 纯化的 DNA 以验证正确的大小和足够的浓度。

10.3.1.4 使用 pEBP18 连接宏基因组 DNA

1. 用分光光度法测量载体 DNA 和插入 DNA 的浓度。
2. 用下面的公式计算连接所需的 DNA 量。对于宏基因组 DNA，计算要制备的部分酶切 DNA 的平均插入片段质量。

$$\text{插入片段质量(ng)} = \frac{5 \times \text{载体质量(ng)} \times \text{插入片段长度(bp)}}{\text{载体长度(bp)}}$$

3. 将 1 μL 载体 DNA 和计算出含量的插入 DNA 混合。加入 2 μL 10×T4 DNA 连接酶缓冲液和 1 μL T4 DNA 连接酶（1 U/μL）及 MilliQ 水至体积为 17 μL。通过上下吹打轻轻混合溶液。
4. 在 16℃下过夜培养。
5. 培养后，通过 65℃热处理 10 min 灭活连接酶。

10.3.1.5 用 pEBP18 宏基因组文库转化细菌宿主

根据修订后的参考文献[50]第 1 卷第 1 章 Protocol 26 进行电感受态 *E. coli* 细胞的制备和转化。

电感受态 *E. coli* 细胞的制备

1. 在 LB 琼脂平板上划线培养 *E. coli*，并在 37℃下培养过夜。
2. 将单个菌落接种到 5 mL LB 培养基中。在恒定振荡（120 r/min）和 37℃培养过夜。
3. 将预培养物等分试样接种到 220 mL LB 培养基达到最终 OD_{580}=0.05。在恒定振荡（120 r/min）和 37℃培养。确定生长培养物的细胞密度（OD_{580}），直到达到 OD_{580}=0.4～0.5 的光密度。
4. 将细胞悬液转移到 4 个 50 mL 离心管中并在冰上培养 20 min。在冰上准备 25 个 1.5 mL 离心管。在冰上制备细胞悬液。
5. 通过离心收集细胞（在 4℃下以 3000×*g* 离心 10 min）。
6. 弃去上清液并轻轻地将每个沉淀重悬于 50 mL MilliQ 水中。
7. 重复步骤 5 和 6，但是这次将每个沉淀重新悬浮在 25 mL MilliQ 水中。混合两个离心管中的悬液。
8. 重复步骤 5 和 6，但将每个沉淀重悬于 2 mL 甘油溶液中。混合两个离心管中的悬液。

9. 重复步骤 5 和 6，但将沉淀重悬于 0.5 mL 甘油溶液中，制备 25 μL 等分试样。在−20℃培养 1 h，然后储存在−80℃。
10. 用 1 μL pUC18 进行测试转化（参见 10.3.1.5 节步骤 2）并在电转化后在 37℃培养 1 h 来测试电感受态细胞的质量。

电感受态 *E. coli* 细胞的转化

1. 将一份电感受态 *E. coli* 细胞在冰上溶解，并在冰上冷却电转杯（1 mm 间隙）。
2. 向电感受态 *E. coli* 细胞中加入 1 μL 连接混合物。通过上下吹打轻轻混合。
3. 用移液管将悬液移入电转杯中。用纸巾小心地擦干电转杯外部的电极。将试管放入电转仪中，并使用 Bio-Rad MicroPulser 程序 EC1（1.8 kV）进行电转化。
4. 迅速将 600 μL EM1 培养基加入细胞中，并将溶液转移至离心管中。37℃下培养 3 h（120 r/min）。
5. 在选择性 EM1 琼脂平板上梯度稀释转化混合物并在 37℃培养过夜。将剩余的转化混合物储存在 4℃。
6. 计算每个板上转化株的数量以估计最佳稀释因子。相应地稀释剩余的转化混合物，在选择性 EM1 琼脂平板上涂板并在 37℃培养过夜。
7. 单个菌落总数应＞200 000。如果没有达到这个数目，则使用连接混合物重复进行转化。
8. 分别在 5 mL 选择性液体 LB 培养基中于 37℃过夜培养 40 个克隆并分离质粒 DNA。用 *Swa* I 从每个样品中水解获得 5 μg 重组 DNA，总反应体积为 50 μL（参见 10.3.1.1 节步骤 2～4）。
9. 通过琼脂糖凝胶电泳分析限制性酶切模式。与水解的空 pEBP18 载体相比，成功的克隆由一个或多个附加条带指示。插入片段的大小应该在 3～6 kb。如果存在多于一个插入片段条带（指示 *Swa* I 在插入片段内酶切），则通过添加的各个插入片段的大小来估计总插入片段大小。
10. 挑取克隆，将它们在琼脂平板上重新涂板，并用适当的底物筛选具有所需活性的克隆。

电感受态 *P. putida* KT2440 细胞的制备

1. 在 EM1 琼脂平板上划线培养 *P. putida* KT2440。在 30℃下培养过夜。
2. 将单个菌落接种在底部带有挡板的带孔锥形瓶的 100 mL EM 培养基中。在恒定振荡（120 r/min）和 30℃培养过夜。
3. 将过夜培养物转移到 4 个 50 mL 离心管中，分别用等体积的 MilliQ 水稀释（见注释 9）并在冰上冷却。

4. 通过离心收集细胞（在 4℃下 3000×*g* 离心 10 min）。分别用 50 mL、25 mL 和 5mL 蔗糖溶液清洗每个沉淀三次。将悬液混合，通过离心收集细胞，并将沉淀重悬于 600 μL 蔗糖溶液中。利用重悬液制备约 130 μL 感受态细胞的等分试样。
5. 如果需要，用 1 μL pEBP18 质粒 DNA 通过电转化测试感受态细胞的制备品质（如 10.3.1.5 节所述）。

P. putida KT2440 文库的构建

1. 为了进行电转化，将电感受态 *P. putida* 细胞与 1 μL pEBP18 宏基因组文库 DNA 混合（参见 10.3.1.4 节和见注释 10）。将悬液转移到电转杯中（2 mm 间隙）。用纸巾小心地擦干电转杯外部的电极并将试管放入电转仪中。使用 Bio-Rad MicroPulser 程序 EC2（2.5 kV）进行电转化。
2. 通过上下吹打将细胞快速重悬于 600 μL EM1 培养基中。将溶液转移到试管中，并在 30℃孵育细胞 3 h（120 r/min）。
3. 在选择性 EM1 琼脂平板上梯度稀释转化物。如果单个克隆的总数小于 200 000 个则重复转化以获得更多克隆。
4. 在 5 mL 选择性 EM 培养基中分别接种 40 个 *P. putida* 克隆，并在 37℃培养过夜。分离质粒 DNA，用 *Swa* I 酶切并进行琼脂糖凝胶电泳以分析插入 DNA。插入片段大小应为 3～6 kb。无插入克隆的比例不应超过 10%（更详细的信息请参见 10.3.1.5 节步骤 9）。

B. subtilis TEB1030 的转化

B. subtilis TBE1030 应利用其天然能力进行转化，利用其淀粉酶基因座的同源重组确保其整合到基因组的最佳效率。*B. subtilis* TBE1030 不能用连接混合物转化。因此，将使用从 *E. coli* 或 *P. putida* 文库获得的单质粒或质粒库。

1. 在 EM1 琼脂平板上划线培养 *B. subtilis* TEB1030。在 37℃下培养过夜。
2. 将单个菌落接种在底部带有挡板的带孔锥形瓶的 5 mL Paris 培养基中。在 37℃和 120 r/min 的条件下培养过夜。
3. 将 200 μL 预培养物接种在带有挡板的锥形瓶的 10 mL Paris 培养基中。每 15～30 min 测定生长培养物的细胞密度（OD_{580}）。当培养物的光密度达到 OD_{580}=1 时继续进行下一步。
4. 准备两个 500 μL 等分的 *B. subtilis* 培养物。分别添加 1 μg 质粒 DNA 和 1 μg 空载体（对照）。进一步将等分试样在 37℃和 120 r/min 培养 6 h。
5. 在选择性 EM1 琼脂平板上将 200 μL 和 300 μL 转化细胞分别进行涂板并

在 37℃培养过夜。24～36 h 后含有质粒 DNA 的转化细胞应该会获得几个转化体，而在对照中不应出现菌落。

6. 转座可以通过 Campbell 型整合（单交叉）或同源重组发生。可通过检查酶活性来区分两种整合类型。在主板和淀粉指示板上划线培养菌落并在 37℃培养过夜。第二天，用 5 mL 碘酒溶液对淀粉板着色，在室温下培养 2 min 后除去碘酒溶液。同源重组破坏淀粉酶基因，导致黑色菌落。如果在该菌落周围出现晕圈，则淀粉酶活性仍然存在，表明通过 Campbell 型整合发生了转座。
7. 可以将正确的转化体（Cm^R、Δ*amy*E）从主板转移至具有底物的琼脂平板上以进行基于活性的测定。

10.3.2　用 TREX 表达基因簇

TREX 系统能够在不同细菌宿主中表达天然基因簇[30,31]。它由两个 DNA 元件（L-TREX 和 R-TREX 元件）组成，包括以下关键步骤（图 10-2）。

1. 构建携带含有目的基因簇和 TREX 元件的 DNA 片段的质粒。
2. 接合转移到宿主体内，并将构建的转座子整合到宿主基因组中，从而产生稳定的表达菌株。
3. 使用 T7 RNA 聚合酶进行基因簇的表达。这种聚合酶会转录来自两个 T7 启动子的 DNA 片段。因此该系统可用于编码生物合成途径或复杂多亚基蛋白的基因簇的宏基因组挖掘[57-59]。

TREX 系统是一个具有通用使用方法的多功能系统，可以很容易地适用于各种不同的 DNA 片段和表达宿主菌株。在下文中，我们首先提供 TREX 系统应用的通用指南（10.3.2.1 节），随后描述了其在 *P. putida* 类胡萝卜素生物合成基因簇表达中的应用实例（10.3.2.2 节）。

10.3.2.1　应用 TREX 表达系统的通用指南

原理：第一步，将 TREX 元件和目标 DNA 片段组合在质粒上，即“TREX 表达构建体”（图 10-2b 步骤 1）。含有目标基因簇的目的 DNA 片段因此可用 TREX 元件来转移和表达。

TREX 表达构建体的构建

构建过程：TREX 表达构建体可以通过各种方法装配，包括限制性酶切/连接克隆，吉布森组装，或酵母中的同源重组。

1. 可以构建含有目的 DNA 片段的“载体质粒”，并且可以将从 pIC20H-RL

中 6.8 kb *Xba* I 片段获得的 TREX 元件[参见 10.2.2 节条目 4 和图 10-2c] 插入到质粒独特的 *Xba* I 位点（如参考文献[31]所述）。

2. 如果 *Xba* I 由于水解插入的 DNA 片段或所选载体而不适用，则可以选择载体质粒中任何适当的独特的限制性酶切位点，通过平末端 DNA 连接插入 TREX 元件（可使用如 Thermo Fisher Scientific™的 Fast End Repair 试剂盒）。
3. 或者，携带 TREX 元件的 *E. coli* 载体 pIC20H-RL 可用作载体元件，并将待表达的 DNA 片段插入到独特的限制性酶切位点 *Xmn* I、*Sca* I 或 *Nde* I 之一中。需要注意的是，使用 *Xmn* I 和 *Sca* I 将破坏氨苄西林抗性基因，因此需要使用四环素来选择携带该载体的细胞。

插入 DNA 片段的大小：如实验所示，长达大约 20 kb 的 DNA 片段可以插入宿主染色体并成功表达[30,31]。理论上，TREX 系统应用没有大小限制，因此可以实现更大 DNA 片段的转移和表达。

复制子的选择：对于 TREX 表达构建体，使用窄宿主范围 *E. coli* 复制子是非常重要的，如存在于 pUC 载体中的复制子。转移至 *E. coli* 以外的表达宿主后，能够进行不扩增质粒但携带稳定整合到染色体中的 TREX 转座子的克隆选择。如果将 *E. coli* 作为表达宿主，应该使用一个合适的自杀质粒系统来携带具有温度敏感性等特殊特征的复制子，以消除质粒和特异性选择具有稳定整合到染色体中的 TREX 转座子的克隆，如参考文献[31]描述。

转移至表达宿主和 TREX-转座子整合

原理：将 TREX 表达构建体引入选择的表达宿主中（图 10-2b 步骤 2），其中它不复制但可整合到细菌染色体中以产生稳定表达菌株（图 10-2b 步骤 3）。

TREX 构建体的转移：可将 TREX 表达载体转移至任何一种可通过接合获得质粒的革兰氏阴性宿主（如 *P. putida* 或 *R. capsulatus*）中，也可采用其他方法引入，如电转化（*E. coli* 或 *P. putida*）。为了筛选宏基因组文库，与基于质粒的 T7 RNA 聚合酶表达（参见下文）相比，使用染色体整合有 T7 RNA 聚合酶基因的表达菌株是更好的，通过表达克隆的一步构建实现通量的增加，然后可以直接进行适当的筛选测定。

转座子整合：自杀载体的使用和利用庆大霉素进行选择使得能够直接进行具有稳定整合到宿主染色体中的 TREX 转座子的克隆选择（见注释 11）。值得注意的是，转座子 Tn5 元件会导致非定向整合。因此，会产生具有独立转座子插入位点的不同菌株的文库。结果表明，TREX 转座子的每个单独插入位点影响由 T7 RNA 聚合酶介导的目的基因表达[31]。此外，插入位点可促进由染色体启动子介导的 T7 RNA 聚合酶依赖性基因的组成型表达[30]。因此，推荐对多个克隆进行功能基因表达的研究，以鉴定提供最佳表达条件和产物产量的克隆。

基因簇的表达

原理：为了转录 DNA 片段中的所有基因，我们使用能高效地转录较长的 DNA 区域，并在很大程度上独立于转录终止子等细菌调控元件工作的 T7 RNA 聚合酶[60,61]。从两侧双向表达 DNA 片段能够使得所有完整基因都得到转录而不受基因方向的影响[31]（图 10-2b 步骤 4）。

T7 RNA 聚合酶的表达：T7 RNA 聚合酶可以通过携带聚合酶基因的基于质粒的表达系统引入不同的宿主系统，如使用基于 pML5 的宿主范围广泛的载体[36,55,56]能够诱导启动子 P_{lac}-或 P_{fru} 在不同细菌宿主中表达。或者，可以使用染色体中携带 T7 RNA 聚合酶基因的菌株，如 *E. coli* BL21（DE3）[31]。值得注意的是，有工具可用于构建新的 T7 表达菌株[62]。

10.3.2.2　TREX 在 *P. putida* 类胡萝卜素生物合成基因功能表达中的应用

携带类胡萝卜素生物合成基因的 TREX 载体的构建

1. 以来自菠萝泛菌的 6.9 kb 的类胡萝卜素生物合成基因簇的 DNA 为模板，用加入适当限制性酶切位点（*Xba* I 和 *Eco*R I）的引物进行 PCR 扩增。
2. 根据 10.3.1.1 节步骤 2～4，使用 *Xba* I 和 *Eco*R I 水解 5 μg PCR 产物和 pUC18 载体，总反应体积为 50 μL，培养过夜。
3. 通过琼脂糖凝胶电泳纯化 DNA，然后用 innuPREP Plasmid Mini 试剂盒纯化琼脂糖凝胶切片中的 DNA。
4. 通过连接将 DNA 片段插入到 pUC18 载体中（参见 10.3.1.4 节）以构建载体质粒（参见 10.3.2.2 节和图 10-2b 步骤 1）。
5. 通过水解从载体 pIC20H-RL 中去除 TREX 元件（参见 10.3.1.1 节步骤 2～4）：使用总量为 50 μL 的 5 μg 质粒 DNA 与限制性内切酶 *Xba* I。使用 innuPrep DOUBLEpure 试剂盒继续进行胶回收以纯化 6.8 kb 的 TREX 片段。
6. 使用与步骤 5 中相同的程序用 *Xba* I 线性化载体质粒。
7. 将 TREX 片段连接（参见 10.3.1.4 节）到载体质粒中以产生 TREX 表达构建体。

感受态 *E. coli* 细胞的制备和热激转化

1. 用 5 mL LB 培养基制备新鲜的 LB 琼脂平板，用于培养 *E. coli* 细胞。在 37℃培养过夜。
2. 将 1 mL 来自步骤 1 的预培养物接种到 100 mL LB 培养基中，并在 37℃下培养该培养物至 OD_{580} 为 0.4～0.6。在以下步骤中将细胞一直放在冰上，并且只能使用预冷至4℃的溶液。

3. 在4℃下以4000×*g*离心3 min后收集细胞。用10 mL 100 mmol/L的冷$MgCl_2$溶液重悬沉淀。在冰上培养30 min。
4. 收集细胞并将它们重悬于含有20%甘油的5 mL 100 mmol/L的$CaCl_2$溶液中。将重悬液分成200 μL等分试样并在−80℃下冷冻。
5. 为了进行热激转化，在冰上解冻一份感受态*E. coli*细胞。加入预先制备好的连接混合物或2～5 μL纯DNA，并通过轻轻上下吹打进行混合。
6. 在冰上培养30～60 min。将离心管转移到预热至42℃的恒温装置（thermo block）中。2 min后取出离心管并在冰上培养5 min。加入700 μL不含抗生素的LB培养基。
7. 37℃振荡或颠倒培养2 h。
8. 在室温下以16 000×*g*离心3 min。倒出上清液并使用回流来重悬细胞。
9. 将细胞在补充有适合转化质粒选择的抗生素的LB琼脂平板上涂板。

通过TREX构建体的接合转移产生*P. putida*类胡萝卜素生物合成基因表达菌株

1. 使用热激转化（参见10.3.2.2节步骤5～9）将来自10.3.2.2节的TREX表达构建体转移到*E. coli* S17-1中。
2. 在没有抗生素的LB琼脂平板上划线培养出受体菌株*P. putida* KT2440。
3. 在5 mL LB培养基中分别培养*P. putida*和转化有TREX表达构建体的*E. coli* S17-1液体培养物（如果培养*E. coli*，需补充四环素）。在30℃振荡培养过夜。
4. 将500 μL过夜培养的供体和受体混合，并通过离心（2 min，11 000×*g*）沉淀细胞。
5. 洗脱抗生素，丢弃上清液，于1 mL新鲜LB培养基中重悬细胞，并再次沉淀细胞。去除大部分上清液。留下100～200 μL以便重悬细胞。
6. 吸取细胞溶液置于不含抗生素的LB琼脂平上的醋酸纤维素滤膜上，并在30℃培养过夜用于接合（图10-2b步骤2）。
7. 培养后，将1 mL LB培养基加入2 mL离心管中，并使用无菌镊子将滤膜转移至离心管中（见注释12）。通过涡旋振荡从滤膜上洗下细胞，并丢弃滤膜。
8. 将细胞悬液按1∶10连续稀释三次制备稀释液（见注释13）。在含有25 μg/mL氯苯酚（用于防止*E. coli*生长）和25 μg/mL庆大霉素（用于选择具有TREX转座子的克隆）的选择琼脂平板上每次稀释100 μL（图10-2b步骤3）。
9. 此外，将剩余的初始细胞悬液离心（2 min，11 000×*g*），移除上清液，留下约100 μL以重悬细胞并将它们进行涂板培养。

10. 在 30℃下培养 1～2 天。
11. 培养后，通过在新的选择琼脂平板上划线培养并在 30℃下培养过夜分离 3～10 个个体克隆。

类胡萝卜素合成基因簇在 *P. putida* 中的表达

1. 在单独的装置中将质粒 pML5-T7[56]接合转移到 10.3.2.2 节制备的带有 TREX 转座子的 *P. putida* 菌株中。将 10.3.2.2 节进行如下修改：使用 10 μg/mL 四环素在 *E. coli* S17-1 中选择质粒。与接合转移和转座不同，用于质粒转移的受体菌在滤膜上培养 5 h 即可。使用含有 25 μg/mL 氯苯酚（用于防止 *E. coli* 生长）和 50 μg/mL 四环素（用来选择质粒 pML5-T7）的 LB 琼脂选择板。在新的选择板上划线培养单个菌落用于后续使用。
2. 为了表达（图 10-2b 步骤 4），在含有 LB 培养基（四环素 50 μg/mL）的玻璃离心管中接种 5 mL 具有 TREX 转座子和质粒 pML5-T7 的 *P. putida* 单个菌落的培养物，并在 30℃下旋转培养过夜。
3. 在补充有四环素的 LB 培养基中接种起始细胞密度 OD_{580}=0.1 的 50 mL 上述培养物，并在 30℃振荡培养。在 OD_{580}=0.5 时通过添加 IPTG 至最终浓度为 0.5 mmol/L 来诱导 T7 RNA 聚合酶表达，并且诱导类胡萝卜素生物合成基因表达 2 h 后继续培养。
4. 收集细胞并通过适当的方法如紫外/可见吸收光谱或高效液相色谱法检测类胡萝卜素来检测功能基因的表达[31]。

10.3.3 颖壳伯克霍尔德菌的表达

B. glumae PG1 的基因组有 7.8 Mb，其中染色体 1 为 4.1 Mb，染色体 2 为 3.7 Mb[32]。几种 *B. glumae* 菌株具有植物病原性并且可产生菌株 PG1 缺失的毒力因子[33]。PG1 菌株已被用于产生和分泌具有工业用途的脂肪酶[34,35]，也因此成为一类有趣的革兰氏阴性菌表达宿主的替代物。我们在这里介绍用 *B. glumae* PG1 表达质粒携带基因的方法。

10.3.3.1 构建基于 pBBR1MCS 的质粒用于在 *B. glumae* PG1 中表达

1. pBBR1MCS 质粒不提供核糖体结合位点（RBS）[53]，因此待克隆的 DNA 片段需要通过 PCR 扩增来引入限制性酶切位点，引物包括 1 个核糖体结合位点，用于克隆限制性酶切位点和额外 2～4 个碱基。pBBR1MCS 的多克隆位点提供了一组可用的单酶切位点（见注释 14）。需要确保 DNA 片段本身不存在相应的限制性酶切位点，并且缓冲条件适合所用的所有酶。

如果不能使用具有氯霉素抗性的质粒，则可以选用 pBBR1MCS 系列的其他质粒（参见 10.2.2 节条目 3）。

2. 用选定的限制性内切酶在总体积为 50 μL 的反应体系中对 PCR 片段和载体进行酶切（参见 10.3.1.1 节步骤 2～4）。
3. 使用胶回收试剂盒通过琼脂糖凝胶电泳分离和纯化载体 DNA（约 4700 bp 用于 pBBR1MCS）和 PCR 片段。
4. 将片段连接到载体中（参见 10.3.1.4 节）并用连接混合物转化 *E. coli* DH5α（参见 10.3.2.2 节步骤 5～9）。使用适当的抗生素来选择所选载体（参见 10.2.1 节条目 12）。按照 10.3.4.1 节步骤 7 所述验证克隆是否成功。

10.3.3.2 通过接合将质粒 DNA 转移到 *B. glumae* PG1 中

1. 将 20 μL *B. glumae* PG1 低温培养物接种到 10 mL LB 培养基中（见注释 15），并且在 30℃和恒定振荡（120 r/min）下培养 24 h。同一天，通过热激转化将含有目的基因（或任何其他移动载体）的 pBBR1MCS 转移至 *E. coli* S17-1 中（参见 10.3.2.2 节步骤 5～9），在含有适当抗生素的 LB 琼脂平板上涂板，并在 37℃培养过夜。
2. 将 500 μL *B. glumae* PG1 过夜培养物接种到 10 mL LB 培养基中，并且在 30℃和恒定振荡（120 r/min）下培养过夜，至少 16 h。将携带移动载体的单个 *E. coli* S17-1 菌落转移至含有适当抗生素的 10 mL LB 培养基中，并在 37℃和恒定振荡（120 r/min）下培养过夜。
3. 第二天，将适量体积的 *E. coli* S17-1 预培养物接种到 10 mL LB 培养基（含抗生素）中至 OD_{580}=0.05，并在 37℃和恒定振荡（120 r/min）下培养至 OD_{580}=0.5～0.8（见注释 16）。
4. 离心 2 mL *E. coli* S17-1 培养物（12 000×*g*，1 min），并用移液器移除上清液。
5. 加入 1 mL *B. glumae* PG1 过夜培养液，立即离心（21 000×*g*，1 min），并用移液管移除上清液。
6. 加入 1 mL 新鲜 LB 培养基并通过吹打（不要涡旋振荡）和再次离心（21 000×*g*，1 min）轻轻重悬细胞沉淀。
7. 用移液管移除上清液，并在 50 μL 新鲜 LB 培养基中轻轻地重悬细胞沉淀。
8. 将醋酸纤维素滤膜置于 LB 琼脂平板上，将重悬的细胞转移至滤膜，并在 30℃培养 6 h。细胞悬液不应从滤膜溢出到琼脂平板上。
9. 准备含有 1 mL LB 培养基的 2 mL 离心管，并用无菌镊子转移滤膜（见注释 12）。涡旋振荡离心管 20 s。如果滤膜变皱，则增加涡旋振荡时间以便从滤膜中去除所有细胞。

10. 将 100 μL 细胞悬液涂布在含有适合选择 *B. glumae* PG1 的抗生素的 MME 琼脂平板上，并且在 30℃培养 48 h 直至菌落可见（见注释 17 和注释 18）。

10.3.3.3　通过电转化将质粒 DNA 转移到 *B. glumae* PG1 中

1. 为了制备电感受态 *B. glumae* 细胞，将 20 μL *B. glumae* PG1 低温培养物接种到 10 mL LB 培养基中（见注释 15），并且在 30℃和恒定振荡（120 r/min）下培养 24 h。
2. 在 30℃下预热 200 mL LB 培养基，加入 2 mL 过夜培养物，并在 30℃和恒定振荡（120 r/min）下培养直至 OD_{580}=0.2（4～6 h）。
3. 将培养物在 4℃下以 3000×*g* 离心 20 min，移除上清液。
4. 用移液管将细胞沉淀重悬于 100 mL 用冰预冷的蔗糖溶液中。
5. 分别用 50 mL 和 25 mL 用冰预冷的蔗糖溶液重复步骤 3 与 4 两次。
6. 用 25 mL 用冰预冷的蔗糖-甘油溶液重复步骤 3 和 4 两次。
7. 用适量蔗糖-甘油溶液重悬细胞沉淀至 OD_{580}=50。
8. 制备 50 μL 等分试样直接使用或在−80℃储存数周。更长时间的储存会使转化效率下降。
9. 为了 *B. glumae* 的电转化，将 5 μL DNA（见注释 19）加入到一份感受态 *B. glumae* 细胞中并通过移液混合。将混合物转移至预冷的电转杯（2 mm 间隙）中，并使用 Bio-Rad MicroPulser 程序 EC2（2.5 kV）进行电转化。
10. 迅速将 1 mL 2×LB 培养基加入电转杯中，翻转多次并将培养基转移至干净的 1.5 mL 离心管中（见注释 20）。
11. 在 30℃下振荡培养离心管 3 h。
12. 在具有合适抗生素浓度的 LB 琼脂平板上涂板 100 μL。如果需要更多的菌落，按照注释 17 中关于 *B. glumae* PG1 的接合进行操作（参见 10.3.3.2 节）。
13. 在 30℃培养 LB 琼脂平板 24～48 h，直到菌落可见（见注释 18）

10.3.3.4　*B. glumae* PG1 的培养和细胞收集

1. 用来源于转化过程（参见 10.3.3.2 节和 10.3.3.3 节）的 *B. glumae* PG1 单个菌落，或者 20 μL 低温培养物接种预培养物（见注释 15）。
2. 在 30℃和恒定振荡（120 r/min）下培养预培养物至少 24 h。当培养低温培养物时，培养时间可根据需要延长至 48 h。
3. 将适当体积的 OD_{580}=0.05 的预培养物接种至主培养基中，并在 30℃和恒定振荡（120 r/min）下培养 8～16 h。
4. 以 21 000×*g* 离心 1 min 或以 3000×*g* 离心 20 min 后收集细胞。
5. 将上清液转移到另一个离心管后，通过再悬浮和随后的离心（参见步骤 4）

用选择的缓冲液（如 50 mmol/L Tris-HCl，pH 8.0）冲洗细胞沉淀。

6. 可以通过 SDS-PAGE 或酶活性测定来分析无细胞上清液和全细胞组分（重悬于选择的缓冲液中）。

10.3.4 荚膜红细菌的表达

R. capsulatus 是一种光合自养 α-变形杆菌，能够在厌氧、光照条件下进行光合自养生长，或在有氧、黑暗条件下进行化能异养生长。*R. capsulatus* 是传统细菌表达宿主的高效替代者，因为它提供了广泛的胞质内膜系统来容纳膜蛋白，以及其他细菌缺失的几种含金属的辅因子（表 10-1）[36,44,56]。

10.3.4.1 用于 *R. capsulatus* 的基于 pRho 的表达质粒的构建

1. 使用质粒或基因组 DNA 进行 PCR 扩增以获得含有待表达基因的 DNA 片段。设计在起始位点处加入 *Nde* I 位点并在基因末端添加 *Xho* I 位点的引物（见注释 21）。添加到引物中的 *Nde* I 位点必须包含起始密码子，作为 6 bp 的 *Nde* I 位点（CATATG）的一部分。与目的基因末端结合的引物必须设计为不含终止密码子，目的是将基因产物融合成 His_6 短标签肽。
2. 用 *Nde* I 和 *Xho* I 分别酶切载体与 PCR 产物（如 10.3.1.1 节步骤 2～4 所述），总反应体积为 50 μL。在 37℃培养过夜。
3. 将全部混合物进行琼脂糖凝胶电泳。
4. 切下含有所需大小 DNA 片段（对于载体 pRhokHi-2 和 pRhotHi-2 约为 6.6 kb）的凝胶片，并使用 innuPrep DOUBLEpure 试剂盒从凝胶中纯化 DNA。
5. 按照 10.3.1.4 节所述进行连接操作。
6. 使用完整的反应混合物进行热激转化（参见 10.3.2.2 节步骤 5～9），将质粒 DNA 转移到 *E. coli* DH5α 细胞中。
7. 将 10 个单克隆分别接种在含有卡那霉素的 5 mL LB 培养基中于 37℃过夜。用 innuPrep Plasmid Mini 试剂盒从收集的细胞中分离质粒 DNA。用 *Nde* I 和 *Xho* I 水解 5 μL 每个分离的 DNA 等分试样（参见 10.3.1.1 节步骤 2～4）并进行琼脂糖凝胶电泳。在载体（约 6.6 kb）和插入片段的合适位置出现两条带表明克隆成功。

10.3.4.2 将质粒 DNA 转移接合到 *R. capsulatus* 组织中

通过接合实现质粒向 *R. capsulatus* 的转移，因为它难以转化。

1. 在 PY 琼脂平板上划线培养 *R. capsulatus* 受体菌株，在光照条件下于 30℃培养 48 h（参见 10.3.4.3 节）。在接合开始前一天，通过热激转化将移动质粒（如 pRho 载体）转移到 *E. coli* S17-1 供体菌株中（参见 10.3.2.2 节步骤 5～9）。

2. 为了接合转移，将来自步骤 1 的琼脂平板上的 *R. capsulatus* 单菌落彻底刮掉，并通过上下吹打将细胞重悬于 5 mL RCV 培养基中。这为 4 种缀合方法产生了足够的细胞悬液。
3. 通过轻轻地反复翻转离心管，将 20～30 个 *E. coli* 供体细胞单菌落重悬于 1 mL 无铁 PY 培养基中。不要太粗暴地处理细胞，因为这可能引起菌毛丢失，从而导致接合效率的降低。
4. 在 2 mL 离心管中混合 0.5 mL *E. coli* 悬液和 1 mL 红细菌属（*Rhodobacter*）悬液。将混合物在 16 000×*g* 和室温下离心 10 min。
5. 在离心过程中，将无菌醋酸纤维素滤膜按接合方式置于不含抗生素的 PY 琼脂平板上。一个琼脂平板上最多可放置 4 个滤膜。
6. 离心后，通过移液取出上清液（不要倾斜，因为 *Rhodobacter* 细胞沉淀的松散结构可能会导致细胞团的损失），但留下 100～200 μL 上清液以重新悬浮。重新悬浮剩余液体中的细胞，并记得轻轻处理细胞以防止剪切 *E. coli* 菌毛。小心地将整个重悬液转移到制备好的醋酸纤维素滤膜上。避免细胞悬液从滤膜溢出到琼脂平板上。
7. 在 30℃和黑暗下培养过夜。
8. 在 2 mL 离心管中准备 1 mL 不含抗生素的 RCV 培养基。用无菌镊子小心地将含有细胞悬液的滤膜转移到离心管中（见注释 12）。涡旋振荡离心管，直至细胞从滤膜上被冲洗下来。移除滤膜，并且通过上下吹打分解剩余的细胞团。
9. 在 PY 琼脂平板上涂板 200 μL 细胞重悬液。琼脂平板必须对转移的质粒具有选择性，并且应该含有链霉素，为了对剩余 *E. coli* 供体进行反选择（见注释 22）。从剩余的细胞悬液中收集细胞（10 min，16 000×*g*），并用移液管移除大部分上清液。用剩余的液体重悬沉淀，并且在第二个 PY 琼脂平板上涂板 200 μL 重悬液。
10. 在光照条件下培养琼脂平板 2～3 天，直到出现红色的 *R. capsulatus* 菌落。

10.3.4.3　*R. capsulatus* 的培养

R. capsulatus 是一种兼性光合自养细菌，既可以在化学异养条件下（如黑暗、有氧）培养，又可以在光合自养条件下（如光照、无氧）培养（见注释 23）。

在固体培养基上培养

1. 将少量 *R. capsulatus* 细胞团在选择性 PY 琼脂平板上划线培养。

2. 对于化学异养生长，将琼脂平板置于黑暗的细胞培养箱中。
3. 对于光合自养生长，将琼脂平板置于气密罐中（如 Microbiology Anaerocult A system，Merck KgaA 公司，德国达姆施塔特）。用 15 mL 去离子水湿润气体包装的粉末，将其放入气密罐中并关上盖子（见注释 24）。将容器放置在 6 个 60 W 灯泡之间以获得适当的照明。
4. 在化学异养和光合自养两种条件下，都在 30℃培养 48～72 h。

在液体培养基上培养

1. 从新鲜的 *R. capsulatus* 琼脂平板上挑取单个菌落接种至装有 10 mL RCV 培养基（需添加适合筛选表达质粒的抗生素）的 Hungate 厌氧离心管中，进行预培养。
2. 在 30℃于 6 个 60 W 灯泡之间培养预培养物 2 天。
3. 培养后，测量 660 nm 处预培养物的光密度（OD_{660}）（见注释 25）。当 OD_{660} 为 0.02～0.05 时，计算接种体积，开始主培养（见注释 26）。
4. 补充适量的携带抗生素的 RCV 液体培养基来维持质粒的表达。对于 T7 依赖性表达，将 12 mmol/L 果糖作为诱导剂添加到培养基中（见注释 27）。
5. 对于液体培养物的化学异养生长，使用体积至少是培养物体积 5 倍的锥形瓶。培养时，在完全黑暗和 30℃下使用摇动培养箱（100 r/min）（见注释 28）。
6. 光合自养培养可以在培养体积适合的各种容器中进行，如 Hungate 离心管、锥形瓶或玻璃瓶。然而，对于培养容器来说，使用橡胶隔膜进行气密密封以维持厌氧环境，同时仍然允许在密封之后添加补充剂是重要的。另外，容器必须是透明的，以便用于光合自养生长。如果容器的宽度超过 1 cm，则必须通过搅拌或缓慢摇动来保持培养物的运动，以使自阴影最小化。密封培养容器后，用氩气冲洗培养物上方气体 5 min 以排出氧气。在 6 个 60 W 灯泡之间进行培养。
7. 用适量制备好的培养基填充培养容器（参见步骤 4），并添加预培养物的等分试样以达到 $OD_{660} = 0.02～0.05$ 的接种密度。
8. 在步骤 5（用于化学异养生长）和 6（用于光合自养生长）指定的条件下，在 30℃下培养 2～3 天（见注释 29）。
9. 在 6000×*g* 和室温下离心 20 min，收集细胞。

10.3.4.4 制备用于蛋白质分析的细胞

1. 用 SP 缓冲液洗涤从 *R. capsulatus* 表达培养物收集的细胞两次。
2. 用少量补充有蛋白酶抑制剂的 SP 缓冲液重悬细胞沉淀。将细胞悬液的细

胞密度稀释至 OD_{660}=5～10。更低的细胞密度会增加破坏效率，而更高的密度允许最终匀浆中有更高的蛋白质浓度。

3. 通过 French Press 设备以 55 MPa 的压力破坏 *Rhodobacter* 细胞，设备设置为“高”和 5 次破坏循环，直到样品显示为透明微红溶液。
4. 可选步骤：可溶性、不溶性和膜结合蛋白可通过细胞分离来区分。为此，细胞裂解物首先在 4℃下以 2500×*g* 离心 5 min。得到的颗粒包含未破裂的细胞和其他碎片及含有不溶性蛋白的包涵体。含有可溶性蛋白和膜蛋白的上清液可进一步超速离心（在 4℃下以 135 000×*g* 离心 1 h），获得含有可溶性蛋白的上清液和含有结合蛋白的细胞膜沉淀。
5. 分离出的部分可用于进一步的研究，如进行 SDS-PAGE 或蛋白质纯化分析。

10.4 注　　释

1. Ferrieres 和同事[63]发现位于 *E. coli* S17-1 基因组中的 Mu 噬菌体转座子偶尔会在接合期间整合到受体基因组中。如果这个现象会引起问题，可以使用不含 Mu 噬菌体的 *E. coli* S17-1 衍生物。
2. 补充剂添加是在冷却后，否则组分会不可逆地沉淀。丝氨酸可替代 $(NH_4)_2SO_4$ 用作氮源，但是这会降低 *R. capsulatus* 的生长率并且激活固氮酶，导致产生氢气。这可能导致气密容器中的压力增加，从而引起破裂或爆炸。因此，当使用丝氨酸作为氮源时，留下约 1/3 培养容器体积。
3. 由于 *E. coli* 无法在高铁浓度下存活，因此去除培养基中铁很重要。
4. 在我们的实验室中，使用带 His_6 标签和卡那霉素的 pRhokHi-2 与 pRhotHi-2 进行选择是在 *R. capsulatus* 中表达目的基因的标准程序。然而，存在一组不同的 pRho 载体衍生物，其具有可替代的选择标记和标签[36]；表 10-4 列出了可用的配方。

表 10-4　Paris 培养基成分（引自参考文献[64]）

溶液	浓度[a]	灭菌[b]	存储	体积
K_2HPO_4	0.5 mol/L	121℃	RT	6 mL
KH_2PO_4	1 mol/L	121℃	RT	2 mL
柠檬酸钠	0.5 mol/L	121℃	RT	300 μL
L-谷氨酸钾	1 mol/L	121℃	RT	1 mL
$MgSO_4$	1 mol/L	121℃	RT	150 μL
葡萄糖	50%（*m/V*）	121℃	RT	1 mL
酪蛋白氨基酸	10%（*m/V*）	0.22 μm	–20℃	1 mL

续表

溶液	浓度[a]	灭菌[b]	存储	体积
L-色氨酸	5 mg/mL	0.22 μm	–20℃	200 μL
柠檬酸铁铵	2.2 g/L	0.22 μm	4℃	2.5 mL
MilliQ 水		121℃	RT	加入 50 mL

注：RT 表示室温

a. 表示储备溶液的浓度

b. 在 121℃、200 kPa 下高温蒸汽灭菌 20 min 或用 0.22 μm 孔径的无菌滤膜过滤均一化

5. 限制性内切酶 *Bam*H Ⅰ浓度较高、反应时间较长时可能会表现出 star 活性。当 *Bam*H Ⅰ以低浓度（1～2 U/μg DNA）使用时，通常不会表现出星号活性（star activity）。
6. 商业化胶回收试剂盒的柱子通常只能结合 10 μg DNA。因此，必须使用至少 5 个柱子来回收 50 μg DNA。
7. 对于简化接下来的苯酚-氯仿萃取很重要。如果没有均一化作用，基因组 DNA 会黏附在蛋白质上，阻碍水相的去除。
8. 需要注意的是，高盐（>0.5 mol/L）或高蔗糖（>10%）浓度会改变水相的密度。在这种情况下可能形成密度较低的水相。
9. 稀释步骤是必要的，因为固定生长的 *P. putida* 细胞通常彼此粘在一起，难以重新悬浮。
10. 优选新鲜制备的感受态细胞用于 *P. putida* KT2440 的电转化，因为在–80℃下储存的等分试样转化效率会显著降低。
11. 选择 *recA*$^+$基因型菌株进行 TREX 是有利的，因为 *recA* 基因的突变可显著降低转座效率[65]。
12. 用镊子夹起滤膜的一个边缘，小心地折到滤膜的另一个边缘并夹住。现在滤膜应该有一个弯曲的形状，可以很好地嵌入离心管中。尽量避免弄皱滤膜，因为这可能会降低重悬效率。
13. 接合转移和转座子整合的效率必须通过实验确定，但与使用的受体细胞相比一般在 10^{-5}～10^{-8}，导致在指定稀释倍数下有大量克隆。产生容易区分的单菌落是非常重要的，因为在选择琼脂平板上每一个克隆体都将在染色体的个体整合位点上携带 TREX 表达盒，这可能会对表达和生物合成产生影响。为了确定实验中基因转运的效率，计数接合后在选择琼脂平板上获得的克隆数目，并除以进行相同接合程序但没有供体细胞并以不同稀释倍数接种于不含抗生素的 LB 琼脂平板上受体细胞的克隆数目（表 10-5）。

表 10-5　paRho 表达载体的性质（修改自参考文献[36]）

启动子	载体	抗生素耐药性[a]	亲和标签[b]
$P_{aph\,II}$（组成型）	pRhokHi-2	Km、Cm	His_6
	pRhokS-2	Km、Cm	StrepⅡ
	pRhokHi-6	Km、Sp	His_6
P_{T7}（诱导型）	pRhotHi-2	Km、Cm	His_6
	pRhotS-2	Km、Cm	StrepⅡ
	pRhotHi-6	Km、Sp	His_6

a. Km 为卡那霉素，Cm 为氯霉素，Sp 为壮观霉素
b. C 端融合 6 个组氨酸残基（His_6）或 StrepⅡ肽的 WSHPQFEK[66]

14. pBBR1MCS 质粒系列包含用于组成型表达的 *lac* 启动子、T7 RNA 聚合酶依赖性表达的 P_{T7} 启动子，这两个启动子位于多克隆位点（MCS）的两侧。因此 MCS 中基因的克隆方向必须根据各自的启动子进行调整。
15. 通过将 135 μL DMSO 加入到 1.8 mL 固定的 *B. glumae* PG1 培养物中制备低温培养物并储存在–80℃下。应在冰上解冻培养物，直到可以吸出所需的体积，然后立即再次冰冻。
16. 3～4 h 后达到所需的细胞密度。对于有效的接合，重要的是在指数生长阶段收集供体菌株。
17. 根据所选的质粒和目的基因，100 μL 细胞悬液可能不会产生足够的菌落数量。在这种情况下，用镊子取出滤膜，离心（21 000×*g*，1 min）悬液，弃去上清液，在剩余的 LB 培养基中重悬细胞沉淀，并将其在 MME 琼脂平上涂板。对于含有氯霉素或四环素耐药盒的质粒，抗生素浓度足以反选择 *E. coli*。如果使用庆大霉素或卡那霉素，或者如果选择的供体菌株可以应对更高的抗生素浓度，则可以用 25 μg/mL 氯苯酚（最终浓度）进行额外的反选择。
18. 对于一些 *B. glumae* PG1 突变体和克隆基因，我们发现接合转化和电转化效率急剧降低。因此，如果需要可以对两种方法进行测试。
19. DNA 溶液应具有低离子强度。如果使用 innuPREP Plasmid Mini 试剂盒进行质粒制备，使用脱盐水代替洗脱缓冲液洗脱 DNA。在步骤 10 中，脉冲时间低于 4～5 ms 表明剩余的盐将导致低转化效率。在这种情况下，DNA 应另外通过透析进行纯化。
20. 如果细胞混合物看起来黏稠，细胞可能因电转化而受损。就我们的经验而言，这是由用于制备感受态细胞的培养物的培养时间延长引起的（参见步骤 2）。细胞密度不应超过 OD_{580}=0.2，甚至应更低。
21. 通过设计合适的引物使酶切实验方法适应新的酶组合，可以通过 MCS 中的

其他单一限制性酶切位点（*Bam*HⅠ、*Sac*Ⅰ、*Sal*Ⅰ或*Hind*Ⅲ）交换*Xho*Ⅰ位点进行克隆。

22. 链霉素抗性是*R. capsulatus*菌株B10S及其衍生物B10S-T7的固有特征。因此，链霉素被添加到PY琼脂平板上以在接合后对*E. coli*供体菌株进行反选择。然而，应该指出，链霉素不应该添加在RCV基本培养基中，因为这可能会严重抑制*R. capsulatus*的生长。
23. 在氧气存在下尽量减少*R. capsulatus*培养期间的光照是非常重要的，因为这会刺激可能导致细胞死亡的光氧化过程。
24. 通过加水激活气包后，将气包引入容器和密封的所有步骤都必须迅速进行以防止气包被耗尽。一旦容器关闭就不能重新打开，否则无法保持厌氧环境。
25. 用于测量细菌细胞密度（λ=580～600 nm）的标准波长不适合*R. capsulatus*，因为它产生的光色素在这些波长处存在吸收，导致测定的细胞密度不正确。
26. 避免扰动培养皿底部的死细胞层。确保仅从培养物的上层抽取用于细胞密度测量和接种的样品。
27. 在某些情况下（如果过早表达可能对细胞有毒性），建议培养表达培养物直至其在添加果糖之前达到OD_{660}为0.4～0.6的细胞密度。在厌氧培养的情况下，使用注射针通过橡胶隔膜添加果糖可以避免破坏容器中的厌氧环境。
28. 如果摇床不能完全避光，使用铝箔包装培养瓶。
29. 培养物到达平台期、生物量达到最大值时通常能实现最好的表达。然而，如果外源蛋白的酶解成为问题，则在对数生长期（OD_{660}≤1）就收集细胞可能反而会增加蛋白质产量。

致谢

部分工作由生物科学中心资助，其资金支持来自北莱茵-威斯特法伦州战略项目BioSC（313/323-400-00213）框架的德国北莱茵-威斯特法利亚创新研究科学部，以及属于德国科学基金会的植物科学卓越群体（CEPLAS）（EXC 1028）。我们感谢亚历山大·博林格（Alexander Bollinger）（德国杜塞尔多夫大学分子酶技术研究所）对处理*B. glumae* PG1的贡献。

参考文献

1. Sharpton TJ (2014) An introduction to the analysis of shotgun metagenomic data. Front Plant Sci 5:209
2. Monciardini P, Iorio M, Maffioli S, Sosio M,

Donadio S (2014) Discovering new bioactive molecules from microbial sources. Microbial Biotechnol 7:209–220
3. Lee MH, Lee SW (2013) Bioprospecting potential of the soil metagenome: novel enzymes and bioactivities. Genomics Inform 11:114–120
4. Lombard N, Prestat E, van Elsas JD, Simonet P (2011) Soil-specific limitations for access and analysis of soil microbial communities by metagenomics. FEMS Microbiol Ecol 78:31–49
5. Anderson RE, Sogin ML, Baross JA (2014) Evolutionary strategies of viruses, bacteria and archaea in hydrothermal vent ecosystems revealed through metagenomics. PLoS One 9:e109696
6. López-López O, Cerdán ME, González Siso MI (2014) New extremophilic lipases and esterases from metagenomics. Curr Protein Pept Sci 15:445–455
7. Cowan DA, Ramond JB, Makhalanyane TP, De Maayer P (2015) Metagenomics of extreme environments. Curr Opin Microbiol 25:97–102
8. Alcaide M, Stogios PJ, Lafraya A, Tchigvintsev A, Flick R, Bargiela R et al (2015) Pressure adaptation is linked to thermal adaptation in salt-saturated marine habitats. Environ Microbiol 17:332–345
9. Tchigvintsev A, Tran H, Popovic A, Kovacic F, Brown G, Flick R et al (2015) The environment shapes microbial enzymes: five cold-active and salt-resistant carboxylesterases from marine metagenomes. Appl Microbiol Biotechnol 99:2165–2178
10. Mhuantong W, Charoensawan V, Kanokratana P, Tangphatsornruang S, Champreda V (2015) Comparative analysis of sugarcane bagasse metagenome reveals unique and conserved biomass-degrading enzymes among lignocellulolytic microbial communities. Biotechnol Biofuels 8:1–17
11. McCarthy DM, Pearce DA, Patching JW, Fleming GT (2013) Contrasting responses to nutrient enrichment of prokaryotic communities collected from deep sea sites in the southern ocean. Biology (Basel) 2:1165–1188
12. McNamara PJ, LaPara TM, Novak PJ (2015) The effect of perfluorooctane sulfonate, exposure time, and chemical mixtures on methanogenic community structure and function. Microbiol Insights 8:1–7
13. Tan B, Fowler SJ, Abu Laban N, Dong X, Sensen CW, Foght J, Gieg LM (2015) Comparative analysis of metagenomes from three methanogenic hydrocarbon-degrading enrichment cultures with 41 environmental samples. ISME J 9:2028–2045
14. Mori T, Kamei I, Hirai H, Kondo R (2014) Identification of novel glycosyl hydrolases with cellulolytic activity against crystalline cellulose from metagenomic libraries constructed from bacterial enrichment cultures. Springerplus 3:365
15. Ferrer M, Beloqui A, Timmis KN, Golyshin PN (2009) Metagenomics for mining new genetic resources of microbial communities. J Mol Microbiol Biotechnol 16:109–123
16. Saïdani N, Grando D, Valadié H, Bastien O, Maréchal E (2009) Potential and limits of in silico target discovery - case study of the search for new antimalarial chemotherapeutic targets. Infect Genet Evol 9:359–367
17. Galvão TC, Mohn WW, de Lorenzo V (2005) Exploring the microbial biodegradation and biotransformation gene pool. Trends Biotechnol 23:497–506
18. Trindade M, van Zyl LJ, Navarro-Fernández J, Abd Elrazak A (2015) Targeted metagenomics as a tool to tap into marine natural product diversity for the discovery and production of drug candidates. Front Microbiol 6:890
19. Vakhlu J, Sudan AK, Johri BN (2008) Metagenomics: future of microbial gene mining. Indian J Microbiol 48:202–215
20. Coughlan LM, Cotter PD, Hill C, Alvarez-Ordóñez A (2015) Biotechnological applications of functional metagenomics in the food and pharmaceutical industries. Front Microbiol 6:672
21. Ufarté L, Potocki-Veronese G, Laville E (2015) Discovery of new protein families and functions: new challenges in functional metagenomics for biotechnologies and microbial ecology. Front Microbiol 6:563
22. Leis B, Angelov A, Liebl W (2013) Screening and expression of genes from metagenomes. Adv Appl Microbiol 83:1–68
23. Ekkers DM, Cretoiu MS, Kielak AM, Elsas JD (2012) The great screen anomaly—a new frontier in product discovery through functional metagenomics. Appl Microbiol Biotechnol 93:1005–1020
24. Liebl W, Angelov A, Juergensen J, Chow J, Loeschcke A, Drepper T et al (2014) Alternative hosts for functional (meta)genome analysis. Appl Microbiol Biotechnol 98:8099–8109
25. Leis B, Angelov A, Mientus M, Li H, Pham VT, Lauinger B et al (2015) Identification of novel esterase-active enzymes from hot environments by use of the host bacterium *Thermus thermophilus*. Front Microbiol 6:275
26. Jiang PX, Wang HS, Zhang C, Lou K, Xing XH (2010) Reconstruction of the violacein biosynthetic pathway from *Duganella* sp. B2 in different heterologous hosts. Appl Microbiol Biotechnol 86:1077–1088
27. McMahon MD, Guan C, Handelsman J,

Thomas MG (2012) Metagenomic analysis of *Streptomyces lividans* reveals host-dependent functional expression. Appl Environ Microbiol 78:3622–3629

28. Liu L, Yang H, Shin HD, Chen RR, Li J, Du G, Chen J (2013) How to achieve high-level expression in microbial enzymes: strategies and perspectives. Bioengineered 4:212–223
29. Troeschel SC, Thies S, Link O, Real CI, Knops K, Wilhelm S et al (2012) Novel broad host range shuttle vectors for expression in *Escherichia coli*, *Bacillus subtilis* and *Pseudomonas putida*. J Biotechnol 161:71–79
30. Domröse A, Klein AS, Hage-Hülsmann J, Thies S, Svensson V, Classen T et al (2015) Efficient recombinant production of prodigiosin in *Pseudomonas putida*. Front Microbiol 6:972
31. Loeschcke A, Markert A, Wilhelm S, Wirtz A, Rosenau F, Jaeger KE, Drepper T (2013) TREX: a universal tool for the transfer and expression of biosynthetic pathways in bacteria. ACS Synth Biol 2:22–33
32. Voget S, Knapp A, Poehlein A, Vollstedt C, Streit W, Daniel R, Jaeger KE (2015) Complete genome sequence of the lipase producing strain *Burkholderia glumae* PG1. J Biotechnol 204:3–4
33. Seo YS, Lim JY, Park J, Kim S, Lee HH, Cheong H et al (2015) Comparative genome analysis of rice-pathogenic *Burkholderia* provides insight into capacity to adapt to different environments and hosts. MBC Genomics 16:349
34. Knapp A, Voget S, Gao R, Zaburannyi N, Krysciak D, Breuer M et al (2016) Mutations improving production and secretion of extracellular lipase by *Burkholderia glumae* PG1. Appl Microbiol Biotechnol 100:1265–1273
35. Boekema BK, Beselin A, Breuer M, Hauer B, Koster M, Rosenau F et al (2007) Hexadecane and Tween 80 stimulate lipase production in *Burkholderia glumae* by different mechanisms. Appl Environ Microbiol 73:3838–3844
36. Katzke N, Arvani S, Bergmann R, Circolone F, Markert A, Svensson V et al (2010) A novel T7 RNA polymerase dependent expression system for high-level protein production in the phototrophic bacterium *Rhodobacter capsulatus*. Protein Expr Purif 69:137–146
37. Nelson KE, Weinel C, Paulsen IT, Dodson RJ, Hilbert H, Martins dos Santos VA et al (2002) Complete genome sequence and comparative analysis of the metabolically versatile *Pseudomonas putida* KT2440. Environ Microbiol 4:799–808
38. Loeschcke A, Thies S (2015) *Pseudomonas putida*-a versatile host for the production of natural products. Appl Microbiol Biotechnol 99:6197–6214
39. Blank LM, Ebert BE, Buehler K, Bühler B (2010) Redox biocatalysis and metabolism: molecular mechanisms and metabolic network analysis. Antioxid Redox Signal 13:349–394
40. Tiso T, Wierckx N, Blank L (2014) Non-pathogenic *Pseudomonas* as a platform for industrial biocatalysis. In: Grunwald P (ed) Industrial biocatalysis. Pan Stanford, Singapore, pp 323–372
41. Fernández M, Duque E, Pizarro-Tobías P, Van Dillewijn P, Wittich RM, Ramos JL (2009) Microbial responses to xenobiotic compounds. Identification of genes that allow *Pseudomonas putida* KT2440 to cope with 2,4,6-trinitrotoluene. Microbial Biotechnol 2:287–294
42. Simon O, Klaiber I, Huber A, Pfannstiel J (2014) Comprehensive proteome analysis of the response of *Pseudomonas putida* KT2440 to the flavor compound vanillin. J Proteomics 109:212–227
43. Eggert T, Brockmeier U, Dröge MJ, Quax WJ, Jaeger KE (2003) Extracellular lipases from *Bacillus subtilis*: regulation of gene expression and enzyme activity by amino acid supply and external pH. FEMS Microbiol Lett 225:319–324
44. Laible PD, Scott HN, Henry L, Hanson DK (2004) Towards higher-throughput membrane protein production for structural genomics initiatives. J Struct Funct Genomics 5:167–172
45. Masepohl B, Hallenbeck PC (2010) Nitrogen and molybdenum control of nitrogen fixation in the phototrophic bacterium *Rhodobacter capsulatus*. Adv Exp Med Biol 675:49–70
46. Kyndt JA, Fitch JC, Berry RE, Stewart MC, Whitley K, Meyer TE et al (2012) Tyrosine triad at the interface between the Rieske iron-sulfur protein, cytochrome c1 and cytochrome c2 in the bc1 complex of *Rhodobacter capsulatus*. Biochim Biophys Acta 1817:811–818
47. Loppnow H, Libby P, Freudenberg M, Krauss JH, Weckesser J, Mayer H (1990) Cytokine induction by lipopolysaccharide (LPS) corresponds to lethal toxicity and is inhibited by nontoxic *Rhodobacter capsulatus* LPS. Infect Immun 58:3743–3750
48. Simon R, Priefer U, Pühler A (1983) A broad host range mobilization system for *in vivo* genetic-engineering-transposon mutagenesis in Gram-negative bacteria. Nat Biotechnol 1:784–791
49. Katzke N, Bergmann R, Jaeger KE, Drepper T (2012) Heterologous high-level gene expression in the photosynthetic bacterium *Rhodobacter capsulatus*. Methods Mol Biol 824:251–269
50. Sambrook J, Russell DW (2001) Molecular cloning: a laboratory manual. Cold Spring Harbor Press, New York

51. Vogel HJ, Bonner DM (1956) Acetylornithase of *Escherichia coli* – partial purification and some properties. J Biol Chem 218:97–106
52. Cronan JE (2003) Cosmid-based system for transient expression and absolute off-to-on transcriptional control of *Escherichia coli* genes. J Bacteriol 185:6522–6529
53. Kovach ME, Phillips RW, Elzer PH, Roop RM 2nd, Peterson KM (1994) pBBR1MCS: a broad-host-range cloning vector. Biotechniques 16:800–802
54. Kovach ME, Elzer PH, Hill DS, Robertson GT, Farris MA, Roop RM 2nd, Peterson KM (1995) Four new derivatives of the broad-host-range cloning vector pBBR1MCS, carrying different antibiotic-resistance cassettes. Gene 166:175–176
55. Labes M, Pühler A, Simon R (1990) A new family of RSF1010-derived expression and lac-fusion broad-host-range vectors for gram-negative bacteria. Gene 89:37–46
56. Arvani S, Markert A, Loeschcke A, Jaeger KE, Drepper T (2012) A T7 RNA polymerase-based toolkit for the concerted expression of clustered genes. J Biotechnol 159:162–171
57. Fischbach M, Voigt CA (2010) Prokaryotic gene clusters: a rich toolbox for synthetic biology. Biotechnol J 5:1277–1296
58. Rocha-Martin J, Harrington C, Dobson AD, O'Gara F (2014) Emerging strategies and integrated systems microbiology technologies for biodiscovery of marine bioactive compounds. Mar Drugs 12:3516–3559
59. Ferrer M, Martinez-Martinez M, Bargiela R, Streit WR, Golyshina OV, Golyshin PN (2016) Estimating the success of enzyme bioprospecting through metagenomics: current status and future trends. Microbial Biotechnol 9:22–34
60. McAllister WT, Morris C, Rosenberg AH, Studier FW (1981) Utilization of bacteriophage T7 late promoters in recombinant plasmids during infection. J Mol Biol 153:527–544
61. Widenhorn KA, Somers JM, Kay WW (1988) Expression of the divergent tricarboxylate transport operon (*tctI*) of *Salmonella typhimurium*. J Bacteriol 170:3223–3227
62. Kang Y, Son MS, Hoang TT (2007) One step engineering of T7-expression strains for protein production: increasing the host-range of the T7-expression system. Protein Expr Purif 55:325–333
63. Ferrieres L, Hemery G, Nham T, Guerout AM, Mazel D, Beloin C, Ghigo JM (2010) Silent mischief: bacteriophage Mu insertions contaminate products of *Escherichia coli* random mutagenesis performed using suicidal transposon delivery plasmids mobilized by broad-host-range RP4 conjugative machinery. J Bacteriol 192:6418–6427
64. Troeschel SC, Drepper T, Leggewie C, Streit WR, Jaeger KE (2010) Novel tools for the functional expression of metagenomic DNA. Methods Mol Biol 668:117–139
65. Kuan CT, Tessman I (1992) Further evidence that transposition of Tn5 in *Escherichia coli* is strongly enhanced by constitutively activated RecA proteins. J Bacteriol 174:6872–6877
66. Schmidt TG, Skerra A (2007) The Strep-tag system for one-step purification and high-affinity detection or capturing of proteins. Nat Protoc 2:1528–1535

第11章　基于微孔板的活性和立体选择性水解酶的筛选

多米尼克·伯切尔（Dominique Böttcher），帕特里克·扎格尔（Patrick Zägel），
马伦·施密特（Marlen Schmidt），乌韦·T. 博恩朔伊尔（Uwe T. Bornscheuer）

摘要

本章主要介绍了高通量筛选（high-throughput screening，HTS）酯酶的方法，包括使用琼脂平板鉴定活性、非活性克隆的预测试，微孔板中酶表达的测定，以及使用仲醇乙酸酯作为模型底物测量酯酶突变体的活性和手性选择性（E）等。反应释放的乙酸在后续酶级联反应中转化为相应当量的还原型辅酶Ⅰ（nicotinamide adenine dinucleotide，NADH），之后通过分光光度法来测定NADH的浓度。该方法可以每天筛选数千个突变体，并已经成功地应用于鉴定手性选择性（E）>100的酯酶突变体，是有机合成研究的重要基石。该方法也可以用于鉴定在常规大肠杆菌中以可溶形式表达的脂酶和其他可能的水解酶。

关键词

水解酶、酯酶、脂肪酶、高通量检测、手性选择性、定向进化、宏基因组

11.1　介　　绍

脂肪酶和酯酶是有机合成中最常用的水解酶（EC 3）[1,2]。因良好的稳定性和在有机溶剂中可保持酶活性的特征，脂肪酶和酯酶成为重要的生物催化剂，尤其适于工业应用。此外，它们通常具有高度的手性选择性，因此常用于光学活性化合物的合成，在文献中有超过1000个实例的记载。除了可商业购买的大量脂肪酶和相对少量的酯酶之外，研究人员还可以通过蛋白质工程技术[3-5]来设计优化酶突变体，或使用宏基因组学方法鉴定具有特定活性/选择性的新酯酶或脂肪酶[6-8]。这些方法可以创造大量的新型生物催化剂，然而若用传统方法如气相色谱法（GC）或高效液相色谱法（HPLC）进行筛选则是非常耗时的。

因此，研究人员在过去的几年里开发了一系列高通量检测系统，以便能够快速、可靠地鉴定出合适的酶[9-12]。由于脂肪酶和酯酶常用于生产光学活性化合物，

因此对这些酶的手性选择性进行测定具有重要的意义。目前已经有几种方法[11,12]成功应用于提高生物催化剂的选择性[13-15]。

本实验方案可用于测定酯酶（或其他水解酶，如可以乙酰胺作为底物的肽酶和酰酶）对仲醇的底物特异性和手性选择性。由于乙酸酯是研究醇类分解的首选酯，此方法具有无须使用替代底物（如类似异酚噁唑酮的发光基团）的优势。在该检测中，酯酶（或脂肪酶）水解乙酸酯释放乙酸，然后将其在酶级联反应中转化成柠檬酸盐，并生成相应当量的 NADH。NADH 浓度的升高值可以在波长 340 处通过分光光度法定量[16]（图 11-1）。该测定非常可靠且快速，几分钟内就可以准确地完成整个 96 孔板中酶活性和手性选择性的测定，同时乙酸试剂盒购买便捷（R-Biopharm 股份有限公司，德国达姆施塔特）。

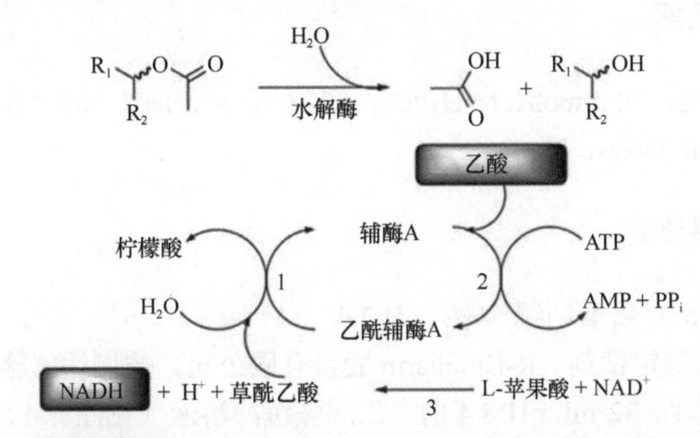

图 11-1　酶级联反应中，水解酶催化反应释放乙酸，并将其转化生成可以被快速检测的 NADH[16]

11.2　实 验 材 料

11.2.1　琼脂板活性实验（涂平板）

1. 生长有宏基因组文库克隆的琼脂平板。
2. 影印铺板器和无菌服。
3. 软琼脂（0.5%琼脂溶于水）。
4. 乙酸-1-萘脂溶液：40 mg/mL 的 *N,N'*-二甲基甲酰胺。
5. 固红-萘磺酸 TR 溶液：100 mg/mL 的二甲基亚砜。

11.2.2　微孔板培养

1. LB 培养基：10 g 胰蛋白胨/蛋白胨，10 g NaCl，5 g 酵母提取物，加入 H_2O 至 1000 mL。

2. 60%甘油。
3. 抗生素（如氨苄西林，通常为 100 μg/mL）。
4. 异丙基-β-D-硫代半乳糖苷（IPTG）。
5. 96 孔微孔板（如 Greiner Bio-One 公司，奥地利克雷姆斯明斯特）。
6. 微孔板加热振荡混合仪（如 iEMS 微孔板培养箱/Shaker HT，Thermo Scientific 公司，美国马萨诸塞州沃尔瑟姆），或者将放有湿组织的塑料盒置于正常培养箱中。
7. 带微孔板转头的离心机（如 Heraeus Labofuge 400R，Thermo Scientific 公司，美国马萨诸塞州沃尔瑟姆）。

11.2.3 细胞裂解

裂解缓冲液：50 mmol/L NaH_2PO_4，300 mmol/L NaCl（pH 8.0），0.1%（*m*/*V*）溶菌酶，1 U/mL DNase Ⅰ。

11.2.4 酶活性测定

1. 10 mmol/L 磷酸钠缓冲液，pH 7.4。
2. 乙酸盐测定试剂（R-Biopharm 股份有限公司，德国达姆施塔特）。
   （a）瓶 1：32 mL pH 8.4 的三乙醇胺缓冲溶液（见注释 1），134 mg 的 L-苹果酸，67 mg 的 $MgCl_2 \cdot 6H_2O$，在 2～8℃储存。
   （b）瓶 2：含有 ATP（175 mg）、CoA（18 mg）、NAD^+（86 mg）的冷冻干产物溶于 7 mL 蒸馏水中，分装后可在−20℃中稳定 2 个月。
   （c）瓶 3：L-苹果酸脱氢酶（1100 U）悬浮液，柠檬酸合成酶（270 U），在 2～8℃储存。
   （d）瓶 4：冻干的乙酰-CoA 合成酶（5 U）加入 250 μL 蒸馏水中，在 2～8℃条件下可储存 5 天。
3. 取 1000 μL 瓶 1、200 μL 瓶 2、10 μL 瓶 3、20 μL 瓶 4 试剂和 1900 μL 蒸馏水混合制备试剂盒。
4. 外消旋（A）或对映异构（B）乙酸盐底物 5～50 mmol/L。
5. 多道移液器。
6. 微孔板分光光度计（如 Varioskan，Thermo Scientific 公司，美国马萨诸塞州沃尔瑟姆）。

可选

1. 菌落采摘机器人（如 Qpix 420，Molecular devices 公司，美国加利福尼亚州森尼韦尔）。

2. 移液机器人（Bravo，Agilent Technologies 公司，美国加利福尼亚州圣克拉拉）。
3. 96 针复制器（Thermo Scientific 公司，美国马萨诸塞州沃尔瑟姆）。

11.3　实 验 方 法

乙酸测定分析可以同时检测不同酶突变体的活性和手性选择性。活性测试（选项 A）的结果仅提供了每种酶突变体对测试底物（乙酸酯）的相对活性。在选择性测试（选项 B）中，必须分别计算酶催化每种对映异构体反应的初始反应速率（$\Delta A/\Delta t$），然后两个速率相除得到表观手性选择性 E_{app}。

对该方法鉴定到的阳性结果，应当采用传统的分析方法，如手性气相色谱法或高效液相色谱法等加以验证，并进一步测定其转化率、动力学参数和实际手性选择性 E_{true}。

11.3.1　琼脂板活性测试

1. 将含有宏基因组文库的细胞涂到含有适当抗生素的 LB 琼脂平板上。
2. 在 30℃或 37℃培养过夜。
3. 通过影印转板法将菌落转移到含有合适抗生素和 IPTG 的 LB 琼脂平板上以诱导酯酶的生成。
4. 琼脂板在 37℃孵育 5 h。
5. 准备覆盖软琼脂。
6. 制备乙酸-1-萘脂和固红-萘磺酸 TR 溶液。
7. 将软琼脂在微波炉中融化，冷却至大约 40℃。
8. 将 100 μL 两种溶液与 10 mL 软琼脂混合，并小心倒入长有菌落的平板。
9. 活性克隆会在几秒钟内变成棕色。

11.3.2　微孔板中酶的合成（图 11-2）

1. 将单菌落接入含有 200 μL LB 培养基的 96 孔板中，并在每孔添加所需的抗生素。这些孔板作为母板，细胞在 37℃和 220 r/min 下生长 4～6 h 后，从每孔中取 1 μL 菌液（见注释 2）转移到新的微孔板（每孔含有 200 μL LB-抗生素培养基）中来复制模板，用于随后酯酶的生产（生产板）。
2. 母板补充甘油（终浓度为 15%，*V*/*V*），并在–80℃保存。这些母板也可用于后续的高通量分析。

3. 将生产板在 37℃、220 r/min 条件下过夜培养，并于次日用新鲜培养基按 1∶10 稀释（见注释 3），然后继续在 37℃和 220 r/min 下培养。
4. 3 h 后，通过加入适当浓度的诱导物溶液（如 IPTG，浓度通常为 10～1000 μmo/L）开始酶的生产。

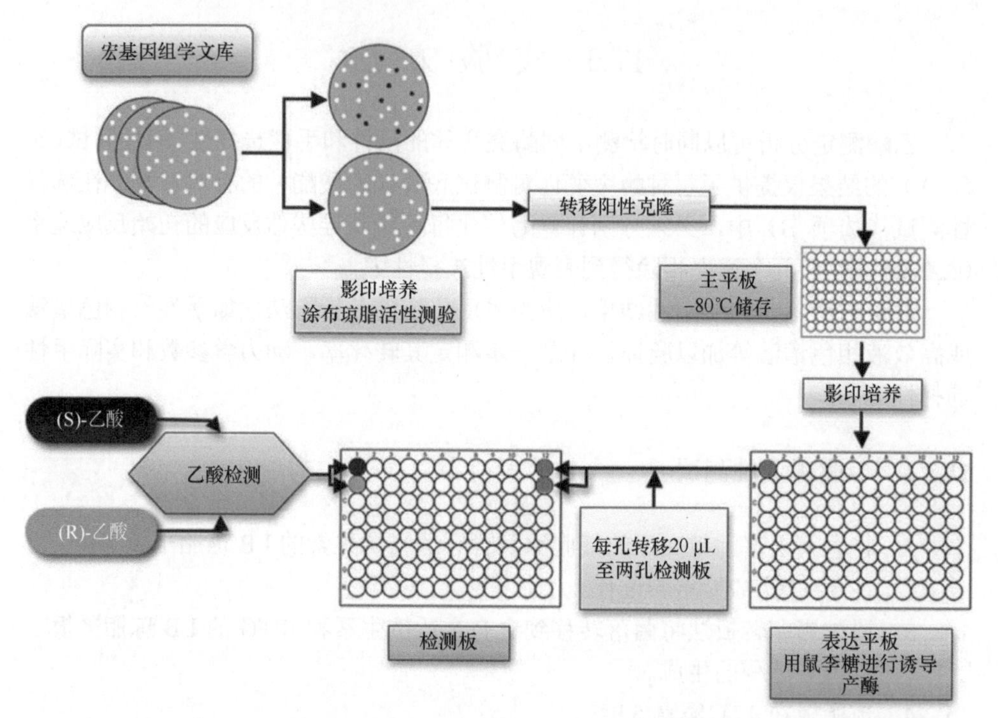

图 11-2 微孔板中的酶产生，以及通过分别在两个孔中加入(R)-/(S)-底物的方法检测宏基因组文库中相同酶突变体手性选择性的原理示意图。在只测量酶活性的情况下，无须将酶样品分到两个孔中

11.3.3 微孔板中的细胞裂解

1. 在 30℃、220 r/min 下培养约 5 h 后，以 2000×*g* 离心 15 min，弃去上清液并加入 200 μL 裂解液。
2. 将微孔板在 4℃孵育 30 min 后，在−80℃下冷冻 1 h，然后在 37℃解冻大约 20 min。
3. 在 2000×*g* 下再次离心 15 min，并将酶溶液转移到新的微孔板中（见注释 4）。

11.3.4 活性或手性选择性的筛选

向测试试剂盒的混合物（150 μL）中加入来自生产板的 20 μL 酶溶液（见注

释 5)。可以选择进行活性试验（继续执行步骤 1 的选项 A）或手性选择性试验（继续执行步骤 1 的选项 B）。

A：活性试验

1. 加入 20 mL 底物溶液[即外消旋乙酸酯，底物浓度 5～50 mmol/L，溶于磷酸钠缓冲液（10 mmol/L，pH 7.4）]开始反应。
2. 在 340 nm 处检测 NADH 浓度在 10 min 内的增加情况（见注释 6）。使用测试试剂盒与带有不含酶编码基因的空表达载体的大肠杆菌细胞裂解物的混合物作为阴性对照（见注释 7）。同时试剂盒中包含阳性对照（乙酸）。

B：手性选择性试验

1. 将 20 μL 酶溶液从一个孔转移到新微孔板的两个孔中（图 11-2)。
2. 将 20 μL 光学纯(R)-/(S)-乙酸酯交替添加到微孔板的各行中。
3. 在 340 nm 处检测 10 min 内吸光度的变化（见注释 8)，并分别计算每种手性体的初始反应速率。这两个速率的商即为表观手性选择性 E_{app}（图 11-3)。

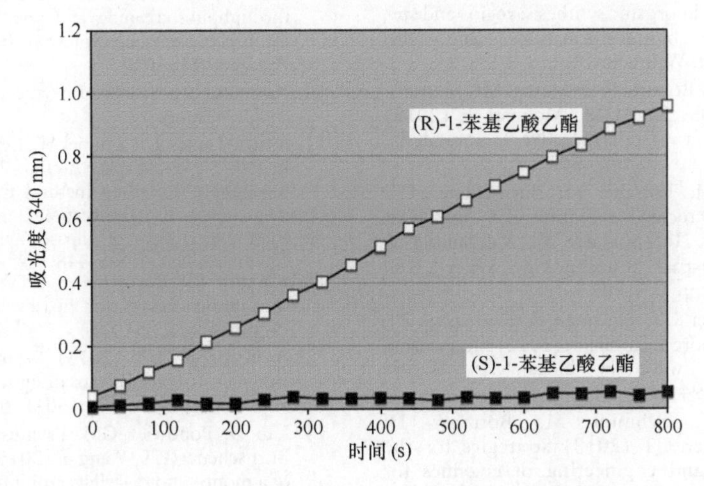

图 11-3　使用光学纯(R)-/(S)-1-苯基乙酸乙酯（5 mg/μL）测定的初始速率。反应中所使用的酶为荧光假单胞菌（*Pseudomonas fluorescens*，PFE）的冻干细胞粗萃取物

11.4　注　　释

1. 乙酸测定缓冲液 pH 为 8.4，确保酶在此 pH 下有活性。
2. 此步骤可以使用 96 针复制器或使用移液机器人完成。
3. 使用新鲜培养基进行稀释有助于保证微孔板每个孔中的细胞密度相当。
4. 这些微孔板可以储存在−20℃，冷冻干燥，或直接用于测定手性选择性/活性。如果预期稀释后的细胞提取物活性很低，可将酶溶液冷冻干燥。在此之前，请确保冷冻干燥过程不会影响酶活。

5. 如果使用的是冷冻干燥后的酶，需先分别用 200 μL 磷酸钠缓冲液溶解微孔板中每个孔的酶，然后将 20 μL 转移到测定板的每个孔中。
6. 确保吸光度增长在线性范围内。如果吸光度超出线性范围，可能是由于酶活性太高，则需要在新的微孔板中稀释酶溶液来解决这个问题。
7. 通过适当的对照反应，确保在加入底物（乙酸酯）之前，反应体系中不存在乙酸。由于大肠杆菌本身可降解 NADH 或水解底物，因此需要对含有/不含底物的空载体的细胞粗萃取物进行检测。
8. 如果未检测到活性，则可以通过增加酶量或延长反应时间的策略来排除假阴性结果。

参 考 文 献

1. Bornscheuer UT, Kazlauskas RJ (2006) Hydrolases in organic synthesis: regio- and stereoselective biotransformations, 2nd edn. Wiley-VCH, Weinheim
2. Romano D, Bonomi F, de Mattos MC, Fonseca TD, de Oliveira MDF, Molinari F (2015) Esterases as stereoselective biocatalysts. Biotechnol Adv 33:547–565
3. Schmidt M, Böttcher D, Bornscheuer UT (2010) Directed evolution of industrial biocatalysts. In: Soetaert W, Vandamme E (eds) Industrial biotechnology. Wiley-VCH, Weinheim, pp 173–205
4. Bornscheuer UT, Huisman G, Kazlauskas RJ, Lutz S, Moore J, Robins K (2012) Engineering the third wave in biocatalysis. Nature 485:185–194
5. Davids T, Schmidt M, Böttcher D, Bornscheuer UT (2013) Strategies for the discovery and engineering of enzymes for biocatalysis. Curr Opin Chem Biol 17: 215–220
6. Handelsman J (2004) Metagenomics: application of genomics to uncultured microorganisms. Microbiol Mol Biol Rev 68:669–685
7. Lopez-Lopez O, Cerdan ME, Siso MIG (2014) New extremophilic lipases and esterases from metagenomics. Curr Protein Pept Sci 15:445–455
8. Kourist R, Krishna SH, Patel JS, Bartnek F, Weiner DW, Hitchman T et al (2007) Identification of a metagenome-derived esterase with high enantioselectivity in the kinetic resolution of arylaliphatic tertiary alcohols. Org Biomol Chem 5:3310–3313
9. Xiao H, Bao ZH, Zhao HM (2015) High-throughput screening and selection methods for directed enzyme evolution. Ind Eng Chem Res 54:4011–4020
10. Reymond J-L (2005) Enzyme assays. Wiley-VCH, Weinheim
11. Bustos-Jaimes I, Hummel W, Eggert T, Bogo E, Puls M, Weckbecker A et al (2009) A high-throughput screening method for chiral alcohols and its application to determine enantioselectivity of lipases and esterases. ChemCatChem 1:445–448
12. Schmidt M, Bornscheuer UT (2005) High-throughput assays for lipases and esterases. Biomol Eng 22:51–56
13. Bornscheuer UT (2013) From commercial enzymes to biocatalysts designed by protein engineering. Synlett 24:150–156
14. Lan D, Popowicz GM, Pavlidis IV, Zhou P, Bornscheuer UT, Wang Y (2015) Conversion of a mono- and diacylglycerol lipase into a triacylglycerol lipase by protein engineering. Chem Biochem 16:1431–1434
15. Schmidt M, Hasenpusch D, Kähler M, Kirchner U, Wiggenhorn K, Langel W et al (2006) Directed evolution of an esterase from *Pseudomonas fluorescens* yields a mutant with excellent enantioselectivity and activity for the kinetic resolution of a chiral building block. Chem Biochem 7:805–809
16. Baumann M, Stürmer R, Bornscheuer UT (2001) A high-throughput-screening method for the identification of active and enantioselective hydrolases. Angew Chem Int Ed Engl 40:4201–4204

第 12 章　基于宏基因组文库的纤维素酶的筛选

内尔·伊尔姆伯格（Nele Ilmberger），沃尔夫冈·R. 施特赖特（Wolfgang R. Streit）

摘要

发掘新型酶对于发展现代生物技术而言必不可少。然而，在生物技术应用中，酶通常必须在极端和非自然条件（如在溶剂中、高温和/或在极端 pH 下）下发挥作用。纤维素酶可用于工业生产的方方面面，包括从生物乙醇——一个现实可行的可再生能源的生产，到纺织品的精加工。这些工业过程需要纤维素酶能在范围广泛的 pH、温度和离子条件下保持降解纤维素的活性，并且通常这些工业过程需要使用不同纤维素酶的混合物来实现。对纤维素自然降解过程所涉及的纤维素酶多样性进行研究是优化这些过程的必要条件。

关键词

纤维素酶、离子溶液、宏基因组、生物乙醇、可再生能源、生物技术

12.1　介　绍

宏基因组学已经成为一种寻找可用于生物技术领域的新型酶的非常有力的工具，许多综述文章业已对该技术作了总结[1-3]。自该项技术和其基本描述首次发表[4]以来，许多具有极高工业应用潜力的新酶[5-8]已经发布于多篇报道中。纤维素是可用于生产生物燃料（如乙醇）和一些其他生物基产品的一种有价值的生物聚合物，已有大量的论文报道了基于宏基因组的纤维素酶分离。

对一种土壤宏基因组文库进行纤维素酶的功能筛选共鉴定到了 8 个有纤维素分解能力的克隆，并对其中一个进行了纯化和表征[9]。通过对位于非洲和埃及的碱水湖宏基因组文库进行筛选，鉴定到了超过 12 种纤维素酶，其中一些显示出与栖息地相关的耐盐特性[10,11]。在早期的一篇基于宏基因组的生物催化剂筛选文章中，介绍了一种来源于以木质纤维素为能量来源的嗜热厌氧菌的纤维素酶[12]，并且近期有一项研究报道鉴定到了 7 种具有新颖特征的纤维素酶[13]。

虽然大多数发掘新型纤维素酶的宏基因组学研究集中在对极端环境的探索，

但有充分的证据表明，温和且基因多样性高的环境也含有一系列高度稳定且适合工业应用的纤维素酶[9,14]。还有更多成功分离于宏基因组的纤维素酶的案例[15,16]。值得注意的是，基于测序的方法已经从不同宏基因组中鉴定出许多可能的纤维素酶[17,18]，当然，这些酶的功能必须得到实验验证。

纤维素可能是仅次于几丁质的最丰富的可再生能源，其通常占植物干重的35%～50%，可以作为生产生物乙醇和其他产品的重要资源。所以，必须设法将含有 β-1,4-糖苷键连接的葡萄糖亚基的纤维素（图 12-1）水解成可发酵的糖。纤维素的降解可以通过化学处理或酶水解来进行。化学分解的缺点是会产生成本密集型污染物。对于大规模酶解而言，问题在于纤维素不溶于水，而纤维素酶需要在水环境中才能正常发挥作用。因此一种可能的解决方案是使用离子溶液作为溶剂，这些盐溶液在室温下没有检测到蒸气压，并且可回收。此外，根据报道，一些离子液体可以溶解纤维素[19-21]。

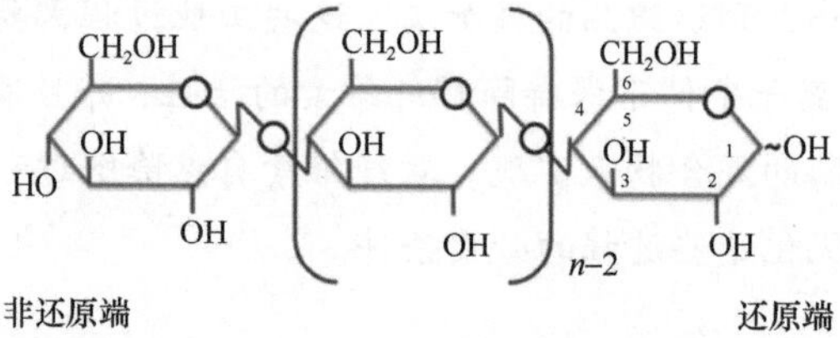

图 12-1 D-葡萄糖纤维素的结构，通过 β-1,4-糖苷键连接到大分子聚合物上

纤维素酶与其他糖苷水解酶的区别在于它们水解葡糖基残基之间 β-1,4-糖苷键的能力。纤维素中 β-1,4-糖苷键的酶解遵循酸水解机制，依赖一种质子供体和亲核试剂或碱基。水解后，还原端碳-1 的构象可能被倒置或保留（双重置换机制）[22-24]。

纤维素完全降解需要三种主要活性类型的酶：内切葡聚糖酶（1,4-β-D-葡聚糖-4-葡聚糖水解酶；EC 3.2.1.4），外切葡聚糖酶，包括纤维糊精酶（1,4-β-D-葡聚糖葡聚糖水解酶；EC 3.2.1.74）和纤维二糖水解酶（1,4-β-D-葡聚糖纤维二糖水解酶；EC 3.2.1.91），以及 β-葡糖苷酶（β-葡糖苷葡糖氢化酶；EC 3.2.1.21）[25,26]。目前最新的命名法可参考在 CAZy 数据库（http://afmb.cnrs-mrs.fr/CAZY/）中列出的 14 个类别中超过 130 个糖基水解酶家族。

纤维素酶有许多工业应用，包括从生物乙醇——一个现实可行的可再生能源的生产，到纺织品的精加工[27,28]。这些工业过程需要纤维素酶能在范围广泛的 pH、温度和离子条件下保持降解纤维素的活性，并且通常这些工业过程需要使用多种纤维素酶的混合物来实现。对纤维素自然降解过程所涉及的纤维素酶多样性进行研究是优化这些过程的必要条件。

虽然纤维素酶分离研究主要集中于真菌，但最近从原核生物中分离出多种新型纤维素酶的研究有所增加[24]。在细菌中发现了非复合和复合两种不同结构类型的纤维素分解系统。已知一些厌氧菌，如解纤维梭菌（*Clostridium cellulolyticum*），会产生与细胞表面相连、称为纤维素小体的胞外多酶复合物[29]。纤维素小体包含不同的纤维素水解酶，这些水解酶通过黏连蛋白-锚定蛋白相互作用组织在一个不具有催化活性、用于结合纤维素的蛋白质骨架上[29]。第二类复合纤维素酶由拟杆菌门（Bacteroidetes）生产[30,31]。编码这种复合蛋白质的基因被组织在一个"淀粉结合基因座"中，包括转录调节因子、跨膜蛋白、底物结合蛋白、水解酶和一些迄今功能未知的蛋白质[30,31]。这些复合物中的纤维素酶很少能在功能宏基因组筛选中被检测到。相反，来自大多数好氧菌和厌氧菌的纤维素酶并不是以复合物形式存在的，而是直接与纤维素结合[32]。这些非复合纤维素酶可能包含无催化活性的底物结合模块（carbohydrate binding module，CBM）和其他结构域（如通过接头连接到催化结构域的 Ig 样结构域上）。CBM 可将纤维素酶结合到不溶性纤维素上[33,34]。除了具有明确特定的碳水化合物结合结构域的纤维素酶之外，已经鉴定出大量没有明确 CBM 的纤维素酶，这些酶因此被称为非模块化纤维素酶[28]。缺少 CBM 的纤维素酶对不溶性纤维素的降解能力下降，但保留了降解可溶性纤维素底物的能力[33,35,36]。

目前大多数源于原核生物的纤维素酶主要分离于可培养的微生物。分离得到的纤维素酶倾向于在相应来源微生物环境的 pH 和温度条件下具有活性，如来自肠道细菌 *Cellulomonas pachnodae* 的 β-1,4-内切葡聚糖酶具有活性的 pH 范围为 4.8～6.0[37]，来自嗜碱芽孢杆菌的内切葡聚糖酶具有活性的 pH 范围为 7.0～12.0[38]。工业应用需要酶在特定的 pH、温度和离子浓度下稳定且具有活性，许多具有这些工业相关特性的纤维素酶都来源于极端环境中的微生物[27,39]。对这些或其他特定环境中的微生物进行培养特别困难，大部分细菌，特别是极端环境中的微生物，都未能成功培养。宏基因组学是一种不依赖培养，而是对特定栖息环境中的微生物基因进行分析，并涉及直接分离在异源宿主中克隆和表达的基因的方法[40]。该技术已被用于鉴定来自未培养微生物的各种生物催化剂[1,3]。在此，我们提供了一些利用宏基因组筛选微生物纤维素酶的简易实验方法。

12.2 实验材料

12.2.1 无机盐培养基（MSM）

1. 溶液 1（1 L，10×）：70 g $Na_2HPO_4·2H_2O$，20 g KH_2PO_4。
2. 溶液 2（1 L，10×）：10 g $(NH_4)_2SO_4$，2 g $MgCl_2·6H_2O$，1 g $Ca_2(NO_3)_2·4H_2O$。
3. 微量元素（2000×，1 L）：5 g EDTA，3 g Fe(III)$SO_4·7H_2O$，30 mg $MnCl_2·4H_2O$，50 mg $CoCl_2·6H_2O$，20 mg $NiCl_2·2H_2O$，10 mg $CuCl_2·2H_2O$，

30 mg $Na_2MoO_4·2H_2O$，50 mg $ZnSO_4·7H_2O$，20 mg H_3BO_4，pH 4.0。

4. 维生素（1000×，100 mL）：1 mg 生物素，10 mg 烟酸，10 mg 硫胺素-盐酸（维生素 B1），1 mg 对氨基苯甲酸，10 mg Ca-D(+)泛酸（维生素 B5），10 mg 维生素 B6 盐酸盐，10 mg 维生素 B12，10 mg 核黄素（维生素 B2），1 mg 叶酸。

12.2.2 刚果红板检测

1. LB 琼脂+CMC（1 L）：15 g 琼脂，10 g 胰蛋白胨，5 g 酵母提取物，5 g NaCl，2 g 羧甲基纤维素（carboxymethyl cellulose，CMC）。
2. 刚果红溶液：0.2%刚果红。

12.2.3 细胞粗萃取物的制备

1. LB+CMC（1 L）：10 g 胰蛋白胨，5 g 酵母提取物，5 g NaCl，2 g CMC。
2. 适当的抗生素。
3. pH 8.0 的 50 mmol/L Tris-HCl（缓冲剂）。
4. 超声波装置（Sonicator UP 200S，德国希尔舍）。

12.2.4 DNSA 检测

1. LB+CMC（1 L）：10 g 胰蛋白胨，5 g 酵母提取物，5 g NaCl，2 g CMC。
2. DNSA-试剂（1 L）：10 g 3,5-二硝基水杨酸（DNSA），2 mL 苯酚，0.5 g Na_2SO_3，200 g K-Na-酒石酸盐，10 g NaOH。在 4℃储存（避光）。
3. McIllvaine 缓冲液：0.2 mol/L Na_2HPO_4（A），0.1 mol/L 柠檬酸（B）。在 65℃下将（B）加入（A）调节 pH 至 6.5。

12.2.5 纤维素酶反应产物的薄层色谱分析

1. 可用的底物：纤维寡糖（1%，Sigma 公司，德国海德堡），地衣多糖（1%，Cetraria islandica，Sigma 公司，德国海德堡）和 CMC（1%，Sigma 公司，德国海德堡）。
2. 在 50 mmol/L K_2HPO_4 中提取纤维素酶。
3. 60 个二氧化硅 TLC 板（Merck KGaA 公司，德国达姆施塔特）。
4. 5∶3∶2（*V/V/V*）1-丙醇-硝基甲烷-H_2O。
5. 9∶1（*V/V*）乙醇-浓硫酸，现场制备。

6. 2∶1∶1（*V/V/V*）乙酸乙酯-乙酸-H_2O。
7. 磷酸。
8. 储备液：1 g 二苯胺，1 mL 苯胺，100 mL 丙酮。
9. 6∶1∶3（*V/V/V*）1-丙醇-乙酸乙酯-H_2O。

12.2.6　通过 HPLC 分析纤维素分解产物

1. 18 个 SepPack 盒[沃特世公司（Waters），美国马萨诸塞州米尔福德]。
2. HPX-42A 碳水化合物色谱柱（300 mm×7.8 mm；Bio-Rad 公司，德国慕尼黑）。
3. 差示折光计。

12.3　实验方法

12.3.1　高纤维素分解微生物群落的富集（见注释 1）

根据我们的经验，在环境样本的文库中通常只有很少量编码纤维素酶的克隆。因此，通过用适当底物富集的方式来提高纤维素分解微生物的丰度，从而提高纤维素酶的鉴定频率。所以，通常会用到无机盐培养基（参见 12.2.1 节）。富集培养物可在特定的 pH、温度、供氧等条件下进行。对于纤维素分解微生物的富集，可用纤维素如羧甲基纤维素（CMC），结晶纤维素如微晶纤维素，纤维素滤纸或如木材、青贮饲料等植物材料作为碳源。

微生物群落建立起来之后，它们即可用来构建文库。可通过 16S rRNA 基因测序数据来分析微生物群落，从而调查微生物的多样性。请注意，由于经过富集培养，微生物的多样性可能大大减少，尤其是经过长时间富集培养的情况下。

12.3.2　在刚果红平板上筛选纤维素酶阳性克隆（见注释 2）

纤维素酶阳性克隆通常是在含有纤维素底物的平板上使用比色的方法来进行筛选的。刚果红与原始的 β-D-葡聚糖进行显色的相互作用，是快速且灵敏地筛选具有 β-D-葡聚糖水解酶活性的纤维素分解菌的基础[41]。

1. 将大肠杆菌克隆复刻或划线接种到 LB-琼脂+CMC 平板上，并在 37℃过夜培养，然后在所需温度下培养 2～7 天。
2. 用 ddH_2O 洗去菌落，以便染色染料可以均匀渗透到培养基中。
3. 将琼脂平板用刚果红溶液染色 30 min。
4. 倒出溶液，用 1 mol/L NaCl 溶液将琼脂平板在 30 min 内脱色 3 次。

5. 表达纤维素酶的克隆在红色背景下呈现黄色晕圈（图 12-2）。

图 12-2 宏基因组来源的黏性质粒克隆在刚果红平板上进行活性染色的结果（彩图请扫二维码）

12.3.3 可能阳性克隆的再转化

为确保所观察到的克隆体的催化活性不是由污染造成的，建议分离后重新转化载体并进行后续的活性测定。

12.3.4 具有纤维素分解活性克隆的细胞粗萃取物的制备

1. 为了制备纤维素酶阳性克隆的细胞粗萃取物，在 30℃下利用含有合适抗生素的 LB+CMC 平板培养阳性克隆，使其生长直至 OD=1.0～1.5。
2. 通过温和离心分离得到细胞，并将细胞用适当体积 50 mmol/L 的 Tris-HCl（pH 8.0）重悬，然后以 50%振幅和 0.5 周期超声处理 5 min，进行细胞裂解。
3. 在 4℃下以 16 000×*g* 离心 30 min 后得到的细胞粗萃取物，可在 4℃下储存几天。

12.3.5 纤维素酶活性的分析

12.3.5.1 DNSA 分析（见注释 3）

通常可以通过用 3,5-二硝基水杨酸测量由 CMC 释放的还原糖量来测定纤维素酶活性（参见 12.2.4 节）。标准的实验分析体系含有 2 μg 酶或细胞粗萃取物和 1% CMC，最终体积为 0.5 mL，其中含有 150 μL McIlvaine 缓冲液（参见 12.2.4 节）。将该混合物在适当的温度下孵育 15 min。在纤维素的水解过程中，将会产生葡萄糖寡聚体和单体，同时还原末端的数量增加。这些还原基团可与 3,5-二硝基水杨酸在 100℃下反应形成棕色的 3-氨基-5-硝基水杨酸。

所形成的 3-氨基-5-硝基水杨酸的量等于还原末端的数量。因此，还原糖的量可以用 546 nm 处的吸光度来确定（图 12-3）。

3,5-二硝基水杨酸（COOH, OH, O_2N, NO_2）	+ 还原糖	⟶	3-氨基-5-硝基水杨酸（COOH, OH, O_2N, NO_2）	+ 氧化糖

图 12-3　基于糖链还原末端的释放量来测量纤维素分解活性的 DNSA 检测法

酶活性单位（U）表示为每毫克蛋白质每分钟释放的还原糖微摩尔数。根据比尔定律，通过浓度对吸光度的回归系数来确定酶的活性。它描述了还原糖已知浓度和吸光度之间的关系是线性的，除非产物浓度非常低或非常高。每单位等于每分钟产生 1 μmol 的还原糖。

根据下式计算酶活性：

$$U/mL= (\Delta E/\min\times V)/(\varepsilon\times d\times v)$$

式中，ΔE/min=消光比；V=实验的反应混合物体积；d=比色皿的厚度（cm）；ε=回归线的上升点；v=样本体积。

比活性[U/mg 蛋白质]定义为每分钟释放 1 μmol 底物所需的酶量，计算如下：

比活性（U/mg 蛋白质）=酶活性（U/mL）/蛋白质浓度（mg/mL）

1. 将第一缓冲液和酶混合，然后加入底物来进行反应。

反应混合物：

样品	100 μL
溶于双蒸水的 CMC（浓度为 2%）	250 μL
McIllvaine 缓冲液（pH 6.5）	150 μL

2. 将混合物在 37℃下孵育 15 min。
3. 孵育后，加入 DNSA 试剂 750 μL 并将样品在 100℃煮沸 15 min。
4. 在冰上冷却后，将样品以 16 000× *g* 离心 2 min 以沉淀下降的蛋白质。
5. 将样品转移到比色杯中，并在 546 nm 处测量吸光度。

通常酶的最适 pH 范围是通过酶的标准活性测试方法，测量酶在 pH 4～10.5 的 50 mmol/L 适当缓冲液中的活性来确定的。乙酸盐缓冲液适用于 pH 4～6.0，柠檬酸盐/磷酸盐缓冲液（McIllvaine 缓冲液）适用于 pH 6～7.5，Tris-HCl 适用于

pH 7.5～9.0，*N*-环己基-3-氨基丙磺酸（CAPS）适用于 pH 9.7～10.5。

酶的最适温度范围是通过酶的标准活性测试方法，在 20～95℃的温度下测定酶的活性来确定的。

为了分析底物特异性，可将标准实验体系中的 CMC 替换为地衣多糖、大麦β-葡聚糖、海带多糖、燕麦木聚糖或微晶纤维素。

一般使用 1 mmol/L 浓度的一系列不同的金属氯化盐、溶剂、去垢剂和 EDTA 来确定不同物质对纤维素酶活性的抑制或增强作用。将 McIlvaine（参见 12.2.4 节）缓冲液替换为离子溶液（ionic liquid，IL）时，可以在标准实验系统中评估 IL 的影响。因此测试体系中会包含 30%的 IL（可用于纤维素酶活性测定的一些 IL 见图 12-4），这个值可以上下调整。对于 IL 及其他添加剂，长时间的稳定性测试可能是有意义的。将酶在缓冲液中与特定的添加剂一起在有利的条件下孵育不同的时间。在相应的时间点添加底物，则可以通过如上所述的方法进行实验。

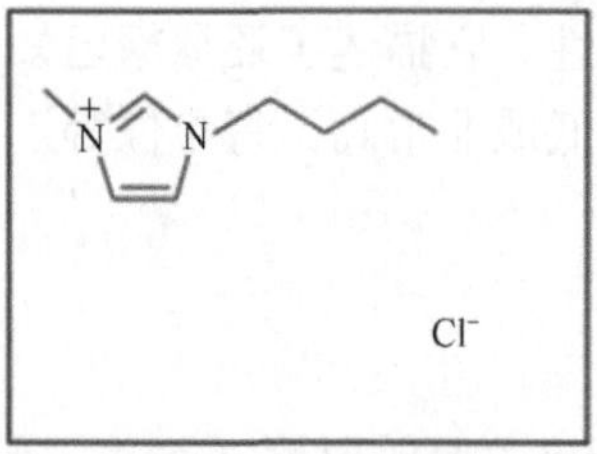

氯化(1-丁基-3-甲基咪唑)

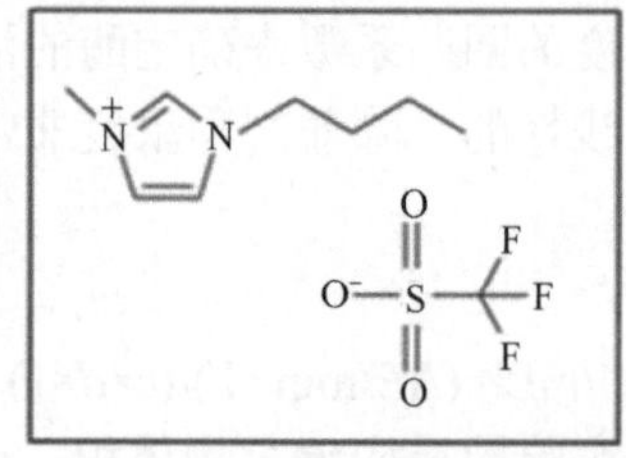

1-正丁基-3-甲基咪唑三氟甲烷磺酸盐

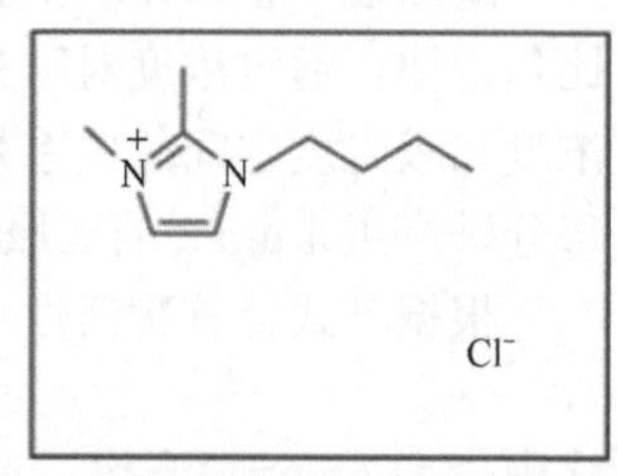

氯化(1-丁基-2,3-二甲基咪唑)

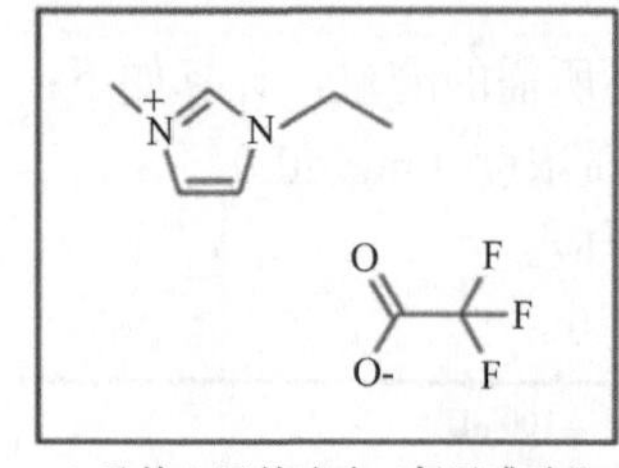

1-乙基-3-甲基咪唑三氟甲磺酸盐

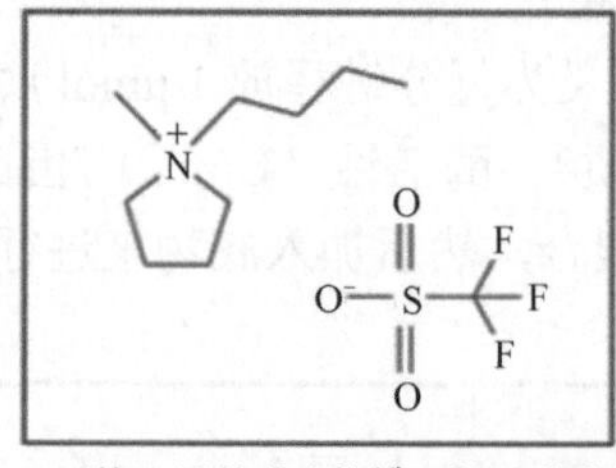

1-丁基-1-甲基吡咯烷鎓三氟甲磺酸盐

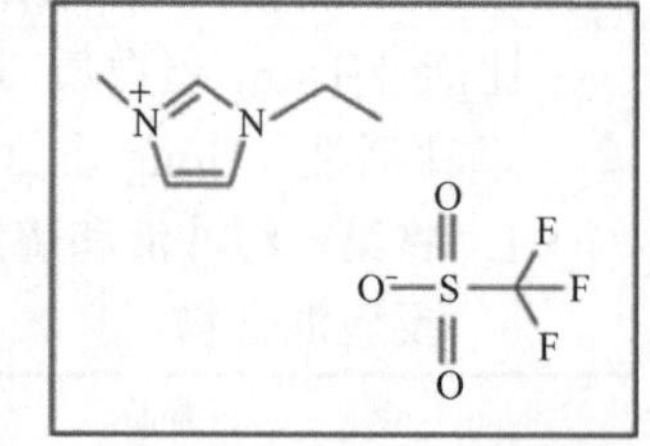

1-乙基-3-甲基咪唑三氟甲磺酸盐

图 12-4　适用于纤维素酶活性分析的离子溶液

12.3.5.2　薄层色谱分析纤维素酶反应产物（见注释 4）

为了确定纤维素酶是否具有内切或外切活性，薄层色谱（thin-layer chromatography，TLC）分析是一种恰当的工具（图 12-5）。这些分析还可以很好地对酶水解的底物范围进行概述。

1. 可用不同的碳水化合物作为底物，如纤维寡糖、地衣多糖和 CMC。在适合的 pH 和温度条件下，将这些底物和纤维素酶提取物在 50 mmol/L 的 K_2HPO_4 缓冲液中共同孵育。

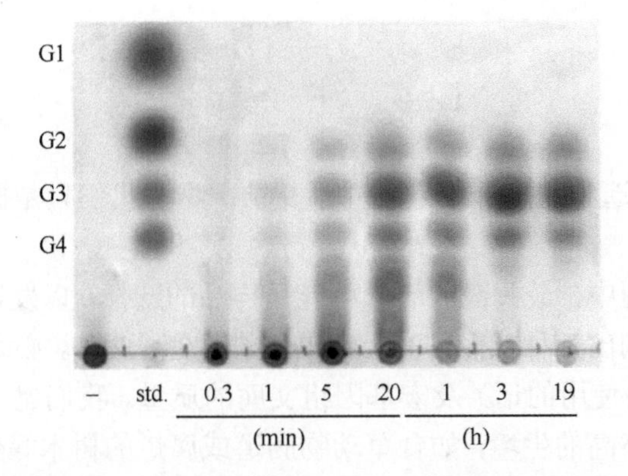

图 12-5　纤维素降解产物的 TLC 检测：泳道（–）为不加酶的样品，泳道（std.）为葡萄糖（G1）、纤维二糖（G2）、纤维三糖（G3）和纤维四糖（G4）。其他泳道是用 Cel5A 水解地衣多糖的不同时间点[9]

2. 为了确定哪种反应产物首先出现，可以将不同孵育时间的等分试样点在 60 个二氧化硅 TLC 板上。
3. 将纤维寡糖反应产物显影并在 1-丙醇-硝基甲烷-H_2O（5∶3∶2，*V/V/V*）中分离 2 h。分离后，通过用新制备的乙醇-浓硫酸（9∶1，*V/V*）混合物喷雾的板来观察多糖产物。
4. 将地衣多糖反应产物在乙酸乙酯-乙酸-H_2O（2∶1∶1，*V/V/V*）中显影 3 h。分离后，通过用新制备的 1 mL 磷酸和 10 mL 储备液（1 g 二苯胺，1 mL 苯胺，100 mL 丙酮）混合物喷雾的板来观察多糖产物。
5. 将 CMC 反应产物在 1-丙醇-乙酸乙酯-H_2O（6∶1∶3，*V/V/V*）中分离并显影 2×3 h，并且使用与观察地衣多糖产物一样的混合物喷雾的板观察其产物。

12.3.5.3　HPLC 分析纤维素降解产物

HPLC 分析是一种合适研究碳水化合物水解产物的方法。

1. 首先，将酶制剂和底物在最佳温度与 pH 下共同孵育 2 h。与 TLC 分析和 DNSA 分析一样，可以研究不同底物和反应条件的影响。
2. 将管在 100℃煮沸 10 min 以停止反应。
3. 将实验混合物离心并用 18 柱 SepPack 去除上清液的蛋白质。

有许多不同的 HPLC 色谱柱和洗脱缓冲液可用于分析碳水化合物水解产物。其中一种是用 HPX-42A 色谱柱分析样品。用 85℃的 H_2O 进行洗脱；流速为 0.6 mL/min。用差示折光计进行检测。

12.4 注　释

总的来说，筛选和测定纤维素酶并不复杂；这里我们只是提供一些简单的注意事项。

1. 在实验过程中，最关键的步骤可能是样品的选择，以发现足够的酶库，从而可以检测出一种或多种有意思的纤维素酶。此外，必须考虑富集培养的质量（如果使用的话）及宏基因组文库的质量。我们建议研究纤维素分解菌存在概率高的生境，如食草动物肠道或腐烂的树木等生境。如果富集是需要或不可避免的，那么应尽量缩短富集的时间以保持更加合理的生物多样性。
2. 在刚果红指示板上筛选纤维素酶活性克隆是比较简单的，只是细菌的生长时间和纤维素分解活性的水平可能不同。当纤维素分解活性很低时，洗掉细菌细胞是关键步骤。
3. 同样在 DNSA 分析中，应该穿戴手套，当样品煮沸时，盖子应该盖稳以防止苯酚溅出（在 DNSA 溶液中，参见 12.2.3 节）。当反应体系中添加了离子溶液时，必须完全混匀离子液体和水相，否则会产生假性的结果。

参考文献

1. Streit WR, Schmitz RA (2004) Metagenomics - the key to the uncultured microbes. Curr Opin Microbiol 7:492–498
2. Daniel R (2004) The soil metagenome - a rich resource for the discovery of novel natural products. Curr Opin Biotechnol 15:199–204
3. Schmeisser C, Steele H, Streit WR (2007) Metagenomics, biotechnology with non-culturable microbes. Appl Microbiol Biotechnol 75:955–962
4. Schmidt TM, DeLong EF, Pace NR (1991) Analysis of a marine picoplankton community by 16S rRNA gene cloning and sequencing. J Bacteriol 173:4371–4378
5. Ferrer M, Golyshina OV, Chernikova TN, Khachane AN, Reyes-Duarte D, Santos VA et al (2005) Novel hydrolase diversity retrieved from a metagenome library of bovine rumen microflora. Environ Microbiol 7:1996–2010
6. Ferrer M, Golyshina OV, Plou FJ, Timmis KN, Golyshin PN (2005) A novel alpha-glucosidase from the acidophilic archaeon *Ferroplasma acidiphilum* strain Y with high transglycosylation activity and an unusual catalytic nucleophile. Biochem J 391:269–276
7. Beloqui A, Pita M, Polaina J, Martinez-Arias A, Golyshina OV, Zumarraga M et al (2006) Novel polyphenol oxidase mined from a metagenome expression library of bovine rumen: biochemical properties, structural analysis, and phylogenetic relationships. J Biol Chem 281:22933–22942
8. Voget S, Leggewie C, Uesbeck A, Raasch C, Jaeger KE, Streit WR (2003) Prospecting for novel biocatalysts in a soil metagenome. Appl Environ Microbiol 69:6235–6242
9. Voget S, Steele HL, Streit WR (2006) Characterization of a metagenome-derived halotolerant cellulase. J Biotechnol 126:26–36
10. Grant S, Sorokin DY, Grant WD, Jones BE, Heaphy S (2004) A phylogenetic analysis of Wadi el Natrun soda lake cellulase enrichment cultures and identification of cellulase genes from these cultures. Extremophiles 8:421–429

11. Rees HC, Grant S, Jones B, Grant WD, Heaphy S (2003) Detecting cellulase and esterase enzyme activities encoded by novel genes present in environmental DNA libraries. Extremophiles 7:415–421
12. Healy FG, Ray RM, Aldrich HC, Wilkie AC, Ingram LO, Shanmugam KT (1995) Direct isolation of functional genes encoding cellulases from the microbial consortia in a thermophilic, anaerobic digester maintained on lignocellulose. Appl Microbiol Biotechnol 43:667–674
13. Feng Y, Duan CJ, Pang H, Mo XC, Wu CF, Yu Y et al (2007) Cloning and identification of novel cellulase genes from uncultured microorganisms in rabbit cecum and characterization of the expressed cellulases. Appl Microbiol Biotechnol 75:319–328
14. Pottkamper J, Barthen P, Ilmberger N, Schwaneberg U, Schenk A, Schulte M et al (2009) Applying metagenomics for the identification of bacterial cellulases that are stable in ionic liquids. Green Chem 11:957–965
15. Guo H, Feng Y, Mo X, Duan C, Tang J, Feng J (2008) Cloning and expression of a beta-glucosidase gene umcel3G from metagenome of buffalo rumen and characterization of the translated product. Sheng Wu Gong Cheng Xue Bao 24:232–238
16. Pang H, Zhang P, Duan CJ, Mo XC, Tang JL, Feng JX (2009) Identification of cellulase genes from the metagenomes of compost soils and functional characterization of one novel endoglucanase. Curr Microbiol 58:404–408
17. Warnecke F, Luginbuhl P, Ivanova N, Ghassemian M, Richardson TH, Stege JT et al (2007) Metagenomic and functional analysis of hindgut microbiota of a wood-feeding higher termite. Nature 450:560–565
18. Ilmberger N, Güllert S, Dannenberg J, Rabausch U, Torres J, Wemheuer B et al (2014) A comparative metagenome survey of the fecal microbiota of a breast- and a plant-fed Asian elephant reveals an unexpectedly high diversity of glycoside hydrolase family enzymes. PLoS One 9:e106707
19. Heinze T, Schwikal K, Barthel S (2005) Ionic liquids as reaction medium in cellulose functionalization. Macromol Biosci 5:520–525
20. Swatloski RP, Spear SK, Holbrey JD, Rogers RD (2002) Dissolution of cellulose [correction of cellose] with ionic liquids. J Am Chem Soc 124:4974–4975
21. Wu J, Zhang J, Zhang H, He J, Ren Q, Guo M (2004) Homogeneous acetylation of cellulose in a new ionic liquid. Biomacromolecules 5:266–268
22. Beguin P, Aubert JP (1994) The biological degradation of cellulose. FEMS Microbiol Rev 13:25–58
23. Birsan C, Johnson P, Joshi M, MacLeod A, McIntosh L, Monem V et al (1998) Mechanisms of cellulases and xylanases. Biochem Soc Trans 26:156–160
24. Hilden L, Johansson G (2004) Recent developments on cellulases and carbohydrate-binding modules with cellulose affinity. Biotechnol Lett 26:1683–1693
25. Bayer EA, Chanzy H, Lamed R, Shoham Y (1998) Cellulose, cellulases and cellulosomes. Curr Opin Struct Biol 8:548–557
26. Kumar R, Singh S, Singh OV (2008) Bioconversion of lignocellulosic biomass: biochemical and molecular perspectives. J Ind Microbiol Biotechnol 35:377–391
27. Ando S, Ishida H, Kosugi Y, Ishikawa K (2002) Hyperthermostable endoglucanase from *Pyrococcus horikoshii*. Appl Environ Microbiol 68:430–433
28. Lynd LR, Zhang Y (2002) Quantitative determination of cellulase concentration as distinct from cell concentration in studies of microbial cellulose utilization: analytical framework and methodological approach. Biotechnol Bioeng 77:467–475
29. Schwarz WH (2001) The cellulosome and cellulose degradation by anaerobic bacteria. Appl Microbiol Biotechnol 56:634–649
30. Pope PB, Mackenzie AK, Gregor I, Smith W, Sundset MA, McHardy AC et al (2012) Metagenomics of the Svalbard reindeer rumen microbiome reveals abundance of polysaccharide utilization loci. PLoS One 7:e38571
31. Flint HJ, Scott KP, Duncan SH, Louis P, Forano E (2012) Microbial degradation of complex carbohydrates in the gut. Gut Microbes 3:289–306
32. Zhang YH, Lynd LR (2004) Toward an aggregated understanding of enzymatic hydrolysis of cellulose: noncomplexed cellulase systems. Biotechnol Bioeng 88:797–824
33. Bolam DN, Ciruela A, McQueen-Mason S, Simpson P, Williamson MP, Rixon JE et al (1998) *Pseudomonas* cellulose-binding domains mediate their effects by increasing enzyme substrate proximity. Biochem J 331(Pt 3):775–781
34. Carvalho AL, Goyal A, Prates JA, Bolam DN, Gilbert HJ, Pires VM et al (2004) The family 11 carbohydrate-binding module of *Clostridium thermocellum* Lic26A-Cel5E accommodates beta-1,4- and beta-1,3-1,4-mixed linked glucans at a single binding site. J Biol Chem 279:34785–34793
35. Coutinho JB, Gilkes NR, Kilburn DG, Warren RAJ, Miller RC Jr (1993) The nature of the cellulose-binding domain effects the activities of a bacterial endoglucanase on different forms of cellulose. FEMS Microbiol Lett 113:211–217
36. Fontes CM, Clarke JH, Hazlewood GP,

Fernandes TH, Gilbert HJ, Ferreira LM (1997) Possible roles for a non-modular, thermostable and proteinase-resistant cellulase from the mesophilic aerobic soil bacterium *Cellvibrio mixtus*. Appl Microbiol Biotechnol 48:473–479

37. Cazemier AE, Verdoes JC, Op den Camp HJ, Hackstein JH, van Ooyen AJ (1999) A beta-1,4-endoglucanase-encoding gene from *Cellulomonas pachnodae*. Appl Microbiol Biotechnol 52:232–239
38. Sanchez-Torres J, Perez P, Santamaria RI (1996) A cellulase gene from a new alkalophilic *Bacillus* sp. (strain N186-1). Its cloning, nucleotide sequence and expression in *Escherichia coli*. Appl Microbiol Biotechnol 46:149–155
39. Solingen P, Meijer D, Kleij W, Barnett C, Bolle R, Power S, Jones B (2001) Cloning and expression of an endocellulase gene from a novel streptomycete isolated from an East African soda lake. Extremophiles 5:333
40. Handelsman J, Rondon MR, Brady SF, Clardy J, Goodman RM (1998) Molecular biological access to the chemistry of unknown soil microbes: a new frontier for natural products. Chem Biol 5:R245–R249
41. Teather RM, Wood PJ (1982) Use of Congo red-polysaccharide interactions in enumeration and characterization of cellulolytic bacteria from the bovine rumen. Appl Environ Microbiol 43:777–780

第 13 章 利用对硝基苯基底物筛选宏基因组文库中辅助性木质纤维素酶的液相复用高通量筛选技术

马里耶特·斯马尔（Mariette Smart），罗伯特·J. 胡迪（Robert J. Huddy），
唐·A. 考恩（Don A. Cowan），马拉·特林达迪（Marla Trindade）

摘要

为了获取大型宏基因组文库包含的遗传信息，我们需要合适的高通量功能筛选方法。这里我们将介绍一种能够从宏基因组克隆文库中快速识别辅助性木质纤维素酶相关功能基因的高通量筛选技术。本技术基于比色法测定对硝基苯基类底物的多通路技术，可同时从大肠杆菌宏基因组文库中筛选 β-葡糖苷酶、β-木糖醇酶与 α-L-呋喃阿拉伯糖苷酶。该技术已经实现自动化并可以与高通量自动化筛选技术兼容。

关键词

宏基因组、高通量筛选、液相检测、多路检测、比色底物、木质纤维素酶、β-葡糖苷酶、β-木糖醇酶、α-L-呋喃阿拉伯糖苷酶、对硝基苯基底物、功能驱动筛选

13.1 介 绍

宏基因组学技术通过直接从环境中提取 DNA 构建大型宏基因组文库，并基于功能或序列来筛选基因[1-5]。环境样品中微生物丰富的多样性意味着需要从所构建的宏基因组文库中筛选大量的克隆（根据使用的载体，通常为 10^5～10^7 个）来获取样品包含的大部分遗传信息。高通量筛选技术对于有效识别低频与稀有基因来说必不可少[6]。功能驱动筛选不同于序列驱动筛选，可以用于鉴别与已知基因同源性较低的基因[4,7]，以实现具有特殊功能或性能基因的筛选。

宏基因组文库的高通量筛选在固相与液相条件下皆可进行。对于具体酶类的检测，需要根据想得到的酶活性适用的底物来选择合适的方法。固相筛选一般依

赖化学染料与添加到培养基中不溶的或连接有显色基团的衍生底物。高通量筛选技术已经应用于一小部分酶的筛选，如纤维素酶、几丁质酶、DNA 聚合酶、蛋白酶、脂肪分解酶[7]。对于上述酶而言（除 DNA 聚合酶以外），高通量筛选主要是采用固相筛选；筛选方法如第一章所描述[8]，且筛选需在构建的宏基因组文库所用的宿主（一般是大肠杆菌）最适的生长和蛋白质表达条件下进行。这种方法限制了一些拥有特殊生化特性，如热稳定性和最适 pH 与宿主不同的生物催化剂的筛选。

选择更适合环境 DNA 的宿主表达系统，更利于发掘宏基因组 DNA 中的遗传信息。一般来说，环境 DNA 中 60%以上的基因不适于使用大肠杆菌的翻译与转录系统[9,10]。某些宿主系统，包括革兰氏阳性放线菌、变铅青链霉菌（*Streptomyces lividans*）[6,11]，已有合适的载体与转化系统，可帮助我们获得放线菌与 GC 含量较高的微生物的基因[12]。对于古细菌丰富的环境，可优先选择古菌型宿主硫磺矿硫化叶菌（*Sulfolobus solfataricus*）[7,13]，而对于嗜热型环境资源，嗜热栖热菌（*Thermus thermophilus*）是更好的选择[14]。对于来自土壤样品的 DNA，使用诸如根癌农杆菌（*Agrobacterium tumefaciens*）、洋葱伯克霍尔德氏菌（*Burkholderia graminis*）、弧形茎菌（*Caulobacter vibrioides*）、恶臭假单胞菌（*Pseudomonas putida*）、耐重金属贪铜菌（*Cupriavidus metallidurans*）等作为表达宿主产生某些特定代谢产物的水平与使用大肠杆菌作为宿主时不同[15]。使用不同的宿主表达系统可以促进对宏基因组 DNA 的挖掘，不过仍然依赖所使用宿主表达系统最佳条件下的功能筛选。这使得粗酶提取物比克隆文库在需要生物催化剂的工业生产条件下更有吸引力[16]。因此，可以稳健、可靠、有效地对以大肠杆菌作为表达宿主的宏基因组文库进行高通量筛选的技术是获得宏基因组文库中更多遗传信息的关键。

这里我们将介绍一种以对硝基苯基类物质为底物对宏基因组文库进行功能筛选的液相、无细胞高通量筛选方法。针对先前无法高通量筛选[17]的辅助性木质纤维素酶（β-葡糖苷酶、β-木糖醇酶和 α-L-阿拉伯呋喃糖苷酶），我们使用了这种方法并获得了成功。大肠杆菌文库克隆与三种酶类底物的并行检测大大提高了宏基因组文库功能筛选的效率与通量。本方法的验证用到了三个文库：①堆肥的宏基因组 DNA 连接 F 黏粒载体 pCCFOS™，表达宿主使用大肠杆菌 *E. coli* EPI300™-T1R[18]；②F 黏粒载体 pCCFOS™连接不同堆肥来源的混合宏基因组，其他处理方式如上所述；③大肠杆菌与芽孢杆菌均可被用作表达宿主的利用 SuperBAC1 细菌人工染色体[19]构建的文库。本方案利用了 QPix2 自动化系统（分子器件），能够在 7 天时间里对高达 50 000 个克隆同时进行三种酶功能的筛选，并对其中阳性克隆的酶活进行识别和确认。通过将 8 个文库平行叠放到 96 孔板的单孔中，我们相当于成功将两个 384 孔板的克隆浓缩到一个 96 孔板进行分析，从而降低了成本并提升了液相检测的通量。通过平行叠加底物，可以实现同时筛选三种酶活，从而进一步降低成本并提高通量。

13.2 实验材料

所有溶液皆使用分析纯试剂利用去离子水或蒸馏水溶解制备。需要时，高压蒸汽灭菌，其条件皆为 121℃保持 20 min。

13.2.1 克隆文库培养与表达

1. LB 液体培养基：向 800 mL 水中添加 5 g 酵母提取物、10 g 胰蛋白胨、5 g NaCl，磁力搅拌溶解后利用 NaOH 将 pH 调至 7.5，将总体积补充至 1 L 后进行高压蒸汽灭菌。
2. LB 固体培养基：按照上述步骤配制 LB 液体培养基，灭菌前在每升培养基中添加 15 g 琼脂。
3. 氯霉素：在盛有 9 mL 水的 15 mL 刻度离心管或 10 mL 容量瓶中加入 150 mg 氯霉素，溶解后将总体积调至 10 mL，得到 15 mg/mL 溶液。使用 0.22 μm 滤膜过滤除菌，以 1 mL 为单位分装后贮存在–20℃下。
4. L-阿拉伯糖：10%（*m/V*）水溶液：在盛有 9 mL 水的 15 mL 刻度离心管或 10 mL 容量瓶中加入 1 g 试剂，溶解后将总体积调至 10 mL。过滤除菌后按上文所述氯霉素同样的方法保存。
5. 生长诱导培养基：含 15 μg/mL 氯霉素与 0.01%（*m/V*）L-阿拉伯糖的 LB 培养基。每 100 mL LB 培养基中添加 100 μL 15 mg/mL 氯霉素溶液与 100 μL 10%（*m/V*）L-阿拉伯糖溶液。
6. 96 孔板。
7. 用于从 96 孔板挑克隆的 QPix2 自动化系统（Molecular Devices 公司）或 Hedgehog 96 自动化系统。
8. 多通道移液器（100 μL）或自动移液工作站。
9. 微孔板透气封口膜（Sigma 公司）。
10. 37℃温控摇床。

13.2.2 对硝基苯基底物液相检测

1. BugBuster® 10×蛋白质提取试剂（Novagen 公司）。
2. 多通道移液器（10 μL）。
3. 磷酸钠缓冲液：0.1 mol/L pH 为 7.0 的磷酸缓冲液（含 0.061 mol/L Na_2HPO_4 与 0.039 mol/L NaH_2PO_4）。在 900 mL 水中添加 8.7 g 无水 Na_2HPO_4 与 4.7 g 无水 NaH_2PO_4，用 HCl 或 NaOH 将 pH 调至 7.0，将体积补充至 1 L 后高

压蒸汽灭菌。

4. *p*NP-α-L-阿拉伯呋喃糖苷（Sigma 公司或 Carbosynth 公司）：将 0.3 g 底物加入 10 mL 甲醇中，加热至 37℃溶解，制成 0.11 mol/L 溶液。由于底物的光敏性，溶液贮存管需用锡箔纸包裹，在–20℃下避光保存。使用前在 37℃下加热以溶解析出的沉淀。
5. *p*NP-β-D-吡喃木糖苷（Sigma 公司或 Carbosynth 公司）：用上文所述 *p*NP-α-L-阿拉伯呋喃糖苷相同的方法制备。
6. *p*NP-β-D-吡喃葡萄糖苷（Sigma 公司或 Carbosynth 公司）：将 0.33 g 底物加入 10 mL 水中，加热至 37℃溶解，制成 0.11 mol/L 溶液。用上文所述 *p*NP-α-L-阿拉伯呋喃糖苷的方法保存。
7. 底物与缓冲液混合物：0.1 mol/L 磷酸钠缓冲液，其中含有浓度均为 4 mmol/L 的 *p*NP-α-L-阿拉伯呋喃糖苷、*p*NP-β-D-吡喃木糖苷和 *p*NP-β-D-吡喃葡萄糖苷。取 0.11 mol/L 的 *p*NP 底物溶液各 3.6 mL，将它们加至 100 mL 0.1 mol/L 的磷酸钠缓冲液中。准备只含一种 *p*NP 底物的混合物时，取 0.11 mol/L 对应底物 3.6 mL，将其加至 100 mL 0.1 mol/L 的磷酸钠缓冲液中。
8. 透明微孔板封口膜（Sigma 公司）。

13.3 实 验 方 法

本节分为 3 个部分。13.3.1 节描述宏基因组克隆文库的叠加复用技术。13.3.2 节描述复用叠加克隆对 *p*NP 类底物活性的测定方法。13.3.3 节介绍识别包含兴趣基因的克隆并测定相应酶活的方法。此方法的流程示意图如图 13-1 所示。该方法适用于筛选和检测利用 F 黏粒 pCC1FOS™作为载体转入 *E. coli* EPI300™-T1R 制成的宏基因组文库（见注释 1）。

13.3.1 克隆文库的叠加复用

1. 利用多通道移液器或自动移液工作站，准备足够数量的每孔中含有 100 μL 生长诱导培养基的 96 孔板。
2. 使用 QPix2 自动化系统或 Hedgehog 96 自动化系统将 8 个克隆文库叠加转接入上述 96 孔板中（见注释 2）。转接的克隆可以来自甘油保存的液态样品，也可以来自固体平板培养的菌落（见注释 3）。
3. 用透气封口膜将微孔板密封以保证无菌，并在 37℃下振荡（200 r/min）孵育 48 h。

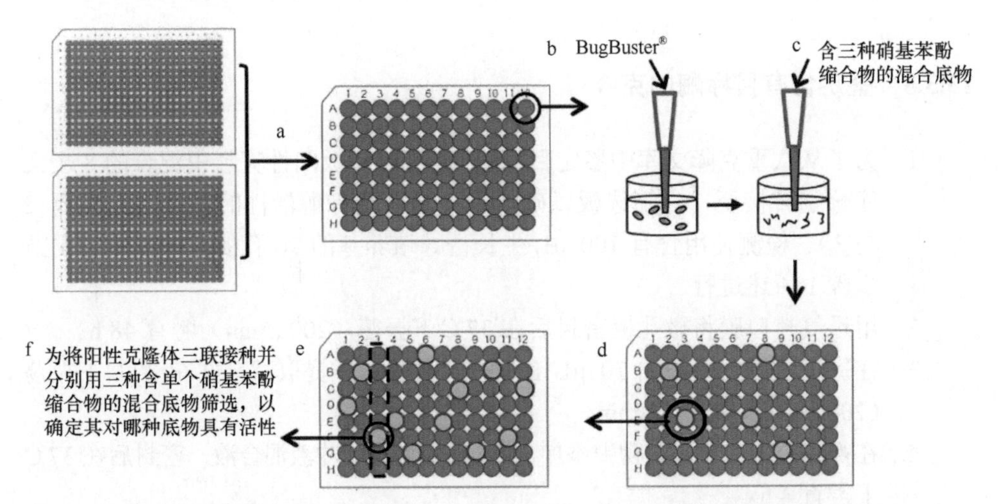

图 13-1　液相高通量筛选方法示意图。(a) 将 8 组 *E. coli* EPI300™-T1R F 黏粒（pCCFOS）文库克隆合并于一个 96 孔板（每孔有 100 μL 含 15 μg/mL 氯霉素与 0.1% L-阿拉伯糖的 LB 培养基）。37℃下振荡培养（200 r/min）48 h 后，加入 10 μL BugBuster®蛋白质提取试剂进行裂解（b）。（c）在含有 2 mmol/L *p*NP-α-L-阿拉伯呋喃糖苷、*p*NP-β-D-吡喃木糖苷和 *p*NP-β-D-吡喃葡萄糖苷的 50 mmol/L 磷酸钠缓冲液（pH 7）中测定酶活。在 37℃下孵育酶反应 4 h，之后鉴定阳性克隆（d）。（e）将阳性微孔中的 8 个克隆分别重新转接到混合底物中，重新检测，以从 8 个克隆中确定真正的阳性克隆。确定后将该阳性克隆再次平行转接到只含有单一底物的微孔中，以筛选确定该酶种类

13.3.2　液相 *p*NP 检测

1. 在每个将要检测的微孔中添加 10 μL BugBuster®蛋白质提取试剂并在 37℃下孵育 30 min。
2. 在得到的蛋白质提取物中添加 100 μL 底物与缓冲液混合液（见注释 4），用透明的封口膜密封后在 37℃下孵育 4 h（见注释 5）。
3. 根据呈现的黄色识别阳性克隆（图 13-2）。

图 13-2　多重质粒文库的高通量筛选板，添加 *p*NP 类底物后，阳性克隆呈现出黄色（彩图请扫二维码）

13.3.3 鉴定含有目标酶的克隆

1. 为了从八重克隆文库中鉴定目标克隆，可将母板阳性克隆中混合的 8 个文库分别转接至二号筛选板以确认真正具有目标酶活性的克隆（见注释 2 与 3）。检测使用含有 100 μL 生长诱导培养基的 96 孔板，按照 13.3.1 节步骤 1 所述进行。
2. 用透气封口膜将微孔板密封后在 37℃下振荡（200 r/min）孵育 48 h。
3. 在每个检测孔中添加 10 μL BugBuster®蛋白质提取试剂并在 37℃下振荡（200 r/min）孵育 30 min。
4. 在得到的蛋白质提取物中添加 100 μL 底物与缓冲液混合液，密封后在 37℃下孵育 4 h。
5. 根据呈现出的黄色，鉴定具有目标酶活的阳性克隆。
6. 将阳性克隆平行转接三份（如 13.3.1 节步骤 1 所述）。
7. 在 37℃下振荡（200 r/min）孵育 48 h。
8. 在每个检测微孔中添加 10 μL BugBuster®蛋白质提取试剂并在 37℃下孵育 30 min。
9. 在每个阳性克隆的三个平行样中，分别添加 100 μL 的 *p*NP-α-L-阿拉伯呋喃糖苷，或 *p*NP-β-D-吡喃木糖苷，或 *p*NP-β-D-吡喃葡萄糖苷底物与缓冲液混合物，在 37℃下孵育 4 h（见注释 4）。
10. 不同底物呈现出的黄色可以指示宏基因组克隆所表达的特定酶活（见注释 5 和注释 6）。

13.4 注 释

1. 本方法已成功用于以 pCC1FOS™ F 黏粒作为载体、*E. coli* EPI300™ 作为表达宿主的宏基因组文库构建中。该方法同样已被用于高通量筛选利用 SuperBAC1 载体构建的细菌人工染色体文库和使用 HyperMu™<Kan-1> 插入试剂盒（Epicentre 公司）构建的突变质粒文库。这些克隆所使用的表达宿主均为 *E. coli* EPI300™。该方法还未成功应用于除大肠杆菌以外的表达宿主系统。但是，我们预期，如果能够找到合适的不影响胞内蛋白的细胞裂解方法的话，该方法应该可以应用于其他宿主表达系统。其他宿主，如变铅青链霉菌，可向培养基中分泌胞外蛋白[20]，因此可以省去检测前的细胞裂解步骤。另一种链霉菌属的 *S. albus*，在含 Triton X-100（*V*/*V*）、2 mg/mL 溶菌酶、蛋白酶抑制剂（如 DTT）的生理缓冲液（如磷酸缓冲液）中于 37℃孵育 30 min[21]会自动裂解。这种裂解步骤可包含在上述方案中。例如，B-PER 细菌蛋白质提取剂（Thermo Scientific 公司）能够有效裂解革兰氏阳性细菌和阴性细菌，因此可以代替本方法中使用的 BugBuster®蛋白质提取试剂。另外，可以使用专门设计的 96 孔超声破碎仪，这种方法需要特别注意避免过度加热，以避免蛋白质变性和酶失活。

2. 本章描述的宏基因组高通量筛选法将原本 384 孔板中的文库利用 QPix2 自动化系统（Molecular Devices 公司）叠加在了 96 孔板中。为了对所有 F 黏粒克隆进行筛选，本方法采用 96 针头装置，并将 A1 位置按顺序与 384 孔板 A1、A2、B1 和 B2 对应。由此，将分别分装于两个 384 孔板的两套宏基因组文库叠加到一个 96 孔板中之后，每个 96 孔板的微孔中将有 8 个 F 黏粒克隆。每一个孔中包含的克隆数，可以根据检测系统来进行优化。在上述实验中，我们成功同时对针对三种 *p*NP 类底物的酶活和 8 个克隆文库进行了初轮筛选，并获得了较高命中率（1∶270）。Maruthamuthu 等[22]使用了一种类似的方法对辅助性木质纤维素酶进行筛选。他们混合了 6 种显色底物，并通过固相法筛选用未经处理的小麦秸秆富集的微生物宏基因组文库，其命中率（1∶1157）远低于本章中的方法。如果预期目标活性酶出现的频率更低的话，可以考虑叠加复用更多的克隆文库来提高检测命中率，同时可以提高检测通量。Rabausch 等[23]在对环境样品中的类黄酮修饰酶活性进行初步筛选时曾同时叠加过 96 个克隆文库。然而，叠加太多克隆文库可能会造成低表达克隆被忽略，因此能否鉴定到这些克隆主要决于检测方法的灵敏度。

3. 应注意避免微孔间的交叉污染，需明确标记微孔板方向，以便在筛选后确认目的蛋白。

4. 这种高通量筛选技术已经被成功用于利用 *p*NP 类显色底物筛选辅助性木质纤维素酶；但是，在有合适底物的条件下，该技术可用来鉴定任意酶类。底物应选择在检测环境下能保持稳定，并且能够产生如本章所述易于识别的显色物质，或可用荧光或化学发光等分光光度法检测的物质。采用后一种方法需要用到能产生合适激发光的酶标仪与适当的过滤器。使用分光光度法检测活性克隆，则需要去除宿主细胞裂解后产生的细胞碎片。细胞碎片可以利用 Eppendorf 台式离心机或安装了相应转头和适配器的类似设备对 96 孔板离心去除。

5. 可以通过调整酶活分析前细胞裂解/蛋白质提取的温度和时间来对热稳定性不同的蛋白质进行检测。在本研究中，我们通过在 25～90℃对提取到的蛋白质进行预处理，得到了三种热稳定性不同的 α-阿拉伯糖酶。随后的目的蛋白克隆、提纯与特性鉴定表明，其热稳定性与这种高通量方法采用“粗提法”提取的蛋白质相似[17]。类似的，可以通过提高酶反应温度的方法来筛选热稳定性更高的酶类。这使我们可以根据应用条件来进行相应的功能酶筛选。

6. 将从文库 1 的 46 000 个克隆中筛选到的 288 个阳性克隆进行二次筛选。由于初次筛选叠加了 8 个克隆文库，因此我们预计在本次高通量筛选中可以得到 36 个对某种底物有活性的 F 黏粒阳性克隆。然而，最终只鉴定到了 31 个阳性克隆，包括 13 个 α-L-阿拉伯呋喃糖酶、9 个 β-葡糖苷酶和 9 个 β-木糖苷酶。

在阳性 F 黏粒或 BAC 克隆得到鉴定之后，我们可以对来自 12～16 个 F 黏粒克隆的等摩尔数混合的 DNA 进行下一代测序，或使用 HyperMu™<Kan-1>插入试剂盒（Epicentre 公司）采用转座子诱变对目的基因进行确认。

参 考 文 献

1. Schloss PD, Handelsman J (2003) Biotechnological prospects from metagenomics. Curr Opin Biotechnol 14:303–310
2. Streit WR, Schmitz RA (2004) Metagenomics–the key to the uncultured microbes. Curr Opin Microbiol 7:492–498
3. Cowan D, Meyer Q, Stafford W, Muyanga S, Cameron R, Wittwer P (2005) Metagenomic gene discovery: past, present and future. Trends Biotechnol 23:321–329
4. Simon C, Daniel R (2011) Metagenomic analyses: past and future trends. Appl Environ Microbiol 77:1153–1161
5. Ferrer M, Martínez-Martínez M, Bargiela R, Streit WR, Golyshina OV, Golyshin PN (2015) Estimating the success of enzyme bioprospecting through metagenomics: current status and future trends. Microb Biotechnol 9:22–34
6. Handelsman J, Rodon MR, Brady SF, Clardy J, Goodman RM (1998) Molecular biological access to the chemistry of unknown soil microbes: a new frontier for natural products. Chem Biol 5:R242–R249
7. Simon C, Daniel R (2009) Achievements and new knowledge unraveled by metagenomic approaches. Appl Microbiol Biotechnol 85: 265–276
8. Vieites JM, Gauzzaroni M-E, Beloqui A, Golyshin PN, Ferrer M (2010) Molecular methods to study complex microbial communities. Methods Mol Biol 668:1–37
9. Schmeisser C, Steele H, Streit WR (2007) Metagenomics, biotechnology with non-culturable microbes. Appl Microbiol Biotechnol 75:955–962
10. Liebl W, Angelov A, Juergensen J, Chow J, Loeschcke A, Drepper T et al (2014) Alternative hosts for functional (meta)genome analysis. Appl Microbiol Biotechnol 98: 8099–8109
11. Vrancken K, Van Mellaert L, Anné J (2010) Cloning and expression vectors for a Gram-positive host, *Streptomyces lividans*. Methods Mol Biol 668:97–107
12. McMahon MD, Guan C, Handelsman J, Thomas MG (2012) Metagenomic analysis of *Streptomyces lividans* reveals host-dependent functional expression. Appl Environ Microbiol 78:3622–3629
13. Angelov A, Liebl W (2010) Heterologous gene expression in the hyperthermophilic Archaeon *Sulfolobus solfataricus*. Methods Mol Biol 668:109–116
14. Hildalgo A, Berenguer J (2013) Biotechnological applications of *Thermus thermophilus* as host. Curr Biotechnol 2:304–312
15. Craig JW, Chang F-Y, Kim JH, Obiajulu SC, Brady SF (2010) Expanding small-molecule functional metagenomics through parallel screening of broad-host-range cosmid environmental DNA libraries in diverse Proteobacteria. Appl Environ Microbiol 76:1633–1641
16. Burton S, Cowan DA, Woodley JM (2002) The search for the ideal biocatalyst. Nat

Biotechnol 30:35–46

17. Fortune BM (2014) Cloning and characterization of three compost metagenome-derived α-L-arabinofuranosidases with differing thermal stabilities. Dissertation, University of the Western Cape
18. Ohlhoff CW, Kirby BM, Van Zyl L, Mutepfab DLR, Casanuevaa A, Huddya RJ et al (2015) An unusual feruloyl esterase belonging to family VIII esterases and displaying a broad substrate range. J Mol Catal B Enzym 118:79–88
19. Handelsman J, Liles M, Mann D, Riesenfeld C, Goodman RM (2002) Cloning the metagenome: culture-independent access to the diversity and functions of the uncultivated microbial world. Methods Microbiol 33:241–255
20. Anné J, Vrancken K, Van Mellaert L, Van Impe J, Bernaerts K (2014) Protein secretion biotechnology in Gram-positive bacteria with special emphasis on *Streptomyces lividans*. Biochim Biophys Acta 1843:1750–1761
21. Horbal L, Fedorenko V, Luzhetskyy A (2014) Novel and tightly regulated resorcinol and cumate-inducible expression systems for *Streptomyces* and other actinobacteria. Appl Microbiol Biotechnol 98:8641–8655
22. Maruthamuthu M, Jiménez DJ, Stevens P, van Elsas JD (2016) A multi-substrate approach for functional metagenomics-based screening for (hemi)cellulases in two wheat straw-degrading microbial consortia unveils novel thermoalkaliphilic enzymes. BMC Genomics 17:86
23. Rabausch U, Juergensen J, Ilmberger N, Böhnke S, Fischer S, Schubach B et al (2013) Functional screening of metagenome and genome libraries for detection of novel flavonoid-modifying enzymes. Appl Environ Microbiol 76:4551–4563

第 14 章　修饰多酚类底物的糖基转移酶的筛选

内尔·伊尔姆伯格（Nele Ilmberger），乌尔里希·拉鲍施（Ulrich Rabausch）

摘要

糖基转移酶能够糖基化黄酮类等一系列有益健康的物质，而这种糖基化过程通常是区域专一性的。黄酮类物质是植物的次级代谢产物，其通常具有抗菌、抗氧化对健康有益的特性。糖基化过程经常会影响黄酮类物质的这些特性，并可进一步增加其水溶性、稳定性与生物利用率。为了鉴定黄酮糖基化酶，我们建立了一种从宏基因组中筛选具有此类修饰活性的克隆的方法。这种基于功能筛选方法还可以用来检测和鉴定其他类型的修饰活性，如甲基化。本方法依赖薄层色谱分析法（TLC）来分析生物转化反应发酵液的上清提取物。

关键词

糖基转移酶、黄酮类物质、宏基因组、生物转化、薄层色谱分析

14.1　介　　绍

在寻找可用于生物技术的新型酶时，宏基因组学技术是种有力的工具。自该技术建立以来，已有大量报道新型工业用酶相关的文章[1]。值得注意的是，大部分被发现的酶属于水解酶类，这可能是由于工业的高需求及高通量筛选工具的局限性。因此其他种类如连接酶、异构酶、转移酶等还有待发掘[2]。

转移酶（EC 2）催化功能基团从供体到受体的转移，根据其催化转移的化学基团可将它们进一步分类[3]。转移酶由于能够将特定的目标基团转移到生物活性分子上而吸引了很多关注。

糖基转移酶（GT）（EC 2.4）能够将糖基从被激活的糖分子上转移到糖类或非糖类受体上，从而形成糖苷键[3]。糖基转移过程可以导致异头碳原子结构倒置或不变[4]。目前，CAZy 服务器（http://www.cazy.org/GlycosylTransferases.html）收集了将近 100 个糖基转移酶家族，不同家族的酶主要依靠氨基酸序列相似性的高低来进行区分。糖基转移酶在天然产品与药物设计领域有着特别的应用前景[5]。例如，它可以将对人体健康有益的黄酮类化合物等多酚类物质作为底物。黄酮类化合物是植

物产生的一种次级代谢产物，具有抗癌、抗菌、抗病毒、抗氧化和具激素特性等优点[6]。功能基团的增加或置换可以极大地改变分子的理化性质[7]，如黄酮类化合物糖基化可以增强其水溶性，从而提高生物利用率[8]。在自然界中有多种黄酮类化合物存在，因而有种类繁多的分子主链。对黄酮类物质的羟基自由基进行糖基化可以得到种类繁多的不同物质，因此 O-糖基化是最常出现的一种形式（图 14-1）。

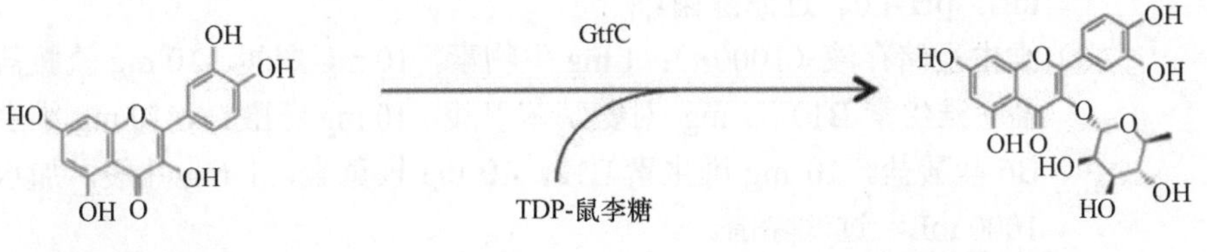

槲皮素 (槲皮黄酮)　GtfC　TDP-鼠李糖　槲皮苷 (栎素)

图 14-1　糖基转移酶（GtfC）的反应示例[17]。该酶通过将核苷糖 dTDP-鼠李糖的鼠李糖基转移到槲皮黄酮的 C3 羟基上令其糖基化，该反应产物为栎素

对多酚类化合物具有活性的糖基转移酶一般归属于 GT1 家族[9]。这个家族的酶一般遵循倒置催化反应机制，它们通常含有具两个相似的罗斯曼结构域的 GT-B 折叠结构[10]。该家族酶的 N 端与受体底物结合，而 C 端结合供体底物[9]。有趣的是，类似于糖基转移酶，某些糖苷水解酶也被发现可以通过转糖基作用令多酚类糖基化[11,12]。

从宏基因组中获得的转移酶信息有限的一个原因是缺少基于功能筛选方法。不过，或许可以从宏基因组学技术的其他应用场景借鉴合适的检测方法。例如，已有多种方法可以测定糖基转移酶的活性[13-16]。这些检测方法也可用于宏基因组文库筛选；但是成本较高。近期，我们开发了一种灵敏的筛选对多酚类底物有活性的糖基转移酶的方法，该方法基于 TLC 技术，通量中等，我们将其命名为宏基因组提取物薄层色谱分析（metagenome extract TLC analysis，META）[17]。

糖基化与其他修饰可改变多酚类物质的水溶性等特性，从而改变其在 TLC 洗脱液中的性质。多酚类物质通常吸收紫外线并释放荧光，因此很容易在 TLC 板中用紫外线检测到。而且，紫外线吸收光谱会因分子修饰而改变。这种方法可用于观察 96 孔板中宏基因组文库的阳性克隆，且能检测到低至 4 ng 的修饰后黄酮类物质。该方法已经成功检测到了几种酶[17,18]。

14.2　实 验 材 料

14.2.1　生物转化形成反应

1. 无机盐培养基（mineral salt medium，MSM）。

(a) 溶液 1（10×）：70 g $Na_2HPO_4·2H_2O$，20 g KH_2PO_4，加水至 1000 mL。

（b）溶液 2（10×）：10 g $(NH_4)_2SO_4$，2 g $MgCl_2·6H_2O$，1 g $Ca(NO_3)_2·4H_2O$，加水至 1000 mL。

（c）微量元素储存液（2000×）：5 g EDTA，3 g $Fe(III)SO_4·7H_2O$，30 mg $MnCl_2·4H_2O$，50 mg $CoCl_2·6H_2O$，20 mg $NiCl_2·2H_2O$，10 mg $CuCl_2·2H_2O$，30 mg $Na_2MoO_4·2H_2O$，50 mg $ZnSO_4·7H_2O$，20 mg H_3BO_4，加水至 1000 mL。pH 4.0。过滤除菌。

（d）维生素储存液（1000×）：1 mg 生物素，10 mg 烟酸，10 mg 硫胺盐酸盐（维生素 B1），1 mg 对氨基苯甲酸，10 mg 泛酸钙，10 mg 维生素 B6 盐酸盐，10 mg 维生素 B12，10 mg 核黄素，1 mg 叶酸，加水至 1000 mL。过滤除菌。

（e）溶液 1 与溶液 2 经过高压灭菌。溶液冷却后，各取 100 mL 混合，并加入 1 mL 维生素与 1 mL 微量元素溶液。另需添加一种合适的碳源。加入无菌水定容至 1 L。

2. RM（富营养培养基）：10 g 蛋白胨（Difco），5 g 酵母膏，5 g 酪蛋白水解物（Difco），2 g 肉膏（Difco），5 g 麦芽提取物（Difco），2 g 甘油，1 g $MgSO_4·7H_2O$，0.05 g Tween 80，加水至 1000 mL，pH 7.2。
3. LB 培养基：10 g 蛋白质，5 g 酵母膏，5 g NaCl，加水至 1000 mL。
4. TB 培养基：12 g 酪蛋白，24 g 酵母膏，12.5 g K_2HPO_4，2.3 g KH_2PO_4，加水至 1000 mL，pH 7.2。
5. PBS（磷酸盐缓冲液）：50 mmol/L 磷酸盐，150 mmol/L NaCl，pH 7.0。

14.2.2 利用薄层色谱对转化产物进行分析

1. TLC 洗脱液："Universal Pflanzenlaufmittel"[19]：乙酸乙酯（EtOAc）-乙酸-甲酸-水（100∶11∶11∶27）。
2. "Naturstoff Reagent A"[20]：二苯硼 β-氨乙基酯。
3. TLC 板：silica gel 60 F_{254} TLC 板（Merck KGaA 公司，德国达姆施塔特）。

14.3 实验方法

14.3.1 宏基因组克隆文库的生物转化反应

由于糖基转移酶需要核苷二磷酸（NDP）活化的糖类物质，如 UDP-葡萄糖作为辅因子，因此我们用全细胞催化法来鉴定宏基因组克隆中的糖基转移酶。NDP 活化的糖类物质价格很高，但在生物转化过程中，活性糖可由宿主产生。

1. 为筛选宏基因组文库，需要进行大量克隆的平行检测，如 96 孔板中的克隆。这些克隆最初可以采用以下任意方式培养。
   (a) 96 孔板中的液体培养基（如 LB、TB、RM 和 MSM 是比较合适的培养基）。
   (b) 固体平板（如 LB 固体平板）。
2. 37℃过夜培养后，将单个克隆合并。
   (a) 收集全部发酵液，并以 4500×g 离心 10 min。
   (b) 利用 50 mmol/L PBS 缓冲液与涂布棒洗脱固体平板上的克隆。按上文所述的方法离心收集细胞。

利用 50 mL 含有合适抗生素与 100 μmol/L 黄酮类底物的液体培养基重悬菌体。根据所用载体/宿主基因/拷贝数，可同时进行诱导。

3. 生物转化反应在 300 mL 锥形瓶中于 28℃下以 175 r/min 振荡进行。
4. 分别在反应 16 h、24 h 与 48 h 后，取 2 mL 样品进行 TLC 分析（参见 14.3.2 与 14.3.3 节）。
5. 进行第二次生物转化反应验证阳性克隆。
6. 随后可以缩小检测范围，直至鉴定到阳性单克隆。
7. 单个克隆可以利用类似方法检测，但需要用 5 mL LB 培养基在 37℃下预培养过夜。得到的培养物以 1∶100～1∶1000 的比例转接至装有 20 mL 生物转化培养基的 100 mL 锥形瓶内。在 OD_{600} 达到 0.8～1.0 后加入底物，开始可能的诱导反应。

14.3.2　准备宏基因组样品以供 TLC 分析（见注释 1）

1. 取 2 mL 生物转化反应样本，在最高转速下离心 2 min，以提取黄酮类物质。
2. 取上清液与等体积乙酸乙酯充分振荡，混匀。
3. 将样品在 4℃下以 3000×g 离心 5 min。
4. 取上层进行 TLC 分析（参见 14.3.3 节）。

14.3.3　生物转化产物的 TLC 分析（见注释 2 和注释 3）

1. 将生物转化产物（参见 14.3.1 节）的乙酸乙酯萃取物（参见 14.3.2 节）或酶检测试样（参见 14.3.4 节）转入高效液相色谱（HPLC）平底小样本瓶进行 TLC 分析。将 20 μL 样品上样到（20×10）cm^2（HP）silica gel 60 F_{254} TLC 板上，并以 200 pmol 黄酮作为对照，可使用 ATS 4（CAMAG 公司，瑞士）系统。如果设备不能满足要求，可手动使用微量移液器进行加样。
2. 加样的 TLC 板使用 TLC 洗脱液处理并用热风干燥 1 min，可使用电吹风。

3. 使用 TLC Scanner 3（CAMAG 公司，瑞士）（图 14-2）读取每个黄酮类洗脱物在 285～370 nm 处最大吸光度来对色谱图进行分析。在比较过 R_f（阻滞因数，aka 阻滞因数）之后，TLC Scanner 可以测定单个条带的紫外线吸收光谱。在有适当对照底物的情况下，这可以使相应底物的鉴定更加准确。或者，可以使用波长 285～370 nm 的紫外灯对 TLC 板进行分析。

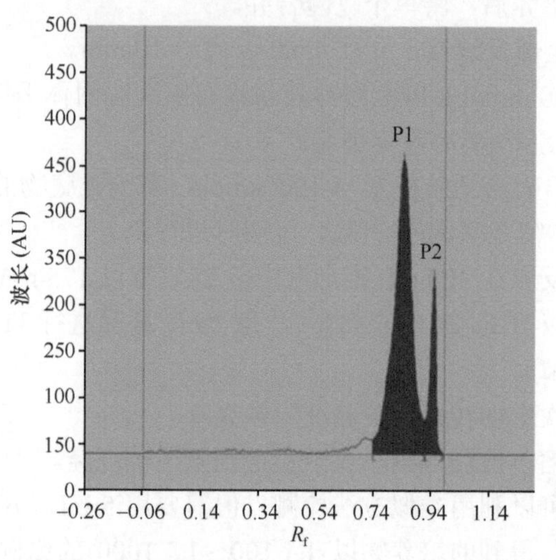

图 14-2 TLC 色谱图。GtfC 与 100 μmol/L 槲皮黄酮反应 40 h 后利用乙酸乙酯萃取培养物，之后上样到 silica gel 60 F_{254} TLC 板。色谱展示的是 TLC Scanner 3（CAMAG 公司，瑞士）在 330 nm 处的测量值与 R_f 值的相对值。峰 2（P2）代表剩余的槲皮黄酮底物，峰 1（P1）代表反应产物槲皮苷（彩图请扫二维码）

4. 随后，将 TLC 板上的物质通过喷射或浸泡在含 1%（*m*/*V*）甲醇的“Naturstoff Reagent A”中的方式来衍生。
5. 使用热风干燥后，立即将 TLC 板上的物质浸泡或喷射在含 5%（*m*/*V*）聚二乙醇 4000 的乙醇（70%，*m*/*V*）中。在浸泡时可使用色谱浸泡装置（CAMAG 公司，瑞士）。
6. 完全干燥后使用 TLC Scanner 3 观察其荧光。同样，可依照上文利用紫外灯对其观察并拍照（图 14-3）。

14.3.4 酶检测

为了确定酶动力学参数或酶最适 pH 与温度，需要对酶活进行直接测量。

1. 1 mL 生物转化反应混合物含 5 μg 纯化酶。
2. 反应在 50 mmol/L 磷酸钠缓冲液中于合适 pH 与温度下进行。

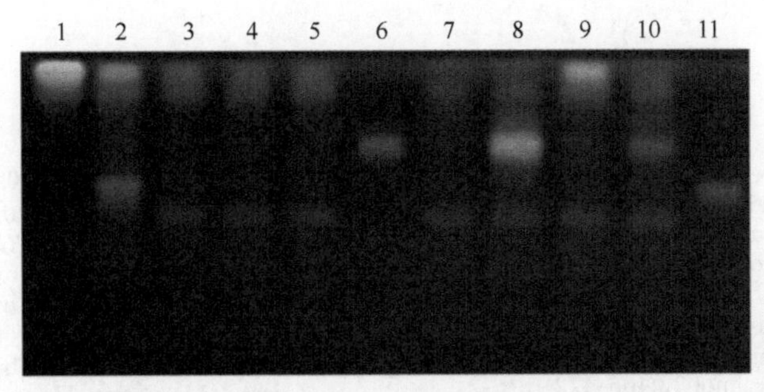

图 14-3　TLC 板的紫外光激发荧光照片。来自 6 个克隆池的宏基因组克隆与浓度为 100 μmol/L 的槲皮素进行 24 h 的生物转化反应后，将 20 μL 提取物样品上样至 silica gel 60 F_{254} TLC 板。TLC 板用“Naturstoff Reagent A”衍生，并用 365 nm 波长记录。使用槲皮素、槲皮苷和异槲皮苷作为参比底物（上样量均为 2 μL，上样浓度均为 100 μmol/L，泳道分别为 1、6 和 11）。泳道 2 和 10 为阳性对照[分别是蜡样芽孢杆菌（*Bacillus cereus*）ATCC 10987 和已被初步验证为阳性的克隆池]。泳道 8 中的一个条带显示出与泳道 10 相同的 R_f 值，两者的 R_f 值与槲皮苷相等（泳道 6）（彩图扫二维码）

3. 添加相应的活性糖（如 UDP-葡萄糖）储存液至特定的浓度。活性糖通常溶解在 pH 为 7.0、浓度为 50 mmol/L 的磷酸钠缓冲液中，配成浓度为 50 mmol/L 的储存液。在终浓度 500 μmol/L 处测定受体底物的 K_m/k_{cat}，反应在酶的最适 pH 与温度下进行。
4. 受体底物浓度使用溶解在 DMSO 中的浓度为 100 mmol/L 的母液来进行调节。在终浓度 100 μmol/L 处测定供体底物的 K_m/k_{cat}，反应在酶的最适 pH 与温度下进行。
5. 经过适当的反应时间后，将 100 μL 反应混合物以 1/10 的体积比溶解于乙酸乙酯-乙酸（*V/V*，3∶1）中以终止反应。
6. 将样品在微型离心机中使用最大转速离心 2 min。
7. 取上清液直接进行 TLC 定量分析（参见 14.3.3 节）。

14.4　注　　释

1. 这时需要注意只能使用上清液，因为蛋白质污染物很可能会堵住 TLC 板加样使用的注射器。
2. 为避免底物残留（如防止假阳性），应在不同样本上样操作之间清洗注射器两次。
3. 使用“Naturstoff Reagent A”与聚二乙醇 4000 后的孵育时间对于荧光信号强度很重要。以 2～15 min 为最佳。

参考文献

1. Perner M, Ilmberger N, Köhler HU, Chow J, Streit WR (2011) Metagenomics in different habitats. In: Bruijn FJD (ed) Handbook of molecular microbial ecology II. John Wiley and Sons, Inc., Hoboken, NJ, pp 481–498
2. Taupp M, Mewis K, Hallam SJ (2011) The art and design of functional metagenomic screens. Curr Opin Biotechnol 22:465–472
3. Boyce S, Tipton KF (2001) Enzyme classification and nomenclature. In: Encyclopedia of life sciences. John Wiley and Sons, Ltd., Hoboken, NJ
4. Lairson LL, Henrissat B, Davies GJ, Withers SG (2008) Glycosyltransferases: structures, functions, and mechanisms. Annu Rev Biochem 77:521–555
5. Luzhetskyy A, Bechthold A (2008) Features and applications of bacterial glycosyltransferases: current state and prospects. Appl Microbiol Biotechnol 80:945–952
6. Xiao ZP1, Peng ZY, Peng MJ, Yan WB, Ouyang YZ, Zhu HL (2011) Flavonoids health benefits and their molecular mechanism. Mini Rev Med Chem11(2):169–177
7. Kren V, Martinkova L (2001) Glycosides in medicine: "The role of glycosidic residue in biological activity". Curr Med Chem 8:1303–1328
8. Graefe EU, Wittig J, Mueller S, Riethling AK, Uehleke B, Drewelow B et al (2001) Pharmacokinetics and bioavailability of quercetin glycosides in humans. J Clin Pharmacol 41:492–499
9. Osmani SA, Bak S, Møller BL (2009) Substrate specificity of plant UDP-dependent glycosyltransferases predicted from crystal structures and homology modeling. Phytochemistry 70:325–347
10. Breton C, Snajdrova L, Jeanneau C, Koca J, Imberty A (2006) Structures and mechanisms of glycosyltransferases. Glycobiology 16:29–37
11. Noguchi A, Inohara-Ochiai M, Ishibashi N, Fukami H, Nakayama T, Nakao M (2008) A novel glucosylation enzyme: molecular cloning, expression, and characterization of *Trichoderma viride* JCM22452 alpha-amylase and enzymatic synthesis of some flavonoid monoglucosides and oligoglucosides. J Agric Food Chem 56:12016–12024
12. Shimoda K, Hamada H (2010) Production of hesperetin glycosides by *Xanthomonas campestris* and cyclodextrin glucanotransferase and their anti-allergic activities. Nutrients 2:171–180
13. Aharoni A, Thieme K, Chiu CP, Buchini S, Lairson LL, Chen H et al (2006) High-throughput screening methodology for the directed evolution of glycosyltransferases. Nat Methods 3:609–614
14. Collier AC, Tingle MD, Keelan JA, Paxton JW, Mitchell MD (2000) A highly sensitive fluorescent microplate method for the determination of UDP-glucuronosyl transferase activity in tissues and placental cell lines. Drug Metab Dispos 28:1184–1186
15. Northen TR, Lee JC, Hoang L, Raymond J, Hwang DR, Yannone SM et al (2008) A nanostructure-initiator mass spectrometry-based enzyme activity assay. Proc Natl Acad Sci U S A 105:3678–3683
16. Yang M, Brazier M, Edwards R, Davis BG (2005) High-throughput mass-spectrometry monitoring for multisubstrate enzymes: determining the kinetic parameters and catalytic activities of glycosyltransferases. Chembiochem 6:346–357
17. Rabausch U, Juergensen J, Ilmberger N, Bohnke S, Fischer S, Schubach B et al (2013) Functional screening of metagenome and genome libraries for detection of novel flavonoid-modifying enzymes. Appl Environ Microbiol 79:4551–4563
18. Rabausch U, Ilmberger N, Streit WR (2014) The metagenome-derived enzyme RhaB opens a new subclass of bacterial B type alpha-L-rhamnosidases. J Biotechnol 191:38–45
19. Wagner H, Bladt S, Zgainski EM (1983) Drogenanalyse, Dünnschichtchromatographische Analyse von Arzneidrogen. Springer, Berlin, p 321
20. Neu R (1957) Chelate von Diarylborsäuren mit aliphatischen Oxyalkylaminen als Reagenzien für den Nachweis von Oxyphenylbenzo-γ-pyronen. Naturwissenschaften 44: 181–182

第15章　从复杂微生物群落中分离编码新型PHA代谢酶基因的方法

程久军（Jiujun Cheng，音译），里卡多·诺尔德斯特（Ricardo Nordeste），
玛丽亚·A. 特雷纳（Maria A. Trainer），特雷弗·C. 查尔斯（Trevor C. Charles）

摘要

通过挖掘宏基因组文库中与生物塑料合成相关的多种聚羟基脂肪酸酯（PHA）循环基因，可促进开发不同的PHA作为石油化学衍生塑料的替代物。苜蓿中华根瘤菌（*Sinorhizobium meliloti*）和恶臭假单胞菌（*Pseudomonas putida*）存在与PHA合成途径基因突变相关的特异表型，可利用有效的筛选工具从中鉴定新型PHA合成基因。仅仅通过基于序列筛选的方法可能会忽略一些功能蛋白，而通过基于功能而非序列鉴定新基因的方法有利于这些功能蛋白的识别。这里我们介绍一些从宏基因组文库中筛选表达新PHA代谢基因克隆的新方法。

关键词

PHA/PHB途径、*S. meliloti*、*P. putida*、微生物群落基因文库、表型互补

15.1　介　　绍

目前认为大多数微生物个体是不可培养的，复杂微生物群落的宏基因组分析涉及序列分析和表型筛选等多种手段。表型筛选技术的使用为分离真正的新型基因提供了一个强有力的工具，而如果仅仅基于序列进行分析，那么这些基因可能就无法被鉴定出来[1]。

聚羟基脂肪酸酯（polyhydroxyalkanoate，PHA）是一类由羟酰单体组成的微生物聚酯，其中聚羟丁酸酯（polyhydroxybutyrate，PHB）是研究得最为清楚的一类[2]。在细菌生长中，关键营养物质的获取受到限制时，细菌会在碳源丰富的情况下在细胞质中合成对电子束透明的颗粒状PHA[3]。PHA具有高弹性和生物可降解特性，在经济和环境方面具有优势，可成为石油化学衍生塑料的替代品，引起了人们的关注[4]。此外，在医疗领域中，PHA可用作生物兼容的外科植入材料[5,6]。

PHA 潜在的商业价值推动了该领域的研究。

PHA 的机械和物理特性会根据羟酰单体的情况而发生变化[7]。它的很多特性，包括熔点、弹性、抗拉强度等会在单体亚基组成变化时发生改变[2]。由特定细菌合成的 PHA 类型取决于多种因素，包括提供给聚合酶用于构建聚合物的前体，以及聚合酶本身的特性。一类称为凝血素（phasin）的蛋白质也参与调控了 PHA 的积累和降解[8]。phasin 参与了 PHA 颗粒的形成，决定了 PHA 颗粒的大小和数量[8]。

虽然 PHB 在细胞内的作用尚未得到完全解析，但已知它的作用不仅是作为细胞内的碳贮存物，还可以为细菌提供与其他土壤微生物相比的竞争优势。PHA 可以为细胞提供保护，使其免受一系列外界压力，如热激、紫外辐射、氧化剂暴露及渗透压的冲击[9]。已有研究表明，PHB 的代谢也和细胞的氧化还原状态紧密相关，某些细菌在限氧条件下可积累大量的 PHB[10-12]。此外，PHB 的合成可能在限氧条件下会提供替代的电子受体，因为 NAD(P)H 可参与到 PHB 的合成中，从而减轻异柠檬酸脱氢酶和柠檬酸合酶的抑制作用，保证 TCA 循环的运行[10,13,14]。

通过对 *S. meliloti*[15]和 *P. putida*[16]进行表型互补的方式来筛选新型的 PHA 代谢基因，有利于生产具有一系列特性的 PHA。

PHA 途径在苜蓿的固氮共生菌 *S. meliloti* 中得到了阐明（图 15-1 和图 15-2），并与 *P. putida* 中产生中等链长 PHA 的途径进行了比较（图 15-2）。这些 PHA 途径中一些酶的几种突变体已经表现出了信息丰富的表型[16-19]，利用这些表型可以设计出从宏基因组文库中恢复互补克隆的简单筛选方法。这些克隆可能包含了一些有趣或有价值的基因。已被描述的基于表型进行筛选的手段包括胞外多糖合成[20]、亲脂性染料染色[21]、脂肪酸解毒[22]及营养缺陷型[19,23]。

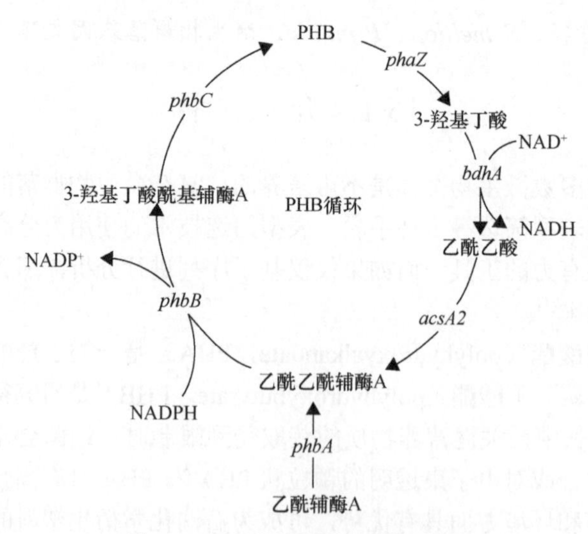

图 15-1 *S. meliloti* 中的 PHB 循环

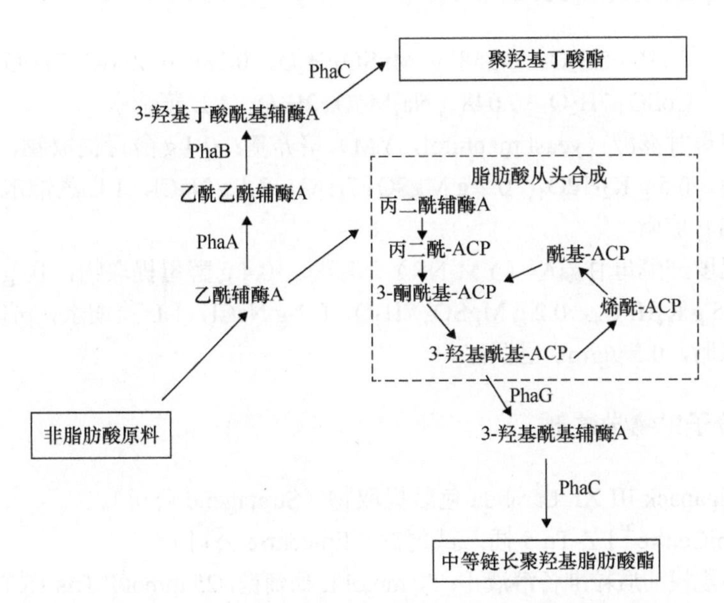

图 15-2　*S. meliloti* 和 *P. putida* 中的 PHB/PHA 合成途径。需要注意的是，在 *scl*-PHA 途径中，*phaA*、*phaB* 和 *phaC* 基因的名称经常与 *phbA*、*phbB* 和 *phbC* 互换使用

15.2　实验材料

15.2.1　细菌生长培养基

1. Luria-Bertani（LB）培养基[24]：5 g 酵母提取物，10 g 蛋白胨，5 g NaCl，1 L 蒸馏水，（15 g 琼脂）。
2. 蛋白胨酵母（tryptone yeast，TY）提取物培养基[25]：5 g 蛋白胨，3 g 酵母提取物，0.5 g $CaCl_2$，1 L 蒸馏水，（15 g 琼脂）。
3. 改良后的根瘤菌 M9 培养基（见注释 1）[26]：7 g Na_2HPO_4，3 g KH_2PO_4，1 g NH_4Cl，1 g NaCl，（15 g 琼脂）。高压蒸汽灭菌后，冷却到 55℃，加入以下无菌试剂：1 mL 0.5 mol/L $MgSO_4$，0.1 mL 1 mol/L $CaCl_2$。
4. 根瘤菌基础培养基（RMM）[27]：分别制备 RMM A、RMM B、RMM C、RMM D 溶液并灭菌。分别加入 1%（*V*/*V*）RMM A，1%（*V*/*V*）RMM B，0.1%（*V*/*V*）RMM C 和 0.1%（*V*/*V*）RMM D 来制备 RMM。
   （a）RMM A：145 g KH_2PO_4，205 g K_2HPO_4，15 g NaCl，50 g NH_4NO_3，1 L 蒸馏水。
   （b）RMM B：50 g $MgSO_4·7H_2O$，1 L 蒸馏水。
   （c）RMM C：10 g $CaCl_2·2H_2O$，1 L 蒸馏水。
   （d）RMM D：123.3 g $MgSO_4·7H_2O$，87 g K_2SO_4，0.247 g 硼酸，0.1 g

$CuSO_4·5H_2O$，0.338 g $MnSO_4·H_2O$，0.288 g $ZnSO_4·7H_2O$，0.056 g $CoSO_4·7H_2O$，0.048 g $Na_2MoO_4·2H_2O$，1 L 蒸馏水。

5. 酵母甘露醇（yeast mannitol，YM）培养基：0.4 g 酵母提取物，10 g 甘露醇，0.5 g K_2HPO_4，0.2 g $MgSO_4·7H_2O$，0.1 g NaCl，1 L 蒸馏水，pH 7.0，18 g 琼脂。
6. 尼罗红酵母甘露醇（YM-NR）培养基：0.4 g 酵母提取物，10 g 甘露醇，0.5 g K_2HPO_4，0.2 g $MgSO_4·7H_2O$，0.1 g NaCl，1 L 蒸馏水，pH 7.0，18 g 琼脂，0.5 μg/mL 尼罗红。

15.2.2 分子生物学试剂

1. Gigapack III XL Lambda 包装提取物（Stratagene 公司）。
2. EpiCentre™ EZ-Tn 5 插入试剂盒（Epicentre 公司）。
3. 小规模的质粒准备溶液 Ⅰ：50 mmol/L 葡萄糖，25 mmol/L Tris-HCl（pH 8.0），10 mmol/L EDTA（pH 8.0）。
4. 小规模的质粒准备溶液 Ⅱ：0.2 mol/L NaOH，1%十二烷基硫酸钠（SDS）。
5. 小规模的质粒准备溶液Ⅲ：60 mL 5 mol/L 乙酸钾，11.5 mL 冰醋酸，28.5 mL 蒸馏水，4℃保存。
6. $T_{10}E_{25}$：10 mmol/L Tris-HCl（pH 8.0），25 mmol/L EDTA（pH 8.0）。
7. $T_{10}E_1$：10 mmol/L Tris-HCl（pH 8.0），1 mmol/L EDTA（pH 8.0）。
8. TAE 缓冲液：40 mmol/L Tris-HCl，1 mmol/L EDTA。
9. 40×TAE 缓冲液：242 g Tris-碱，57.1 mL 冰醋酸，100 mL 0.5 mol/L EDTA，pH 8.0。
10. 噬菌体稀释缓冲液：10 mmol/L Tris-HCl（pH 8.3），100 mmol/L NaCl，10 mmol/L $MgCl_2$。

15.3 实验方法

15.3.1 细菌生长和储存条件

1. 大肠杆菌通常在37℃下使用LB培养基进行培养[24]。*S. meliloti*通常在30℃下使用 LB[24]或 TY[25]培养基进行培养。*P. putida* 通常在 30℃下使用 LB 培养基进行培养[24]。当 *S. meliloti* 在改良后的 M9[26]或根瘤菌基础培养基（RMM）[27]中培养时，该培养基需要补充 15 mmol/L 葡萄糖、D-3-羟基丁酸（D3HB）、L-3-羟基丁酸（L3HB）、DL-3-羟基丁酸（DLHB）、乙酰乙酸（AA）或者乙酸作为碳源。如果要在高碳条件下生长，*S. meliloti* 需要在酵母甘露醇（YM）培养基中进行培养。

2. 生长培养基中应使用适当的抗生素。用于大肠杆菌的抗生素浓度如下：氨苄西林 100 μg/mL，氯霉素 25 μg/mL，庆大霉素 10 μg/mL，卡那霉素 25 μg/mL，萘啶酸 5 μg/mL，四环素 10 μg/mL。用于 *S. meliloti* 的抗生素浓度如下：庆大霉素 75 μg/mL，新霉素 200 μg/mL，壮观霉素 100 μg/mL，链霉素 200 μg/mL，四环素 10 μg/mL，甲氧氨苄嘧啶 400 μg/mL。
3. 所有细菌培养物储存在含有 7%二甲亚砜(DMSO)的玻璃冻存管中，–70℃保存。

15.3.2　土壤宏基因组文库的构建

1. 从土壤样品中分离高分子量总 DNA，参照 Cheng 等[28]描述的方法。
2. 黏粒文库构建过程如下：将 *Bam*H Ⅰ部分消化的片段（见注释 2）克隆到 IncP Tc^R 质粒 pRK7813[29]或 pJC8[28]的 *Bam*H Ⅰ位点，然后用 Gigapack Ⅲ XL Lambda 包装提取物包装，并转入大肠杆菌 HB101 中[30]。
3. 筛选 Tc^R 菌落，并通过限制性酶切消化对有代表性的文库克隆进行分析。
4. 将菌落收集在一起进行传代培养，得到的文库被等分保存在含有 7%二甲亚砜的 LB 液体培养基中，–70℃冻存。

15.3.3　利用三亲本接合法将宏基因组文库转移到苜蓿中华根瘤菌和恶臭假单胞菌中

通常是将携带宏基因组文库的大肠杆菌供体、携带辅助质粒的大肠杆菌和 *S. meliloti* 或 *P. putida* 受体进行三亲本配对。

1. 用 0.85% NaCl 冲洗所有菌株以去除抗生素。
2. 将 1 mL 饱和的含 *S. meliloti* 或 *P. putida* 受体的液体培养基与 500 μL 大肠杆菌供体及 500 μL 辅助菌株结合。
3. 离心后获得菌体细胞，用 20 μL 0.85% NaCl 重悬，再点到非选择性的 LB 或 TY 平板上。
4. 30℃过夜培养。
5. 用 1 mL 0.85% NaCl 重悬配对菌落。
6. 制备 0.85% NaCl 重悬配对菌落的连续稀释液；在选择性培养基上加入 100 μL 合适的稀释液，30℃过夜培养。

15.3.4　转移来自苜蓿中华根瘤菌或恶臭假单胞菌假定的互补克隆至大肠杆菌中

1. 用 0.85% NaCl 冲洗所有菌株以去除抗生素。

2. 将 1 mL 饱和的含 *S. meliloti* 或 *P. putida* 受体的液体培养基与 500 μL 大肠杆菌供体及 500 μL 辅助菌株结合。
3. 离心后获得菌体细胞，用 20 μL 0.85% NaCl 重悬，再点到非选择性的 LB 或 TY 平板上。
4. 30℃过夜培养。
5. 用 1 mL 0.85% NaCl 重悬配对菌落。
6. 制备 0.85% NaCl 重悬配对菌落的连续稀释液；在选择性培养基上加入 100 μL 合适的稀释液，37℃过夜培养。
7. 将转移结合子重新划线到选择性培养基上，并利用标准的质粒筛选技术筛选黏粒 DNA[24]。

15.3.5 遗传分子生物学

在体外，用 Tn5 诱变质粒 DNA 被用于产生转座子突变，这有助于后续对质粒 DNA 序列的确定。按照制造商说明使用 Epicenter™ EZ-Tn5 插入试剂盒进行诱变。

15.3.6 PHA 积累

PHB 的含量可以使用 Law 和 Slepecky 开发的比色测定法的改进版本进行测定[31]。该方法基于 PHB 的水解，之后用浓硫酸将单体转化成巴豆酸。巴豆酸在 235 nm 有一个吸收最大值。巴豆酸的量可以用于确定最初样品中 PHB 的含量。PHB 含量表示为细胞总干重的百分比。在整个流程操作中不要使用任何塑料制品（见注释 3）。

1. 使用带螺旋盖的 Pyrex 离心管和带有 7685c 转子（或同等替代品）的 IEC 21000R 离心机，在 7000 rcf 转速下离心 10 min 沉淀细胞。
2. 用蒸馏水洗涤细胞沉淀并再次沉淀细胞。
3. 用 2.0 mL 5.25% NaOCl 重悬沉淀细胞，37℃孵育 1 h 使细胞完全裂解。
4. 以 7000 rcf 离心 15 min 沉淀样品，用 5 mL 蒸馏水洗涤，再用 5 mL 乙醇冲洗，最后用 5 mL 丙酮冲洗。
5. 细胞沉淀应该是白色的，在 PHB 提取之前要先干燥。
6. 加入 10 mL 冰氯仿来提取 PHB。盖好离心管盖，涡旋，并转移至沸水浴中。每 1～2 min 将离心管从水浴中移出并涡旋，该过程持续 10 min，每次离心管的温度不得冷却至室温，这时 PHB 应该已经溶解在氯仿当中了。
7. 一旦冷却下来，再次涡旋离心管，并取出 1 mL 转移至玻璃试管中。
8. 氯仿需要在室温下完全挥发（见注释 4）（需要 24～48 h），然后加入 10 mL

浓硫酸。

9. 用弹珠盖住试管（防止水分进入和压力积聚），并转移至沸水浴 10 min，之后取出试管并冷却至室温。
10. 涡旋混匀之后，在 220～280 nm 处测量 OD 值，然后通过与标准曲线产生的数据进行比较，对 PHB 进行定量（见注释 5）。

PHA 沉积物也可以通过透射电子显微镜进行观察。

1. 样品由 100 mL 固态 YM 培养基制备。
2. 离心收集细胞，用磷酸缓冲液（pH 6）重悬，再离心进行收集。
3. 细胞重悬在 1 mL 含 2.5%戊二醛的磷酸缓冲液中，4℃保存 1 h。随后，离心并用 1 mL 磷酸缓冲液重悬，重复三次。
4. 将洗过的细胞重悬于 1 mL 含 0.5%四氧化锇的磷酸盐缓冲液中，室温保存 16 h，然后用磷酸缓冲液稀释至 8 mL。
5. 离心收集细胞并重悬于 2%琼脂中，滴一滴在显微镜载玻片上硬化。
6. 使用 50%～100%一系列浓度的丙酮洗涤悬于琼脂中的细胞，并使细胞脱水，将琼脂包埋在环氧树脂中，在 Reichert Ultracut E 超薄切片机（或同等替代品）上以 60～90 nm 的厚度切片，再用铀酰乙酸和柠檬酸铅染色，并在 Philips CM10 透射电子显微镜（或同等替代品）上使用 60 kV 的加速电压进行检测。

15.3.7　PHA 合成克隆宏基因组文库的筛选

合成 PHB 的 *S. meliloti* 突变株会在 YMA 培养基上形成独特的非黏性的菌落形态，而合成 PHA 的 *P. putida* 突变株则在含有 0.5%碘苯腈辛酸酯的 LB 培养基上形成较少且不透明的菌落形态，这为 PHA 合成基因的互补筛选提供了一种有效方法[20,30]。这种筛选的效力可通过向 YM-NR 培养基或 LB-NR 培养基中加入 0.5 μg/mL 尼罗红而得到进一步的增强。合成 PHB 的菌落会被染成粉红色，不合成 PHB 的菌落则不会被染色（见注释 6）。

15.3.7.1　互补

1. 将宏基因组文库整体引入 *S. meliloti* Rm11476 或 *P. putida* PpUW2 中，这两种菌株都含有经三亲本接合而形成的 *phaC1-phaZ-phaC2* 缺失区。
2. 利用含有合适抗生素的 YM-NR 或 LB-NR 培养基对转化接合子进行筛选。四环素用于 pRK7813 文库的构建；新霉素用于 Rm11476 的筛选；卡那霉素用于 PpUW2 的筛选。对粉红色和黏液样或不透明的菌落进行筛选。
3. 粉红色和黏液样或不透明的菌落通过三亲本接合转移至大肠杆菌 DH5α 中。

4. 将互补的黏粒重新导入 *S. meliloti phbC* 突变株中以确认相关的菌落及其生长情况。
5. 分析互补克隆的黏粒 DNA，以确定克隆显示出独特的限制性内切模式。
6. 利用 PHB 测定和透射电子显微镜确认转化接合子中 PHB 的积累。

15.3.7.2 互补克隆的序列分析

1. 将表现出独特限制性内切模式的互补克隆亚克隆到 pBBR1MCS-5 中[32]，在 YM-NR 培养基上进行互补分析来鉴定互补克隆。
2. 通过 EZ-Tn-Kan-2 体外诱变和随后的亚克隆步骤来定位互补区域。转座子插入有助于获得互补克隆的 DNA 序列。
3. 利用 blastx 比较得到的 DNA 序列与其他序列[33]。

15.3.8 利用营养缺陷从宏基因组文库中分离 PHB 循环基因

含有不同 PHB 循环基因的 *S. meliloti* 突变株表现出的营养缺陷型为从宏基因组文库中分离互补克隆提供了强大的筛选工具。相关内容总结在表 15-1 中。

表 15-1 *S. meliloti* PHB 循环突变株的营养缺陷型和菌落表型

ORF	营养缺陷型	尼罗红	黏液化	参考文献
WT	无	+	+	[34]
phbA	在乙酰乙酸中不生长	–	–	（未发表）
phbB	在 D-3-羟基丁酸和乙酰乙酸中生长不良	–	–	[20]
phbC	在 D-3-羟基丁酸和乙酰乙酸中生长不良	–	–	[19,35]
phaZ	无	+	++	（未发表）
bdhA	在 D-3-羟基丁酸中不生长	+	+	[36]
acsA2	在乙酰乙酸中生长不良	+	+	[35]
phaP1	在琥珀酸中生长缓慢	+	+	[37]
phaP2	在琥珀酸中生长缓慢	+	+	[37]
phaP1/P2	在琥珀酸中生长缓慢	–	++	[37]

15.3.8.1 互补

1. 宏基因组文库被整体导入到合适的 *S. meliloti* 突变株中。
2. 利用含有合适抗生素的 RMM 或 M9 培养基来筛选转化接合子，以此来反选大肠杆菌供体和合适的碳源。
3. 利用含有合适抗生素的 LB 或 TY 培养基进一步筛选所得的克隆中是否存

在黏粒（四环素用于 pRK7813 或 pJC8 文库的构建）。

4. 将从克隆中得到的黏粒通过三亲本接合转移到大肠杆菌中。
5. 然后将互补黏粒重新导入合适的 *S. meliloti* PHB 循环突变株中，以确认互补中合适的碳源。
6. 分析互补克隆的黏粒 DNA，以确定克隆显示出独特的限制性内切模式。

15.3.8.2　互补克隆的序列分析

1. 将表现出独特限制性内切模式的互补克隆亚克隆到 pBBR1MCS-5 中[32]。通过选择适合生长的碳源来鉴定互补克隆。
2. 通过 EZ-Tn-Kan-2 体外诱变和随后的亚克隆步骤来定位互补区域。转座插入有助于获得互补克隆的 DNA 序列。
3. 利用 blastx 比较得到的 DNA 序列与其他序列[33]。

15.4　注　　释

1. 为了促进根瘤菌的生长，将 M9 培养基修改为含有 0.25 mmol/L $CaCl_2$、1 mmol/L $MgSO_4$ 和 0.3 mg/L 生物素。
2. 进行梯度消化测试优化对基因组 DNA 进行部分消化的实验条件。在管中，将 15 μL 基因组 DNA（15 ng/μL）与 100 μL 10×消化缓冲液混合，至终体积为 500 μL。混合液在冰上孵育 30 min，然后将反应混合物分入 15 个管子中（第一个管子加入 60 μL；剩下的 14 个管子均加入 30 μL），再向第一个管子中加入 5 个单位的 *Sau*3A Ⅰ。从第一个管子中取出 30 μL 转移到第二个管子中进行混合，然后从第二个管子中取出 30 μL 转移到第三个管子中，以此类推，建立了浓度梯度。从最后一个管子中移出 30 μL 并弃掉。反应液在 37℃孵育 30 min，然后加入混有 6×上样染料的 1 μL 的 0.5 mol/L EDTA 来终止反应。消化液在琼脂糖凝胶上跑胶，能够产生 25～50 kb 片段的酶浓度可用于后续实验。
3. 在最初的细胞收获之后，PHB 提取方案中不应使用塑料制品；所有使用的玻璃器皿必须在沸腾的氯仿中彻底清洗并在使用前用乙醇冲洗，以去除任何增塑剂的残留。
4. 40℃温和加热可以促进氯仿的挥发。
5. 通过分析已知量的 PHB 可以获得标准曲线。标准溶液由 1 mg/mL PHB 储备液制备，如上所述，将 10 mg PHB 加入 10 mL 冷氯仿并在沸水浴中加热溶解制备。这样，100 μg/mL 的储备液就准备好了。将 0～100 μg PHB 的等分试样转移至试管中，待氯仿挥发完毕后，加入 10 mL 硫酸，并如上所述进行处理。

6. 没有产生细胞外多糖琥珀酰聚糖的 *exoY*：：Tn5 突变菌株 Rm7055[38,39]形成了非黏液菌落，并在紫外线照射下发出明亮的荧光。包含 *exoY*：：Tn5 和 *phbC*：：Tn5-233 突变的菌株 Rm11476 则形成不发生染色或不产生荧光的非黏液菌落。这是检测 PHB 积累互补克隆最佳的遗传背景，尤其是在菌落密集的平板上。

参考文献

1. Henne A, Daniel R, Schmitz RA, Gottschalk G (1999) Construction of environmental DNA libraries in *Escherichia coli* and screening for the presence of genes conferring utilization of 4-hydroxybutyrate. Appl Environ Microbiol 65:3901–3907
2. Anderson AJ, Dawes EA (1990) Occurrence, metabolism, metabolic role, and industrial uses of bacterial polyhydroxyalkanoates. Microbiol Rev 54:450–472
3. Zevenhuizen LPTM (1981) Cellular glycogen, β-1,2-glucan, poly-3-hydroxybutyric acid and extracellular polysaccharides in fast-growing species of Rhizobium. Antonie Van Leeuwenhoek 47:481–497
4. Madison LL, Huisman GW (1999) Metabolic engineering of poly(3-hydroxyalkanoates): from DNA to plastic. Microbiol Mol Biol Rev 63:21–53
5. Shishatskaya EI, Voinova ON, Goreva AV, Mogilnaya OA, Volova TG (2008) Biocompatibility of polyhydroxybutyrate microspheres: *in vitro* and *in vivo* evaluation. J Mater Sci Mater Med 19:2493–2502
6. Shishatskaya EI, Volova TG, Puzyr AP, Mogilnaya OA, Efremov SN (2004) Tissue response to the implantation of biodegradable polyhydroxyalkanoate sutures. J Mater Sci Mater Med 15:719–728
7. Holmes PA (1985) Applications of PHB -- a microbially produced biodegradable thermosplastic. Phys Technol 16:32–36
8. Pötter M, Steinbüchel A (2005) Poly(3-hydroxybutyrate) granule-associated proteins: impacts on poly(3-hydroxybutyrate) synthesis and degradation. Biomacromolecules 6:552–560
9. Kadouri D, Jurkevitch E, Okon Y (2003) Involvement of the reserve material poly-β-hydroxybutyrate in *Azospirillum brasilense* stress endurance and root colonization. Appl Environ Microbiol 69:3244–3250
10. Senior PJ, Beech GA, Ritchie GAF, Dawes EA (1972) The role of oxygen limitation in the formation of poly-3-hydroxybutyrate during batch and continuous culture of *Azotobacter beijerinckii*. Biochem J 128:1193–1201
11. Stam H, van Verseveld HW, de Vries W, Stouhamer AH (1986) Utilization of poly-β-hydroxybutyrate in free-living cultures of *Rhizobium* ORS571. FEMS Microbiol Lett 35:215–220
12. Stockdale H, Ribbons DW, Dawes EA (1968) Occurence of poly-3-hydroxybutyrate in the Azotobacteriaceae. J Bacteriol 95:1798–1803
13. Senior PJ, Dawes EA (1971) Poly-3-hydroxybutyrate biosynthesis and the regulation of glucose metabolism in *Azotobacter beijinkereii*. Biochem J 125:55–66
14. Page WJ, Knosp O (1989) Hyperproduction of poly-3-Hydroxybutyrate during exponential growth of *Azotobacter vinelandii* UWD. Appl Environ Microbiol 55:1334–1339
15. Schallmey M, Ly A, Wang C, Meglei G, Voget S, Streit WR et al (2011) Harvesting of novel polyhydroxyalkanaote (PHA) synthase encoding genes from a soil metagenome library using phenotypic screening. FEMS Microbiol Lett 321:150–156
16. Aneja P, Charles TC (1999) Poly-3-hydroxybutyrate degradation in *Rhizobium* (*Sinorhizobium*) *meliloti*: isolation and characterization of a gene encoding 3-hydroxybutyrate dehydrogenase. J Bacteriol 181:849–857
17. Aneja P, Dziak R, Cai GQ, Charles TC (2002) Identification of an acetoacetyl coenzyme-A synthetase-dependent pathway for utilization of L-(+)-3-hydroxybutyrate in *Sinorhizobium meliloti*. J Bacteriol 184:1571–1577
18. Charles TC, Cai GQ, Aneja P (1997) Megaplasmid and chromosomal loci for the PHB degradation pathway in *Rhizobium* (*Sinorhizobium*) *meliloti*. Genetics 146: 1211–1220
19. Willis LB, Walker GC (1998) The phbC (poly-

β-hydroxybutyrate synthase) gene of *Rhizobium* (*Sinorhizobium*) meliloti and characterization of phbC mutants. Can J Microbiol 44:554–564

20. Aneja P, Dai M, Lacorre DA, Pillon B, Charles TC (2004) Heterologous complementation of the exopolysaccharide synthesis and carbon utilization phenotypes of *Sinorhizobium meliloti* Rm1021 polyhydroxyalkanoate synthesis mutants. FEMS Microbiol Lett 239:277–283
21. Ostle AG, Holt JG (1982) Nile blue as a fluorescent stain for poly-β-hydroxybutyrate. Appl Environ Microbiol 44:238–241
22. Kranz RG, Gabbert KK, Madigan MT (1997) Positive selection systems for discovery of novel polyester biosynthesis genes based on fatty acid detoxification. Appl Environ Microbiol 63:3010–3013
23. Povolo S, Tombolini R, Morea A, Anderson AJ, Casella S, Nuti MP (1994) Isolation and characterization of mutants of *Rhizobium meliloti* unable to synthesize poly-3-hydroxybutyrate (PHB). Can J Microbiol 40:823–829
24. Sambrook J, Russell DW (2001) Molecular cloning: a laboratory manual. Cold Spring Harbor Press, Cold Spring Harbor, NY
25. Beringer JE (1974) R factor transfer in *Rhizobium leguminosarum*. J Gen Microbiol 84:188–198
26. Miller JH (1972) Experiments in molecular genetics. Cold Spring Harbor Laboratory, Cold Spring Harbor, NY
27. Dowling DN, Samrey U, Stanley J, Broughton WJ (1987) Cloning of *Rhizobium leguminosarum* genes for competitive nodulation blocking on peas. J Bacteriol 169:1345–1348
28. Cheng J, Pinnell L, Engel K, Neufeld JD, Charles TC (2014) Versatile broad-host-range cosmids for construction of high quality metagenomic libraries. J Microbiol Methods 99:27–34
29. Jones JD, Gutterson N (1987) An efficient mobilizable cosmid vector, pRK7813, and its use in a rapid method for marker exchange in *Pseudomonas fluorescens* strain HV37a. Gene 61:299–306
30. Wang C, Meek DJ, Panchal P, Boruvka N, Archibald FS, Driscoll BT, Charles TC (2006) Isolation of poly-3-hydroxbutyrate metabolism genes from complex microbial communities by phenotypic complementation of bacterial mutants. Appl Environ Microbiol 72:384–391
31. Law J, Slepecky R (1961) Assay of poly-3-hydroxybutyric acid. J Bacteriol 82:33–36
32. Kovach ME, Elzer PH, Hill DS, Robertson GT, Farris MA, Roop RM, Peterson KM (1995) Four new derivatives of the broad-host-range cloning vector pBBR1MCS, carrying different antibiotic-resistance cassettes. Gene 166:175–176
33. Altschul SF, Madden TL, Schäffer AA, Zhang Z, Miller W, Lipman DJ (1997) Gapped BLAST and PSI-BLAST: a new generation of protein database search programs. Nucleic Acids Res 25:3389–3402
34. Meade HM, Long SR, Ruvkun GB, Brown SE, Ausubel FM (1982) Physical and genetic characterization of symbiotic and auxotrophic mutants of *Rhizobium meliloti* induced by transposon Tn5 mutagenesis. J Bacteriol 149: 114–122
35. Cai G, Driscoll BT, Charles TC (2000) Requirement for the enzymes acetoacetyl coenzyme-A synthetase and poly-3-hydroxybutyrate (PHB) synthase for growth of *Sinorhizobium meliloti* on PHB cycle intermediates. J Bacteriol 182:2113–2118
36. Aneja P, Zachertowska A, Charles TC (2005) Comparison of the symbiotic and competition phenotypes of *Sinorhizobium meliloti* PHB synthesis and degradation pathway mutants. Can J Microbiol 51:599–604
37. Wang CX, Sheng XY, Equi RC, Trainer MA, Charles TC, Sobral BWS (2007) Influence of the poly-3-hydroxybutyrate (PHB) granule-associated proteins (PhaP1 and PhaP2) on PHB accumulation and symbiotic nitrogen fixation in *Sinorhizobium meliloti* Rm1021. J Bacteriol 189:9050–9056
38. Leigh JA, Signer ER, Walker GC (1985) Exopolysaccharide-deficient mutants of *Rhizobium meliloti* that form ineffective nodules. Proc Natl Acad Sci U S A 82:6231–6235
39. Miller-Williams M, Loewen PC, Oresnik IJ (2006) Isolation of salt-sensitive mutants of *Sinorhizobium meliloti* strain Rm1021. Microbiology 152:2049–2059

第 16 章 基于功能宏基因组文库的磷酸酶活性编码基因的筛选和异源表达

赫尼斯·A. 卡斯蒂略·比利亚米萨尔（Genis A. Castillo Villamizar），
海科·纳克（Heiko Nacke），罗尔夫·丹尼尔（Rolf Daniel）

摘要

可以通过酶来调节无机和有机磷化合物释放磷酸盐的过程。磷酸盐释放酶，包括酸性磷酸酶和碱性磷酸酶，是公认的在动植物营养、生物修复和诊断分析方面有重大作用的生物催化剂。宏基因组学方法和手段提供了一种获得新的编码磷酸酶基因的途径。本章描述了一种基于功能筛选的手段，可用于快速识别来自不同环境的小片段和大片段宏基因组文库中编码磷酸酶活性的基因。利用该手段可能会发现新的磷酸酶家族或亚家族及已知的可以水解磷酸单脂键的酶，如植酸酶。此外，我们提供了一种有效异源表达磷酸酶基因的策略。

关键词

磷酸酶、植酸酶、宏基因组文库、磷、基于功能筛选

16.1 介　　绍

磷是生物生长、代谢和繁殖所必需的营养元素[1]。在 20 世纪，由于食物和生物燃料生产的提高及农业耕地施肥的需要，磷的消耗显著增加。然而，磷矿储存及再生的时间需要数千年到数百万年。因此，矿物磷资源是有限的，甚至有可能在未来 50～100 年枯竭[2]。磷在土壤中的含量比较丰富，但基本都是以不可溶或者与有机化合物结合的形式存在[3]。这就促使我们去探索其他可以获得磷的方法。以磷酸盐的形式释放磷的过程可以由多种酶进行调节，这些酶称为磷酸酶，被认为是有效溶解和释放磷的重要生物催化剂[4,5]。植酸是土壤中含量最丰富的有机磷化合物[6]，具有植酸酶活性的磷酸酶可用于释放植酸中的磷酸盐。释放出的磷酸盐可以被农作物作为天然磷肥加以利用。磷酸酶催化水解植酸也可在动物营养中起到补充作用，因为它们可将磷酸盐从谷物和油籽的植酸中释放出来。此外，磷

酸酶在制药工业和临床诊断方面也有广泛的应用[7]。

完全利用可培养微生物来发掘新的具有磷酸酶活性的酶具有诸多限制因素。在最近许多基于培养的方法中，简并引物被用来鉴定单种微生物所携带的磷酸酶基因[8-10]。鉴于目前只有不到 1%的微生物种类可以在实验室条件下培养，实际存在的磷酸酶基因库只有很小一部分是通过培养方法被挖掘出来的[8,11-14]。理论上，通过不依赖培养的宏基因组学方法可以获得整个磷酸酶基因库。同时，可以鉴别出具有高度稳定性及在恶劣条件下具有催化活性等特性的新型磷酸酶。不同的磷酸酶类型表现出高度的序列差异及不同的底物偏好和作用范围[15]。这些差异表明，从复杂的宏基因组文库中发现新型磷酸酶编码基因时，应采用基于功能筛选的策略[11,13,16]。与识别保守 DNA 区域的目标基因序列不同，基于功能筛选的策略可以鉴定出代表全新磷酸酶家族的酶。

本章描述了利用一种基于功能宏基因组文库的快速筛选法来获得磷酸酶基因，这种方法需要用到包含显色底物的培养基。Sarikhani 等[11]使用类似的培养基发现了来自恶臭假单孢菌（*Pseudomonas putida*）的磷酸酶编码基因。我们在基于功能小片段和大片段宏基因组文库的筛选中，成功地检测到以植酸及其他磷源（如 β-甘油磷酸）为作用底物的磷酸酶。得到的磷酸酶基因数量取决于构建宏基因组文库的环境 DNA。除此之外，我们提出了一种赋予基因磷酸酶活性的有效异源表达策略。这种策略可以适度表达异源基因并周质定位异源磷酸酶基因的产物。这种方式可以降低合成蛋白与细胞质中宿主蛋白或细胞代谢产物之间有害的相互作用。

16.2 实验材料

16.2.1 基于功能宏基因组文库筛选鉴定磷酸酶基因

16.2.1.1 宏基因组文库

利用本章介绍的基于功能筛选的方法已经对来自土壤、堆肥、火山沉积物、冰川样品和微生物垫的小片段与大片段宏基因组文库进行了测试。根据 Simon 和 Daniel 所述的方案进行宏基因组文库构建[17]。小片段宏基因组文库使用质粒 pCR-XL-TOPO（Thermo Fisher Scientific 公司，美国马萨诸塞州沃尔瑟姆）作为载体进行构建。大片段宏基因组文库则使用福斯质粒 pCC1FOS™（Epicentre 生物技术公司，美国威斯康星州麦迪逊）作为载体进行构建。

16.2.1.2 小片段宏基因组文库筛选培养基

1. 改良的 Sperber 培养基（SpM）：16 g/L 琼脂，10 g/L 葡萄糖或 2%丙三醇，500 mg/L 酵母提取物，100 mg/L $CaCl_2$，250 mg/L $MgSO_4$，补充磷源如

2.5 g/L 植酸、β-五水甘油磷酸二钠盐或 D-果糖-6-磷酸二钠盐水合物、5-溴-4-氯-3-吲哚基磷酸盐（BCIP）储备溶液（以 25 mg/mL 溶于二甲基甲酰胺中）。

2. 卡那霉素储备液：卡那霉素以 50 mg/mL 溶于水中。
3. 用于调节 pH 的 NaOH 溶液。

16.2.1.3 大片段宏基因组文库筛选培养基

列出的用于小片段宏基因组文库筛选的培养基材料可以进行以下修改和扩展后使用。

1. 氯霉素代替卡那霉素储备液：氯霉素以 12.5 mg/mL 溶于乙醇中。
2. L-阿拉伯糖储备液：L-阿拉伯糖以 1%（*m*/*V*）溶于水中。

16.2.1.4 基于功能宏基因组文库的筛选

1. 大肠杆菌 DH5α 电感受态细胞[18]。
2. 具有分解代谢抑制因子的超优选液体培养基（SOC）。
3. Bio-Rad GenePulser II（Bio-Rad 公司，德国慕尼黑）和 1 mm 电穿孔比色皿。
4. 具有混合功能的加热器。

16.2.1.5 阳性克隆携带的宏基因组 DNA 片段分析

1. Luria-Bertani（LB）液体培养基（高压灭菌）。
2. 抗生素储备液（用 pCR-XL-TOPO 作载体时，使用卡那霉素：50 mg/mL；用 pCC1FOS 作载体时，使用氯霉素：12.5 mg/mL）。
3. L-阿拉伯糖储备液：1%（*m*/*V*）或 CopyControl™诱导液（1000×，Epicentre 生物技术公司）（用 pCC1FOS 作载体时需要）。
4. Plasmid mini prep 试剂盒（Macherey-Nagel 股份有限公司，德国迪伦）。
5. *Hin*dIII限制性内切酶。
6. 测序引物：pCR-XL-TOPO 作为载体时，正向引物序列 5′-GTAAAACGACGGCCAG-3′，反向引物序列 5′-CAGGAAACAGCTATGAC-3′。pCC1FOS 作为载体时：正向引物序列 5′-GGATGTGCTGCAAGGCGATTAAGTTGG-3′，反向引物序列 5′-CTCGTATGTTGTGTGGAATTGTGAGC-3′（也可以使用其他合适的引物）。

16.2.2 磷酸酶基因的异源表达

16.2.2.1 克隆假定的磷酸酶编码基因至表达载体

1. Phusion 高保真 DNA 聚合酶 PCR 试剂盒（Thermo Fisher Scientific 公司，

德国施韦尔特）（也可以使用其他具有校正活性的聚合酶）。

2. pET-20b(+) Novagen 载体（Merck KGaA 公司，德国达姆施塔特）。
3. 凝胶回收试剂盒（Qiagen 公司，德国希尔登）。
4. 热敏磷酸酶（New England Biolabs 公司，德国法兰克福）。
5. DNA 连接试剂盒（Thermo Fisher Scientific 公司，德国施韦尔特）。
6. 大肠杆菌 DH5α 电感受态细胞。
7. Bio-Rad GenePulser II（Bio-Rad 公司）和 1 mm 电穿孔比色皿。
8. 添加 100 mg/L 氨苄西林的 LB 琼脂平板。
9. LB 肉汤（高压灭菌）。
10. 氨苄西林储备液：氨苄西林以 100 mg/mL 溶于水中。

16.2.2.2　编码磷酸酶活性基因的异源表达

1. 大肠杆菌 BL21 化学感受态细胞（Thermo Fisher Scientific 公司，德国施韦尔特）。
2. 添加 100 mg/L 氨苄西林的 LB 琼脂平板。
3. 使用由 1 L 水配制的 5×盐溶液储备液（50 g $Na_2HPO_4 \cdot 7H_2O$，30 g KH_2PO_4，5 g NaCl，5 g NH_4Cl）制备基础培养基。对于 1 L 培养基，将 200 mL 10×盐溶液加入 500 mL 含 0.20%甘油的水中，调整体积并进行高压灭菌。向培养基中添加 1 mL $MgSO_4$（1 mol/L）、1 mL $CaCl_2$（1 mol/L）、1 mL $FeSO_4 \cdot 7H_2O$（0.01 mmol/L）。这些溶液应分别过滤除菌。
4. 50 mmol/L 羟乙基哌嗪乙磺酸（HEPES）缓冲液，pH 8。
5. 温控摇床。
6. 高压细胞破碎仪或其他有效的细胞破碎装置。

16.2.2.3　基于磷酸酶活性检测验证异源目标基因的表达

1. 50 mmol/L 乙酸钠缓冲液（pH 6.0）。
2. 丙酮。
3. 2.5 mol/L H_2SO_4。
4. 10 mmol/L 钼酸铵。
5. 1 mol/L 柠檬酸。

16.3　实 验 方 法

16.3.1　通过基于功能宏基因组文库的筛选鉴定磷酸酶基因

这里介绍的筛选方法基于含有生色底物（BCIP）的培养基。这种筛选培养基可以快速鉴定由小片段和大片段宏基因组文库编码的磷酸酶活性。我们使用了以质粒或福斯质粒作为载体构建的宏基因组文库。一般来说，上述筛选也可以使用改良后的基于柯斯质粒或细菌人工染色体构建的宏基因组文库（如使用合适的抗生素）。携带潜在磷酸酶基因并表现出磷酸酶活性的阳性克隆在固体筛选培养基上培养后会显示出深蓝色。对从阳性克隆中分离出的重组载体的宏基因组插入片段进行测序和分析能够预测与鉴定编码磷酸酶的候选基因。

16.3.1.1 筛选培养基的制备

1. 将 500 mg/L 酵母提取物、100 mg/L $CaCl_2$、250 mg/L $MgSO_4$ 和 2.5 g/L 选择的磷源（见注释 1）溶解在水中来制备筛选培养基。随后，使用 NaOH 溶液将 pH 调节至 7.2。加入 16 g/L 琼脂来凝固培养基。
2. 将制备的混合物高压灭菌。从高压灭菌器中取出后，冷却至约 55℃并加入过滤除菌（0.22 μm 滤膜）的葡萄糖（最终浓度 10 g/L）或高压灭菌的甘油溶液（最终浓度 2%）。对于大片段宏基因组文库的筛选培养基，还添加了终浓度为 0.001%的过滤除菌（0.22 μm 滤膜）的 L-阿拉伯糖或添加 CopyControl™诱导液（见注释 2）。
3. 在每 1 L 培养基中加入 1 mL 25 mg/mL 的 BCIP 溶液和合适的抗生素（卡那霉素，最终浓度为 50 mg/L，或氯霉素，最终浓度为 12.5 mg/L）以选择带有小片段或大片段宏基因组文库的克隆。
4. 将培养基倒入培养皿中。凝固后储存于 4℃，避光保存。平板最长可在这种条件下储存 1 个月。

16.3.1.2 基于功能宏基因组文库的筛选

1. 在冰上预冷电穿孔比色皿。
2. 将大肠杆菌 DH5α 电感受态细胞在冰上解冻并将 40 μL 转移至 1 mm 电穿孔比色皿中。
3. 加入 1 μL 制备好的宏基因组文库 DNA（DNA 浓度约 350 ng/μL）并轻轻混匀。不要利用吹打来混合细胞。
4. 用纸巾擦拭比色皿外部的电极以去除冷凝物并小心地消除气泡。
5. 利用 Bio-Rad GenePulser II 电穿孔细胞。参数设置如下：25 μF，200 Ω，1.25 kV。
6. 立即加入 500 μL 室温 SOC 培养基。
7. 将混合物转移到无菌的 2 mL 微量离心管中，并在 37℃、150 r/min 下振荡 60 min。
8. 将 100 μL 未稀释及稀释（10 倍、100 倍和 1000 倍）的转化细胞悬液分别涂布在含有适当抗生素的筛选培养基上。将剩余的转化细胞悬液保存在4℃。

9. 平板在 37℃过夜培养。对筛选培养基上形成的菌落计数（见注释 3）。
10. 将适量余下的未稀释或稀释转化细胞悬液涂布到含有适当抗生素的筛选培养基上，以获得足够数量的菌落来检测目标克隆。
11. 阳性克隆会在培养 24～72 h 后出现，由于磷酸酶与指示剂 BCIP 的反应，菌落会呈现出深蓝色（见注释 4）。

16.3.1.3　阳性克隆携带的宏基因组 DNA 片段分析

1. 挑取单个阳性菌落，并在添加适当抗生素（卡那霉素终浓度为 50 mg/L 或氯霉素终浓度为 12.5 mg/L）的 5 mL LB 液体培养基（见注释 2）中单独培养。
2. 在 37℃、150 r/min 下振荡过夜。
3. 用限制性内切酶进行提取和消化，如 *Hin*dIII或所用载体中存在的其他酶，并使用标准方法分析插入的 DNA。
4. 确定从阳性克隆中提取的载体 DNA 的插入序列。
5. 在确定插入 DNA 的序列后，对可读框（ORF）进行鉴定。可以使用美国国家生物技术信息中心（NCBI）提供的 ORF 查找工具对 ORF 进行初步预测[19,20]。
6. 为了鉴定可能具有磷酸酶活性的 ORF，比对编码序列与蛋白质家族和结构域的相似性，如与 CDD 数据库进行搜索比对[21]。考虑到上述基于功能筛选方法可以鉴定出以前未知的磷酸酶家族成员，在某些情况下，鉴定出的 ORF 与已知磷酸酶序列的相似性可能非常低。

16.3.2　磷酸酶基因的有效异源表达

水解磷酸单酯键的酶在细胞代谢调节中起着重要作用。本章所述的异源表达策略旨在减少重组磷酸酶与宿主细胞分子活性间的相互作用及其假定的毒性作用。将源自宏基因组文库的目标基因克隆到表达载体中，载体上具有一段编码周质定位的信号序列，以减少宿主细胞质中重组磷酸酶与生物分子间的反应。为了进一步降低磷酸酶活性潜在的有害作用，我们推荐用温和而非高水平的异源基因表达条件。例如，在异源磷酸酶基因表达和蛋白质生产时使用合适的基础培养基而不是复杂培养基。为了验证异源酶的产生，应进行磷酸酶活性的测定。

16.3.2.1　克隆假定的磷酸酶编码基因到表达载体中

1. 设计用于扩增假定的磷酸酶编码基因的引物。为了将基因克隆到表达载体

pET-20b(+)中，将该载体出现多克隆位点（MCS）的限制性酶切位点添加到引物中（每个引物一个限制性酶切位点）。为了实现定向克隆，每个引物应该包含不同的限制性酶切位点。在 MCS 中，所选的不同限制性酶切位点之间至少应间隔 10 bp。还要确保选定的限制性酶切位点不在假定的磷酸酶编码基因区域。

2. 检查设计的引物是否允许克隆带有 His_6 标签的 PCR 产物，以及由质粒 pET-20b(+)编码用于周质定位的信号序列。
3. 使用添加了限制性酶切位点的引物对假定的磷酸酶基因进行 PCR 扩增。使用 Phusion High Fidelity Hot Start DNA 聚合酶来获得 PCR 产物。PCR 反应混合物（50 μL）含有 10 μL 5× Phusion GC 缓冲液，每种 dNTP 各 200 μmol/L，1.5 mmol/L $MgCl_2$，每种引物各 2 μmol/L，2.5% DMSO，0.5 U Phusion 高保真热启动 DNA 聚合酶（见注释 5），以及从阳性克隆中提取的约 25 ng 重组质粒或福斯质粒 DNA。
4. 应根据假定的磷酸酶编码基因的大小和所选引物的退火温度对热循环条件进行调整。建议使用梯度 PCR 来快速确定合适的退火温度。以下的热循环条件可用于测试不同的退火温度：98℃预变性 2 min；98℃变性 45 s，退火梯度为 58～68℃，梯度退火 45 s，每 kb 72℃延伸 30 s，29 个循环；最后 72℃延伸 5 min。通过琼脂糖凝胶电泳检查 PCR 产物。使用选择的退火温度进行进一步的 PCR 反应，可以获得更多的 PCR 产物。
5. 将 PCR 产物进行琼脂糖凝胶电泳（0.8%）并使用凝胶回收试剂盒进行纯化，如 QIAquick（Qiagen 公司，德国希尔登）。
6. 使用限制性内切酶分别消化 PCR 产物和 pET-20b(+)载体，进行定向克隆。由于下述凝胶纯化步骤中 DNA 的损失，消化至少 1 μg PCR 产物和 3 μg pET-20b(+)载体是十分必要的。
7. pET-20b(+)载体去磷酸化。为了防止载体 pET-20b(+)发生再环化，应在下一步凝胶纯化步骤前用磷酸酶处理消化后的质粒。最多添加 2 U 热敏磷酸酶（1 U/μL）到 pET-20b(+)载体的限制性消化物中。热敏磷酸酶在大多数限制性消化缓冲液中是稳定且有活性的。37℃孵育 15 min。
8. 将消化后的 PCR 产物和质粒 DNA 分别加到 0.8%琼脂糖凝胶上，并使用凝胶回收试剂盒进行纯化。
9. 连接：连接混合物（20 μL）包含 2 μL 100 mmol/L DTT，1 μL 10 mmol/L ATP，2 μL 10 × T4 连接酶缓冲液，约 200 ng pET-20b(+)（消化、去磷酸化和纯化后的），PCR 产物（消化和纯化后的）和 1 μL T4 连接酶（1 U/μL）。推荐使用载体与 PCR 产物的物质的量比为 1∶3。16℃孵育过夜。随后在 65℃孵育 10 min 使 T4 连接酶失活，以提高连接效率。

10. 用 5 μL 连接反应物电穿孔转化大肠杆菌 DH5α 电感受态细胞。将转化的细胞悬液稀释（10 倍和 100 倍）并涂布在含有氨苄西林的 LB 平板上，37℃孵育过夜。挑取 6 个单菌落，在 5 mL 含氨苄西林（终浓度 100 mg/L）的 LB 培养基中以 37℃、150 r/min 过夜培养。使用标准方法提取质粒 DNA。
11. 使用可定向克隆的限制性内切酶消化提取质粒，并通过琼脂糖凝胶电泳检查插入片段是否存在。
12. 对携带目标片段的质粒 DNA 进行测序，以验证假定的磷酸酶编码基因已按照正确的方向被克隆，并且序列无误。

16.3.2.2　编码磷酸酶活性基因的异源表达

1. 转化大肠杆菌 BL21 化学感受态细胞。在冰上解冻一管大肠杆菌 BL21 化学感受态细胞，随后加入 1 μL 构建好的含目标基因的表达质粒（最多 30 ng）。在冰上孵育 30 min。在 42℃水浴中热激处理 30 s 转化重组质粒到细胞中。立即将试管转移到冰上，然后加入 250 μL SOC 培养基。在 37℃孵育试管 45 min。将 100～150 μL 转化细胞悬液涂布到含有氨苄西林的 LB 平板上（见注释 6），37℃过夜培养。
2. 挑取 3～4 个菌落，在 30 mL 含氨苄西林（终浓度为 100 mg/L）的基础培养基中以 30℃、150 r/min 过夜培养。
3. 将过夜培养物接种到 250 mL 基础培养基中（产生的 OD_{600} 应该约为 0.1）。以 30℃、150 r/min 振荡培养，直到对数期（OD_{600}=0.4～0.8）。添加 IPTG 至终浓度为 0.25 mmol/L 来诱导产生重组蛋白，以 30℃、150 r/min 振荡培养，直至 OD_{600} 约为 3.2（见注释 7）。
4. 在 4℃下以 10 000×*g* 离心 20 min 沉淀细胞，将得到的细胞沉淀重悬于 50 mmol/L 预冷的裂解缓冲液 HEPES（pH 7.5）中。细胞沉淀与缓冲液的比例为 1∶2（*m*/*V*）（见注释 8）。使用预冷的高压细胞破碎仪（1.38×10^8 Pa）来破碎细胞。
5. 在 4℃下以 9000×*g* 离心 20 min 澄清细胞裂解物。应使用 0.2 μm 注射式过滤器对上清液（粗提物）进行过滤。**注**：粗提物的后续纯化方法可用于纯化靶蛋白，但是应先用粗提物检查磷酸酶活性。

16.3.2.3　基于磷酸酶活性检测验证异源目标基因的表达

1. 为了鉴定靶蛋白的活性，可以根据改良后的钼酸铵法[22]测定释放的无机磷酸盐。将 10 μL 稀释后的粗提物或纯化后的酶加入 350 μL 50 mmol/L 乙酸钠缓冲液（pH 5.0）中，40℃孵育 3 min。添加 10 μL 100 mmol/L 磷源

（一些商业化底物中含有能引起背景色的痕量游离磷）进行基于功能筛选。使用 10 μL 裂解缓冲液（用于纯化潜在的磷酸酶）或不含 pET-20b(+)载体的大肠杆菌 BL21（用于未纯化的样品）衍生出的粗提物作为空白。

2. 以 40℃孵育 30 min 后，加入 1.5 mL 新鲜制备的丙酮-2.5 mol/L 硫酸-10 mmol/L 钼酸铵（2∶1∶1，*V*/*V*）溶液和 100 μL 1 mol/L 柠檬酸。所有检验都要做三个平行。磷在钼酸盐存在下释放，形成亮黄色的磷钼酸盐络合物，并用丙酮萃取。尽管有直接观测到这种黄色的可能，还是建议使用分光光度计在 355 nm 波长处进行测量[22]。

16.4 注　　释

1. 我们利用基于功能的磷酸酶基因鉴定方法，从小片段和大片段宏基因组文库中成功地检测到三种磷源：植酸、β-五水甘油磷酸二钠盐和 D-果糖-6-磷酸二钠盐水合物。然而，磷源的选择将取决于研究方法和磷酸酶的目标群体。例如，为了增加在基于功能筛选过程中鉴定到植酸酶的可能性，应选择磷源植酸作为筛选底物。在宏基因组文库筛选时，该底物还可以作为通过内源启动子控制植酸酶基因表达的诱导物[23]。
2. 添加 L-阿拉伯糖（终浓度：0.001%）或 CopyControl™诱导液（1000×）可以增加大肠杆菌克隆携带的福斯质粒数量。这在筛选大片段宏基因组文库时可能是有利的，因为含有目标基因的福斯质粒的拷贝数增加可能会提高总磷酸酶的活性。此外，与携带单个福斯质粒的克隆相比，从携带多拷贝数福斯质粒的克隆中可以提取出更多的 DNA。
3. 为了便于鉴定和选择单个阳性克隆，我们建议在筛选培养基上最多培养约 10 000 个菌落（培养皿 150 mm×20 mm）。
4. 由于宿主细胞的内源磷酸酶活性，所有在筛选培养基上生长的菌落，在长时间（大于 48 h）培养后都会变色。阳性克隆的菌落显示为深蓝色，而假阳性菌落则显示浅蓝色或绿色。因此，在某些情况下，从弱表达的宏基因组中衍生出的低催化活性的磷酸酶会被筛选宿主的背景反应所掩盖。然而，我们能够基于单个大肠杆菌菌落产生的强烈蓝色来鉴定大量携带重组磷酸酶基因的克隆。
5. 强烈推荐使用校对聚合酶来减少假定的磷酸酶编码基因扩增时的突变。
6. 可以将一些转化的细胞直接涂布在含有 BCIP 和氨苄西林的 Sperber 培养基上。在这些平板上生长出深蓝色菌落表明目标磷酸酶基因存在。
7. 采用上述异源表达条件已成功地测试了许多从宏基因组文库中基于功能筛选出的磷酸酶基因。然而，可能需要改变不同的参数，如温度、IPTG

浓度和孵育时间，以促进单个磷酸酶基因的异源表达。

8. 裂解缓冲液应根据下一步要做的分析进行修改。例如，对于使用镍柱的亲和层析，可以添加 300 mmol/L NaCl。

参考文献

1. McDowell LR (2003) Chapter 2 - Calcium and phosphorus. In: McDowell LR (ed) Minerals in animal and human nutrition, 2nd edn. Elsevier, Amsterdam, pp 33–100
2. Smil V (2000) Phosphorus in the environment: natural flows and human interferences. Annu Rev Energy Environ 25:53–88
3. Tarafdar JC, Marschner H (1994) Phosphatase activity in the rhizosphere and hyphosphere of VA mycorrhizal wheat supplied with inorganic and organic phosphorus. Soil Biol Biochem 26:387–395
4. Bagyaraj DJ, Krishnaraj PU, Khanuja SPS (2000) Mineral phosphate solubilization: agronomic implications, mechanism and molecular genetics. Proc Indian Nat Sci Acad B Rev Tracts Biol Sci 66:69–82
5. Cromwell GL (2009) ASAS Centennial Paper: landmark discoveries in swine nutrition in the past century. J Anim Sci 87:778–792
6. Lim BL, Yeung P, Cheng C, Hill JE (2007) Distribution and diversity of phytate-mineralizing bacteria. ISME J 1:321–330
7. Muginova SV, Zhavoronkova AM, Polyakov AE, Shekhovtsova TN (2007) Application of alkaline phosphatases from different sources in pharmaceutical and clinical analysis for the determination of their cofactors; Zinc and Magnesium ions. Anal Sci 23:357–363
8. Greiner R (2004) Purification and Properties of a Phytate-degrading Enzyme from Pantoea agglomerans. Protein J 23:567–576
9. Cho J, Lee C, Kang S, Lee J, Lee H, Bok J et al (2005) Molecular cloning of a phytase gene (*phy M*) from *Pseudomonas syringae* MOK1. Curr Microbiol 51:11–15
10. Cheng W, Chiu CS, Guu YK, Tsai ST, Liu CH (2013) Expression of recombinant phytase of *Bacillus subtilis* E20 in *Escherichia coli* HMS 174 and improving the growth performance of white shrimp, *Litopenaeus vannamei*, juveniles by using phytase-pretreated soybean meal-containing diet. Aquacult Nutr 19:117–127
11. Sarikhani M, Malboobi M, Aliasgharzad N, Greiner R, Yakhchali B (2010) Functional screening of phosphatase-encoding genes from bacterial sources. Iran J Biotech 8:275–279
12. Riccio ML, Rossolini GM, Lombardi G, Chiesurin A, Satta G (1997) Expression cloning of different bacterial phosphataseencoding genes by histochemical screening of genomic libraries onto an indicator medium containing phenolphthalein diphosphate and methyl green. J Appl Microbiol 82:177–185
13. Tan H, Mooij MJ, Barret M, Hegarty PM, Harington C, Dobson ADW, O'Gara F (2014) Identification of novel phytase genes from an agricultural soil-derived metagenome. J Microbiol Biotechnol 24:113–118
14. Yao MZ, Zhang YH, Lu WL, Hu MQ, Wang W, Liang AH (2012) Phytases: crystal structures, protein engineering and potential biotechnological applications. J Appl Microbiol 112:1–14
15. Kennelly PJ (2001) Protein phosphatases – a phylogenetic perspective. Chem Rev 101:2291–2312
16. Huang H, Pandya C, Liu C, Al-Obaidi NF, Wang M, Zheng L et al (2015) Panoramic view of a superfamily of phosphatases through substrate profiling. Proc Natl Acad Sci U S A 112:E1974–E1983
17. Simon C, Daniel R (2010) Construction of small-insert and large-insert metagenomic libraries. Methods Mol Biol 668:39–50
18. Dower WJ, Miller JF, Ragsdale CW (1988) High efficiency transformation of *E. coli* by high voltage electroporation. Nucleic Acids Res 16:6127–6145
19. Altschul SF, Gish W, Miller W, Myers EW, Lipman DJ (1990) Basic local alignment search tool. J Mol Biol 215:403–410
20. Sayers EW, Barrett T, Benson DA, Bolton E, Bryant SH, Canese K et al (2012) Database resources of the National Center for Biotechnology Information. Nucleic Acids Res 40:D13–D25
21. Marchler-Bauer A, Zheng C, Chitsaz F, Derbyshire MK, Geer LY, Geer RC et al (2013) CDD: conserved domains and protein three-dimensional structure. Nucleic Acids Res 41:D348–D352
22. Heinonen JK, Lahti RJ (1981) A new and convenient colorimetric determination of inorganic orthophosphate and its application to the assay of inorganic pyrophosphatase. Anal

Biochem 113:313–317
23. Vijayaraghavan P, Primiya RR, Prakash Vincent SG (2013) Thermostable alkaline phytase from *Alcaligenes* sp. in improving bioavailability of phosphorus in animal feed: *in vitro* analysis. ISRN Biotechnol 2013:6

第17章　基于活性宏基因组文库的氢化酶筛选

尼科尔·亚当（Nicole Adam），米丽娅姆·佩纳（Mirjam Perner）

摘要

本章概述了如何利用基于活性筛选的方法从宏基因组文库中识别氢化酶。首先在大肠杆菌中构建F黏粒宏基因组文库，之后通过三亲本杂交将文库转入一种氢化酶缺失的奥奈达湖希瓦氏菌（*Shewanella oneidensis*）突变株（Δ*hyaB*）中。如果某个F黏粒表现出吸氢活性，那么其宿主*S. oneidensis*的表型就会恢复，并且氢化酶活性可以通过培养基颜色从黄色转变成无色来判断。这种新方法可以同时对48个宏基因组F黏粒克隆进行筛选。

关键字

宏基因组、基于功能筛选、氢化酶、吸氢

17.1　介　　绍

氢是地球上最为丰富的元素。绝大多数的氢元素存在于水中，还有一些存在于液态或气态烃中，只有不到1%的氢是以氢气的形式存在的[1]。氢分子是一种非常有前景的化学燃料，相对于其分子量，氢具有非常高的能量输出，并且在与氧气共燃时对环境不造成污染[1,2]。世界能源需求的不断增长，以及有限的化石燃料和其燃烧后所造成的全球气候问题，促使我们加大了可替代清洁能源的开发力度。近年来，氢化酶因可生物催化电解水产生氢气及在燃料电池中产生电能的应用而备受关注（见参见文献[3，4]）。

在原核生物和单细胞真核生物的代谢过程中，氢起着至关重要的作用。氢的氧化可以与硫、氮及碳循环动态耦合[5-8]，并且细胞在发酵过程中可以产生氢来回收还原当量[9]。这些生物体内的氢化酶遵循以下方程催化质子到氢分子的可逆还原反应，$H_2 \leftrightarrow 2H^+ + 2e^-$[10]。根据金属酶活性中心的不同，可将氢化酶分为三类，即[NiFe]-氢化酶、[FeFe]-氢化酶和[Fe]-氢化酶[10]。迄今为止，氢化酶的获取方式主要是首先对环境样品进行基于序列的分析[11,12]，之后从分离菌株中提取[13]或者进行基于序列的鉴定，然后在宿主菌中克隆并异源表达氢化酶基因片段[14]。本章介绍的筛选方法是目前唯一发表的基于功能筛选的方法，用于从环境宏基因组文库中检测有活性的氢化酶，而不依赖先前的序列鉴定。

17.2 实 验 材 料

17.2.1 实验室仪器

1. 厌氧操作所需的一般设备，如气体配件、注射器、针头、血清瓶（120 mL）、丁基橡胶塞、铝盖、卷边工具。
2. 96 孔微孔板、96 孔深孔板及 48 平头样品复制器（Boekel scientific，菲斯特维尔，宾夕法尼亚，美国）。
3. 配备有离心微孔板/深孔板转子的离心机。

17.2.2 菌株、质粒和生长培养基

1. 大肠杆菌 EPI300™-T1R 菌株，T1-抗性噬菌体（包含于配有 pCC1FOS 的 CopyControl™ Fosmid 文库制备试剂盒，Epicentre 公司，美国威斯康星州麦迪逊）。
2. [NiFe]-氢化酶缺失型突变株 *S. oneidensis* Δ*hyaB*，由 M. Perner 提供（汉堡大学，德国汉堡）。
3. *S. oneidensis* Δ*hyaB*：：pRS44_So_P5H2（用于筛选的阳性对照：给缺失型突变株回补 *S. oneidensis* 氢化酶操纵子），由 M. Perner 提供。
4. 广宿主载体 pRS44[15]，由 S. Valla 提供（挪威科技大学，挪威特隆赫姆）。
5. 用于三亲本杂交的移动（辅助）质粒 pRK 2013 [如在大肠杆菌 K-12 HBH101 菌株中获得的 DSM No.5599，德国国家培养物保藏中心（DSMZ），德国布伦瑞克]。
6. Luria-Bertani（LB）培养基：10.0 g/L NaCl，10.0 g/L 胰蛋白胨，5.0 g/L 酵母膏，pH 调至 7.0。若培养基需要固化，则加入 1.5%（*m*/*V*）琼脂粉，还可添加 30 μg/mL 卡那霉素、12.5 μg/mL 氯霉素、10 μg/mL 庆大霉素、100 μg/mL IPTG 和 50 μg/mL X-Gal。在进行转化之前，将大肠杆菌 EPI300-T1R 培养在添加了 10 mmol/L $MgSO_4$ 和 0.2%（*m*/*V*）麦芽糖的 LB 液体培养基中。
7. Freshwater（FW–）富集培养基（根据参考文献[16]进行改良，见注释 1～3）：2.5 g $NaHCO_3$，0.1 g KCl，1.5 g NH_4Cl，0.6 g $NaH_2PO_4 \cdot H_2O$，0.1 g $CaCl_2 \cdot 2H_2O$，3.0 g 柠檬酸铁（III），0.02 g L-精氨酸盐酸盐，0.02 g L-谷氨

酰胺，0.02 g L-丝氨酸。将各试剂溶解于 900 mL 去离子水中并煮沸 5 min。待温度降至室温，将培养基置于不含氧的氮气下通气（30～45 min）并快速搅拌。之后用 HCl 将培养基的 pH 调至 7.0，再通氮气 15 min。将 50 mL 培养基等分分装于 120 mL 血清瓶中（同时向瓶中通氮气）。用丁基橡胶塞和铝盖对血清瓶进行封口。培养基高压灭菌并降至室温后，向各血清瓶中加入 1 mL 微量元素和维生素溶液（过滤除菌后）的混合液（50%/50%, *V/V*）。用氮气和二氧化碳的混合气体（80%∶20%，*V/V*）对血清瓶通气 2 min，使血清瓶顶端的空间充满混合气。

8. 微量元素溶液[17]：1.5 g 次氮基三乙酸，3.0 g $MgSO_4 \cdot 7H_2O$，0.5 g $MnSO_4 \cdot 2H_2O$，1.0 g NaCl，0.1 g $FeSO_4 \cdot 7H_2O$，0.18 g $CoSO_4 \cdot 7H_2O$，0.1 g $CaCl_2 \cdot 2H_2O$，0.18 g $ZnSO_4 \cdot 7H_2O$，0.01 g $CuSO_4 \cdot 5H_2O$，0.02 g $KAl(SO_4)_2 \cdot 12H_2O$，0.01 g H_3BO_3，0.01 g $Na_2MoO_4 \cdot 2H_2O$，0.03 g $NiCl_2 \cdot 6H_2O$，0.3 mg $Na_2SeO_3 \cdot 5H_2O$。将次氮基三乙酸溶解于 900 mL 去离子水中并用 KOH 调 pH 为 6.5。然后将其他各元素加入到溶液中，再用 KOH 将最终 pH 调为 7.0，并加入去离子水至最终体积为 1 L。
9. 维生素溶液[17]：2.0 mg 生物素，2.0 mg 叶酸，10.0 mg 盐酸吡哆醇，5.0 mg 二水盐酸硫胺素，5.0 mg 核黄素，5.0 mg 烟酸，5.0 mg D-泛酸钙，0.1 mg 维生素 B12，5.0 mg 对氨基苯甲酸，5.0 mg 硫辛酸，将各试剂溶解于 1 L 去离子水中。
10. 灭菌处理的 70%（*V/V*）甘油储存液。
11. DMSO（二甲亚砜），过滤除菌（PTFE 滤膜）。

17.2.3　试剂盒和（限制性内切）酶

1. 配有 pCC1FOS 的 CopyControl™ Fosmid 文库制备试剂盒（Epicentre 公司，美国威斯康星州麦迪逊）。
2. 质粒小提试剂盒。
3. 凝胶/PCR DNA 纯化试剂盒。
4. 限制性内切酶 *Eco*72 I（Thermo Scientific 公司，美国马萨诸塞州沃尔瑟姆）。
5. Fast AP Thermosensitive Alkaline Phosphatase（Thermo Scientific 公司，美国马萨诸塞州沃尔瑟姆）。

17.3　实 验 方 法

图 17-1 总结了从宏基因组文库中筛选氢化酶的所有步骤。

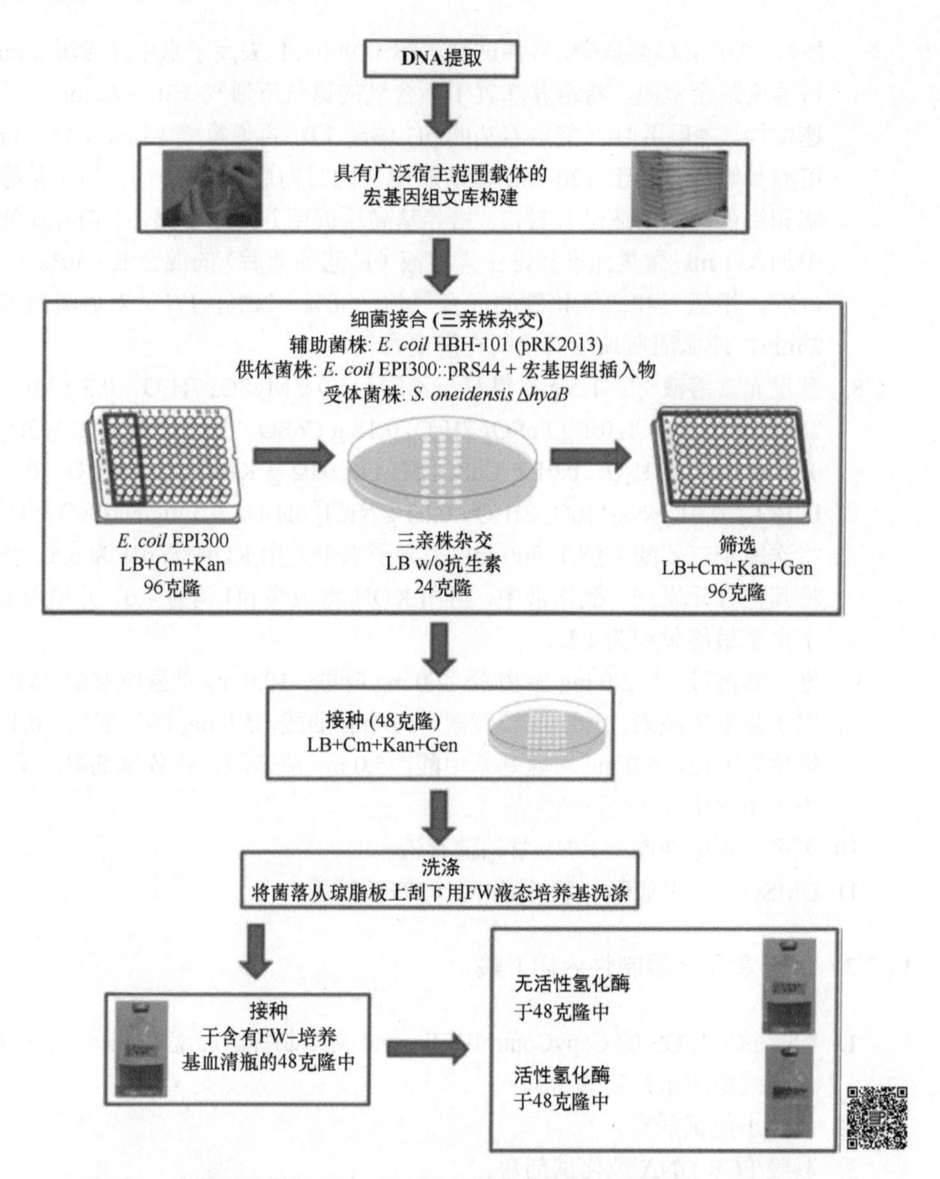

图 17-1　宏基因组文库中[NiFe]-氢化酶筛选流程图（彩图请扫二维码）

17.3.1　宏基因组文库构建及其与广泛宿主载体 pRS44 连接

17.3.1.1　广宿主载体 pRS44 的制备

1. 在连接前，先要线性化和脱磷酸化广宿主载体 pRS44：1 μg 纯化后的 F 黏粒 DNA（如使用质粒小提试剂盒提取），用 10 U *Eco*72 Ⅰ和相应的缓冲液共 20 μL 进行消化，再加入 1 μL Fast AP 磷酸酶。

2. 消化/脱磷酸化作用在 37℃下进行 2 h，之后在 80℃下灭活 20 min。
3. 通过 0.8% TAE 琼脂糖凝胶电泳（如 100 V，30 min）来判断限制性内切消化是否成功。
4. 使用凝胶/PCR DNA 纯化试剂盒对线性化和脱磷酸化后的载体进行纯化。
5. 用无核酸酶去离子水或 Tris 缓冲液（pH 8.0）对载体 DNA 进行洗脱。纯化后的载体 DNA 浓度至少应为 100 ng/μL。

17.3.1.2　宏基因组 DNA 的制备

1. 宏基因组 DNA 应根据样品类型或采集环境进行分离。浓度至少为 100 ng/μL，且片段长度应在 40 kb 左右。
2. 用琼脂糖凝胶电泳（0.8% TAE 琼脂糖凝胶，80 V）检测分离的 DNA 片段大小，并与 CopyControl™ Fosmid 文库制备试剂盒提供的 42 kb F 黏粒对照 DNA 进行比较。
3. 为了与 pRS44 进行平末端连接反应，需根据 CopyControl™ Fosmid 文库制备试剂盒说明书中的步骤对宏基因组 DNA 进行末端修复处理。

17.3.1.3　宏基因组文库的连接、转导和储存

1. 将宏基因组 DNA 连接至 pRS44 载体及包装构建好的载体可根据 pCC1FOS 载体的操作流程来完成。在“主转导”之前，应先确定噬菌体颗粒的效价：在微量离心管中进行 2.5 μL、5 μL 和 10 μL 的包装反应，然后将 100 μL 指数生长期的大肠杆菌 EPI300-T1R 细胞（培养于添加 $MgSO_4$ 和麦芽糖的 LB 液体培养基中）加入每个离心管中。
2. 混合液在 37℃（振荡）孵育 30～60 min。
3. 随后将大肠杆菌细胞接种到添加了卡那霉素、氯霉素和 IPTC/X-Gal 的 LB 平板上（用于筛选含有载体的克隆及进行蓝白斑筛选）。对白色菌落（包含插入基因 DNA 的载体）和蓝色菌落（包含空载体）进行计数来确定噬菌体颗粒的效价。
4. 选择具有最高效价的转导细胞进行最终的转导反应。转导反应的次数应根据宏基因组文库所需的克隆数进行计算。
5. 用无菌牙签挑取白色单菌落，并转移到 96 孔板中，每孔中添加 120 μL LB 培养基（添加卡那霉素和氯霉素）。
6. 微孔板在 37℃下过夜培养。
7. 之后向每个孔中添加甘油，至终浓度为 35%（*V*/*V*）。板子于–70℃储存。

17.3.2　宏基因组文库中吸氢活性基因的筛选

吸氢活性宏基因组克隆的筛选方法是以对 *S. oneidensis* MR-1[NiFe]-氢化酶缺

失型突变株（*S. oneidensis* Δ*hyaB*）进行互补为基础的。*S. oneidensis* 可以经过氧化作用将氢分子结合到如柠檬酸铁（Ⅲ）等含铁化合物上，从而对铁离子进行还原[16,18,19]。在厌氧环境下可利用氢气作为唯一能源，并将柠檬酸铁中的三价铁离子（黄色）还原为二价铁离子（无色），这是检测菌株吸氢活性强弱的标准。在厌氧条件下能进行化能无机营养生长的菌株具有氢化酶活性，可使 FW–培养基的颜色由黄色变为无色（图 17-1，反应机制见图 17-2）。*S. oneidensis* Δ*hyaB* 的[NiFe]-氢化酶大亚基结构基因（*hyaB*）被敲除，因此不会检测到颜色的变化。将 *S. oneidensis* Δ*hyaB* 与含有氢化酶基因的 pRS44 载体进行互补可恢复菌株的野生型表型，并可用于筛选具有吸氢活性的酶。为了筛选宏基因组文库，将载有宏基因组 DNA 的 F 黏粒通过三亲本杂交法导入 *S. oneidensis* Δ*hyaB* 中，再将 48 个接合克隆接种到 FW–培养基上来检测其吸氢活性。

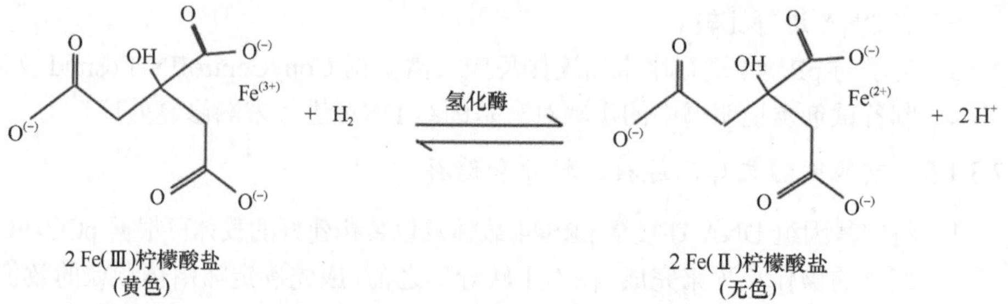

2 Fe(Ⅲ)柠檬酸盐 (黄色) + H_2 ⇌（氢化酶） 2 Fe(Ⅱ)柠檬酸盐 (无色) + $2 H^+$

图 17-2　氢化酶吸氢产生的电子与柠檬酸铁发生反应的机制

17.3.2.1　宏基因组 F 黏粒导入 *S. oneidensis* Δ*hyaB* 菌株（见注释 4）

1. 将 5 mL 预培养的大肠杆菌 K-12 HBH101（含有辅助质粒 pRK2013）接种到含有卡那霉素的 LB 液体培养基中，37℃过夜振荡培养。将 5 mL 过夜培养的 *S. oneidensis* Δ*hyaB*（受体菌株）接种到含有庆大霉素的 LB 液体培养基中，28℃振荡培养。使用平头样品复制器将微孔板中的大肠杆菌宏基因组克隆接种到 96 深孔板中，深孔板的每个孔中添加 1.2 mL 含有卡那霉素和氯霉素的 LB 液体培养基，板子于 28℃过夜振荡培养。
2. 将各 50 mL 辅助菌株和受体菌株的工作菌液接种到各自的过夜菌液中进行培养，直到 OD_{600} 值分别达到 0.6～0.8（辅助菌株）和 4.0～4.5（受体菌株）。
3. 将含有供体菌株（大肠杆菌宏基因组克隆）的深孔板在 4℃下以 2250×*g* 离心 20 min，离心后弃掉上清液，保存细胞沉淀于 4℃备用。
4. 将辅助菌株和受体菌株培养液在 4℃下以 4500×*g* 离心 20 min，然后用 20 mL 不含抗生素的 LB 液体培养基洗涤，以获得两种菌株。最后用 20 mL

不含抗生素的 LB 液体培养基重悬细胞沉淀，并将它们混合在一起。

5. 每孔中加入 50 μL 辅助/受体菌株悬液（列优先）来重悬宏基因组供体细胞。随后用移液枪从每个接合混合物中取 5 μL 于不含抗生素的 LB 平板上。我们建议将三列中的混合物放到一个琼脂平板上，以避免任何宏基因组克隆个体的连接反应之间发生混合。可在超净台中晾干平板，然后于 28℃过夜培养。
6. 将每个克隆发生连接反应后的细胞转移（如使用多通道移液器）到微孔板中，每个孔中添加含有卡那霉素、氯霉素和庆大霉素的 LB 液体培养基。选择性微孔板于 28℃过夜培养。
7. 向选择性微孔板的每个孔中加入 125 μL DMSO [终浓度为 12.5%（*V*/*V*）]，并将包含宏基因组 F 黏粒的 *S. oneidensis* Δ*hyaB* 克隆于–70℃保存。

17.3.2.2　氢吸活性克隆的检测（见注释 2）

在化能无机营养条件下，以氢气作为唯一能量来源进行厌氧培养时，可根据 FW–培养基的颜色变化检测 *S. oneidensis* Δ*hyaB* 宏基因组克隆的吸氢活性。

1. 使用 48 平头样品复制器，将包含携带宏基因组插入片段的 pRS44 F 黏粒的 *S. oneidensis* Δ*hyaB* 接种到 LB 琼脂平板（含有卡那霉素、氯霉素和庆大霉素）上，28℃过夜培养。
2. 将阴性对照（不含 F 黏粒的缺失突变株 *S. oneidensis* Δ*hyaB*）接种到 20 mL LB 液体培养基（含有庆大霉素）中，28℃过夜振荡培养。
3. 阳性对照（*S. oneidensis* Δ*hyaB*∶∶pRS44_So_P5H2）与阴性对照的培养相同，但是所用的 LB 液体培养基中含有卡那霉素、氯霉素和庆大霉素。
4. 用 10 mL FW–培养基洗涤克隆池中全部 48 个 *S. oneidensis* Δ*hyaB* 宏基因组克隆。用抹刀将菌落从琼脂平板表面全部刮下并重悬，阴性对照和阳性对照采用同样的方法。重悬后，在 4℃下以 4500×*g* 离心 15 min。
5. 弃掉上清液后，用 10 mL FW–培养基洗涤细胞沉淀两次。最后，用 5 mL FW–培养基重悬细胞沉淀，并检测细胞悬液的 OD_{600} 值。如有必要，可将悬液稀释到最终 OD_{600} 值为 3.0，并将克隆池/对照的各 400 μL 浓度为 0.8% 的悬液接种到 4 个血清瓶中。菌液于 28℃静置培养最多 4 周，或直到所有平行培养基的颜色发生变化即可。阳性对照的颜色变化应发生在 4 天之内。
6. 如果所有平行培养基的颜色发生了变化，那么可通过减少克隆池中单克隆的数量来鉴定假定的吸氢活性，如 16 个克隆/池、4 个克隆/池，甚至 1 个克隆/池。然后可以进一步分析假定为阳性的单克隆。例如，对 F 黏粒进行序列分析，测量特定的吸氢活性[20,21]和氢消耗率[22]。

17.4 注释

1. FW–培养基颜色的变化（在培养之前）可能取决于其中柠檬酸铁（III）的类型。柠檬酸铁（III）粉末可导致深黄色/橘色（类似于 LB 的颜色），而使用柠檬酸铁晶体会使培养基呈现亮黄色。
2. 应避免 FW–培养基受到任何有机化合物的污染（除了配方中包含的 3 种氨基酸），因为 *S. oneidensis* 能够利用多种有机化合物作为电子供体，这样就可以利用无机物氧化得到的能量维持生长（化能无机营养生长）而避开对氢化酶活性的需要。因此，有机化合物的污染会导致假阳性的结果。
3. FW–培养基受到高浓度氧的污染，其颜色会变为绿色或黑色，这是由铁氧化形成的沉淀物造成的。这种颜色的培养基无法用于培养。
4. 将接合反应液转移到琼脂平板上时，应避免任何单个培养物之间的混合，否则之后会很难鉴定出具有吸氢活性的单克隆。我们测试了不同的接合方法（如在深孔板和微孔板中），但使用培养皿制备平板是最为方便的，同时提供了最佳的接合效果。

致谢

我们非常感谢凯·托尔曼（Kai Thormann）博士为我们提供自杀载体 pNTPS138-R6KT 和 *Shewanella oneidensis* MR-1 菌株。我们也非常感谢斯韦恩·瓦拉（Svein Valla）教授提供的广宿主范围 F 黏粒载体 pRS44 和附带的 pTA66 质粒。我们感谢尼古拉斯·雷赫利克（Nicolas Rychlik）构建了 *S. oneidensis* Δ*hyaB* 突变体，并为屏幕开发提供了支持。这项工作得到了德国科学基金会研究资助 DFG PE1549-6/1 的支持。

参考文献

1. Schlapbach L, Zuttel A (2001) Hydrogen-storage materials for mobile applications. Nature 414:353–358
2. Karyakin AA, Morozov SV, Karyakina EE, Zorin NA, Perelygin VV, Cosnier S (2005) Hydrogenase electrodes for fuel cells. Biochem Soc Trans 33:73–75
3. Armstrong FA, Belsey NA, Cracknell JA, Goldet G, Parkin A, Reisner E et al (2009) Dynamic electrochemical investigations of hydrogen oxidation and production by enzymes and implications for future technology. Chem Soc Rev 38:36–51
4. Wait AF, Parkin A, Morley GM, dos Santos L, Armstrong FA (2010) Characteristics of enzyme-based hydrogen fuel cells using an oxygen-tolerant hydrogenase as the anodic catalyst. J Phys Chem C 114:12003–12009
5. Tang KH, Tang YJ, Blankenship RE (2011) Carbon metabolic pathways in phototrophic

bacteria and their broader evolutionary implications. Front Microbiol 2:165

6. Bothe H, Schmitz O, Yates MG, Newton WE (2010) Nitrogen fixation and hydrogen metabolism in cyanobacteria. Microbiol Mol Biol Rev 74:529–551
7. Dilling W, Cypionka H (1990) Aerobic respiration in sulfate-reducing bacteria. FEMS Microbiol Lett 71:123–127
8. Hügler M, Sievert SM (2011) Beyond the Calvin cycle: autotrophic carbon fixation in the ocean. Ann Rev Mar Sci 3:261–289
9. Hallenbeck PC (2009) Fermentative hydrogen production: principles, progress, and prognosis. Int J Hydrog Energy 34:7379–7389
10. Vignais PM, Billoud B (2007) Occurrence, classification, and biological function of hydrogenases: an overview. Chem Rev 107:4206–4272
11. Perner M, Gonnella G, Kurtz S, LaRoche J (2014) Handling temperature bursts reaching 464°C: different microbial strategies in the Sisters Peak hydrothermal chimney. Appl Environ Microbiol 80:4585–4598
12. Constant P, Chowdhury SP, Hesse L, Pratscher J, Conrad R (2011) Genome data mining and soil survey for the novel group 5 [NiFe]-hydrogenase to explore the diversity and ecological importance of presumptive high-affinity H(2)-oxidizing bacteria. Appl Environ Microbiol 77:6027–6035
13. Vargas W, Weyman P, Tong Y, Smith H, Xu Q (2011) A [NiFe]-hydrogenase from *Alteromonas macleodii* with unusual stability in the presence of oxygen and high temperature. Appl Environ Microbiol 77:1990–1998
14. Maroti G, Tong Y, Yooseph S, Baden-Tillson H, Smith HO, Kovacs KL et al (2009) Discovery of [NiFe] hydrogenase genes in metagenomic DNA: cloning and heterologous expression in *Thiocapsa roseopersicina*. Appl Environ Microbiol 75:5821–5830
15. Aakvik T, Degnes KF, Dahlsrud R, Schmidt F, Dam R, Yu L et al (2009) A plasmid RK2-based broad-host-range cloning vector useful for transfer of metagenomic libraries to a variety of bacterial species. FEMS Microbiol Lett 296:149–158
16. Lovley DR, Phillips EJ, Lonergan DJ (1989) Hydrogen and formate oxidation coupled to dissimilatory reduction of iron or manganese by *Alteromonas putrefaciens*. Appl Environ Microbiol 55:700–706
17. Balch WE, Fox GE, Magrum LJ, Woese CR, Wolfe RS (1979) Methanogens: reevaluation of a unique biological group. Microbiol Rev 43:260–296
18. Myers CR, Myers JM (1993) Ferric reductase is associated with the membranes of anaerobically grown *Shewanella putrefaciens* Mr-1. FEMS Microbiol Lett 108:15–22
19. Meshulam-Simon G, Behrens S, Choo AD, Spormann AM (2007) Hydrogen metabolism in *Shewanella oneidensis* MR-1. Appl Environ Microbiol 73:1153–1165
20. Guiral M, Tron P, Belle V, Aubert C, Leger C, Guigliarelli B, Giudici-Orticoni MT (2006) Hyperthermostable and oxygen resistant hydrogenases from a hyperthermophilic bacterium *Aquifex aeolicus*: physicochemical properties. Int J Hydrog Energy 31:1424–1431
21. Ishii M, Takishita S, Iwasaki T, Peerapornpisal Y, Yoshino J, Kodama T, Igarashi Y (2000) Purification and characterization of membrane-bound hydrogenase from *Hydrogenobacter thermophilus* strain TK-6, an obligately autotrophic, thermophilic, hydrogen-oxidizing bacterium. Biosci Biotechnol Biochem 64:492–502
22. Hansen M, Perner M (2015) A novel hydrogen oxidizer amidst the sulfur-oxidizing *Thiomicrospira* lineage. ISME J 9:696–707

第18章　基于*N*-AHSL信号的干扰酶筛选

斯特凡纳·乌罗斯（Stéphane Uroz），菲尔·M. 奥格尔（Phil M. Oger）

摘要

群体感应（quorum sensing，QS）信号，是细菌广泛用于调控其与环境或宿主之间相互作用的一种机制。QS依赖细菌群体产生、积累和感知的可扩散小分子，在此基础上将高基因表达水平与高细胞密度联系在一起。在不同的QS信号分子中，有一类重要的信号分子：*N*-酰基高丝氨酸内酯（*N*-acyl homoserine lactone，*N*-AHSL）。在病原体中，如欧文氏菌属（*Erwinia*）或假单孢菌属（*Pseudomonas*），基于*N*-AHSL的QS对于上述微生物抵抗宿主防御并确保成功感染是至关重要的。干扰QS调控可以防止细菌在栉齿藻属藻类*Delisea pulcra*表面定植。因此，干扰致病菌的QS调控是一种很有前景且不使用抗生素的抗菌治疗方案。迄今为止，有两个*N*-AHSL内酯酶和一个氨基水解酶家族的*N*-AHSL降解酶已被确定，并在体外证明可有效地控制病原体中基于*N*-AHSL的QS调控功能。在本章中，我们提供了筛选单个克隆或菌株的方法，还提供了可用于鉴定携带*N*-AHSL降解酶的菌株或克隆的基因组与宏基因组文库的克隆池。

关键词

N-酰基高丝氨酸内酯、群体感应、群体感应淬灭、*N*-AHSL内酯酶、*N*-AHSL酰基转移酶、*N*-AHSL酰胺水解酶

18.1　介　　绍

革兰氏阴性菌通过QS调节机制将基因表达与种群密度相结合。QS依赖细菌群体产生和感知的一个或多个信号分子[1,2]。这些信号中有一类重要的信号分子是*N*-AHSL。QS可以调控医学或环境重要细菌的致病性或致病性相关功能，如人类病原菌铜绿假单孢菌（*Pseudomonas aeruginosa*），或植物病原菌*Erwinia carotovora*和根癌农杆菌（*Agrobacterium tumefaciens*）[3,4]。如果QS是细菌适应环境策略的重要组成部分，一个可能的猜想是相互竞争的细菌/真核生物可能已经发展出干扰

这种交流系统的策略。

事实上，QS 干扰现象已通过在人类、植物、真菌甚至细菌等不同生物体中对一些细菌进行依赖培养[5-7]或独立培养[8,9]的过程中，经由拮抗物或 *N*-AHSL 降解酶（*N*-AHSLase）的产生而被证明。无论宿主体内 *N*-AHSL 降解酶的生理作用是什么，它们都可被用于干扰细菌内 QS 调控功能的表达[7]。因此，对 QS 调控进行干扰，也称作群体感应淬灭，似乎是未来一种很有前景且不基于抗生素的治疗方案[8-10]。

N-AHSL 具有保守的结构，其主链是由高丝氨酸内酯化产生的内酯环组成的，*N* 端通过酰胺键与酰基链相连（图 18-1）。*N*-酰基链长度的变化和 *N*-AHSL 的氧化状态赋予了信号的特异性。已知该结构能够发生 4 个化学变化或酶作用变化（图 18-1），其中两种是内酯水解和酰胺水解，可以产生 QS 失活分子。酰胺水解不可逆地将 *N*-AHSL 分子裂解为两个 QS 失活分子、高丝氨酸内酯（homoserine lactone，HSL）和相应的酰基链。与之相反，内酯水解是一个可逆反应，可打开 HSL 内酯环部分，生成 *N*-酰基高丝氨酸（*N*-acyl homoserine，*N*-AHS）。该过程在碱性 pH 下自发发生，而低 pH 有利于内酯的重新环化[11]。尽管目前已鉴定出多种可降解 *N*-AHSL 的生物，但只有三个家族的 *N*-AHSL 失活酶被记载：AiiA 和 QsdA *N*-AHSL 内酯酶家族[7,12]，以及 AiiD [13] *N*-AHSL 酰胺水解酶（或酰基转移酶）家族。由于酰胺水解酶能够不可逆地切割信号分子，它比 *N*-AHSL 内酯酶具有更大的生物技术应用前景（见注释 1）。一个适用于野生型环境分离菌株、基因组和宏基因组文库纯化蛋白的短程序，可以快速筛选和鉴定这些酶。

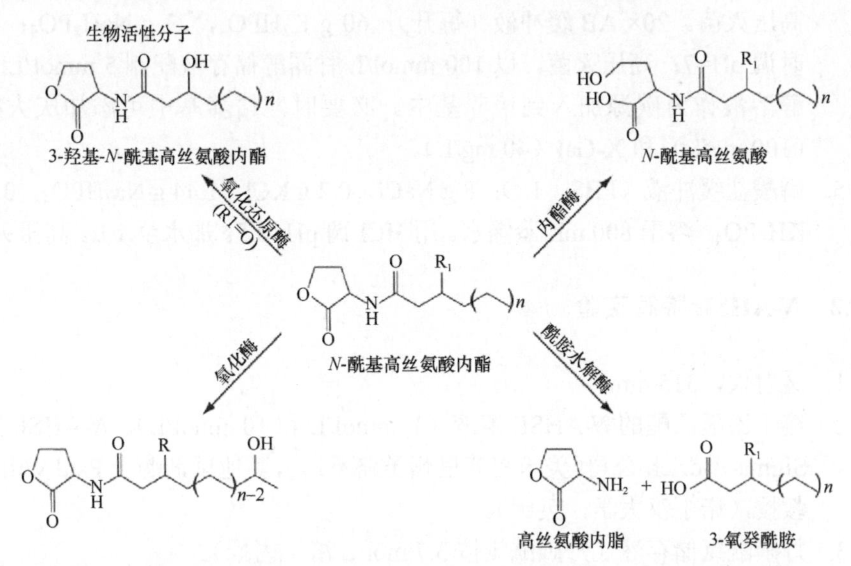

图 18-1　*N*-AHSL 的酶促化学变化。中心：*N*-AHSL 的共有结构（R1=OH 或 O；0≤*n*≤6）。左：在氧化酶（左下）和氧化还原酶（左上）的作用下产生的 *N*-AHSL 生物活性衍生物。右：在内酯酶（右上）或酰胺水解酶（右下）降解作用下产生的 *N*-AHSL 生物失活衍生物

18.2 实验材料

18.2.1 细胞培养的菌株和生长介质

1. *N*-AHSL 感应系统（见注释 2）：3-oxo *N*-AHSL 和 3-羟基 *N*-AHSL（分别为 3O *N*-AHSL 和 3OH *N*-AHSL）的感应系统是 *A. tumefaciens* NTL4（pZLR4）菌株[14]。该菌株应在含有 100 mg/L 庆大霉素的培养基上保存和培养。
2. 短链 *N*-AHSL 感应系统：紫色色杆菌（*Chromobacterium violaceum*）CV026 菌株[15]。该菌株应在每升含有 5 g NaCl 的 LB 培养基上培养。不能长期保存在平板上，应定期从菌株冻存管中取出进行划线活化。
3. 低盐的 LB 培养基（5 g NaCl/L，Gibco）。必要时，用 100 mmol/L 磷酸盐缓冲液将培养基缓冲到 pH=6.5，以避免 *N*-AHSL 的自然降解。制备 1 L pH=6.5 的缓冲 LB 液体培养基：溶解 20 g LB 粉末在 900 mL 水中，然后添加 27.8 mL 1 mol/L K_2HPO_4 和 72.2 mL 1 mol/L KH_2PO_4，高压灭菌。
4. 用 20×AB 盐储存液和 20×AB 缓冲液配制 AB 基础培养基，以无菌水配制液体培养基，以无菌水和琼脂配制固体培养基。20× AB 盐储存液（每升）：20 g NH_4Cl，6 g $MgSO_4·7H_2O$，3 g KCl，200 mg $CaCl_2$，50 mg $FeSO_4·7H_2O$；高压灭菌。20× AB 缓冲液（每升）：60 g K_2HPO_4，23 g NaH_2PO_4；必要时调 pH=7；高压灭菌。以 100 mmol/L 甘露醇储存液配制 5 mmol/L 甘露醇溶液作为碳源加入到培养基中。必要时，培养基中可添加庆大霉素（100 mg/L）和 X-Gal（40 mg/L）。
5. 磷酸盐缓冲液（PBS，1×）：8 g NaCl，0.2 g KCl，1.44 g Na_2HPO_4，0.24 g KH_2PO_4；溶于 800 mL 蒸馏水。用 HCl 调 pH=6.5。加水至 1 L。高压灭菌。

18.2.2 *N*-AHSL 降解实验

1. 透射仪，315 nm。
2. 溶于乙酸乙酯的 *N*-AHSL 溶液（1 mmol/L 和 10 μmol/L）。*N*-AHSL 购于 Sigma-Aldrich 公司（美国密苏里州圣路易斯），其他试剂购于 Paul Williams 教授（诺丁汉大学，英国）。
3. 丹磺酰氯储存液（丹磺酰氯按 3.7 mol/L 溶于丙酮）。
4. 5 mol/L 和 0.2 mol/L HCl 溶液。
5. 高效液相色谱纯二氯甲烷。

6. 高效液相色谱纯乙腈（Sigma-Aldrich 公司，美国密苏里州圣路易斯）。
7. 高效液相色谱纯乙酸乙酯（Sigma-Aldrich 公司，美国密苏里州圣路易斯）。
8. Bradford 蛋白定量试剂盒（Sigma-Aldrich 公司，美国密苏里州圣路易斯）。

18.2.3　薄层色谱法

1. Whatman 3MM 滤纸（Whatman 公司，英国斯普林菲尔德米尔）。
2. 20 cm × 20 cm 玻璃 TLC 板展开槽（Whatman 公司，英国斯普林菲尔德米尔）。
3. 涂有 200 μm C18 涂层的 TLC 薄层板。我们使用 Partisil® KC18 TLC 板，slica gel 60 Å（Whatman 公司，英国斯普林菲尔德米尔）。
4. 甲醇，分析纯（Sigma-Aldrich 公司，美国密苏里州圣路易斯）。
5. 覆盖物制备：高压灭菌 88 mL 软琼脂（7 g/L），然后加入各 5 mL 20×AB 盐储存液与 20× AB 缓冲液，并加入 2 mL 100 mmol/L 甘露醇溶液。待混合液冷却至 50～55℃，加入 150 μL X-Gal 溶液（40 mg/mL）。
6. 定制 TLC 板覆盖容器（见注释 3）。容器由 5 mm 厚有机玻璃制成。底部是一个边长为 25 cm 的正方形，沿着对角线，距离每个角约 5 cm 处钻取一个直径 3 cm 的孔。这些孔可允许使用者从平板下方进行操作，并可在琼脂冷却凝固后，利用这些孔进行推动操作，使琼脂松动后便于取出。另外，将 2 cm 宽的玻璃板粘贴到底部有机玻璃的上层，构造出一个 20.2 cm× 20.2 cm、深 5 mm 的内部空间，用来放置 TLC 薄层板。有必要在 TLC 板周围空出额外的间距，便于在琼脂冷却凝固后取出薄层板。琼脂的厚度为 3 mm。

18.2.4　HPLC

1. Waters 625 高效液相色谱（Waters 公司，美国马萨诸塞州米尔福德），连接 Waters 996 PDA 二极管阵列检测器（使用 Millennium 2010 Chromatography 操作系统进行操作），配备 5 μm 的 Kromasil C8 色谱柱，2.1 mm × 250 mm（Jones Chromatography 公司，英国中格拉摩根）或可鉴定酰胺水解产物的其他等效色谱柱。
2. 配有 Waters 2659 分离单元的 Waters 高效液相色谱系统，与 Waters Micromass ZQ200 电喷雾质谱检测器相连，并配有 Atlantis T3 反相色谱柱，4.6 mm × 150 mm（Waters 公司，美国马萨诸塞州米尔福德），用于检测内酯水解产物。

18.3 实验方法

自发现 QS 调控系统以来，人们设计了一些非常灵敏的感应菌株用于 *N*-AHSL 的检测。它们遵循一个共同的原理：*N*-AHSL 合成基因发生突变，并只对外源 *N*-AHSL 产生响应。用于检测 *N*-AHSL 的报告基因可以是天然的，如在色杆菌属（*Chromobacterium*）感应系统中产生的紫色杆菌素[15]；也可以是工程改造后的，如在农杆菌属（*Agrobacterium*）感应系统中产生的 β-半乳糖苷酶[14]。

如果利用菌株或克隆对 *N*-AHSL 降解酶进行筛选，筛选可分为 4 个步骤（单体实验）；如果利用基因组或宏基因组克隆池，则需要 5 个步骤（混合克隆实验）。在个体实验中鉴定阳性克隆所需的 4 个步骤包括：第一，测定菌株或克隆对某一个 QS 感应系统的抑制能力（参见 18.3.1 节）。第一步并不能对 *N*-AHSL 降解酶进行特异性检测，但可以筛选出抑制感应系统检测 *N*-AHSL 的分子或活性物质，包括可能干扰其生长的分子。第二，测定每个克隆/菌株降解 *N*-AHSL 或抑制其检测的能力（参见 18.3.2 节）。第三，区分内酯酶和酰胺水解酶（参见 18.3.3 节）。第四，鉴别和确认 *N*-AHSL 的降解产物（参见 18.3.4 节）。当筛选基因组/宏基因组文库时，克隆以克隆池的形式进行测试，以提高成本和时间效率。以上步骤可能会检测到包含一个或多个阳性克隆的克隆池，通过重复相同的步骤对每个阳性克隆进行进一步的验证。实际上，我们发现使用大约包含 50 个克隆的克隆池是最佳折中方案。因此，最好对测试文库中的单克隆数量进行预估。假如这种方法可行，其将成为一种快速且经济高效的高密度文库筛选方法。

18.3.1 用于 *N*-AHSL 降解实验的 RC 和 CCE 的制备[17]

18.3.1.1 RC 的制备

1. 细胞在 LB 培养液中培养至指数生长后期。
2. 离心获得细胞沉淀，然后用 PBS 缓冲液重悬。通过检测 600 nm 处的 OD 值将细胞浓度调节到 10^9 个细胞/mL。
3. 用 1/10 体积的 PBS 缓冲液（pH=6.5）洗涤细胞 2 次。
4. 用 1/10 体积的 PBS 缓冲液（pH=6.5）重悬细胞。RC 细胞的浓度为 10^{10} 个细胞/mL。

18.3.1.2 CCE 的制备

1. RC 细胞悬液于 15 kPa 压力下在细胞破碎仪（Constant Systems 高压细胞破碎仪）中重复破碎 5 次。

2. 在 4℃下以 10 000×*g* 离心 120 min，去除细胞碎片。
3. 用 0.22 μm 滤膜过滤上清液。
4. 利用 Bradford 蛋白定量法调节蛋白质浓度至 0.5 mg/mL，4℃保存。

18.3.2 微孔板快速筛选 *N*-AHSL 降解单克隆[16]（参见 18.3.2.1 节）或混合克隆池（参见 18.3.2.2 节）

18.3.2.1 纯菌株、克隆或分离菌株的筛选

1. 微孔板中加入 200 μL 含有合适抗生素的 LB 培养基进行细胞培养，30℃培养 24 h（大肠杆菌使用 37℃）（见注释 4）。
2. 传代培养于 200 μL 新鲜配制的 pH=6.5 的缓冲 LB 培养基中，培养基不含抗生素，但应加入 25 μmol/L 合适的 *N*-AHSL。25℃培养 2 天（见注释 4）。由于 *N*-AHSL 在 LB 培养基中经过较长的培养时间可能会发生自然降解，因此应包含一个 *N*-AHSL 自然降解对照。对照组由未接种的生长培养基和等量的 *N*-AHSL 组成。
3. 将等分的 5 μL 细菌悬液转移到含有 200 μL pH=6.5 的缓冲 LB 固体（琼脂 16 g/L）培养基的 96 微孔板中。将微孔板倒扣在透射仪中，紫外线照射 10 min 杀灭细菌。
4. 将 10 μL 含有报告基因的 *C. violaceum* CV026 菌株的过夜培养液覆盖到微孔板中的固体培养基上。
5. 28℃培养 24 h 后，检测是否有紫色杆菌素（紫色素）产生。
6. 孔中如果没有出现紫色杆菌素，则表示可能有假定的阳性 *N*-AHSL 降解克隆/菌株（图 18-2）。**注意：**没有产生紫色杆菌素也有可能是由其他分子

图 18-2　表达红串红球菌（*Rhodococcus erythropolis*）W2 菌株基因组文库的大肠杆菌克隆经 24 h 培养后的 *N*-AHSL 降解微孔板实验结果图。无色孔表示 *N*-AHSL 降解[12]（彩图请扫二维码）

活动导致的，如一些分子抑制了感应菌株的生长，或抑制了感应菌株对 *N*-AHSL 的识别。因此，需要利用 TLC 板对降解产物进行分离，来确认阳性克隆是否可以有效地降解 *N*-AHSL（参见 18.3.4 节）。

18.3.2.2 克隆混合池的筛选

1. 将整个文库稀释到含有 12.5 mg/L 氯霉素的 pH=6.5 的缓冲 LB 液体培养基中，细胞终浓度为每 150 μL 约含 50 个细胞。
2. 将 150 μL 细胞悬液转移到微孔板中。因此，每个孔中约含有一组 50 个细胞。在这一步中，必须知道文库中所有单克隆的数量，因为它将决定我们使用多少微孔板来测试所有的克隆（见注释 5）。
3. 细菌克隆在 37℃培养 24 h。
4. 从这一步开始，混合池的实验与上述单克隆的实验方法相同，但是需要对体积和培养时间进行调整。
5. 将 100 μmol/L 合适的 *N*-AHSL 添加到 50 μL pH=6.5 的缓冲 LB 液体培养基中至终浓度为 25 μmol/L。25℃培养 2 天（见注释 4）。由于 *N*-AHSL 可能在缓冲 LB 培养基中经过长时间的培养而发生自然降解，或被文库宿主大肠杆菌降解。因此，实验过程中应设置：①*N*-AHSL 自然降解对照组，其中包含未接种菌株的培养基和相同含量的 *N*-AHSL；②一个接种了携带空载体的大肠杆菌的孔。
6. 同 18.3.2.1 节步骤 3～6。重要提示：应将添加了 25 μmol/L *N*-AHSL 的 LB 培养基、用于培养克隆池的微孔板保存在 4℃，直到生物感应器显色，因为其将用于纯化阳性克隆。
7. 微孔中没有产生紫色杆菌素，说明可能存在假定的阳性 *N*-AHSL 降解池。由于这种活性是由混合克隆产生的，需要对活性克隆进行鉴定和分离。
8. 为了避免假阳性，首先需确定阳性克隆池的活性。确定步骤 4 中 LB 液体培养基中阳性克隆池的位置，并用含有 25 μmol/L *N*-AHSL 的 LB 液体培养基对每个阳性孔进行独立的梯度稀释（10^{-9}～10^{-1}）。
9. 梯度稀释液在 25℃培养 24 h。
10. 重复 18.3.2.1 节步骤 3～6。
11. 根据观察到 *N*-AHSL 降解的稀释液，将相关微孔中的内容物涂布到含有氯霉素的 LB 固体培养基上。
12. 手动或利用克隆自动挑取仪筛选获得单克隆，并采用 18.3.2.1 节描述的方法检测每个单克隆，鉴定出 *N*-AHSL 降解克隆。

18.3.3　*N*-AHSL 内酯酶和酰基转移酶活性筛选/*N*-AHSL 降解验证实验

微孔板阳性孔实验将能够降解 *N*-AHSL 的菌株/克隆与具有干扰感应菌株能力的菌株/克隆聚集在了一起。为了检测 *N*-AHSL 降解菌的比例，采用薄层色谱法分离生长培养基中存在的 *N*-AHSL 和假定的抑制分子，并利用 QS 感应器进行检测。只有具有 *N*-AHSL 降解能力的克隆在两种检测中都不能诱导 QS 感应器。（对于假阳性克隆的检测，直接从 18.3.3.2 节步骤 10 开始）。

采用相同的方法区分含有内酯酶和酰胺水解酶活性的克隆。*N*-AHSL 发生内酯水解会产生 *N*-酰基高丝氨酸（图 18-1）。该反应在低 pH 条件下是可逆的，因此可以再生 *N*-AHSL 分子[12,18]。相反，酰胺水解反应是不可逆的。这种差异被用来快速区分内酯酶和酰胺水解酶/酰化酶，利用 TLC 薄层板同时分析所有 *N*-AHSL 降解反应产物及经过酸化来诱导内酯化的子样品（图 18-3）。

18.3.3.1　样品准备[17]

1. 向一个干净的 2 mL 微量离心管中加入 50 μL 10 μmol/L *N*-AHSL 储存液。蒸发至干燥（见注释 6 和 7）。
2. 向试管中加入 500 μL RC，涡旋 1 min 使 *N*-AHSL 充分溶解（见注释 8）。
3. 25℃培养 6 h（见注释 9）。
4. 全速离心使细胞沉淀。将上清液转移到两个干净的 2 mL 微量离心管中（每管 250 μL）。
5. 在第一个管中，加 1 倍体积的乙酸乙酯，用于终止反应和提取反应产物。涡旋 1 min。静置 10 min 或离心 1 min 使水和乙酸乙酯分离。将上层液体转移到一个干净的离心管中，蒸发至干燥。
6. 向第二个管中加入 5 mol/L HCl，酸化培养基至 pH=2。
7. 4℃培养 24 h。
8. 终止反应和提取反应产物，同步骤 5。
9. 将剩余物溶解在 100 μL 乙酸乙酯中（见注释 10）。

18.3.3.2　TLC 薄层板的制备、展开与展色[19]

1. 以下说明假设实验操作者使用 20 cm×20 cm TLC 薄层板，一个基于农杆菌属（*Agrobacterium*）的 *N*-AHSL 检测系统和一个定制 TLC 板覆盖容器（见注释 11）。
2. 将一个细菌感应菌株单菌落转移到含有 5 mmol/L 甘露醇和庆大霉素（100 μg/mL）的 5 mL AB 液体培养基中。30℃剧烈振荡，过夜培养。

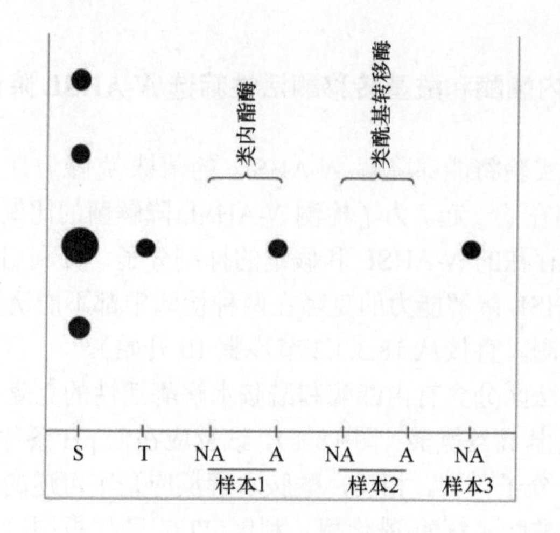

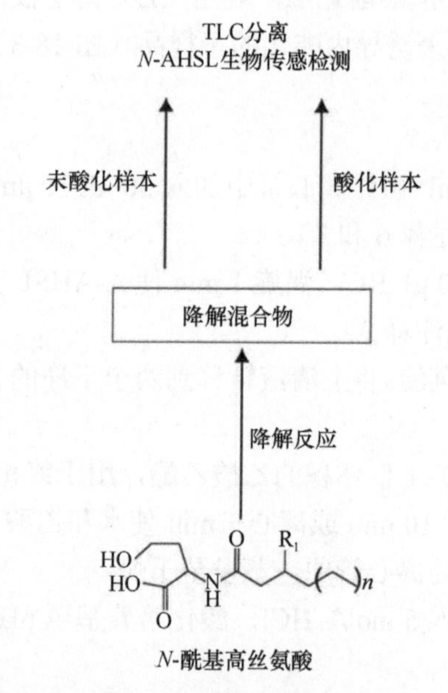

图 18-3 *N*-AHSL 内酯酶/酰基转移酶区分流程。对于每个反应，一份样品被酸化（A），剩余的不酸化（NA）。样品 1 和 2 分别给出了内酯酶与酰胺水解酶的结果草图。S. *N*-AHSL 的一系列合成标品。样品 3 给出了在微孔板实验中假阳性克隆的结果草图；T. 阳性对照，指未消化的 *N*-AHSL

3. 第二天早上，将 5 mL 预培养物转入 45 mL 相同液体培养基中。30℃培养约 6 h，达到指数生长后期。
4. 用铅笔在一块干净的 TLC 薄层板上标记点样线。在操作过程中应小心避免将有机物滴溅到 TLC 薄层板上。点样位置应距离平板底部 2 cm，每个点样位置间也需要间隔 2 cm。在点样线上方 15 cm 处标记一条线，用来确定何时停止 TLC 板色谱分析。

5. 每个样品与标准品的点样量为 1 μL，标准品至少应包括初始的 *N*-AHSL（见注释 12）。
6. 等到 TLC 薄层板完全干燥。
7. 向 TLC 薄层板玻璃展开槽中加入 200 mL 流动相（甲醇-水，60∶40，*V*/*V*）。
8. 用流动相饱和的 Whatman 3MM 滤纸覆盖 TLC 薄层板展开槽的内部。这步操作对于在较大 TLC 板展开槽中跑出线性前端非常重要。
9. 跑板直到流动相到达顶线，大约需要 2 h。
10. 将 TLC 薄层板移出展开槽，放入通风橱干燥 10 min。
11. 将报告菌株培养液（50 mL）与冷却的覆盖培养基（100 mL）轻柔振荡混合，避免气泡产生。
12. 将 TLC 薄层板置于定制的覆盖容器中，之后轻柔地将覆盖物倒到薄层板上。用塑料尺子在容器上划过，去除多余的培养基和气泡（见注释 13）。
13. 等待软琼脂完全固化。
14. 用抹刀从容器的侧面松动培养基，并将薄层板从容器中取出。
15. 将覆盖好的 TLC 薄层板置于底部垫有纸巾的塑料容器中（见注释 14）。在培养结束后，可利用纸巾来辅助取出 TLC 薄层板。
16. 盖上塑料容器的盖子，28℃过夜培养。
17. 根据使用标准，TLC 薄层板应显示出蓝色斑点。如果颜色显示足够明显，可对 TLC 薄层板进行成像。干燥的 TLC 薄层板可以大大提高对比度，如果只想确定特定点是否出现，则不需要进行干燥。然而，干燥更便于对显色的薄层色谱进行保存。具体的干燥步骤如下。
18. 将 TLC 薄层板从塑料容器中取出，置于通风橱内进行干燥。待板子接近干燥时，将其从通风橱中取出。过度干燥薄层板会使 C18 涂层卷曲并产生裂纹。因此需将板子置于室温下慢慢完全干燥。

18.3.3.3　TLC 薄层板的解析（见注释 15）

1. 内酯酶活性的存在可通过酸化样品泳道中蓝斑的存在来证明，并且酸化样品的 R_f 值与起始 *N*-AHSL 相同，如以相同的距离迁移（图 18-3 样品 1 的泳道 A），而未酸化的样品中没有斑点（图 18-3 样品 1 的泳道 NA）。
2. 在酸化和未酸化泳道中都没有斑点，证明降解活性与内酯酶无关，如到目前为止显示为酰胺水解酶活性（图 18-3 样品 2）。
3. TLC 板分离后，如果在 NA 泳道中出现了斑点，并且样品的 R_f 值与起始 *N*-AHSL 的相同，则证明它是假阳性克隆（图 18-3 样品 3）。

18.3.4 HPLC-MS 鉴定 *N*-AHSL 内酯酶的活性

1. 根据上述 TLC 薄层板实验进行 *N*-AHSL 降解反应，但要改用 50 μL 1 mmol/L *N*-AHSL 溶液，在培养适当时间后停止反应，并将反应物溶于 50 μL 乙酸乙酯中（见注释 8）。
2. 将 10 μL 反应混合液注射到 HPLC 系统中。
3. 洗脱：水/甲酸 0.1%（溶剂 A）和乙腈/甲酸 0.1%（溶剂 B）按照以下顺序进行洗脱：100% A 液 5 min；线性梯度，100% A 液和 0% B 液到 80% A 液和 20% B 液 5 min；80% A 液和 20% B 液 10 min。两个样品之间，色谱柱需要使用 B 液线性洗脱，2 min 逐渐达到 100%，再使用 100% B 液冲洗 3 min。然后用 2 mL/min 流速的 100% A 液重新平衡柱子 7 min（见注释 16）。
4. 在我们的实验条件下，C6-HS 和 C6-HSL 的保留时间分别为 15.81 min 和 21.00 min（图 18-4）。溶液中各标准分子的保留时间与质谱需要在相同的实验条件下获得。*N*-AHSL 的降解表现为 *N*-AHSL 特征峰面积的减少和 *N*-AHS 峰面积的增加。

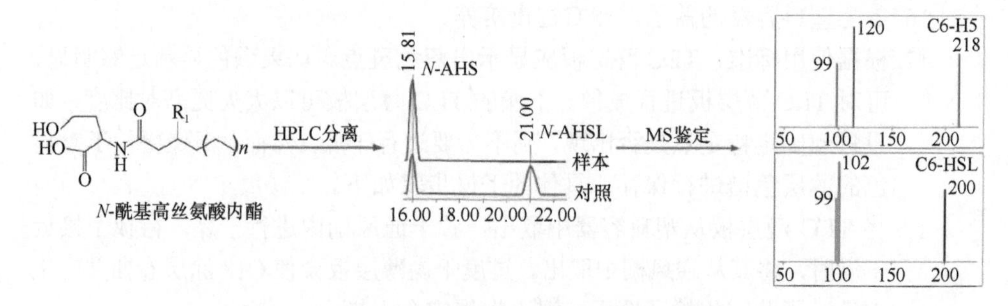

图 18-4 *N*-AHSL 内酯酶活性的鉴定方法

5. 在相同的 HPLC-MS/MS 条件下，比较合成的 *N*-AHSL 和 *N*-AHS 标准品，质谱分析的结果可证实对降解产物的鉴定。预计出现在 *N*-AHSL 及其对应的 N-AHS 质谱中的特定片段大小应相差一个水分子，如 18 个单位（见图 18-4 中的示例）。

18.3.5 HPLC 检测 *N*-AHSL 酰基转移酶的活性[17]

1. 用于检测酰胺水解后 *N*-AHSL 降解产物的方法，涉及化学捕获新合成的 HSL 的自由胺（图 18-5）。因此，在这个步骤中最好使用粗蛋白或纯化蛋白质提取物（见注释 17）。

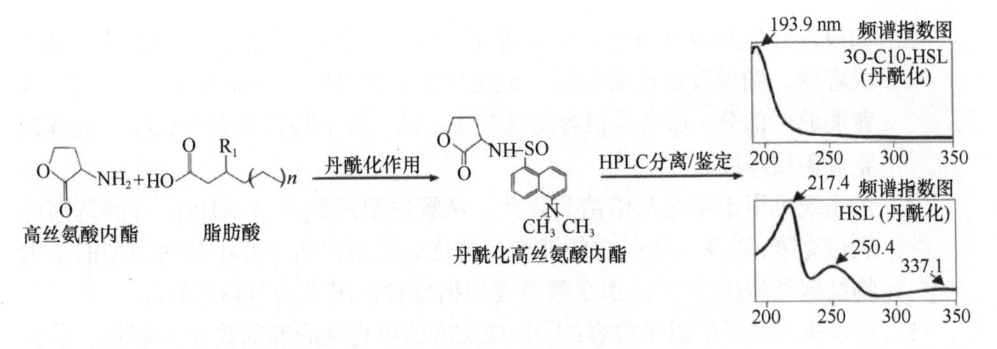

图 18-5　*N*-AHSL 酰胺水解酶活性的鉴定方法

2. 向一个干净的 2 mL 微量离心管中加入 50 μL 1 mmol/L 的 *N*-AHSL 储存液。蒸发乙酸乙酯至干燥。
3. 向离心管中加入 500 μL 细菌细胞粗提物。涡旋 1 min 使 *N*-AHSL 溶解。
4. 25℃培养 6 h（见注释 9）。
5. 向离心管中加入 25 μL 丹磺酰氯溶液至终浓度为 185 mmol/L。
6. 用合成的 HSL 在相同的反应条件下进行对照反应。
7. 室温下持续振荡培养 1 h（见注释 18）。
8. 用 1 倍体积的二氯甲烷萃取反应物。将萃取分液后的上层液体转移到一个干净的离心管中，蒸发至干燥。
9. 加入 50 μL 0.2 nmol/L HCl 水解多余的丹磺酰氯。
10. 用 50 μL 丙酮进行萃取。
11. 向配有 C8 柱的 Waters 625 HPLC 系统中注射 10 μL 反应混合物。用 Waters 996 PDA 二极管阵列检测器检测丹磺酰部分。
12. 样品在溶剂不变的条件下用乙腈/水（35%乙腈水溶液）洗脱，流速为 2 mL/min，洗脱时间为 30 min。在此实验条件下，丹酰化高丝氨酸内酯的保留时间为 6.5 min。通过绘制光谱指数曲线并与对照反应得到的光谱进行比较，确定对丹酰化高丝氨酸内酯的鉴定（图 18-5）。

18.4　注　　释

1. 尽管 *N*-AHSL 的氧化还原反应会产生不同形式的 *N*-AHSL 分子，但是这些分子的生物技术应用潜力较小。虽然它们仍然保有生物活性，但本章描述的方法并不能检测这些活性。
2. 还有其他几种基于相同或不同 QS 系统的感应菌株可用[20]。本章介绍的方法可简单地适用于这些感应器。

3. 如果没有自制容器可用，可以将 TLC 薄层板的 4 个侧边用胶带贴起来形成容器。确保胶带已密封好，避免泄漏。如果胶带覆盖到了 TLC 薄层板背面的一部分，那么是很容易做到密封的。这个装置不允许去除气泡或调整覆盖层厚度。
4. 该系统可用于筛选从细菌到真菌、从野生型菌株到 *N*-AHSL 降解基因过表达克隆，以及从生长中的细胞到纯化后的蛋白质等几乎任何类型的微生物细胞类型/蛋白质。那么就需要根据每种情况来调整培养时间。
5. 该步骤需要了解以下内容：①形成文库的单克隆的准确数量（滴数）；②文库的菌落形成单位数（细胞密度）。对于经典的土壤宏基因组文库，10^5个克隆滴数是可以确定的。如果文库不考虑传代培养，那么克隆滴数与菌落形成单位数（CFU）相同。在这种情况下，将原始文库用 LB 液体培养基稀释到 333 CFU/mL（相当于在 150 μL 液体培养基中有 50 CFU）。根据我们的经验，由于成池和检测 *N*-AHSL 降解的重复性，50 CFU 的克隆池是降低成本和时间的最佳折中方案。如果文库考虑传代培养，那么菌落形成单位数将高于文库的实际滴数。用滴数除以 50 来计算接种检测文库的微孔板孔数。每个孔按上述方法接种 150 μL 333 个细胞/mL 稀释文库。因此，在这两种情况下，检测 10^5 个克隆需要约 300 mL 50 CFU/mL 菌悬液和 10 个 96 孔微孔板。每个孔接种的细胞数约为 50 个，这对于该方法的成功至关重要。如果使用较多的克隆，那么阳性克隆的比例会被稀释，从而导致降解失败。此外，从克隆池中重新获得单克隆也会变得困难。
6. 检测从微孔板中分离出的假阳性克隆的步骤本质上是一样的，不同之处是只需用 1 倍体积乙酸乙酯萃取后再进行初始的降解反应。然后直接进行步骤 10。
7. 建议在氮气流通下蒸发 *N*-AHSL，以避免产生化学反应。
8. CCE 或纯化后的 *N*-AHSL 内酯酶可遵循相同的步骤。
9. 培养时间和缓冲液条件要根据这些系统进行调整。
10. 包含不同感应菌株的感应系统是不同的。对于农杆菌属（*Agrobacterium*）和色杆菌属（*Chromobacterium*）感应系统，每种 *N*-AHSL 的参考浓度可分别在参考文献[19]和[15]中找到。
11. TLC 薄层板实验可以很容易地应用于其他感应系统。将其应用于 *C. violaceum* CV026 感应菌株，需进行如下修改：感应菌株培养液是在 30℃过夜培养的 5 mL CV026 培养液；覆盖层由添加了感应菌株培养液的 LB 软琼脂（7 g/L，150 mL）组成。
12. 循环产生的 *N*-AHSL 的浓度很难估计，因为 *N*-AHS 可能会被某些微生物进一步代谢。因此有必要用不同体积的酸化样品进行点样。点样量应不超过 5 μL，以避免产物在 TLC 板中扩散。

13. 我们注意到，某些批次的 TLC 薄层板在其与覆盖层的交界面有形成气泡的趋势。去除这些气泡是非常重要的，因为它们会阻止覆盖层和 TLC 板之间的接触，从而影响 *N*-AHSL 向覆盖层的转移和之后对感应菌株的诱导。使用一个小的圆形抹刀极为小心地去除这些气泡，以避免破坏 TLC 板。
14. 245 mm 方形培养皿是最好的选择，并且可重复使用。
15. TLC 板法也可以用来鉴定氧化还原酶和氧化酶的活性，这是因为 QS 活性衍生物的 R_f 值和斑点形状与初始的 *N*-AHSL 不同。在这种情况下，在 A 和 NA 泳道中都可以看到与 *N*-AHSL 不同的特定 R_f 值和形状的斑点。然而，具有这些活性的克隆不能通过微孔板筛选，因为它们会产生 QS 活性衍生物。
16. 需调整洗脱条件，以使不同 *N*-AHSL 达到最佳分离效果。
17. 纯化后的蛋白质也可以使用相同的流程，但可能需要适当地调整缓冲液的配方、浓度与培养时间。
18. 丹酰化反应的最佳温度是 37℃。然而，在这个温度下培养有利于内酯环的打开。因此，最好在室温下进行培养，尽管反应效率较低。

参考文献

1. Winans SC, Bassler BL (2002) Mob psychology. J Bacteriol 184:873–883
2. Reading NC, Sperandio V (2006) Quorum sensing: the many languages of bacteria. FEMS Microbiol Lett 254:1–11
3. Hassett DJ, Ma JF, Elkins JG, McDermott TR, Ochsner UA, West SE et al (1999) Quorum sensing in *Pseudomonas aeruginosa* controls expression of catalase and superoxide dismutase genes and mediates biofilm susceptibility to hydrogen peroxide. Mol Microbiol 34:1082–1093
4. Beck von Bodman S, Farrand SK (1995) Capsular polysaccharide biosynthesis and pathogenicity in *Erwinia stewartii* require induction by an N-acylhomoserine lactone autoinducer. J Bacteriol 177:5000–5008
5. Rasmussen TB, Givskov M (2006) Quorum sensing inhibitors: a bargain of effects. Microbiology 152:895–904
6. Uroz S, Dessaux Y, Oger P (2009) Quorum sensing and quorum quenching: the yin and yang of bacterial communication. Chem biochem 10:205–216
7. Dong YH, Xu JL, Li XZ, Zhang LH (2000) AiiA, an enzyme that inactivates the acylhomoserine lactone quorum- sensing signal and attenuates the virulence of *Erwinia carotovora*. Proc Natl Acad Sci U S A 97:3526–3531
8. Tannières M, Beury-Cirou A, Vigouroux A, Mondy S, Pellissier F, Dessaux Y et al (2013) A metagenomic study highlights phylogenetic proximity of quorum-quenching and xenobiotic-degrading amidases of the AS-family. PLoS One 8:e65473
9. Riaz K, Elmerich C, Moreira D, Raffoux A, Dessaux Y, Faure D (2008) A metagenomic analysis of soil bacteria extends the diversity of quorum-quenching lactonases. Environ Microbiol 10:560–570
10. Tang K, Zhang XH (2014) Quorum quenching agents: resources for antivirulence therapy. Mar Drugs 12:3245–3282
11. Yang F, Wang LH, Wang J, Dong YH, Hu JY, Zhang LH (2005) Quorum quenching enzyme activity is widely conserved in the sera of mammalian species. FEBS Lett 579:3713–3717
12. Uroz S, Oger P, Chapelle E, Adeline M-T,

Faure D, Dessaux Y (2008) A *Rhodococcus qsdA*-encoded enzyme defines a novel class of large-spectrum quorum-quenching lactonases. Appl Environ Microbiol 74:1357–1366

13. Lin YH, Xu JL, Hu J, Wang LH, Ong SL, Leadbetter JR et al (2003) Acyl-homoserine lactone acylase from *Ralstonia* strain XJ12B represents a novel and potent class of quorum-quenching enzymes. Mol Microbiol 47:849–860
14. Luo ZQ, Su S, Farrand SK (2003) *In situ* activation of the quorum-sensing transcription factor TraR by cognate and noncognate acyl-homoserine lactone ligands: kinetics and consequences. J Bacteriol 185:5665–5672
15. McClean KH, Winson MK, Fish L, Taylor A, Chhabra SR, Camara M et al (1997) Quorum sensing and *Chromobacterium violaceum*: exploitation of violacein production and inhibition for the detection of N-acylhomoserine lactones. Microbiology 143:3703–3711
16. Reimmann C, Ginet N, Michel L, Keel C, Michaux P, Krishnapillai V et al (2002) Genetically programmed autoinducer destruction reduces virulence gene expression and swarming motility in *Pseudomonas aeruginosa* PAO1. Microbiology 148:923–932
17. Uroz S, Chhabra SR, Càmara M, Wiliams P, Oger PM, Dessaux Y (2005) N-Acylhomoserine lactone quorum-sensing molecules are modified and degraded by *Rhodococcus erythropolis* W2 by both amidolytic and novel oxidoreductase activities. Microbiology 151:3313–3322
18. Yates EA, Philipp B, Buckley C, Atkinson S, Chhabra SR, Sockett RE et al (2002) N-acylhomoserine lactones undergo lactonolysis in a pH-, temperature-, and acyl chain length-dependent manner during growth of *Yersinia pseudotuberculosis* and *Pseudomonas aeruginosa*. Infect Immun 70:5635–5646
19. Shaw PD, Ping G, Daly SL, Cha C, Cronan JE Jr, Rinehart KL et al (1997) Detecting and characterizing N-acyl-homoserine lactone signal molecules by thin-layer chromatography. Proc Natl Acad Sci U S A 94:6036–6041
20. Winson MK, Swift S, Fish L, Throup JP, Jorgensen F, Chhabra SR et al (1998) Construction and analysis of *luxCDABE*-based plasmid sensors for investigating N-acyl homoserine lactone-mediated quorum sensing. FEMS Microbiol Lett 163:185–192

第19章　挖掘微生物信号分子助力次级代谢产物的生物探索

F. 杰里·雷恩（F. Jerry Reen），何塞·A. 古铁雷斯-巴兰克罗（Jose A. Gutiérrez-Barranquero），法加尔·奥加拉（Fergal O'Gara）

摘要

基于宏基因组学进行生物探索的出现，为研究者提供了新的途径去发现自然界中丰富的生物活性物质。微生物的“培养组学瓶颈”严重限制了存在于自然环境中的基因资源的转化利用。尽管宏基因组学研究不受“培养组学瓶颈”的限制，但仍需要不断地进行技术上的发展，从而最大限度地发挥其可发现新化学物质的功效和适用性。

本章重点描述了从宏基因组文库中检测和分离群体感应（QS）信号分子的方法学研究。QS信号已显示出能“激活”和“唤醒”生物合成基因簇表达的巨大潜力，从而可以缩小已知天然产物与天然生物合成基因簇多样性之间的差异。本章详细描述了从高通量自动化筛选到分离鉴定群体感应活性物质的方法，并着重强调了进展中生物发现计划的综合性特征。

关键词

宏基因组学、群体感应信号、次级代谢产物、高通量、生物传感器、天然产物的生物发现

19.1　介　　绍

微生物多样的代谢通路为生物活性物质的开发提供了丰富的资源，开发利用这些天然活性物质支撑了医药、化妆品、食品和农业、海水养殖、纺织和造纸、艺术等不同领域的发展[1,2]。生物活性分子在满足不断增长的社会和商业需求方面显示出了巨大的潜能，尤其是抗生素的开发和利用为高等生物生活质量的提升做出了巨大贡献。

然而，近年来人们越来越认识到，天然产物的获得是有限的，自然生态系统在很大程度上还未被开发，这在很大程度上取决于宏基因组学研究中所遇到的遗传多样性程度[3-5]。尽管增加了很多生物探索计划，但是近年来新的天然化学物质的发现量呈现出急剧下降的趋势[6,7]。目前使用的许多化合物仍然受到多种因素的限制，如手性、灵敏度、选择性和在目标系统中出现的抗性等。从临床的角度来看，我们正快速地接近一个后抗生素时代，也就是说目前已有的天然化合物库存已不再能保护我们不受微生物的伤害，甚至是最无害的微生物[8]。甚至是所谓的最后一种抗生素——多黏菌素，也敌不过微生物之间耐药性的传播[9]。因此，开发出灵敏和有足够选择性的筛选方法，并利用其从我们已知但大多数是难以获得的自然活性物质中筛选出新一代的天然化合物是十分迫切的。那么关键在于分离出具备沉默的或隐藏的生物合成基因簇（biosynthetic gene cluster，BGC）的诱导子，这些诱导子可能会为工业和医药应用唤醒一个潜在的未知宝库[3,10]。

群体感应（QS）是微生物细胞与细胞之间进行交流的一种机制，是细菌产生次级代谢产物及形成生物膜的重要控制点，该机制适用于广谱的菌类。QS 信号分子已经被用于激活沉默的 BGC，以发现新的天然活性物质[11]。因此，从宏基因组文库中分离 QS 样的信号分子提供了一个前所未有的途径，以找出潜在存在但保持沉默的微生物。当然，产生信号的微生物存在于微生物群落即微生物组中，其中具有群体感应抑制活性的微生物也普遍存在。这些被称为细菌群体感应淬灭化合物（quorum quenching，QQ）的酶和小分子模拟物，在广泛的临床病原体中被证实具有选择性破坏生物膜形成和毒力的潜力。生物膜的形成是许多严重感染和难治愈性慢性感染病的关键病因，在高达 80%的临床感染中感染源均以生物膜的形式存在，生物膜可以保护细菌只暴露在较低浓度的抗生素中，从而大大增加对抗生素耐药性的选择压力。因此，人们对利用信号分子和它们的模拟物有非常大的兴趣，这类物质能够绕开微生物的耐药性机制，如生物膜的形成，从而打通使传统药物活性得以作用于菌群的入口。确认这些存在于多微生物群体中的信号分子为考证有益的 QQ 活动提供了基础认知。

在本章中，我们描述了从宏基因组文库中发现 QS 信号分子的一系列方法。主要描述了两类关键的 QS 信号：一类是普遍存在于微生物群体内的酰基高丝氨酸内酯（AHL）[12]，另一类是更加特异化的烷基羟基喹诺酮类（alkyl-hydroxy-quinolone class，AHQ）[13]。从文库中高通量筛选信号分子到信号特性的确认，我们提供了详细的指导步骤，强调了过程中的关键瓶颈及克服它们的方法。

19.2 实验材料

利用无菌水制备琼脂或者普通肉汤培养基。具备群体感应特性的生物传感器菌株在−80℃条件下长期保存。AHL 溶于二甲基亚砜（DMSO）或甲醇，AHQ 溶于甲醇。X-Gal 溶解在二甲基甲酰胺（DMF）。抗生素溶解在相对应的化学溶剂。所有的生物和化学废弃物遵循废弃物处置条例进行妥善处理。以下所提到的材料能够满足从宏基因组文库中识别、提取和验证群体感应信号分子的实验要求。

19.2.1　培养基配方

1. LB 液体培养基：10.0 g/L 胰蛋白胨，5.0 g/L 酵母提取物，5.0 g/L NaCl。所有的成分以干粉状态加入到无菌水中混匀，然后于 121℃高压灭菌 15 min。
2. LB 琼脂培养基：在高压灭菌前向上述液体培养基中加入 15 g/L 琼脂粉，灭菌后冷却可制作成固体琼脂培养基。
3. 如果需要制作稍软的琼脂培养基，可以将琼脂粉的浓度降低为 5 g/L。

19.2.2　群体感应生物传感器菌株

1. 短链 AHL 检测：生物传感器报告菌株黏质沙雷氏菌（*Serratia marcescens*）SP19 在 LB 固体培养基上于 30℃恒温培养（见注释 1）[14]。
2. 中链 AHL 检测：生物传感器报告菌株紫色色杆菌（*Chromobacterium violaceum*）CV026（见注释 2）同上所述，于 LB 固体培养基上在 30℃恒温培养[15]。
3. 长链 AHL 检测：生物传感器报告菌株根癌农杆菌（*Agrobacterium tumefaciens*）NTL4（见注释 3）[16]。在高压灭菌后的 LB 固体培养基中加入 X-Gal（40 μg/mL）和庆大霉素（Gm，30 μg/mL），30℃恒温培养。
4. AHQ：铜绿假单胞菌（*Pseudomonas aeruginosa*）*pqsA*$^{-}$突变株携带一个 *pqsA-lacZ* 融合启动子（见注释 4）[17]。这株菌涂布在含有羧苄西林（Cb，200 μg/L）的 LB 培养基上。
5. 90 mm 的培养皿中加入 20 mL 的 LB 固体培养基培养生物传感器菌株（庆大霉素用来培养 *A. tumefaciens* NTL4；羧苄西林用来培养 *P. aeruginosa pqsA*$^{-}$突变株）。

19.2.3　高通量自动化筛选平台

1. QPix 400 系列的细菌克隆自动筛选仪（Molecular Devices 公司，英国）。QPix 自动筛选仪可以安装不同的筛选头（96 和 384）。
2. 与 QPix 系统兼容的 96 孔板和 384 孔板。
3. LB 冷冻培养基配方：36 mmol/L K_2HPO_4（无结晶），13.2 mmol/L KH_2PO_4，

1.7 mmol/L NaCl，0.4 mmol/L $MgSO_4$，6.8 mmol/L 硫酸铵，4.4%（*V*/*V*）甘油和 LB 液体培养基。按照上述的配比向 LB 培养基中加入盐至 100 mL 的体积，随后取出 95.6 mL 的溶液至另一容器中，然后加入 4.4 mL 的甘油。混合后的溶液经 0.2 μm 的滤膜（Millipore 公司）过滤除菌。

19.2.4 QS 信号分子的验证

1. 0.2 μm 滤膜（Millipore 公司）。
2. 10 mL 吸管。
3. 台式离心机。要求可以处理 50 mL 离心管，且转速需要达到 5000 r/min（4472×*g*）或相当速率的均可。
4. LB 固体培养基平板（20 mL）。
5. 酸化乙酸乙酯 ACS 级，相当于分析纯级别（采用 10 mL/L 冰醋酸进行酸化）。
6. 过滤漏斗。
7. 旋转蒸发器。
8. 氮气。
9. 5 mL 玻璃萃取瓶。
10. C18 反相薄层色谱板（Whatman 公司，美国新泽西州克利夫顿）。
11. 20 cm × 20 cm silica gel T60 F_{254} 薄层色谱板（Analytical Chemistry）。
12. 毛细管。
13. 薄层层析玻璃盒。
14. 紫外荧光成像仪。
15. 甲醇（ACS 级，相当于分析纯）。
16. 二氯甲烷（ACS 级，相当于分析纯）。
17. 生物传感器报告菌株。
18. 在 DMSO 或甲醇中溶解的 AHL 标准品，在酸化的甲醇中溶解的 AHQ 标准品。

19.2.5 HPLC-MS 分析 AHL 和 AHQ 化合物的特征

19.2.5.1 HPLC-MS 检测 AHL 化合物

1. Agilent 1200 高效液相色谱系统（Agilent Technologies 公司，美国特拉华州威尔明顿）。
2. Agilent 6510 四极杆-飞行时间（Q-TOF）质谱仪（Agilent Technologies 公

司，美国特拉华州威尔明顿）。

3. Agilent Zorbax Eclipse XDB C18 s 色谱柱（反相高效液相色谱），(2.1 mm×100 mm，5 μm)（Agilent Technologies 公司，美国特拉华州威尔明顿）。
4. 流动相：甲醇和水中按照 0.2%（*m/V*）的标准加入冰醋酸。所有试剂和水需达到 LC-MS 级别。
5. MassHunter 工作站数据采集软件（Agilent Technologies 公司，美国特拉华州威尔明顿）。

19.2.5.2　HPLC-MS 检测 AHQ 化合物

1. Agilent 反相色谱柱 C8 140 mm × 4.5 mm，流速：1 mL/min。
2. 冰醋酸按照 1%的体积比酸化甲醇，酸化后的甲醇纯度达到 HPLC 级别。
3. 冰醋酸按照 1%的体积比酸化水，酸化后的水纯度达到 HPLC 级别。
4. MassHunter 工作站数据采集软件（Agilent Technologies 公司，美国特拉华州威尔明顿）。

19.2.6　在致病菌系统中验证 QS 活性

1. 渗透性溶液的制备：100 mmol/L Na_2HPO_4，20 mmol/L 氯化钾，2 mmol/L $MgSO_4$，0.8 g/L CTAB（十六烷基三甲基溴化铵）和 0.4 g/L 脱氧胆酸钠，配制好的溶液需在 4℃储存。使用前再加入 5.4 μL/mL β-巯基乙醇（见注释 5）。
2. 基底溶液的制备：60 mmol/L Na_2HPO_4 和 40 mmol/L NaH_2PO_4，室温储存。使用前再加入 1 g/L 邻硝基苯-β-D-半乳糖苷（ONPG，见注释 6）和 2.7 μL/mL β-巯基乙醇。
3. 终止液的制备：1 mol/L Na_2CO_3 溶液，室温储存。
4. 1 mm 比色皿（Sarstedt）。
5. 模式菌株，如携带一个 *lasR*-或者 *rhlR-lacZ* 融合启动子的铜绿假单胞菌（*Pseudomonas aeruginosa*）。或者，携带-*lux* 或-*gfp* 的系统也可以使用。

19.3　实 验 方 法

19.3.1　从宏基因组文库中筛选 QS 活性克隆

采用传统的筛选技术无法全面地从自然环境中获得潜在的活性物质。高通量自动化筛选技术是一种容量更大、更灵活，且更有选择性的筛选方法，依托该技术已经产生了一系列新的生物学发现。本章重点描述了从宏基因组文库中筛选出

AHL 和 AHQ 信号分子的技术方法。筛选方案中使用的多种生物传感器是专门设计的，用于从同一个文库中去捕捉一系列广谱信号。例如，检测短链、中链和长链 AHL 需要用到三种完全不同的生物传感器，每一种生物传感器都有特定的要求和检测限制。下述的操作方法可以广泛应用于所有生物传感器的检测。如果存在差异，则适当地考虑生物传感器的特定要求。完成实验分析必备的化合物在 19.2.1 至 19.2.3 节有详细的描述。

1. 将储藏在–80℃冰箱中的宏基因组文库取出，在室温下自然解冻 2～4 h，直至全部融化成液体状态。在自动化筛选仪兼容的 96 孔板里填充 LB 液体培养基，每孔约 135 μL。在 LB 培养基中添加抗生素来筛选具有相应抗性的质粒或 F 黏粒（图 19-1）。通过自动化筛选仪将宏基因组文库接种到新鲜的平板上，然后置于 37℃恒温培养 24 h。该过程中关键点是不能使平板上的培养基干涸，否则很难统一转移到 Q-tray 平板上。

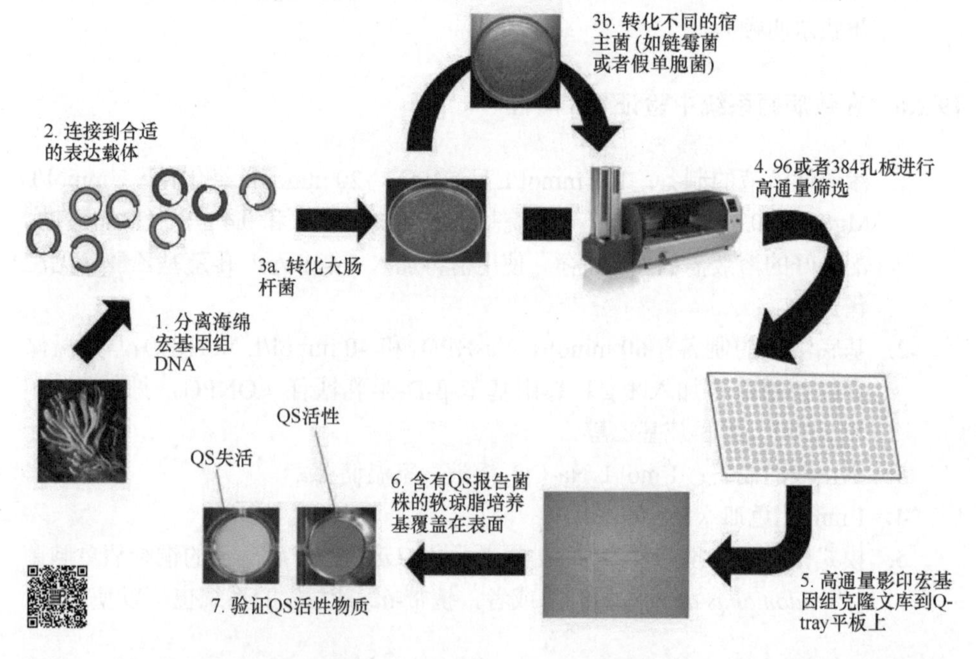

图 19-1 宏基因组学挖掘 QS 活性物质过程总览。分离出高质量的 DNA，然后克隆到合适的表达载体中，并转化到兼容的异源宿主中。借助于 Q-tray 平板的高通量自动化筛选，通过使用不同的生物传感器菌株筛选出有 QS 活性的阳性克隆（彩图请扫二维码）

2. 随后将解冻好的 QS 生物传感器报告菌株在含有抗生素的 LB 固体平板上划线，并在 30℃恒温培养 24 h。将 QS 生物传感器报告菌株的单菌落接种到 10 mL 的 LB 液体培养基中（*A. tumefaciens* NTL4 的培养基需要添加

30 μg/μL 庆大霉素；*pqsA-lacZ* 的培养基则需要添加 200 μg/μL 羧苄西林），接种后的试管在转速为 150 r/min 的摇床上于 30℃恒温培养 24 h。

3. Q-tray 平板上加入 250 mL 的 LB 培养基至水平面（见注释 7），置于桌上干燥 30 min，然后进一步在层流系统中干燥 30 min（见注释 8）。利用自动化平台的仪器将宏基因组文库的克隆影印到 Q-tray 平板上（X6023，每个平板可以容纳 384～1536 个菌落），然后在 37℃恒温培养 24 h，或者直到培养基表面长出菌落。在这个阶段，将标准的 AHL 或者 AHQ 化合物（5 μL）点到平板上角落位置的培养基表层作为阳性对照。阳性对照对于评估报告菌株对各类因子的敏感性非常重要，如温度、培养基成分，以及生物活性克隆的生长干预等，以避免大规模假阴性结果的出现。
4. 当 QS 生物传感器报告菌株培养液的 OD_{600} 达到 0.4 时，便可接种到 200 mL 的 LB 软固体培养基上。*A. tumefaciens* NTL4 接种的 LB 软固体培养基上需要再添加 X-Gal 至终浓度为 40 μg/μL。当 LB 软固体培养基温度达到约 50℃时可以接种任何一个生物传感器报告菌株。*S. marcescens* SP19 和 *C. violaceum* CV026 这两类报告菌株对高温十分敏感，在 LB 软固体培养基温度较高的情况下不会增殖。
5. LB 软固体培养基覆盖到 Q-tray 平板上，此时的 Q-tray 平板上长有携带宏基因组文库的克隆。被覆盖的 Q-tray 平板在层流系统中干燥 20～30 min。平板转到 30℃恒温培养 24～48 h，培养期间定期检查是否有阳性克隆产生（见注释 9）。

19.3.2　QS 活性物质的提取和验证

虽然 QS 信号提取方法中用到的抽提溶剂的确切组成可能有很大的差异，但是基本都遵循使用酸化后的有机溶剂从液相中分离目标活性物质的原则。一般而言，会选择乙酸乙酯作为溶剂，并使用浓度为 0.01%～1%的甲酸或乙酸对其进行酸化。较常规的是使用 1%乙酸酸化后的乙酸乙酯抽提 AHL 和 AHQ，但也发现甲酸是有效的。另外，LB 培养液中加入 pH 为 6.5 的 50 mmol/L 3-吗啉丙磺酸（MOPS）可以防止 AHL 发生自发性的乳糖酶促水解。完成 QS 信号的提取和验证所需的实验材料都已经列在 19.2.4 节。

1. 500 mL 灭菌的烧瓶中加入 100 mL 含有抗生素的 LB 液体培养基，在 OD_{600} 为 0.05 时接种阳性克隆，然后在 37℃恒温培养 24 h。
2. 培养液在室温条件下以 10 000 r/min（15 180×*g*）的转速离心 10 min，回收上清液，采用孔径大小为 0.22 μm 的无菌滤膜进行真空抽滤除菌。
3. 用无菌的 P1000 插头在 20 mL LB 固体平板上钻出小窝并涂布上生物传感

器报告菌株（OD_{600}为 0.1）。等分（75 μL，见注释 10）的无细胞上清液加入到涂有报告菌株的小窝里，然后将平板面朝上置于 24℃温箱中恒温培养 24 h，监测是否有色素产生。商业化的 AHL 化合物（40 μL 溶解在 50 μmmol/L 的 DMSO 中）用作阳性对照，75 μL 的 DMSO 作为阴性对照（图 19-2）。

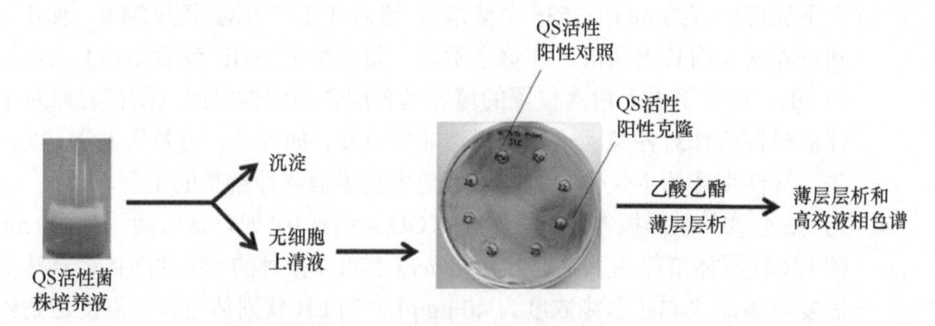

图 19-2　QS 信号分子活性验证实验。挑选单克隆接种到 LB 液体培养基中过夜培养。采用 0.2 μm 的滤膜过滤分成沉淀和无细胞上清液。将无细胞上清液涂布到含有 QS 生物传感器报告菌株的固体培养基平板上。随后对包含 QS 活性物质的上清液进行抽提，将提取物点到 TLC 平板上，然后通过生物传感器菌株覆盖进行显色或者在紫外灯下进行显色

4. 具有 QS 活性的上清液按照 1∶1 的体积与酸化后的冰醋酸[使用乙酸按照 1%（*m/V*）进行酸化]混合，在室温下以 150 r/min 的转速振荡 10 min。振荡完成后，使用分离漏斗分离液相（下层）和有机相（上层，见注释 11），去掉下层的液相，回收上层的有机相。
5. 在 40℃条件下使用旋转蒸发机对回收的有机相进行蒸发，剩余物用 1 mL 的 DMSO 进行重悬。
6. 标准的 AHL 和 AHQ 化合物分别在 DMSO 与甲醇中溶解，用作鉴定不同阳性克隆产出的 QS 信号分子的参照物。
7. 抽提出来的 AHL 信号分子采用 C18 反相色谱 TLC 平板进行分析。用毛细管加入 5 μL DMSO 重悬后的液体，以体积比为 60∶40 的甲醇和水的混合液作为 TLC 平板玻璃槽中的流动相来形成色谱图。TLC 平板在通风橱里进行干燥，然后放置到空的无菌 Q-tray 平板中，小心覆盖上一层薄的含有 AHL 报告菌株的 LB 固体培养基（0.5%，*m/V*）。这个过程需要等培养基冷却到约 50℃时进行，放置要轻柔，否则加到 TLC 平板的表面培养基容易破损。然后给 Q-tray 平板加上盖子，放置在 30℃恒温培养 24 h。通过观察在白色背景下产生的有色斑点来鉴定 AHL。
8. 取 5 μL AHQ 提取物加入到 silica gel T60 F_{254} 薄层色谱板上，该色谱板含有 F_{254} 荧光指示剂涂层，使用体积比为 95∶5 的二氯甲烷与甲醇的混合液

作为流动相，在 TLC 平板玻璃槽内进行薄层层析，层析在 1 h 内完成。在 TLC 平板的上部，也就是溶剂展开的前沿，使用铅笔做好记号，然后将平板置于紫外光下进行照射。标准的 HHQ 和 PQS 化合物会呈现各自特征化的 R_f 值，并各自发出黑色和浅紫色的荧光。

9. 证实具有 QS 活性的样本，可以进行 HPLC 分析。

19.3.3　HPLC 鉴定 QS 活性化合物

在这一阶段中，QS 活性提取物将得到确认，并准备好进行鉴定。通常会采用 HPLC-MS，使用标准物作为参照来检测发现的 AHL 和 AHQ 化合物。提取的操作方法及使用 HPLC 鉴定 QS 信号分子的几种不同方法已经在参考文献[18-20]中有详细的描述。所需的实验材料列在 19.2.5 节。

19.3.3.1　HPLC 检测 AHL

1. 从阳性克隆获得的抽提物在 1 mL 的甲醇中进行重悬，然后使用 HPLC 鉴定 AHL。将活性抽提物稀释到 10^{-1} 和 10^{-2} 后，取 50 μL 加入到 HPLC 的玻璃瓶中。AHL 的标准化合物参照如下方法进行准备：100 μmol/L 的 AHL 储藏液分别在 10 nmol/L、100 nmol/L 和 500 nmol/L 的甲醇中进行稀释，然后取 50 μL 加入到 HPLC 的玻璃瓶中[18]。
2. AHL 在 30℃条件下，采用梯度溶剂即浓度逐步增加的甲醇作为流动相以 0.2 mL/min 的流速进行分离。流出的液体直接进入质谱进行检测。流动相溶剂：甲醇和水，包含 0.2%（*V*/*V*）的冰醋酸。作为流动相的甲醇浓度梯度呈线性增加，从最初的 40%（*V*/*V*）甲醇，60%（*V*/*V*）水-乙酸增加到 80%（*V*/*V*）甲醇-20%（*V*/*V*）水-乙酸，历时超过 25 min。
3. 将质谱检测到的萃取物的保留时间和质荷比（*m*/*z*）与标准 AHL 化合物的值进行比较，以鉴定萃取物中 AHL 的类型。

19.3.3.2　HPLC 检测 AHQ

1. 取 200 μL 保存在酸化甲醇中的 AHQ 活性萃取物转移到 HPLC 的玻璃瓶中。按照如下方法准备 AHQ 的标准液：将 10 mmol/L 的 AHQ 储藏液加入到酸化的甲醇中，稀释成浓度分别为 1 μmol/L、10 μmol/L、100 μmol/L 和 500 μmol/L 的溶液，终体积为 200 μL，然后加入到 HPLC 的玻璃瓶中。
2. 50 μL 的标准液注射进加样系统，随后用流动相溶剂进行洗脱，最后注射待检测的样本。工作流程以前也有报道[21]，具体如下：浓度为 60%的酸化甲醇洗脱 10 min，5 min 内浓度上升至 100%，100%浓度保持 5 min 后，

1 min 内下降到 60%浓度，之后 60%的酸化甲醇保持 3 min。

3. 可以看到两类主要的 AHQ、HHQ 及 PQS 化合物在 325 nm 位置有色谱峰。
4. 根据检测到的峰的吸光度与 AHQ 标准化合物的吸光度绘制标准曲线。所有的样本点应该出现在标准曲线的线性范围内。

19.3.4 在模式致病菌系统中实验验证 AHL 化合物

QS 信号分子验证和表征确认的最后阶段，需要使用模式致病菌，如 *P. aeruginosa*，该菌株的 QS 系统可编码 AHL 和 AHQ 两类化合物。自诱导的 LasIR 和 RhlIR 系统可分别被长链与短链 AHL 激活。因此，从宏基因组文库中鉴定和萃取的 AHL 应该能够增强各自的受体基因 *lasR* 和 *rhlR* 的转录。值得注意的是，LasIR 会在菌株的指数生长期被激活，但是 RhlIR 则是在菌株进入生长的稳定期时才被激活。因此，利用动力学实验来监测表达随时间的变化是至关重要的。另外铜绿假单胞菌属于 II 类致病菌，在使用前需要获得许可。如果无法获得许可，也可以使用编码 AHL 的另一类致病菌，如费氏弧菌（*Vibrio fischeri*）。分析涉及的所有相关材料都列在 19.2.6 节。

1. 将携带有一个 *lasR*–突变或者 *rhlR-lacZ* 融合启动子的 *P. aeruginosa*（如 pMP220 或者 pMP190 菌株）接种到含有相应抗生素的 LB 液体培养基上，然后在 37℃、150 r/min 转速的摇床中过夜培养。
2. 当 OD_{600} 为 0.05 时，将菌株接种到装有 18 mL 新鲜 LB 液体培养基和相应抗生素的 100 mL 锥形瓶中。
3. 将 AHL 阳性克隆的提取物或者上清液加入到已经接种有报告菌株的锥形瓶中，按照每 20 mL 加入 2 mL 的比例。
4. 每个锥形瓶置于 37℃进行振荡培养，检测报告菌株的生长曲线直到进入稳定期。每隔 2 h，取出 500 μL～1 mL 的培养液检测 OD_{600}。从中取出 20 μL 加入到 1.5 mL 离心管中，再加入 80 μL 渗透剂，在 4℃下进行 β-半乳糖苷酶活性的检测。
5. 样本收集齐全后，将试管放在 30℃的加热板上，于通风橱内孵育 30 min。同时，将 ONPG 和 β-巯基乙醇加入到干净容器中的基底液里，并在使用前立即保持在 30℃。
6. 将 600 μL 的基底液加入到放置在加热板上已经接种报告菌株的试管中，开始计时，需要一直小心监测黄色的出现。一旦出现黄色，立即加入 700 μL 的终止液，同时记录下时间。
7. 取出试管，以 13 000 r/min（15 700×*g*）旋转离心。取出 900 μL 加入到比色皿中，检测 OD_{420}。

8. 启动子的相对活力，可以通过以下公式进行计算：

$$1000\times\left[\frac{\mathrm{OD}_{420}}{\mathrm{OD}_{600}\times0.02(\mathrm{mL})\times T(\mathrm{min})}\right]$$

19.4 注　释

1. *S. marcescens* 可以产生受 QS 系统信号因子调节的红色色素，即灵菌红素。*S. marcescens* SP19（SP19）是 QS 信号因子 AHL 缺陷型菌株，包含三个突变（*smaI*、*pigX* 和 *pigZ*），该突变菌只能在外源短链 AHL 存在的情况下产生灵菌红素。
2. *C. violaceum* 可以产生一种紫色色素，即紫色杆菌素，该产物的产生也受到 QS 信号因子的调节。*C. violaceum* CV026 是 QS 信号因子 AHL 缺陷型菌株，包含两个突变：紫色杆菌素的抑制基因阻遏子和 AHL 的合成基因 *cviI*，因此只有加入外源中链 AHL 才能产生紫色杆菌素。
3. *A. tumefaciens* NTL4（AT NTL4）菌株携带一个含有庆大霉素抗性基因的 pZLR4 质粒，同时携带 *traG*∶∶*lacZ* 融合重组报告基因。当向培养基中加入外源的 X-Gal 后，会激活 *lacZ* 基因产生 β-半乳糖苷酶，从而水解 X-Gal 产生蓝斑，因此可以检测到长链 AHL 的活性。
4. *P. aeruginosa* 中的 AHQ 系统属于自动诱导型，AHQ 在一定浓度的情况下可以激活 *pqsA* 启动子，也可以由 PQS 和它的生物学前体 HHQ 共同诱导 PqsrR 的转录调控因子。但是 *pqsA*-突变菌株缺失了产生 PQS 和 HHQ 的能力，因此只能通过依赖 AHQ 类化合物存在的方式来激活 *pqsA* 启动子。
5. β-巯基乙醇是一种具有腐蚀性和急性毒性的危险液体，β-巯基乙醇溶液储存和操作应该在通风良好的通风橱内进行，废弃物的处理方式应该遵循实验室的安全管理条例。
6. 邻硝基苯-β-D-半乳糖苷（ONPG）对光敏感，需在使用前加入到基底液中，然后立即使用，一旦加入到基底液之后不能再进行储存和重复使用。因此，基底液可以提前制备并储存，邻硝基苯-β-D-半乳糖苷和 β-巯基乙醇要根据实验所需即时加入。
7. 加入到 Q-tray 平板中培养基的体积对于成功接种文库非常关键，仪器插头与平板的接触距离必须校准，以保证仪器插头能够接触到培养基的表面而不至于刺穿它。如果仪器插头刺穿了培养基，即使存在阳性克隆，其生长也会受到限制，且表型不容易评估。因此，需要确保倒入到 Q-tray 平板中培养基的量以能达到 250 mL 玻璃瓶瓶口边缘为准，这与以其他工具测量的结果相当。

8. LB 培养基适用于绝大部分携带有宏基因组文库的异源宿主菌株。它本身还能与上层的LB软琼脂培养基兼容。异源宿主菌株的开发研究不断增多，携带有文库的异源宿主需在其他类型的培养基上才能生长，这可能会导致此类培养基与生物传感器菌株覆盖层的不兼容。这样一来，就需要努力研究开发出既能满足携带有宏基因组文库的阳性克隆生长需求，又能满足生物传感器报告菌株生长需求的通用培养基配方。
9. 阳性的 QS 克隆周围会呈现出有颜色的菌圈。菌圈的颜色是由目的克隆产生的 AHL 产物类型决定的。红色表示产生的是短链 AHL，紫色表示产生的是中链 AHL，蓝色表示产生的是长链 AHL。
10. 加入到小窝中的液体体积不能超过其容量的 80%。如果从小窝中侧漏出来将会明显抑制周围细胞 QS 信号物质的产生，干扰测验，产生假阳性结果。
11. 将一茶匙无水硫酸镁（$MgSO_4$）加入到有机相中可以去除残余的水分。如果有机相中有剩余的水分会影响后续的工作，在蒸发有机相时，会带走一些多余的物质。无水硫酸镁加入后，混合均匀，放置 2 min。有机相使用新的容器进行回收，避免与硫酸镁和水形成沉淀。正常情况下，经过这一步处理后，有机相应该是很澄净的。

致谢

本章中描述的工作得到了欧盟委员会（FP7-PEOPLE-2013-ITN，607786；FP7-KBBE-2012-6，CP-TP-312184；FP7-KBBE-2012-6，311975；OCEAN 2011-2，287589；Marie Curie 256596；EU-634486）、爱尔兰科学基金会（SSPC-2，12/RC/2275；13/TIDA/B2625；12/TIDA/B2411；2/TIDA/B2405；14/TIDA/2438）、农业和食品部（FIRM/RSF/CoFoRD；FIRM 08/RDC/629；FIRM 1/F009/MabS；FIRM 13/F/516）、爱尔兰科学、工程和技术研究委员会（PD/2011/2414；GOIPG/2014/647）、健康研究委员会/爱尔兰胸科学会（MRCG-2014-6）、海洋研究所（Beaufort award C2CRA 2007/082）和爱尔兰农业与食品发展部（Walsh Fellowship 2013）的资助。

参考文献

1. Milshteyn A, Schneider JS, Brady SF (2014) Mining the metabiome: identifying novel natural products from microbial communities. Chem Biol 21:1211–1223
2. Reen FJ, Gutierrez-Barranquero JA, Dobson ADW, Adams C, O'Gara F (2015) Emerging concepts promising new horizons for marine biodiscovery and synthetic biology. Mar Drugs 13:2924–2954
3. Machado H, Sonnenschein EC, Melchiorsen J, Gram L (2015) Genome mining reveals unlocked bioactive potential of marine Gram-

negative bacteria. BMC Genomics 16:158

4. Reen FJ, Romano S, Dobson ADW, O'Gara F (2015) The sound of silence: activating silent biosynthetic gene clusters in marine microorganisms. Mar Drugs 13:4754–4783
5. Rutledge PJ, Challis GL (2015) Discovery of microbial natural products by activation of silent biosynthetic gene clusters. Nat Rev Microbiol 13:509–523
6. Gaudêncio SP, Pereiraa F (2015) Dereplication: racing to speed up the natural products discovery process. Nat Prod Rep 32:779–810
7. Patridge E, Gareiss P, Kinch MS, Hoyer D (2015) An analysis of FDA-approved drugs: natural products and their derivatives. Drug Discov Today 21:204–207
8. Cooper MA, Shlaes D (2011) Fix the antibiotics pipeline. Nature 472:32
9. Liu YY, Wang Y, Walsh TR, Yi LX, Zhang R, Spencer J et al (2016) Emergence of plasmid-mediated colistin resistance mechanism MCR-1 in animals and human beings in China: a microbiological and molecular biological study. Lancet Infect Dis 16:61–168
10. Brakhage AA, Schuemann J, Bergmann S, Scherlach K, Schroeckh V, Hertweck C (2008) Activation of fungal silent gene clusters: a new avenue to drug discovery. Prog Drug Res 66:1–12
11. Williamson NR, Commander PM, Salmond GP (2010) Quorum sensing-controlled Evr regulates a conserved cryptic pigment biosynthetic cluster and a novel phenomycin-like locus in the plant pathogen, *Pectobacterium carotovorum*. Environ Microbiol 12:1811–1827
12. Bassler BL (2002) Small talk. Cell-to-cell communication in bacteria. Cell 109: 421–424
13. Diggle SP, Matthijs S, Wright VJ, Fletcher MP, Chhabra SR, Lamont IL et al (2007) The *Pseudomonas aeruginosa* 4-quinolone signal molecules HHQ and PQS play multifunctional roles in quorum sensing and iron entrapment. Chem Biol 14:87–96
14. Poulter S, Carlton TM, Su X, Spring DR, Salmond GP (2010) Engineering of new prodigiosin-based biosensors of *Serratia* for facile detection of short-chain N-acyl homoserine lactone quorum-sensing molecules. Environ Microbiol Rep 2:322–328
15. McClean KH, Winson MK, Fish L, Taylor A, Chhabra SR, Camara M et al (1997) Quorum sensing and *Chromobacterium violaceum*: exploitation of violacein production and inhibition for the detection of N-acylhomoserine lactones. Microbiology 143:3703–3711
16. Farrand SK, Hwang I, Cook DM (1996) The *tra* region of the nopaline-type Ti plasmid is a chimera with elements related to the transfer systems of RSF1010, RP4, and F. J Bacteriol 178:4233–4247
17. McGrath S, Wade DS, Pesci EC (2004) Dueling quorum sensing systems in *Pseudomonas aeruginosa* control the production of the *Pseudomonas* quinolone signal (PQS). FEMS Microbiol Lett 230:27–34
18. Nievas F, Bogino P, Sorroche F, Giordano W (2012) Detection, characterization, and biological effect of quorum-sensing signaling molecules in peanut-nodulating Bradyrhizobia. Sensors 12:2851–2873
19. Rasch M, Andersen JB, Fog Nielsen K, Flodgaard LR, Christensen H, Givskov M et al (2005) Involvement of bacterial quorum-sensing signals in spoilage of bean sprouts. Appl Environ Microbiol 71:3321–3330
20. Lade H, Paul D, Kweon JH (2014) Isolation and molecular characterization of biofouling bacteria and profiling of quorum sensing signal molecules from membrane bioreactor activated sludge. Int J Mol Sci 15:2255–2273
21. Palmer GC, Schertzer JW, Mashburn-Warren L, Whiteley M (2011) Quantifying *Pseudomonas aeruginosa* quinolones and examining their interactions with lipids. Methods Mol Biol 692:207–217